# RECONNAÎTRE PAS À PAS 700 PLANTES COMMUNES

PETER M. KAMMER

# RECONNAÎTRE PAS À PAS 700 PLANTES COMMUNES

DELACHAUX
ET NIESTLÉ

**Le professeur Dr Peter M. Kammer** est biologiste, spécialisé en écologie végétale. Il travaille depuis environ vingt ans dans la formation professionnelle des futurs enseignants et enseignantes, pour lesquels il assure les chaires d'évolution, de biochimie, de génétique et d'écologie.

**Édition originale**
Titre : *Pflanzen einfach bestimmen. Schritt für Schritt einheimische Arten kennenlernen*


**Édition française**

ISBN : 978-2-603-02523-9
Dépôt légal : juin 2017
Réimpression : mars 2023
Impression : Florjančič tisk d.o.o., Slovénie
Traduction : Emmanuelle Champion, Jean Terrisse
Préparation, mise en pages, relecture : Nord Compo, Villeneuve d'Ascq
Couverture : Léa Larrieu

# Sommaire

# Introduction

## À qui s'adresse ce livre ?

Ce livre s'adresse à tous ceux et celles qui voudraient vraiment savoir ce qui pousse et fleurit tout autour d'eux, mais qui n'ont ni envie ni besoin d'apprendre par cœur des pages et des pages d'indications techniques et d'abréviations, pas plus que de feuilleter les milliers de pages d'un pavé. Avec ce livre, les béotiens de la botanique pourront identifier promptement et sans connaissances préalables les plantes les plus communes. Il n'y a pas d'abréviations techniques, lesquelles sont réduites au strict minimum et expliquées sur place. Les critères nécessaires à l'identification sont simples à reconnaître. Les fiches signalétiques de chaque espèce fournissent ensuite des informations sur les modalités de leur reproduction, leurs usages médicinaux, culinaires ou techniques, leurs spécificités biologiques ou encore des renseignements sur leur origine ou la signification de leur nom scientifique.

## Pourquoi apprendre à connaître les plantes ?

Les plantes sont le fondement même de l'existence des espèces les plus évoluées de la vie sur Terre, et donc de l'humanité. Elles seules, ainsi que les algues, sont capables de transmuer pour nous l'énergie provenant de la source intarissable qu'est le soleil, en énergie chimique utilisable. Cela légitime le respect et l'attention que nous leur devons. Elles sont aussi tout simplement belles. Même les plantes les plus petites, les plus insignifiantes, révèlent leur séduction quand on les regarde de près. Les graminées, par exemple, semblent de prime abord toutes semblables : leur distinction et leur identification sont certes difficiles, même avec ce livre. Un examen plus minutieux montre pourtant leurs différences et permet de découvrir leurs atours : la construction en filigrane de leurs inflorescences, leurs étamines colorées qui pendillent dans le vent au bout d'un filament, ou leurs stigmates plumeux sur lesquels du pollen reste collé. C'est dans cet esprit que nous vous souhaitons une immersion fructueuse au sein de ce monde végétal si diversifié, captivant et merveilleux.

## Comment puis-je identifier une espèce végétale ?

L'identification d'une plante est très simple. Admettons que vous ayez trouvé la plante ci-contre au bord d'une haie. Votre détermination commence par la clé principale page 12, à la question 1. Vous avez alors le choix suivant :

**1** **a** Plante poussant sur la branche d'un arbre ▶ *Viscum album*
**b** Plante poussant sur le sol ou dans l'eau 2 ▶

Vous voyez que la plante que vous voulez identifier ne pousse pas sur la branche d'un arbre, mais par terre. Aussi suivez-vous le chiffre de la flèche verte et allez donc à la question 2. Ici, vous serez confronté aux affirmations suivantes :

**2** **a** Plante poussant entièrement dans l'eau, c'est-à-dire que ses feuilles flottent à la surface de l'eau ou se trouvent sous la surface 201 ▶ (p. 87)
**b** Plante ne poussant pas (entièrement) dans l'eau 3 ▶

Vous avez déjà constaté que la plante pousse sur le sol et en aucune manière entièrement dans l'eau. Vous continuez donc, sans hésitation, vers la question 3. Vous avancez ainsi question après question, ce qui vous conduit à la question 22, qui est ainsi exprimée :

**22** **a** Fleurs avec (2) 3 à 12 pétales ou lobes de pétales bien distincts (voir illustration en 25) 23 ▶
**b** Fleurs à symétrie bilatérale, c'est-à-dire présentant deux parties, haute et basse, qui diffèrent l'une de l'autre 701 ▶ (p. 279)
**c** Forme des fleurs et nombre de pétales difficilement identifiables, fleurs pour la plupart très petites et souvent organisées en inflorescences allongées 761 ▶ (p. 30) (Ici sont classées aussi toutes les plantes qui n'ont trouvé leur place nulle part ailleurs)

Vous comparez tranquillement les trois possibilités et aboutissez à la conclusion que les fleurs ne sont ni petites, ni organisées en une inflorescence allongée, ce qui élimine le choix c, et qu'elles ne présentent nullement une partie supérieure et une partie inférieure qui seraient différentes l'une de l'autre, ce qui élimine donc aussi le choix b.

Ne reste donc que le choix a. Et de fait, les pétales ne sont certes pas méconnaissables, et il n'y en a d'autre part pas plus de 12. Vous continuez donc à la question 23 et poursuivez deux étapes plus loin jusqu'à la question 25 :

**25** **a** Fleurs avec 2, 4 ou (apparemment) 8 pétales 471 (p. 187)
**b** Fleurs avec 5 ou (apparemment) 10 pétales, ou bien avec 5 ou 10 lobes de pétales 551 (p. 219)
**c** Fleurs avec 3 ou 6 pétales, ou bien avec 3 ou 6 lobes de pétales 681 (p. 272)

Dans cette situation, il faut compter précisément. Votre plante ayant 6 pétales, vous sautez au choix « 3 ou 6 pétales », ce qui vous amène à la partie suivante du livre, page 272, qui commence par la question 681. Ici se trouve – enfin – la question de la couleur des fleurs :

**681** **a** Fleurs blanches (ou un peu verdâtres) ou à peine rosées 682
**b** Fleurs d'un rose soutenu, rouges ou lilas 689 (p. 276)
**c** Fleurs jaunes ou jaunâtres 691 (p. 278)

Sans hésitation, vous optez pour le choix c et filez jusqu'à la question 691, où se trouve une autre caractéristique des fleurs :

**691** **a** Plante avec 1 à 7 fleurs jaunes, en étoile ▶ *Gagea lutea*
**b** Plante avec de nombreuses petites fleurs jaunâtres, en inflorescence allongée ▶ *Reseda lutea*

Un dernier examen montre que cette plante possède bel et bien 5 grandes fleurs, et non de nombreuses petites fleurs disposées le long d'une inflorescence allongée. Vous avez donc en main *Gagea lutea*, la Gagée jaune. La comparaison avec la photo et la description des caractères confirme l'identification.

Comme vous avez pu le voir, les clés d'identification de ce livre se structurent en une clé principale qui se divise en plusieurs clés partielles plus ou moins extensives. Ces dernières regroupent des plantes qui présentent des caractères communs évidents, comme 6 pétales. Le numéro de la première question de chaque clé partielle se termine toujours par 1, par exemple 91 ou 681. Entre la dernière question de la clé partielle précédente, et la première de la suivante, il peut donc manquer plusieurs numéros.

On arrive aux clés partielles à partir de la clé principale. Les utilisateurs plus expérimentés peuvent cependant commencer directement à la clé partielle appropriée. Ainsi, pour identifier des plantes qui présentent un caractère évident, les 6 pétales par exemple, vous n'êtes pas obligé de passer par la clé principale : vous pouvez confortablement débuter à la clé partielle correspondante.

Voilà. Il ne vous reste plus qu'à commencer votre première identification. Commencez page 12, question 1. Amusez-vous bien ! Si vous êtes cependant intéressé par quelques informations supplémentaires, je vous invite à lire ce qui suit.

## Quelles plantes vais-je pouvoir identifier avec ce livre ?

Afin que l'identification reste simple, et que le livre ne soit pas trop volumineux, il n'a pas été tenu compte des espèces que l'on ne rencontre que rarement. Ce livre ne contient donc « que » les espèces les plus largement répandues et les plus fréquentes des plaines de l'Europe tempérée, ce qui fait malgré tout 674 espèces : prêles, fougères, plantes grimpantes, arbres et arbustes, ainsi que de nombreuses plantes herbacées et graminées. Pour éviter tout sentiment de frustration en cas d'échec lors de l'identification, voir ci-après la liste des plantes qui ne sont pas incluses dans ce livre. Il s'agit :

- des plantes cultivées, d'ornement ou utilisées en agriculture, comme les forsythias (*Forsythia* sp.) ou le maïs *(Zea mays)* ;
- des plantes de montagne, c'est-à-dire celles qui se développent au-dessus d'une altitude d'environ 800 m telles que l'Edelweiss *(Leontopodium alpinum)* ;
- des plantes littorales, c'est-à-dire poussant sur les côtes, comme la Lavande de mer *(Limonium vulgare)* ;
- des plantes se développant dans des habitats rares, comme les forêts, pelouses ou fourrés secs des régions chaudes, ainsi que les prairies ou marécages oligotrophes (pauvres en nutriments). Il manque ainsi par exemple les Droséras (*Drosera* sp.) ;
- des plantes à répartition locale, régionale ou disséminée, tel le Sabot-de-Vénus *(Cypripedium calceolus)*.

## À quoi dois-je veiller pour m'assurer d'une identification fructueuse ?

- Faites attention aux questions donnant lieu à 3 ou 4 choix : on omet souvent de s'attarder sur les 3e et 4e.
- N'identifiez que des plantes bien développées et observez, si possible, les feuilles et les fleurs de plusieurs individus (de la même espèce). Un exemplaire en piteux état, une seule plante – ou pire une seule partie de plante – possèdent rarement tous les caractères nécessaires à l'identification, et moins encore sous leur aspect typique.
- Lisez attentivement les affirmations. Lorsque par exemple la clé vous dit « feuilles les plus grandes, découpées », cela signifie que les feuilles les plus petites ne sont pas, ou pas toujours, découpées. On doit donc véritablement examiner les plus grandes feuilles pour reconnaître ce caractère.
- Les caractères utilisés dans les clés sont normalement clairs et faciles à voir. Si, par exemple, vous hésitez à la question de savoir si les feuilles sont dentées ou non, cela sera vraisemblablement non. Dans les cas où ce caractère ne serait pas évident, alors la question aurait été formulée « bord de la feuille à peine denté ».
- Votre coup d'œil est honorable, mais vous aurez aussi besoin de la règle graduée située sur le dos de la couverture du livre. En effet, on a parfois besoin de faire une différence millimétrique sur le diamètre d'une fleur ou la longueur d'une feuille pour accéder à la suite de l'identification, et il serait dommage que vous vous soyez trompé dans son estimation. Les dimensions doivent d'ailleurs toujours être mesurées sur des organes parfaitement développés, c'est-à-dire sur une fleur complètement ouverte.
- Soyez tolérant avec les plantes, elles ne sont pas des modèles de précision. Si la plante que vous voulez identifier correspond clairement à l'espèce XY sur l'image, mais que ses pétales mesurent 6,5 mm, alors que la description correspondante vous donne une longueur de 3 à 6 mm, alors vous avez bien en main l'espèce XY et votre exemplaire possède seulement des fleurs un peu plus grandes.
- Pour l'identification, vous ne devez pas cueillir la plante, encore moins la déterrer. Cependant, on ne doit pas s'empêcher de la toucher, la tâter, la flairer et, bien sûr, de l'observer sous toutes ses coutures. Une loupe peut être d'une aide précieuse, mais elle n'est pas nécessaire dans la plupart des cas.
- Si vous souhaitez toutefois emporter pour une fois une plante afin de l'identifier tranquillement à la maison, alors cueillez-la le plus bas possible sur la tige. Dans le cas contraire, vous pourriez ne pas avoir emporté les parties qui vous seront nécessaires à la détermination.
- S'il vous arrive de ne pas pouvoir identifier une plante – et cela pourrait arriver –, mieux vaut recommencer complètement à partir du point 1. On peut en effet se tromper aussi bien dans la clé principale que dans les clés partielles. Il est plus probable toutefois que la plante ne soit pas incluse dans ce livre, soit qu'il s'agisse d'une espèce rare, cultivée, littorale,

montagnarde, soit qu'elle pousse dans un milieu peu fréquent (voir plus haut). Dans ces cas, il vous sera nécessaire de consulter une flore plus complète, par exemple *Flora gallica*, la flore de France la plus complète et la plus récente (voir Bibliographie, p. 395).

- Par ailleurs, vous trouverez des informations supplémentaires sur la biologie et l'écologie des plantes au chapitre « Compléments botaniques et sur l'utilisation des notices » à la fin de cet ouvrage.

Assez parlé : feuilletez le guide et lancez-vous !

**1** **a** Plante poussant sur la branche d'un arbre ▶ ***Viscum album***
**b** Plante poussant sur le sol ou dans l'eau **2**

**2** **a** Plante poussant entièrement dans l'eau, c'est-à-dire que ses feuilles flottent à la surface de l'eau ou se trouvent sous la surface **201** (p. 87)
**b** Plante ne poussant pas (entièrement) dans l'eau **3**

**3** **a** Plante grimpant sur un arbre, un arbuste ou un autre support **71** (p. 28)
**b** Plante non grimpante **4**

**4** **a** Plante essentiellement ligneuse **91** (p. 33)
**b** Au plus, seule la partie la plus inférieure de la plante est ligneuse **5**

**5** **a** Plante verte **6**
**b** Plante entièrement non verte **221** (p. 93)

**6** **a** Plante sans fleurs ni feuilles, mais portant des rameaux latéraux verticillés, c.-à-d. insérés par 5 ou plus au même niveau sur la tige **31** (p. 18) ..........

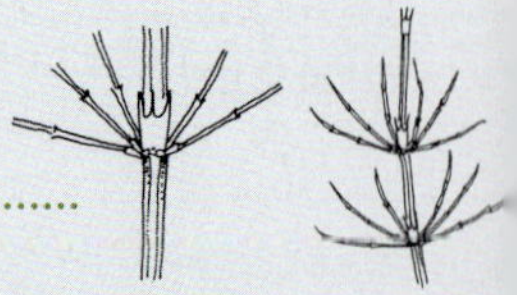

**b** Plante ayant des feuilles et/ou des fleurs **7**

## *Viscum album* L. Gui, Gui des feuillus

**Famille :** Santalaceae – Santalacées

**Nom :** *Viscum* lat. « visqueux » ; *album* lat. « blanc »

**Caractères :** arbrisseau ; tiges vert olive ; feuilles opposées, longues de 2 à 8 cm, ovales, un peu épaisses, vert jaunâtre, persistantes ; fleurs très petites ; fruits blancs ou jaunâtres, semblables à une baie

**Reproduction :** floraison de mars à avril ; dioïque ; pollinisation par les insectes ; disséminé par les animaux (ex. Grive musicienne)

**Milieu :** généralement sur les arbres feuillus, plus rarement sur les conifères

**Bon à savoir :** seule plante vasculaire d'Europe tempérée poussant exclusivement sur d'autres plantes, le Gui se développe sur diverses essences d'arbres ou d'arbustes (ex. le Hêtre). De telles plantes sont dites épiphytes (« à la surface d'un végétal ») et se rencontrent surtout dans les pays tropicaux, comme nombre d'orchidées et de fougères. Ainsi placés en position surélevée par rapport au sol, les épiphytes profitent de la lumière plus importante qui atteint la canopée des forêts pluviales.

**7** **a** Plante sans fleurs, possédant uniquement des feuilles 41 (p. 20)
**b** Plante possédant des fleurs 8

**8** **a** Plante sans feuilles, possédant uniquement 1 à plusieurs fleurs 681 (p. 272)
**b** Plante possédant à la fois des feuilles et des fleurs 9

**9** **a** Feuilles étroites, comme celles d'une graminée, c.-à-d. que les feuilles les plus longues (de la base) font au moins 10 cm de long, et sont au minimum 15 fois plus longues que larges 10
**b** Feuilles non semblables à celles d'une graminée 14

**10** **a** Plante portant plusieurs touffes pendantes de poils blanc argenté atteignant 3 cm de long 936 (p. 377) ........................................
**b** Plante ne portant pas de telles touffes de poils 11

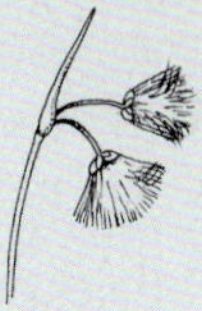

**11** **a** Plante ressemblant à une graminée ; fleurs petites, insignifiantes, généralement verdâtres ou brunâtres 12
**b** Plante ne ressemblant pas à une graminée ; fleurs pour la plupart supérieures à 5 mm de diamètre ou de longueur, jaunes, rouges ou blanchâtres 223 (p. 93)

**12** **a** Tige avec au minimum un épaississement (nœud) 821 (p. 328) ..................
**b** Tige dépourvue de nœud 13

**13** **a** Tige à section trigone (à 3 angles) 901 (p. 362)
**b** Tige à section arrondie ou ovale 931 (p. 375)

• En tant que plante hémiparasite, le Gui prélève eau et nutriments de son arbre support. Ainsi, en cas de forte colonisation, ce dernier peut s'en trouver affaibli ce qui, chez les arbres fruitiers, peut engendrer une perte de rendement.
• En consommant les baies, les oiseaux disséminent les graines sur d'autres arbres éloignés. Là, les graines, qui après l'excrétion sont encore enveloppées de restes de pulpe collants, adhèrent à l'écorce et peuvent germer.
• Toute la plante est toxique. Les principaux symptômes d'une intoxication sont notamment des nausées, des vomissements, des maux d'estomac et des diarrhées.
• Des préparations à base de rameaux feuillés sont utilisées en cas de tension artérielle élevée, et en médecine anthroposophique contre le cancer.
• Dans la bande dessinée *Astérix le Gaulois*, le druide Panoramix cueille du gui pour préparer la potion magique.

**14** **a** Feuilles verticillées (au moins partiellement), c.-à-d. que 3 feuilles ou plus sont insérées au même niveau sur la tige **231** (p. 96) ............

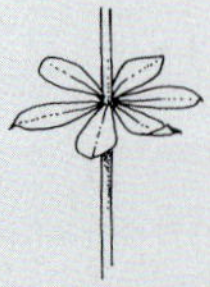

**b** Feuilles non organisées en verticilles sur la tige **15**

**15** **a** Plante possédant de nombreuses fleurs disposées en ombelle **261** (p. 104) ..............................................

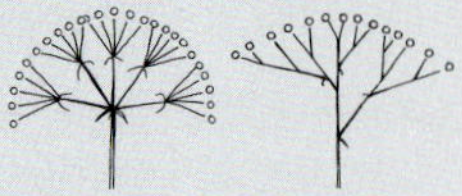

**b** Fleurs disposées différemment **16**

**16** **a** Plante piquante ou épineuse, c.-à-d. que la marge des feuilles et/ou la tige portent des épines ou des aiguillons **301** (p. 119)

**b** Plante sans épines ni aiguillons **17**

**17** **a** Fleurs groupées en capitules, c.-à-d. en inflorescences denses de petites fleurs serrées à pétales dressés ou étalés, entourées par de nombreuses bractées (> 10) **321** (p. 126)

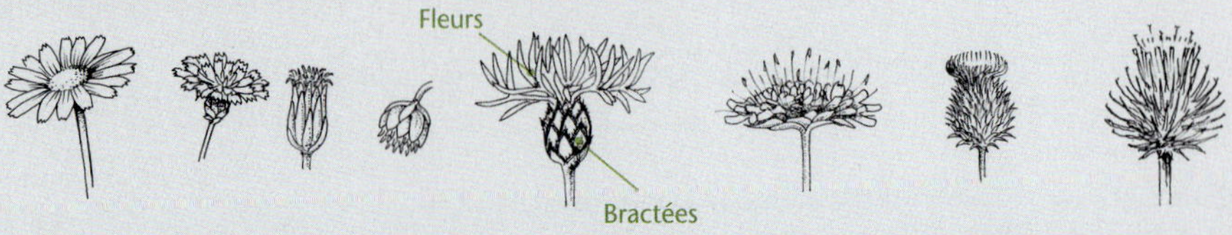


**b** Fleurs (inflorescences) organisées autrement **18**

## *Digitalis purpurea* L. Digitale pourpre

**Famille :** Plantaginaceae – Plantaginacées

**Nom :** *Digitalis* lat. « doigt » ; *purpurea* lat. « pourpre »

**Caractères :** plante de 30 à 150 cm de haut, bisannuelle ; tige velue ; feuilles ovales à allongées, densément velues dessous, à bord denté ; fleurs pendantes, disposées en une longue inflorescence plus ou moins unilatérale, longues de 35 à 50 mm et larges de 20 mm env., pourpre clair, ponctuées dedans de taches rouges cerclées de blanc, à partie haute (lèvre supérieure) à peine lobée, l'inférieure à 3 lobes ; fruits (capsules) ovoïdes

**Reproduction :** floraison de juin à septembre ; hermaphrodite ; pollinisation par les insectes ; dissémination par le vent

**Milieu :** forêts claires, coupes forestières

**Bon à savoir :** toute la plante est extrêmement toxique. Les principaux symptômes d'une intoxication sont un ralentissement du rythme cardiaque, jusqu'à l'arrêt total du cœur. • On extrait des glycosides de la digitale pourpre, employée sous surveillance médicale comme cardiotonique (digoxine, digitoxine) dans le traitement des maladies du cœur.

**18** **a** Feuilles les plus grandes composées, c.-à-d. comprenant au minimum 2 segments foliaires distincts, plus ou moins identiques (folioles) 411 (p. 162)

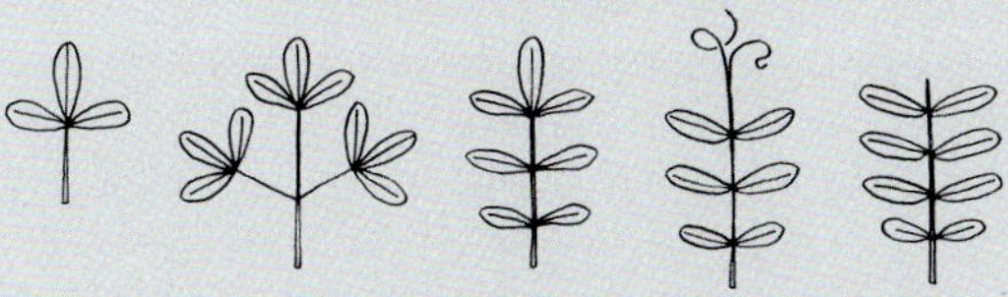

**b** Feuilles les plus grandes non composées, c.-à-d. présentant un limbe unique, qui peut être découpé, mais en aucun cas divisé en folioles indépendantes 19

**19** **a** Plante à grandes fleurs en entonnoir profond, longues de 15 mm minimum, blanches et/ou rosées 77 (p. 29)

**b** Fleurs différentes 20

**20** **a** Fleurs à 5 pétales disposés irrégulièrement (soit 2 pétales orientés vers le haut et 3 vers le bas, soit 4 vers le haut et 1 vers le bas) 461 (p. 183) ........................................

**b** Fleurs différentes 21

**21** **a** Plante à grandes fleurs pourpres, disposées en une inflorescence allongée ▶ *Digitalis purpurea*

**b** Inflorescence et fleurs disposées différemment 22

**22** **a** Fleurs avec (2) 3 à 12 pétales ou lobes de pétales bien distincts (voir illustration en 25) **23**

**b** Fleurs à symétrie bilatérale, c.-à-d. présentant deux parties, haute et basse, qui diffèrent l'une de l'autre **701** (p. 279)

**c** Forme des fleurs et nombre de pétales difficilement identifiables, fleurs pour la plupart très petites et souvent organisées en inflorescences allongées **761** (p. 308)
(Ici sont classées aussi toutes les plantes qui ne trouvent leur place nulle part ailleurs)

**23** **a** Feuilles à 3 lobes arrondis, un peu coriaces, à long pétiole ▶ ***Hepatica nobilis***

**b** Feuilles différentes **24**

**24** **a** Plante couchée ; feuilles en cœur à arrondies, glabres (sans poils), un peu luisantes, longuement pétiolées ; fleurs jaunes ▶ ***Ranunculus ficaria***

**b** Plante différente **25**

## *Hepatica nobilis* (Schreb.)
## Anémone hépatique, Hépatique noble

**Famille :** Ranunculaceae – Renonculacées

**Nom :** *Hepatica* grec « foie » ; *nobilis* lat. « noble »

**Caractères :** 5 à 15 cm de haut ; feuilles à 3 lobes arrondis, glabres, souvent brun rougeâtre à violet en dessous ; fleurs de 20 à 35 mm de diamètre, avec 5 à 10 pétales bleus ou violets, plus rarement roses ou blancs ; de nombreux petits fruits (akènes) par fleur

**Reproduction :** floraison de mars à mai ; hermaphrodite ; pollinisation par les insectes ; dissémination par les animaux (fourmis)

**Milieu :** pentes buissonneuses, forêts de feuillus

**Bon à savoir :** plante entièrement toxique. Les principaux symptômes d'une intoxication sont des nausées, des vomissements et des saignements.

**25** **a** Fleurs avec 2, 4 ou (apparemment) 8 pétales 471 (p. 187)

**b** Fleurs avec 5 ou (apparemment) 10 pétales, ou bien avec 5 ou 10 lobes de pétales 551 (p. 219)

**c** Fleurs avec 3 ou 6 pétales, ou bien avec 3 ou 6 lobes de pétales 681 (p. 272)

## *Ranunculus ficaria* L. Ficaire, Ficaire fausse renoncule

**Famille :** Ranunculaceae – Renonculacées

**Nom :** *Ranunculus* lat. « petite grenouille » ; *ficaria* lat. « figue »

**Caractères :** 10 à 30 cm de haut ; feuilles en cœur, un peu épaisses (charnues), luisantes dessus ; fleurs de 2 à 3 cm de diamètre, avec 6 à 12 pétales jaunes ; nombreux petits fruits globuleux (akènes) par fleur

**Reproduction :** floraison de mars à avril ; hermaphrodite ; pollinisation par les insectes ; dissémination par les animaux (fourmis)

**Milieu :** prairies, haies, forêts, vergers

**Bon à savoir :** à la base des pétioles des feuilles, on trouve souvent des bulbilles qui se détachent et à partir desquelles se développent de nouvelles plantes. Il s'agit d'une forme de reproduction végétative, c'est-à-dire sans fécondation ni redistribution des informations génétiques. Ainsi, les plantes issues de bulbilles sont génétiquement identiques à leur parent : ce sont des clones. • Autrefois, les tubercules étaient utilisés pour lutter contre les verrues génitales (ficaria) et les feuilles, en raison de leur teneur en vitamine C, contre le scorbut. • Les feuilles ont un goût amer un peu fort et peuvent être utilisées en salades composées. Attention : seules les jeunes feuilles doivent être employées : elles deviennent en effet toxiques au moment de la floraison.

**31** **a** Rameaux latéraux très ramifiés ▶ ***Equisetum sylvaticum***
**b** Rameaux latéraux pas ou faiblement ramifiés **32**

**32** **a** Rameaux latéraux à section quadrangulaire ; plante poussant dans des lieux plutôt secs ▶ ***Equisetum arvense***
**b** Rameaux latéraux à 5 ou 6 angles ; plante poussant dans des lieux humides à détrempés **33**

**33** **a** Tige épaisse de 2 à 4 mm, à 4 à 10 sillons bien distincts ▶ ***Equisetum palustre***
**b** Tige épaisse de 5 à 8 mm, à 10 à 30 sillons fins ▶ ***Equisetum fluviatile***

## *Equisetum sylvaticum* L. Prêle des bois

**Famille :** Equisetaceae – Equisétacées

**Nom :** *Equi-* lat. « cheval » ; *-setum* lat. « poil » (d'un animal) ; *sylvaticum* lat. « forêt »

**Caractères :** 10 à 80 cm de haut et jusqu'à 5 mm d'épaisseur ; rameaux longs et fins, typiquement arqués et retombants, très ramifiés ; au sommet peut se trouver un épaississement en forme de massue de 2 à 3 cm de long (épi sporangifère)

**Reproduction :** maturité des spores d'avril à mai ; dissémination par le vent

**Milieu :** marécages, forêts

**Bon à savoir :** informations communes à l'ensemble des prêles ➤ voir Prêle des rivières (p. 19).

## *Equisetum arvense* L. Prêle des champs

**Famille :** Equisetaceae – Equisétacées

**Nom :** *Equi-* lat. « cheval » ; *-setum* lat. « poil » (d'un animal) ; *arvense* lat. « champ »

**Caractères :** 10 à 60 cm de haut et de 3 à 5 mm d'épaisseur ; rameaux le plus souvent dressés et à peine ramifiés ; toujours dépourvue d'épaississement sommital en massue (= tiges stériles ; les tiges fertiles sont jaunâtres ou brunâtres, atteignent 25 cm de haut, sont dépourvues de rameaux axillaires, mais portent à leur sommet l'épi de 1 à 4 cm de long, en forme de massue, qui contient les sporanges)

**Reproduction :** maturité des spores de mars à mai ; dissémination par le vent

**Milieu :** jardins, champs, lieux incultes, bords des chemins et des rues, voies ferrées

**Bon à savoir :** informations communes à l'ensemble des prêles ➤ voir Prêle des rivières (p. 19). • On prend de la tisane de tiges vertes séchées en cas d'irritations et d'inflammations des voies urinaires.

## *Equisetum palustre* L. Prêle des marais

**Famille :** Equisetaceae – Equisétacées

**Nom :** *Equi-* lat. « cheval » ; *-setum* lat. « poil » (d'un animal) ; *palustre* lat. « marécage »

**Caractères :** 20 à 60 cm de haut et jusqu'à 4 mm d'épaisseur ; rameaux dressés et non ramifiés ; au sommet peut se trouver un épaississement en forme de massue de 1 à 3 cm de long (épi sporangifère)

**Reproduction :** maturité des spores de juin à septembre ; dispersion par le vent

**Milieu :** fossés, marécages, prairies marécageuses

**Bon à savoir :** informations communes à l'ensemble des prêles ➤ voir Prêle des rivières (p. 19). Toute la plante est toxique, notamment pour les animaux (chevaux, bétail).

## *Equisetum fluviatile* L. Prêle des rivières

**Famille :** Equisetaceae – Equisétacées

**Nom :** *Equi-* lat. « cheval » ; *-setum* lat. « poil » (d'un animal) ; *fluviatile* lat. « fleuve »

**Caractères :** 30 à 120 cm de haut et de 5 à 8 mm d'épaisseur ; rameaux dressés et non ramifiés (parfois aussi sans rameaux axillaires) ; au sommet peut se trouver un épaississement en forme de massue de 1 à 3 cm de long (épi sporangifère)

**Reproduction :** maturité des spores de mai à juillet ; dissémination par le vent

**Milieu :** bord des lacs, étangs, roselières, fossés

**Bon à savoir :** les prêles, « fossiles vivants », ont toujours le même aspect extérieur que leurs ancêtres qui poussaient au paléozoïque il y a environ 400 millions d'années. C'est à cette époque que la diversité des prêles fut à son maximum, et il en existait aussi des espèces arborescentes atteignant 20 m de haut. On n'en trouve plus aujourd'hui qu'environ 30 espèces à travers le monde, dont une dizaine en Europe tempérée. • Les tiges paraissent composées d'éléments imbriqués les uns dans les autres (comme articulés). Les écailles en forme de dents qui recouvrent la base des ramifications sont en réalité les feuilles de la plante. La photosynthèse prend place à la fois dans les tiges et dans les rameaux. • Reproduction des prêles : les spores se développent dans les sporanges de l'épi du sommet de la tige, et seront ensuite dispersées par le vent. Dans les environnements humides, elles se développent sous la forme d'une minuscule petite feuille (prothalle). À sa face inférieure se trouvent des organes sexuels soit femelles (archégones) soit mâles (anthéridies), qui produisent ensuite des cellules reproductrices femelles (ovules) ou mâles (spermatozoïdes). Les spermatozoïdes rejoignent les ovules grâce à leur flagelle et les fécondent. Une nouvelle prêle se développe aussitôt à partir de cet ovule fécondé. • Les prêles stockent du silicium dans leurs parois cellulaires, ce qui les rend abrasives et explique leur utilisation passée pour récurer les poêles.

**41** **a** Plante ayant (en apparence) une tige ramifiée ; divisions des feuilles (pennes) de 8 mm de large au maximum, en forme d'éventail ou de losange ▶ ***Asplenium ruta-muraria***

**b** Plante à tige non ramifiée, ne présentant que des feuilles partant de la base, qui « sortent du sol » 42

**42** **a** Feuilles pennées, c.-à-d. composées de « segments » (pennes) distribués de chaque côté de la nervure centrale 43

**b** Feuilles non pennées, à marge tout au plus dentée 57 (p. 26)

**43** **a** Feuilles croissant dans l'eau (fossés, ruisseaux, marais) ▶ ***Berula erecta*** (p. 110)

**b** Feuilles ne poussant pas dans l'eau 44

## *Asplenium ruta-muraria* L. Rue des murailles

**Famille :** Aspleniaceae – Aspléniacées

**Nom :** *Asplenium* dérivé du grec « rate » ; *ruta-* lat. « losange » ; *-muraria* lat. « mur »

**Caractères :** plante de 5 à 10 cm de haut ; pennes vert sombre, mats, un peu épais, avec des dents fines au sommet ; dessous des pennes portant parfois des sporanges alignés

**Reproduction :** maturité des spores de juillet à septembre ; dispersion par le vent

**Milieu :** rochers, murs, sur calcaire

**Bon à savoir :** informations communes à l'ensemble des fougères ➤ voir Capillaire des murailles (p. 26)

## *Polystichum aculeatum* (L.) Polystic à aiguillons

**Famille :** Dryopteridaceae – Dryoptéridacées

**Nom :** *Poly-* grec « beaucoup » ; *-stichum* grec « rangée », « rang » ; *aculeatum* lat. « épineux »

**Caractères :** feuilles de 25 à 90 cm de long, ovales à allongées, vert sombre, luisantes, coriaces, divisées en pennes elles-mêmes composées de pinnules dont la marge est bordée de dents aiguës ; dessous, des pinnules portant parfois des sporanges arrondis ; pétiole (« tige » de la feuille) muni de nombreuses écailles

**Reproduction :** maturité des spores de juin à septembre ; dispersion par le vent

**Milieu :** forêts de ravins et forêts de montagne

**Bon à savoir :** informations communes à l'ensemble des fougères ➤ voir Capillaire des murailles (p. 26)

**44** **a** Pennes profondément découpées ou divisées en segments encore plus petits (pinnules) 45
**b** Pennes ni profondément découpées ni divisées en pinnules 55 (p. 26)

**45** **a** Bord des pinnules avec des dents aiguës 46
**b** Bord des pinnules non denté, ou avec des dents qui ne sont pas aiguës 48

**46** **a** Pinnules les plus grandes profondément découpées 47
**b** Pinnules non profondément découpées ▶ ***Polysticum aculeatum***

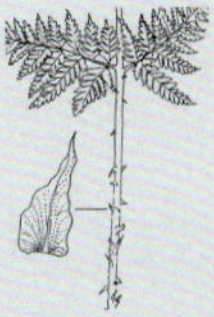

**47** **a** Pétiole (« tige » de la feuille) portant de nombreuses écailles ▶ ***Dryopteris dilatata*** ...
**b** Pétiole portant seulement quelques écailles ▶ ***Dryopteris carthusiana***

## *Dryopteris dilatata* (Hoffm.) Dryoptéris dilaté

**Famille :** Dryopteridaceae – Dryoptéridacées

**Nom :** *Dryo-* grec « chêne » ; *pteris* grec « fougère » ; *dilatata* lat. « élargi »

**Caractères :** feuilles de 20 à 150 cm de long, triangulaires à ovales, vert sombre, coriaces, à pennes composées de pinnules dont les plus grandes sont profondément découpées, pinnules bordées de dents aiguës ; dessous des pinnules portant parfois des sporanges arrondis ; pétiole de la feuille avec de nombreuses écailles ornées d'une bande centrale sombre

**Reproduction :** maturité des spores de juillet à août ; dispersion par le vent

**Milieu :** forêts, chaos rocheux

**Bon à savoir :** informations communes à l'ensemble des fougères ➤ voir Capillaire des murailles (p. 26)

## *Dryopteris carthusiana* (Vill.) Dryoptéris de Chartreuse

**Famille :** Dryopteridaceae – Dryoptéridacées

**Nom :** *Dryo-* grec « chêne » ; *pteris* grec « fougère » ; *carthusiana* « de la Grande Chartreuse » (près de Grenoble)

**Caractères :** feuilles de 15 à 90 cm de long, triangulaires à ovales, vert clair, à pennes composées de pinnules dont les plus grandes sont profondément découpées, pinnules bordées de dents aiguës ; dessous des pinnules portant parfois des sporanges arrondis ; pétiole de la feuille portant peu d'écailles, celles-ci unicolores

**Reproduction :** maturité des spores de juillet à août ; dispersion par le vent

**Milieu :** tourbières, marécages boisés, forêts

**Bon à savoir :** informations communes à l'ensemble des fougères ➤ voir Capillaire des murailles (p. 26)

**48** **a** Feuilles à contour ovale, c.-à-d. que les pennes inférieures sont plus courtes que celles situées au milieu **49**

**b** Feuilles à contour triangulaire, c.-à-d. que les pennes inférieures sont plus longues que celles du milieu **52**

**49** **a** Pinnules dentées **50**

**b** Pinnules à marge non dentée ▶ ***Oreopteris limbosperma***

## *Oreopteris limbosperma* (All.) Fougère des montagnes

**Famille :** Thelypteridaceae – Thélypteridacées

**Nom :** *Oreo-* grec « montagne » ; *-pteris* grec « fougère » ; *limbo-* lat. « bord », « ourlet » ; *-sperma* grec « graine »

**Caractères :** feuilles de 30 à 120 cm de long, ovales à allongées, vert clair, nettement odorantes lorsqu'on les froisse, composées de pennes disposées de chaque côté de la nervure centrale et à bord lisse ou à dents indistinctes ; dessous des pennes portant parfois des sporanges arrondis ; pétiole de la feuille muni d'écailles dans le bas

**Reproduction :** maturité des spores de juin à septembre ; dispersion par le vent

**Milieu :** pâturages, forêts de feuillus mélangés

**Bon à savoir :** informations communes à l'ensemble des fougères ➤ voir Capillaire des murailles (p. 26)

## *Cystopteris fragilis* (L.) Bernh. Cystoptéride fragile

**Famille :** Woodsiaceae – Woodsiacées

**Nom :** *Cysto-* grec « bulle », « vésicule » ; *-pteris* grec « fougère » ; *fragilis* lat. « fragile »

**Caractères :** feuilles de 10 à 40 cm de long, ovales à allongées, vert clair, à pennes composées de pinnules dont les plus grandes sont elles-mêmes divisées, pinnules bordées de dents ; dessous des pinnules portant parfois des sporanges arrondis ; pétiole de la feuille muni d'écailles avant tout dans le bas

**Reproduction :** maturité des spores de juillet à septembre ; dispersion par le vent

**Milieu :** Rochers, éboulis, murs, le plus souvent sur sol calcaire

**Bon à savoir :** informations communes à l'ensemble des fougères ➤ voir Capillaire des murailles (p. 26)

**50** **a** Feuilles pour la plupart dépassant 40 cm de long **51**

**b** Feuilles (pétiole inclus) atteignant au plus 40 cm de long ▶ ***Cystopteris fragilis***

**51** **a** Pennes inférieures divisées jusqu'à la nervure centrale en petites pinnules ▶ ***Athyrium filix-femina*** ..........

**b** Pennes inférieures profondément découpées, mais sans atteindre tout à fait la nervure centrale ▶ ***Dryopteris filix-mas*** ..........

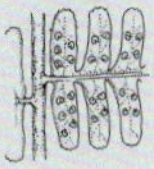

## *Athyrium filix-femina* (L.) Fougère femelle

**Famille :** Woodsiaceae – Woodsiacées

**Nom :** *Athyrium* grec « sans portes » ; *filix-* lat. « fougère » ; *-femina* lat. « femelle »

**Caractères :** feuilles de 30 à 120 cm de long, ovales, vert clair, à pennes composées de pinnules dont les plus grandes sont à leur tour profondément découpées, pinnules à bord denté ; dessous des pinnules portant parfois des sporanges allongés ou en croissant ; pétiole de la feuille portant des écailles surtout dans le bas

**Reproduction :** maturité des spores de juillet à septembre ; dispersion par le vent

**Milieu :** forêts

**Bon à savoir :** informations communes à l'ensemble des fougères ➤ voir Capillaire des murailles (p. 26)

## *Dryopteris filix-mas* (L.) Fougère mâle

**Famille :** Dryopteridaceae – Dryopteridacées

**Nom :** *Dryo-* grec « chêne » ; *-pteris* grec « fougère » ; *filix-* lat. « fougère » ; *-mas* lat. « mâle »

**Caractères :** feuilles de 30 à 120 cm de long, ovales, vert clair, composées de pennes disposées de part et d'autre de la nervure centrale, à marge dentée ; dessous des pennes portant parfois des sporanges arrondis ; pétiole de la feuille muni d'écailles surtout dans le bas

**Reproduction :** maturité des spores de juillet à septembre ; dispersion par le vent

**Milieu :** pâturages, forêts

**Bon à savoir :** informations communes à l'ensemble des fougères ➤ voir Capillaire des murailles (p. 26). • Les racines, les tiges et surtout les jeunes plantes sont toxiques. Les symptômes d'intoxication sont notamment : nausées, vomissements, diarrhées, troubles respiratoires et de la circulation. Les ruminants y sont particulièrement sensibles et 25 g de fougère suffisent à tuer un mouton, 40 g un bovin. • La Fougère mâle contient des substances répulsives pour le ténia ; on utilise des extraits de racine séchée dans les cures contre les vers.

**52** **a** Plante atteignant 250 cm de haut ▶ *Pteridium aquilinum*
**b** Plante ne dépassant pas 60 cm de haut **53**

**53** **a** Pennes les plus inférieures nettement dirigées vers le bas ▶ *Phegopteris connectilis*
**b** Pennes les plus inférieures non ou à peine dirigées vers le bas **54**

## *Pteridium aquilinum* (L.) Fougère-aigle

**Famille :** Dennstaedtiaceae – Dennstaedtiacées

**Nom :** *Pteri-* grec « fougère » ; *-dium* grec « aile » ; *aquilinum* lat. « aigle »

**Caractères :** feuilles de 40 à 250 cm de long, triangulaires, coriaces, à pennes composées de pinnules dont les plus grandes sont profondément découpées à leur tour, bord des pinnules lisse ou un peu denté ; pinnules portant parfois en dessous des sporanges alignés au bord ; pétiole de la feuille jaunâtre, dépourvu d'écailles

**Reproduction :** maturité des spores de juillet à septembre ; dispersion par le vent

**Milieu :** pâturages embroussaillés, landes, forêts, coupes forestières

**Bon à savoir :** informations communes à l'ensemble des fougères ➤ voir Capillaire des murailles (p. 26). • La Fougère-aigle développe des racines traçantes souterraines à l'origine de vastes et denses peuplements au sein desquels les autres espèces initialement présentes peinent à subsister. • Toute la plante est toxique, en particulier pour les bovins et les chevaux ; elle contient des substances cancérigènes.

## *Phegopteris connectilis* (Michx.) Fougère du Hêtre

**Famille :** Thelypteridaceae – Thélyptéridacées

**Nom :** *Phego-* origine incertaine ; *-pteris* grec « fougère » ; *connectilis* lat. « associé »

**Caractères :** feuilles de 10 à 40 cm de long, triangulaires, vert clair, velues, composées de pennes disposées de part et d'autre de la nervure centrale, les deux inférieures dirigées vers le bas, bord des pennes lisse ou à dents indistinctes ; dessous des pennes portant parfois des sporanges arrondis ; pétiole de la feuille au moins aussi long que la feuille elle-même, avec quelques écailles dans le bas

**Reproduction :** maturité des spores de juin à septembre ; dispersion par le vent

**Milieu :** forêts

**Bon à savoir :** informations communes à l'ensemble des fougères ➤ voir Capillaire des murailles (p. 26)

**54** **a** Pennes les plus inférieures presque aussi grandes que le reste de la feuille
▶ *Gymnocarpium dryopteris*

**b** Pennes les plus inférieures plus petites que le reste de la feuille ▶ *Gymnocarpium robertianum*

## *Gymnocarpium dryopteris* (L.) Polypode dryoptère

**Famille :** Woodsiaceae – Woodsiacées

**Nom :** *Gymno-* grec « nu » ; *-carpium* grec « fruit » ; *dryo-* grec « chêne » ; *-pteris* grec « fougère »

**Caractères :** feuilles de 10 à 45 cm de long, triangulaires, vert clair, à pennes composées de pinnules, les plus grandes d'entre elles étant à leur tour profondément divisées ; pennes les plus inférieures presque aussi grandes que tout le reste de la feuille, bord des pinnules lisse ou à dents obtuses ; dessous des pinnules portant parfois des sporanges arrondis ; pétiole au minimum deux fois plus long que la feuille, portant tout au plus quelques écailles dans le bas

**Reproduction :** maturité des spores de juin à septembre ; dispersion par le vent

**Milieu :** forêts, chaos rocheux

**Bon à savoir :** informations communes à l'ensemble des fougères ➤ voir Capillaire des murailles (p. 26)

## *Gymnocarpium robertianum* (Hoffm.) Polypode de Robert

**Famille :** Woodsiaceae – Woodsiacées

**Nom :** *Gymno-* grec « nu » ; *-carpium* grec « fruit » ; *robertianum* lat. « de Robert »

**Caractères :** feuilles de 10 à 50 cm de long, triangulaires, vert clair, à pennes composées de pinnules, les plus grandes d'entre elles étant à leur tour profondément divisées, pennes les plus inférieures plus petites que le reste de la feuille, bord des pinnules lisse ou à dents obtuses ; dessous des pinnules portant parfois des sporanges arrondis ; pétiole au maximum deux fois plus long que la feuille, portant quelques écailles en bas

**Reproduction :** maturité des spores de juin à septembre ; dispersion par le vent

**Milieu :** forêts rocheuses, éboulis calcaires, murs

**Bon à savoir :** informations communes à l'ensemble des fougères ➤ voir Capillaire des murailles (p. 26)

**55** **a** Feuilles larges de 2 cm au maximum ▶ ***Asplenium trichomanes***
**b** Feuilles dépassant 2 cm de large **56**

**56** **a** Pennes inférieures nettement plus courtes que celles du milieu ▶ ***Blechnum spicant***
**b** Pennes inférieures de longueur plus ou moins égale à celles du milieu
▶ ***Polypodium vulgare***

**57** **a** Feuilles profondément découpées jusqu'à la nervure centrale, et perpendiculairement à cette dernière **56**
**b** Feuilles non découpées **58**

## *Asplenium trichomanes* L. Capillaire des murailles

**Famille :** Aspleniaceae – Aspléniacées

**Nom :** *Asplenium* dérivé du grec « rate » ; *tricho-* grec « poil » ; *-manes* grec « fin », « étroit »

**Caractères :** feuilles de 5 à 25 cm de long, allongées, vert sombre, composées de pennes disposées de part et d'autre de la nervure centrale et bordées de dents obtuses ; dessous des pennes portant parfois des sporanges arrondis ; pétioles des feuilles brun-noir à brun-rouge, luisants

**Reproduction :** maturité des spores de juillet à août ; dispersion par le vent

**Milieu :** rochers, murs

**Bon à savoir :** les fougères forment un groupe de plantes ancien, qui apparut pour la première fois au cours du carbonifère, il y a environ 350 millions d'années. La majeure partie des quelque 12 000 espèces qui le composent est tropicale et l'Europe tempérée n'en compte qu'une centaine à peine. • Reproduction des fougères : les spores se développent dans les sporanges situés au revers des feuilles, et sont ensuite dispersées par le vent. Dans les environnements humides, elles se développent sous la forme d'une minuscule feuille (prothalle). À sa face inférieure se trouvent des organes sexuels soit femelles (archégones), soit mâles (anthéridies), qui produisent ensuite des cellules reproductrices femelles (ovules) ou mâles (spermatozoïdes). Les spermatozoïdes rejoignent les ovules grâce à leur flagelle et les fécondent. Une nouvelle fougère se développe aussitôt à partir de cet ovule fécondé. Avant que le système de reproduction des fougères ne soit connu, on pensait que la Fougère femelle *(Athyrium filix-femina)* était la forme femelle, et que la Fougère mâle *(Dryopteris filix-mas)* en constituait la forme mâle ; d'où leurs noms communs.

**58** **a** Feuilles longues et étroites, ne dépassant pas 5 cm de large
▶ ***Colchicum autumnale*** (p. 276)
**b** Feuilles arrondies, larges de plus de 5 cm **59**

**59** **a** Diamètre du pétiole de la feuille ne dépassant pas 6 mm **60**
**b** Diamètre du pétiole de la feuille atteignant 15 mm ▶ ***Petasites hybridus*** (p. 150)

**60** **a** Dessus des feuilles vert sombre ; dents de la marge des feuilles avec une pointe sombre
▶ ***Tussilago farfara*** (p. 135)
**b** Dessus des feuilles vert clair ; dents sans pointe sombre ▶ ***Petasites albus*** (p. 160)

## *Blechnum spicant* (L.) Roth **Blechne en épi**

**Famille :** Blechnaceae – Blechnacées

**Nom :** *Blechnum* nom grec d'une espèce de fougère ; *spicant* dérivé du lat. « pointu », « aigu »

**Caractères :** feuilles de 20 à 70 cm de long, allongées, vert sombre, luisantes, coriaces, composées de pennes de 3 à 5 mm de large et disposées de part et d'autre de la nervure centrale, plus ou moins appliquées contre le sol ; parfois, au milieu de la touffe de feuilles, se trouvent des feuilles dressées composées de pennes atteignant 2 mm de large à la face inférieure desquelles se trouvent les lignes de sporanges

**Reproduction :** maturité des spores de juillet à septembre ; dispersion par le vent

**Milieu :** forêts

**Bon à savoir :** informations communes à l'ensemble des fougères ➤ voir Capillaire des murailles (p. 26)

## *Polypodium vulgare* L. **Polypode commun**

**Famille :** Polypodiaceae – Polypodiacées

**Nom :** *Poly-* grec « beaucoup » ; *-podium* grec « petits pieds » ; *vulgare* lat. « commun »

**Caractères :** feuilles de 10 à 45 cm de long, triangulaires à allongées, coriaces, composées de pennes disposées de part et d'autre de la nervure centrale, dont la marge est lisse ou un peu dentée ; dessous des feuilles portant parfois des sporanges arrondis ; pétioles des feuilles dépourvus d'écailles

**Reproduction :** maturité des spores de juillet à août ; dispersion par le vent

**Milieu :** forêts, tronc des arbres, rochers

**Bon à savoir :** informations communes à l'ensemble des fougères ➤ voir Capillaire des murailles (p. 26). • On peut préparer une tisane à partir des racines séchées, utilisée en cas de bronchites, de toux ou d'insuffisance hépatique.

**71** **a** Rameaux portant des épines ou des aiguillons **185** (p. 77)
**b** Rameaux sans épines ni aiguillons **72**

**72** **a** Plante munie de vrilles, c.-à-d. de prolongements filiformes au bout de la nervure centrale des feuilles, qui peuvent s'enrouler autour d'un support **447** (p. 179)......

**b** Plante dépourvue de vrilles **73**

**73** **a** Feuilles opposées, c.-à-d. disposées deux à deux, face à face, au même niveau d'insertion sur la tige **79** ..........................................................

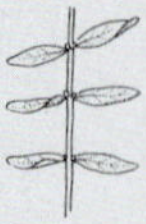

**b** Feuilles alternes, c.-à-d. non situées face à face **74** ...........................

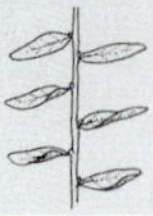

## *Hedera helix* L. Lierre

**Famille :** Araliaceae – Araliacées

**Nom :** *Hedera* lat. « s'attacher » ; *helix* grec « spirale »

**Caractères :** plante grimpante pouvant atteindre 20 m de haut et vivre 150 ans ; feuilles persistantes de 4 à 10 cm de diamètre, à 3 à 5 lobes, coriaces, luisantes dessus, à réseau de nervures d'un vert plus clair ; fleurs jusqu'à 5 mm de diamètre, à 5 pétales vert jaunâtre, en inflorescences semi-globuleuses ; fruits (baies) globuleux, de 8 à 10 mm, noir bleuté

**Reproduction :** floraison de septembre à octobre ; hermaphrodite ; pollinisation par les insectes ; dispersé par les animaux (ex. Merle, Grives musicienne ou draine, Rouge-queue à front blanc, Fauvette à tête noire, Pigeon ramier, Étourneau sansonnet)

**Milieu :** forêts de feuillus, plus rarement de conifères, également rochers et murs

**Bon à savoir :** les petites racines des rameaux servent uniquement au lierre à s'ancrer sur son support, et ne prélèvent ni eau ni nutriments ; le Lierre n'est donc pas une plante parasite. Néanmoins, les plantes envahies par le lierre peuvent voir leur croissance entravée par l'ombrage qu'il crée. • Le lierre fleurit exclusivement en situation suffisamment éclairée ; il développe alors des feuilles ovales, contrairement à celles, lobées, des rameaux non florifères. Ce phénomène rare porte le nom d'hétérophyllie (feuilles présentant au moins deux types différents). • Feuilles et fruits sont toxiques. Les symptômes sont des éruptions cutanées, des nausées, des vomissements, des maux de tête, des troubles du rythme cardiaque. Des préparations à base de feuilles sont employées en cas d'infection des voies respiratoires et de bronchites. • Source importante de nourriture pour les abeilles en automne.

## *Solanum dulcamara* L. Douce-amère

**Famille :** Solanaceae – Solanacées

**74** **a** Feuilles luisantes, un peu coriaces ▶ ***Hedera helix***
**b** Feuilles ni luisantes ni coriaces 75

**75** **a** Fleurs violettes ▶ ***Solanum dulcamara***
**b** Fleurs verdâtres, blanches ou roses 76

**76** **a** Fleurs au minimum de 15 mm de long, élargies en entonnoir 77
**b** Fleurs nettement plus petites, n'ayant pas une forme d'entonnoir 78

**77** **a** Fleurs au maximum de 25 mm de long ▶ ***Convolvulus arvensis***
**b** Fleurs au minimum de 35 mm de long ▶ ***Calystegia sepium*** (p. 30)

**Nom :** *Solanum* origine incertaine ; *dulc-* lat. « sucré » ; *-amara* lat. « amer »

**Caractères :** tiges jusqu'à 2 m de long, souvent grimpantes ; feuilles allongées, souvent triangulaires ; fleurs de 12 mm de diamètre environ, à 5 pétales violets et à étamines d'un orangé frappant ; fruits (baies) d'environ 10 mm de long, rouges et luisants

**Reproduction :** floraison de juin à août ; hermaphrodite ; pollinisation par les insectes ; dispersion des baies par les animaux

**Milieu :** berges, fourrés, forêts alluviales, coupes forestières

**Bon à savoir :** toute la plante est extrêmement toxique. Les principaux symptômes d'une intoxication sont des nausées, des vomissements, une dilatation des pupilles, des difficultés d'élocution, des troubles du rythme cardiaque, des gênes respiratoires voire une paralysie. La consommation d'une dizaine de baies seulement peut être mortelle.

## *Convolvulus arvensis* L. Liseron des champs

**Famille :** Convolvulaceae – Convolvulacées

**Nom :** *Convolvulus* lat. « s'enrouler », « se tordre », « s'entortiller » ; *arvensis*, lat. « champ »

**Caractères :** tiges jusqu'à 1 m de long, rampant généralement au sol, rarement grimpantes ; feuilles en forme de flèche, jusqu'à 4 cm de long ; fleurs jusqu'à 40 mm de diamètre, blanches, rayées de rose ou entièrement roses ; fruits (capsules) ovoïdes, de 5 à 8 mm de long

**Reproduction :** floraison de juin à septembre ; hermaphrodite ; pollinisation par les insectes ; dispersion des graines par les animaux

**Milieu :** jardins, champs, vignes, bords des chemins

**Bon à savoir :** les fleurs ne durent qu'une journée et se referment par temps frais. • Multiplication végétative par stolons et drageons. De nouvelles plantes peuvent également se développer à partir de fragments racinaires.

**78** **a** Tiges rugueuses, minces ▶ ***Fallopia convolvulus***

**b** Tiges non rugueuses, robustes ▶ ***Fallopia dumetorum***

## *Calystegia sepium* (L.) R. Br.
## Grand Liseron

**Famille :** Convolvulaceae – Convolvulacées

**Nom :** *Caly-* lat. « calice » ; *-stegia* grec « couverture » ; *sepium* lat. « clôture »

**Caractères :** tiges jusqu'à 3 m de long, généralement grimpantes ; feuilles en forme de flèche ou de cœur, jusqu'à 12 cm de long ; fleurs atteignant 60 mm de diamètre, blanches ; fruits (capsules) ovoïdes, de 7 à 12 mm de long

**Reproduction :** floraison de juin à septembre ; hermaphrodite ; pollinisation par les insectes (Sphinx du liseron *Agrius convolvuli*) ; dispersion des graines sans agent extérieur

**Milieu :** roselières, fourrés, haies, forêts alluviales, coupes forestières, jardins, terres incultes

**Bon à savoir :** s'enroule autour de son support dans le sens inverse des aiguilles d'une montre. • Les feuilles orientent leurs limbes de manière optimale par rapport au soleil.

## *Fallopia convolvulus* (L.)
## Renouée faux liseron

**Famille :** Polygonaceae – Polygonacées

**Nom :** *Fallopia* d'après Gabriel Falloppio, anatomiste et chirurgien italien (1523-1562) ; *convolvulus* lat. « s'enrouler », « se tordre », « s'entortiller »

**Caractères :** tige jusqu'à 1,5 m de long, coudée çà et là ; feuilles en forme de flèche ou de pelle ; petites fleurs à 5 pétales verdâtres, en inflorescences lâches ; fruits (akènes) de 4 à 5 mm de long, noirs et mats

**Reproduction :** floraison de juillet à septembre ; hermaphrodite ; autofécondation ; dispersion des graines par les animaux

**Milieu :** jardins, champs, lieux incultes

**79** **a** Feuilles composées de 3 à 5 folioles ▶ *Clematis vitalba*

**b** Feuilles tout au plus découpées, mais non divisées en folioles 80

## *Fallopia dumetorum* (L.) Holub
## Renouée des haies

**Famille :** Polygonaceae – Polygonacées

**Nom :** *Fallopia* d'après Gabriel Falloppio, anatomiste et chirurgien italien (1523-1562) ; *dumetorum* lat. « haie », « fourré »

**Caractères :** tige jusqu'à 3 m de long, coudée çà et là ; feuilles en forme de flèche ou de pelle ; petites fleurs à 5 pétales verdâtres, en inflorescences lâches ; fruits (akènes) d'environ 3 mm de long, noirs et luisants, entourés d'une aile large de plus ou moins 1,5 mm

**Reproduction :** floraison de juillet à septembre ; hermaphrodite ; autofécondation ; dispersion des graines par le vent

**Milieu :** berges des rivières, fourrés, haies, forêts alluviales, clairières forestières, lisières

## *Clematis vitalba* L. Clématite des haies

**Famille :** Ranunculaceae – Renonculacées

**Nom :** *Clematis* grec « rameau », « vrille » ; *vit-* lat. « vigne » ; *-alba* lat. « blanc »

**Caractères :** liane grimpante et entrelacée pouvant atteindre 10 m de haut ; feuilles opposées, à 3 ou 5 folioles, à marge irrégulièrement dentée ou découpée ; fleurs jusqu'à 25 mm de diamètre, à 4 pétales blancs ; de nombreux fruits (carpelles) par fleur, chacun muni d'un long style blanc argenté plumeux (dispositif de vol)

**Reproduction :** floraison de juillet à août ; hermaphrodite ; pollinisation par les insectes ; dispersion des graines par le vent

**Milieu :** fourrés, forêts, bords des chemins, coupes forestières

**Bon à savoir :** les pétioles des feuilles de la Clématite des haies s'enroulent autour de leur support et y restent attachés, même après le dépérissement des feuilles. • La croissance des plantes envahies par la Clématite des haies peut être entravée en raison de l'ombrage créé par ses feuilles. • Toute la plante est toxique.

**80** **a** Marge des feuilles dentée ▶ ***Humulus lupulus***
**b** Marge des feuilles non dentée ▶ ***Lonicera periclymenum***

## *Humulus lupulus* L. Houblon

**Famille :** Cannabaceae – Cannabacées

**Nom :** *Humulus* origine incertaine ; *lupulus* nom latin donné à cette espèce

**Caractères :** liane grimpante pouvant atteindre 7 m de haut ; tiges munies de fins barbillons qui leur permettent de grimper ; feuilles à 3 ou, plus rarement, 5 lobes, les supérieures souvent non découpées, à poils rudes sur le dessus ; fleurs mâles petites, à 5 pétales verdâtres, en inflorescences lâches, fleurs femelles petites, en inflorescences ressemblant à une pomme de pin ; fruits (akènes) d'env. 3 mm de long

**Reproduction :** floraison de mai à août ; dioïque ; pollinisation par le vent ; dispersion des graines par le vent

**Milieu :** fourrés, haies, forêts alluviales, bords des chemins

**Bon à savoir :** s'enroule sur son support dans le sens des aiguilles d'une montre. • Plante-hôte des chenilles du papillon Robert-le-Diable *Polygonia c-album*. • Les glandes des fleurs femelles contiennent du lupulin et de l'humulone, qui donnent son goût caractéristique à la bière. • Les jeunes pousses tendres peuvent être consommées comme des asperges.

## *Lonicera periclymenum* L. Chèvrefeuille des haies

**Famille :** Caprifoliaceae – Caprifoliacées

**Nom :** *Lonicera* d'après Adam Lonitzer, botaniste allemand (1528-1586) ; *peri-* grec « autour de » ; *-clymenum* « s'enrouler »

**Caractères :** liane grimpante pouvant atteindre 5 m de haut ; feuilles opposées, longues de 3 à 10 cm, ovales à lancéolées, vert bleuâtre dessous ; fleurs à symétrie bilatérale, longues de 40 à 50 mm, jaunâtres, odorantes (particulièrement le soir), partie haute de la fleur (lèvre supérieure) découpée en 4 lobes, lèvre inférieure non découpée, fleurs disposées en couronne ; fruits (baies) globuleux, rouges et luisants

**Reproduction :** floraison de juin à août ; hermaphrodite ; pollinisation par les insectes (papillons de nuit) ; dispersion des graines par les animaux (ex. Fauvette à tête noire)

**91** **a** Plante dépourvue de feuilles complètement développées, mais possédant des fleurs **92**
**b** Plante possédant des feuilles, avec ou sans fleurs **106** (p. 36)

**92** **a** Fleurs à 4 pétales rosés ▶ ***Daphne mezereum***
**b** Fleurs différentes **93**

**93** **a** Fleurs à 5 pétales blancs **94**
**b** Fleurs non blanches, petites, disposées en inflorescences allongées ou en bouquets denses **95**

**Milieu :** fourrés, forêts de feuillus, bords des chemins

**Bon à savoir :** s'enroule sur son support dans le sens des aiguilles d'une montre. • Les fruits sont toxiques. Les principaux symptômes d'une intoxication sont des vomissements, des diarrhées, des troubles respiratoires et du rythme cardiaque.

## *Daphne mezereum* L. Daphné bois-gentil

**Famille :** Thymeleaceae – Thymeleacées

**Nom :** *Daphne* grec « laurier » (en raison de la forme des feuilles du Daphné lauréole, plus commun) ; *mezereum* nom perse donné à cette espèce

**Caractères :** arbuste atteignant 1,2 m ; feuilles de 2 à 10 cm de long, allongées, disposées surtout en toupet au sommet des tiges ; fleurs jusqu'à 10 mm de diamètre, à 4 pétales roses, odorantes, placées vers le haut des tiges, fleurissant avant le développement des feuilles ; fruits (baies) globuleux, de 6 à 10 mm, rouges et luisants

**Reproduction :** floraison de février à avril ; hermaphrodite ; pollinisation par les insectes ; dispersion des graines par les animaux (ex. Fauvette à tête noire)

**Milieu :** forêts de feuillus (en particulier de hêtres), plus rarement forêts de conifères

**Bon à savoir :** seule plante d'Europe tempérée à produire des fleurs et des fruits directement insérés sur les rameaux. Ce phénomène, connu sous le nom de cauliflorie, est répandu chez les plantes ligneuses tropicales, comme le cacaoyer *(Theobroma cacao)* par exemple. • Toute la plante, et en particulier les fruits et l'écorce, est extrêmement toxique. Les principaux symptômes d'une intoxication sont des nausées, des convulsions, la paralysie, et enfin le collapsus cardio-vasculaire. Pour un adulte, 10 à 12 baies sont une dose létale, et bien sûr moins pour les enfants.

**94** **a** Plante munie de courts rameaux en épine ▶ ***Prunus spinosa***
**b** Plante dépourvue de rameaux épineux ▶ ***Prunus avium*** (p. 35)

**95** **a** Plante à inflorescences disposées en bouquets **96**
**b** Plantes à inflorescences allongées de 1 à 10 cm de long (chatons) **98** ...

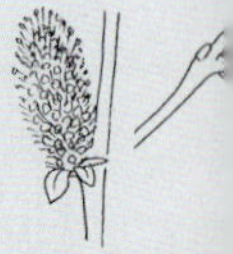

**96** **a** Fleurs vert jaunâtre, en bouquets lâches ▶ ***Acer platanoides*** (p. 73)
**b** Fleurs d'une autre couleur, en bouquets denses et courts **97**

**97** **a** Fleurs en petits bouquets violets, verdâtres ou noirâtres ; bourgeons des feuilles d'un noir mat ▶ ***Fraxinus excelsior*** (p. 76)
**b** Fleurs en petits bouquets rougeâtres ; bourgeons brun sombre ▶ ***Ulmus glabra*** (p. 54)

**98** **a** Chatons raides et dressés (obliquement), longs de 5 cm maximum **99**
**b** Chatons pendant mollement, dépassant généralement 5 cm de long **103**

**99** **a** Jeunes rameaux plus ou moins velus **100**
**b** Jeunes rameaux généralement glabres, luisants, souvent brun-rouge ▶ ***Salix purpurea*** (p.

## *Prunus spinosa* L. Épine noire, Prunellier

**Famille :** Rosaceae – Rosacées

**Nom :** *Prunus* lat. terme générique pour désigner un noyau ; *spinosa* lat. « épineux »

**Caractères :** arbuste atteignant 4 m de haut, muni de courts rameaux terminés en épine ; feuilles de 2 à 5 cm de long, ovales, à marge finement dentée ; fleurs de 10 à 15 mm de diamètre, à 5 pétales blancs, fleurissant avant l'apparition des feuilles ; fruits (drupes) globuleux, de 10 à 15 mm, recouverts d'une poussière bleutée (pruine) qui s'enlève au toucher

**Reproduction :** floraison en avril ; hermaphrodite ; pollinisation par les insectes ; dispersion des graines par les animaux (ex. Mésanges, Grive litorne, Fauvette à tête noire)

**Milieu :** fourrés, haies, bords des chemins

**Bon à savoir :** plante nourricière des chenilles du Flambé *(Iphiclides podalirius)*, du Gazé *(Aporia crataegi)*, ainsi que des Théclas du bouleau *(Thecla betulae)* et du Prunier *(Fixsenia pruni)*. • Les graines contenues dans le noyau contiennent de l'acide glycolique et sont toxiques. Les principaux symptômes d'une intoxication sont une haleine à l'odeur typique d'amande amère, une salivation excessive, des vomissements, des maux de tête, des vertiges et des troubles – voire une paralysie – de la respiration. • Les fruits sont comestibles, mais d'un intérêt gustatif limité en raison de leur forte teneur en tanins ; on peut en faire des gelées ou les utiliser pour aromatiser des yaourts.

**100 a** Arbuste de 2 m de haut maximum ▶ *Salix aurita* (p. 59)
**b** Arbuste (ou petit arbre) dépassant nettement 2 m de haut **101**

**101 a** Plante poussant sur des sols très humides : berges, forêts alluviales, marécages **102**
**b** Plante poussant sur des sols peu humides : fourrés, clairières, coupes forestières, décombres ▶ *Salix caprea* (p. 58)

**102 a** Jeunes rameaux densément couverts de poils feutrés, plutôt brun-gris ▶ *Salix cinerea* (p. 59)
**b** Jeunes rameaux plus ou moins poilus, plutôt jaunâtres ▶ *Salix viminalis* (p. 61)

**103 a** Arbuste, chatons minces et jaunâtres ▶ *Corylus avellana* (p. 49)
**b** Arbre, chatons épais et généralement d'une autre couleur **104**

**104 a** Jeunes rameaux densément couverts de poils feutrés ▶ *Populus alba* (p. 71)
**b** Jeunes rameaux non ou faiblement poilus **105**

**105 a** Écorce gris-noir, fissurée, crevassée et boursouflée ▶ *Populus nigra* (p. 48)
**b** Écorce gris clair, plutôt lisse ▶ *Populus tremula* (p. 46)

## *Prunus avium* L. Merisier, Cerisier des oiseaux

**Famille :** Rosaceae – Rosacées

**Nom :** *Prunus* lat. terme générique pour désigner un noyau ; *avium* lat. « oiseau »

**Caractères :** arbre pouvant atteindre 25 m de haut et vivre 120 ans ; feuilles de 6 à 15 cm de long, ovales, dentées au bord, avec 1 à 4 glandes à nectar sur leur pétiole (petites protubérances globuleuses < 1 mm) ; fleurs jusqu'à 28 mm de diamètre, à 5 pétales blancs, fleurissant avant l'apparition des feuilles ; fruits (drupes, les « cerises ») globuleux, jusqu'à 20 mm, rouges à noirs, luisants

**Reproduction :** floraison d'avril à mai ; hermaphrodite ; pollinisation par les insectes ; dispersion des graines par les animaux (ex. Mésanges, Grives draine et musicienne, Gros-bec casse-noyaux, Pic mar, Fauvette à tête noire, Pigeon ramier, Blaireau, Renard, Fouine, Mulot sylvestre)

**Milieu :** forêts de feuillus, forêts alluviales, bords des chemins

**Bon à savoir :** forme sauvage du cerisier cultivé. • Les graines contenues dans le noyau contiennent de l'acide glycolique (acide cyanhydrique) et sont toxiques. Les principaux symptômes d'une intoxication sont une haleine à l'odeur typique d'amande amère, une salivation excessive, des vomissements, des maux de tête, des vertiges et des troubles – voire une paralysie – de la respiration. • Les fruits sont comestibles et peuvent être utilisés de la même manière que les cerises cultivées. • Le bois, semi-dur et élastique, est utilisé en ébénisterie pour confectionner meubles et instruments de musique, et en construction intérieure.

**106 a** Feuilles en forme d'aiguilles ou d'écailles, larges de 3 mm au plus **107**
**b** Feuilles de forme « normale », de plus de 3 mm de large **113** (p. 40)

**107 a** Feuilles longues de 5 mm au maximum ▶ *Calluna vulgaris*
**b** Feuilles de plus de 5 mm de long **108**

## *Calluna vulgaris* (L.) Hull **Callune**

**Famille :** Ericaceae – Éricacées

**Nom :** *Calluna* grec « nettoyer », « laver » ; *vulgaris* lat. « commun »

**Caractères :** arbrisseau nain atteignant 1 m de haut ; feuilles persistantes en forme d'aiguilles ou d'écailles, de 1 à 3 mm de long, disposées sur 4 rangs le long des rameaux ; fleurs d'environ 4 mm de long, roses à violet pâle, en inflorescences allongées ; fruits (capsules) globuleux, de 2 mm, bruns

**Reproduction :** floraison d'août à octobre ; hermaphrodite ; pollinisation par les insectes ; dispersion des graines par le vent et les animaux

**Milieu :** uniquement sur sols très acides ; tourbières, pâturages, landes, forêts claires

**Bon à savoir :** les fleurs sont composées de 4 pétales roses à violet pâle (à l'intérieur) et de 4 sépales deux fois plus longs et de même couleur (à l'extérieur). • Une bière épicée peut être brassée à partir des inflorescences complètement épanouies. • On utilisait autrefois les rameaux pour confectionner des balais.

## *Larix decidua* Mill. **Mélèze commun**

**Famille :** Pinaceae – Pinacées

**Nom :** *Larix* lat. nom donné à cette espèce ; *decidua* lat. « qui tombe » (les aiguilles)

**Caractères :** arbre pouvant atteindre 50 m de haut et vivre 1 100 ans d'âge ; aiguilles en bouquets, longues de 15 à 35 mm, vert pâle au printemps, jaune d'or en automne et tombant ensuite ; fleurs mâles en inflorescences globuleuses, jaunâtres, pendantes et fleurs femelles en inflorescences courtes, rouges et dressées ; graines dans les cônes

**Reproduction :** floraison de mai à juin ; monoïque ; pollinisation par le vent ; dispersion des graines par le vent et les animaux (ex. Pic épeiche, Bec-croisé des sapins, Bouvreuil pivoine)

**Milieu :** constitue des peuplements étendus en altitude ; forme la limite forestière supérieure dans les Alpes centrales (avec le Pin arole) et du sud ; plus bas, uniquement implanté artificiellement

**108 a** Aiguilles en bouquets de plus de 10 aiguilles ▶ *Larix decidua* (p. 36)
**b** Aiguilles solitaires ou par deux **109**

**109 a** Aiguilles toujours par paires ▶ *Pinus sylvestris*
**b** Aiguilles solitaires **110**

**Bon à savoir :** les fleurs peu visibles des conifères (Pinacées) sont groupées en cônes écailleux, les uns comportant de nombreuses étamines (fleurs mâles), les autres avec chaque écaille ligneuse portant deux ovules à sa face supérieure (fleurs femelles). • À la différence de la majorité des plantes produisant des graines, celles des conifères ne se développent pas protégées dans un ovaire clos qui se transforme ensuite en fruit, mais restent « nues » à l'aisselle d'écailles groupées en cône. • Les jeunes pousses épaisses et vert tendre peuvent être utilisées en cuisine et donnent aux plats chauds ou froids une note gustative un peu acide. • Son bois très imprégné de résine, imputrescible et relativement dur, est utilisé en construction, en ameublement et en décoration intérieure. Du fait de sa grande résistance, il est utilisé en extérieur pour des façades, des châssis de fenêtres ou de volets, des escaliers, du mobilier de jardin, des ponts ou des navires.

## *Pinus sylvestris* L. Pin sylvestre

**Famille :** Pinaceae – Pinacées

**Nom :** *Pinus* lat. « riche en résine » ; *sylvestris* lat. « sauvage »

**Caractères :** arbre pouvant atteindre 45 m de haut et vivre 600 ans ; écorce de la zone du houppier de couleur rouge orangé ; branches présentes uniquement dans la partie supérieure du tronc ; aiguilles persistantes, par paires sur les rameaux, longues de 40 à 70 mm, nettement plus longues que celles des autres conifères ; fleurs en inflorescences jaunâtres (fleurs mâles) ou rougeâtres (fleurs femelles) ; graines dans des cônes

**Reproduction :** floraison de mai à juin ; monoïque ; pollinisation par le vent ; dispersion des graines par le vent et les animaux (ex. Pic épeiche, Bec-croisé des sapins)

**Milieu :** solitaire ou formant des boisements sur sols secs et pierreux (pinèdes à bruyères) et sur sols marécageux (zones inondables, tourbières)

**Bon à savoir :** structure des fleurs des conifères (Pinacées) : voir Mélèze (p. 36). • On utilise les jeunes pousses séchées en inhalation contre les rhumes, et en adjuvant de bain pour stimuler la cicatrisation des plaies et pour les rhumatismes. • Les aiguilles peuvent être utilisées en tisanes ou pour aromatiser les huiles de cuisine. • Son bois tendre et léger est particulièrement utilisé en bois de construction, châssis de fenêtres, volets ou mobilier. Jusqu'au XIXe siècle, des fragments de ce bois riche en résine, débités en copeaux longs et plats, étaient utilisés comme agent d'éclairage.

**110 a** Aiguilles quadrangulaires, à peu près aussi épaisses que larges ▶ *Picea abies*
**b** Aiguilles planes, plus larges qu'épaisses **111**

**111 a** Aiguilles raides, piquantes ▶ *Juniperus communis* (p. 39)
**b** Aiguilles souples, non piquantes **112**

**112 a** Aiguilles obtuses au sommet, dépourvues de pétiole ▶ *Abies alba* (p. 39)
**b** Aiguilles aiguës au sommet, munies d'un court pétiole ▶ *Taxus baccata* (p. 40)

## *Picea abies* (L.) H. Karst. Épicéa

**Famille :** Pinaceae – Pinacées

**Nom :** *Picea* lat. « qui contient de la poix, de la résine » ; *abies* nom latin du Sapin *(Abies)*

**Caractères :** arbre pouvant atteindre 50 m de haut et vivre 600 ans ; aiguilles quadrangulaires, de 10 à 25 mm de long ; fleurs en inflorescences dressées, les mâles jaune rougeâtre, les femelles rouges ; graines dans des cônes pendants qui tombent entiers, sans se désarticuler

**Reproduction :** floraison en mai ; monoïque ; pollinisation par le vent ; dispersion des graines par le vent et les animaux (ex. Pic épeiche, Bec-croisé des sapins, Mésange huppée, Mésange noire, Gros-bec casse-noyaux, Écureuil roux)

**Milieu :** forme des boisements en altitude, notamment ceux de la limite forestière supérieure dans le nord des Alpes ; plus bas en général planté artificiellement, souvent en monocultures

**Bon à savoir :** structure des fleurs des conifères (Pinacées) : voir Mélèze (p. 36). • On peut souvent voir sur les épicéas des sortes de cônes, dits « galles en ananas » et dus à un puceron, le Chermès de l'épicéa *(Chermes abietis)*. • Les épicéas affaiblis sont souvent attaqués par un bostryche, en particulier le Bostryche typographe *(Ips typographus)*. Ses larves s'alimentent dans la couche de sève de l'arbre, et peuvent entraîner sa mort en cas de forte colonisation. • Les pousses de rameaux jeunes et vert tendre peuvent être utilisées en sirop et donnent aux plats chauds ou froids une note gustative un peu amère. • Son bois tendre et riche en résine a de nombreuses utilisations, par exemple en construction (ex. dans les combles), en confection de châssis de fenêtres, de volets ou de portes, en ameublement, en décoration intérieure (lambris), en utilisation industrielle (cellulose) ou en bois de chauffage (1 $m^3$ d'épicéa a un pouvoir calorique de 2 000 kW/h, soit l'équivalent de 200 l de fioul domestique). • À l'ombre des plantations denses d'épicéas, il ne peut pousser pratiquement aucune autre plante. En outre, la faible capacité de décomposition de la couche d'aiguilles entraîne une acidification et une dégradation des sols, qui fait obstacle au retour des autres espèces végétales.

## *Juniperus communis* L. Genévrier commun

**Famille :** Cupressaceae – Cupressacées

**Nom :** *Juni-* lat. « précoce » ; *-perus* lat. « mise au monde » ; *communis* lat. « commun », « habituel »

**Caractères :** arbuste ou arbre pouvant atteindre 10 m de haut et vivre 400 ans ; aiguilles planes, de 8 à 20 mm de long, raides, piquantes, avec une bande blanchâtre sur le dessus ; fleurs mâles en inflorescences allongées jaunâtres à brunâtres, les femelles en inflorescences globuleuses verdâtres ; graines dans des cônes ressemblant à des baies bleuâtres de 4 à 9 mm (« baies de genièvre »)

**Reproduction :** floraison d'avril à mai ; dioïque ; pollinisation par le vent ; dispersion des graines par le vent et les animaux (ex. Grives musicienne, draine et litorne)

**Milieu :** pâturages maigres, landes, forêts claires

**Bon à savoir :** les fleurs, peu visibles, sont composées de cônes écailleux renfermant soit les étamines (pieds mâles), soit les ovules (pieds femelles). • Les baies séchées sont employées en tisanes diurétiques ou stimulatrices de l'appétit, ainsi que contre les rhumatismes. Les extraits sont utilisés en bains ou en compresses cicatrisantes, et son huile essentielle en frictions contre les rhumatismes. • Les baies de genièvre sont utilisées pour épicer les viandes ou la choucroute, ou employées pour la fabrication de boissons alcoolisées (gin, genièvre).

## *Abies alba* Mill. Sapin

**Famille :** Pinaceae – Pinacées

**Nom :** *Abies* lat. nom donné à cette espèce ; *alba* lat. « blanc »

**Caractères :** arbre pouvant atteindre 60 m de haut et vivre 600 ans ; aiguilles planes, de 20 à 30 mm de long, dépourvues de pétiole, à sommet obtus, présentant deux raies blanches à la face inférieure ; fleurs mâles en inflorescences allongées, jaunâtres, les femelles en inflorescences courtes, verdâtres et dressées ; graines dans des cônes dressés sur les rameaux qui restent sur l'arbre en se désarticulant

**Reproduction :** floraison en mai ; monoïque ; pollinisation par le vent ; dispersion des graines par le vent

**Milieu :** forme des boisements d'altitude (hêtraies, sapinières)

**Bon à savoir :** structure des fleurs des conifères (Pinacées) : voir Mélèze (p. 36). • Son bois relativement tendre est utilisé en construction pour la fabrication de bardeaux, de châssis de fenêtres ou de volets, en ameublement, pour la confection d'instruments de musique, la fabrication de mâts, ainsi qu'en décoration intérieure et dans l'industrie du bois (cagettes, papier).

**113 a** Feuilles composées de 5 à 9 folioles rayonnantes ▶ *Aesculus hippocastanum* (p. 41)
**b** Feuilles différentes **114▶**

**114 a** Feuilles pennées, c.-à-d. composées au minimum de 3 folioles **179▶** (p. 74) ......
**b** Feuilles différentes **115▶**

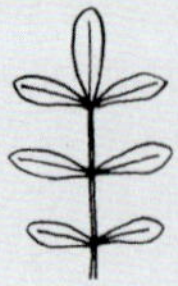

**115 a** Marge des feuilles avec 9 à 15 lobes arrondis (« feuille de chêne ») **116▶**
**b** Marge des feuilles différente **117▶**

**116 a** Pétiole de la feuille au maximum de 7 mm de long ▶ *Quercus robur* (p. 41)
**b** Pétiole de la feuille au minimum de 10 mm de long ▶ *Quercus petraea* (p. 42)

## *Taxus baccata* L. If

**Famille :** Taxaceae – Taxacées

**Nom :** *Taxus* grec « flèche », « arc » ; *baccata* lat. « avec des baies »

**Caractères :** arbre pouvant atteindre 15 m de haut et vivre 600 ans, souvent à plusieurs troncs ; écorce brun-rouge, s'écaillant ; aiguilles planes de 10 à 35 mm de long, le plus souvent munies d'un court pétiole, pointues au sommet, dépourvues de raie blanche dessous ; petites fleurs solitaires globuleuses, les mâles jaunâtres, les femelles verdâtres ; graines enveloppées dans une coupe rouge et charnue

**Reproduction :** floraison de mars à avril ; dioïque ; pollinisation par le vent ; dissémination des graines par les animaux (ex : Merle noir, Grive mauvis, Fauvette à tête noire)

**Milieu :** forêts de pente, souvent planté artificiellement

**Bon à savoir :** les fleurs, peu visibles, sont composées d'un cône écailleux contenant soit 6 à 14 étamines (pieds mâles), soit les ovules (pieds femelles). • Toutes les parties de la plante, à l'exclusion de la coupe rouge du fruit, sont fortement toxiques. Les principaux symptômes d'une intoxication sont des vomissements, un corps douloureux, des diarrhées ou des coliques, des vertiges, des troubles cardiaques et de la respiration, pouvant entraîner la mort par arrêt cardiaque ou respiratoire. Pour un adulte, une quantité de 50 à 100 g d'aiguilles peut être mortelle. Les chevaux y sont particulièrement sensibles. • Les substances actives, notamment le taxol, sont cytostatiques, c'est-à-dire qu'elles stoppent la division cellulaire et donc la croissance des tumeurs. Elles sont utilisées depuis les années 1990 dans les traitements anticancéreux. • Le bois de cœur, pour sa résistance mécanique et son élasticité, est utilisé en placage, en bois tourné ainsi qu'en sculpture. Il était également utilisé autrefois pour la confection des arcs : c'est ainsi qu'aux côtés du cadavre d'Ötzi, momifié par les glaces, l'homme de Hauslabjoch, découvert en 1991 et vieux de 5 000 ans, se trouvait un arc en bois d'if.

## *Aesculus hippocastanum* L.
## Marronnier d'Inde, Marronnier blanc

**Famille :** Sapindaceae – Sapindacées

**Nom :** *Aesculus* lat. nom donné à cette espèce ; *hippo-* grec « cheval » ; *-castanum* grec « châtaigne »

**Caractères :** arbre pouvant atteindre 30 m de haut et vivre 200 ans ; feuilles opposées, composées de 5 ou 7 folioles rayonnantes, lesquelles atteignent 20 cm de long, allongées, dentées à la marge ; fleurs jusqu'à 20 mm de diamètre, à 5 pétales tachés de blanc et de rouge, groupées en inflorescences dressées, en forme de chandelles ; fruits (capsules) globuleux, verts, épineux ; graines (les « marrons ») brunes et luisantes

**Reproduction :** floraison d'avril à mai ; hermaphrodite ; pollinisation par les insectes (abeilles) ; dispersion des graines par les animaux

**Milieu :** planté artificiellement

**Bon à savoir :** le marronnier est originaire d'Europe méridionale et d'Asie occidentale. Il fut importé en Europe tempérée au XVIe siècle. • Les attaques par la Mineuse du marronnier *(Cameraria ohridella)*, en très forte expansion, provoquent un dessèchement estival prématuré des feuilles, puis leur chute. • Des préparations à base de graines sont utilisées dans les cas d'inflammations du système circulatoire, de varices et d'hémorroïdes, ainsi qu'en adjuvant de bains. • Le bois relativement léger trouve des usages en bois de sculpture ou de tournage, ainsi qu'en placage.

## *Quercus robur* L. Chêne pédonculé

**Famille :** Fagaceae – Fagacées

**Nom :** *Quercus* lat. nom donné à cette espèce ; *robur* lat. « robustesse » (du bois de cœur)

**Caractères :** arbre pouvant atteindre 50 m de haut et vivre jusqu'à 1 000 ans ; feuilles de 5 à 16 cm de long, à 9 à 15 lobes avec un pétiole de 7 mm de long au maximum ; fleurs mâles en inflorescences allongées, jaune verdâtre, pendantes (chatons), les femelles petites, rougeâtres, par 2 à 5 ; fruit (akène, le « gland ») porté par un pédoncule long de 30 à 80 mm

**Reproduction :** floraison d'avril à mai ; monoïque ; pollinisation par le vent ; dispersion des graines par les animaux (ex. Geai des chênes, Gros-bec casse-noyaux, Sittelle torchepot, Pic épeiche, Pigeon ramier, Écureuil roux, Blaireau européen)

**Milieu :** forme des boisements dans les régions à climat doux (chênaies-charmaies) ainsi que sur sols acides (chênaies, bétulaies)

**Bon à savoir :** informations communes à l'ensemble de chênes *(Quercus)*, voir Chêne rouvre (p. 42).

**117 a** Feuilles lobées, c.-à-d. présentant 2 à 8 échancrures peu profondes **170** (p. 68) ......

**b** Feuilles non lobées **118**

**118 a** Feuilles (au moins pour partie) opposées, c.-à-d. disposées deux à deux, face à face, au même niveau d'insertion sur les rameaux **163** (p. 64) ......

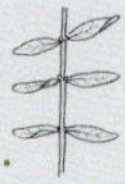

**b** Feuilles alternes, c.-à-d. non situées face à face **119** ......................................

## *Quercus petraea* L. Chêne rouvre, Chêne sessile

**Famille :** Fagaceae – Fagacées

**Nom :** *Quercus* lat. nom de cette espèce ; *petraea* lat. « pierre »

**Caractères :** arbre atteignant 50 m de haut et jusqu'à 1 500 ans ; feuilles de 6 à 16 cm de long, à 11 à 15 lobes et un pétiole d'au moins 10 mm de long ; fleurs mâles en inflorescences allongées, jaune verdâtre, pendantes (chatons), les femelles petites, rougeâtres, groupées par 2 à 6 ; fruit (akène, le « gland ») porté au bout d'un pédoncule de 15 mm de long

**Reproduction :** floraison d'avril à mai ; monoïque ; pollinisation par le vent ; dispersion des graines par les animaux (ex. Geai des chênes, Gros-bec casse-noyaux, Sittelle torchepot, Pic épeiche, Pigeon ramier, Écureuil, Blaireau européen)

**Milieu :** forme des boisements dans les régions à climat doux (chênaies-charmaies)

**Bon à savoir :** les fleurs individuelles, discrètes, sont composées soit d'un périgone écailleux de 6 à 8 tépales soudés (voir § « Tépales » p. 394) comportant 6 à 10 étamines (fleurs mâles), soit d'un périgone à 6 tépales soudés contenant un ovaire (fleurs femelles). • Plante nourricière des chenilles de la Thécla du chêne *(Quercusia quercus)*. • On trouve souvent des glands percés d'un petit trou : c'est l'œuvre du Balanin du chêne *(Curculia glandium)*. La femelle de ce charançon dépose un œuf dans un gland encore tendre. La larve se nourrit de sa chair, puis le quitte en perforant un petit trou à travers son enveloppe. • Le pollen est très allergisant (rhume des foins). • L'écorce séchée des individus les plus jeunes est utilisée en gargarisme pour le traitement des inflammations de la gorge et de la bouche, ainsi qu'en adjuvant de bain contre les brûlures et les hémorroïdes. • Les glands étaient autrefois utilisés pour nourrir les cochons (« c'est sous les chênes qu'on trouve les meilleurs jambons »), ainsi qu'en farine et comme succédané de café. On se servait aussi de son écorce en tannerie, du fait de sa haute teneur en tanins. • Son bois de cœur, robuste et de haute durabilité, est utilisé en construction, parquets, escaliers, ameublement, placage, ou encore pour la tonnellerie, et fut autrefois utilisé en traverses de chemins de fer ; c'est également un excellent bois de chauffage. • Ayant été souvent utilisé en construction, et du fait de son extrême durabilité, le chêne est un arbre de choix en dendrochronologie (méthode de datation par comptage des cernes annuels).

**119 a** Marge des feuilles épineuse ou avec des aiguillons, (un peu) piquante **120**
**b** Marge des feuilles différente **121**

**120 a** Branches munies d'épines ▶ *Berberis vulgaris*
**b** Branches sans épines ▶ *Ilex aquifolium*

## *Berberis vulgaris* L. Épine-vinette

**Famille :** Berberidaceae – Berbéridacées

**Nom :** *Berberis* : nom arabe du fruit ; *vulgaris* lat. « commun »

**Caractères :** arbuste atteignant 3 m de haut ; branches épineuses ; feuilles de 2 à 6 cm de long, ovales, coriaces, à marge dentée épineuse ; fleurs jusqu'à 5 mm de diamètre, à 6 pétales jaune clair, en inflorescences pendantes ; fruits (baies) rouges de 8 à 11 mm de long

**Reproduction :** floraison d'avril à juin ; hermaphrodite ; pollinisation par les insectes ; dispersion des graines par les animaux (ex. Merle noir, Fauvette à tête noire)

**Milieu :** pâturages maigres, fourrés, haies, forêts claires

**Bon à savoir :** l'écorce des racines est utilisée pour traiter les troubles hépatiques ; on consomme les fruits, crus ou pressés, dans le traitement de l'anorexie ou de la constipation. • On peut faire de la gelée de baies pour accompagner les viandes blanches.

## *Ilex aquifolium* L. Houx

**Famille :** Aquifoliaceae – Aquifoliacées.

**Nom :** *Ilex* lat. nom donné au Chêne vert ; *aqui-* lat. « aiguille » ; *-folium* lat. « feuille »

**Caractères :** arbuste ou arbre atteignant 10 m de haut et 300 ans ; feuilles de 3 à 8 cm de long, ovales, coriaces, luisantes dessus, persistantes, à marge ondulée et généralement épineuse ; fleurs d'environ 5 mm de diamètre, à 4 pétales blancs ; fruits (drupes) globuleux, de 6 à 8 mm, rouges

**Reproduction :** floraison en mai ; dioïque ; pollinisation par les insectes ; dispersion des graines par les animaux (ex. Merle noir, Grive musicienne)

**Milieu :** forêts

**Bon à savoir :** les feuilles des rameaux qui ne portent pas de fleurs (en bas de la plante) sont ondulées et piquantes, tandis que celles des rameaux supérieurs sont à peine ondulées et souvent lisses. Ce phénomène rare s'appelle hétérophyllie (feuilles d'un même arbre d'au moins deux types différents). • Fruits et feuilles sont très toxiques. Les principaux symptômes d'une intoxication sont des nausées, des vomissements, des diarrhées, des paralysies et des troubles du rythme cardiaque. Une dose de 20 à 30 fruits est mortelle pour un adulte, moins pour un enfant. • On utilise des infusions de feuilles fraîches ou séchées pour le traitement de la grippe et de la bronchite.

**121 a** Plante produisant des rameaux latéraux courts, en forme d'épine **122**
**b** Plante dépourvue de tels rameaux **123**

**122 a** Feuilles de 2 à 5 cm de long ▶ ***Prunus spinosa*** (p. 34)
**b** Feuilles de 4 à 9 cm de long **146** (p. 56)

**123 a** Marge des feuilles avec des dents aiguës ou obtuses **124**
**b** Marge des feuilles non dentée, entière **150** (p. 58)

**124 a** Dessous des feuilles gris clair à blanc, ou bien argenté **125**
**b** Dessous des feuilles vert ou verdâtre **127**

## *Salix alba* L. Saule blanc

**Famille :** Salicaceae – Salicacées

**Nom :** *Salix* indo-européen : nom donné à cette espèce ; *alba* lat. « blanc » (feuilles)

**Caractères :** arbre pouvant atteindre 30 m de haut et vivre jusqu'à 200 ans ; feuilles de 5 à 12 cm de long, densément couvertes de poils blanc argenté dessous ; fleurs en inflorescences (chatons) de 5 à 10 cm de long ; fruits (capsules) en chatons, graines munies d'une touffe de poils blancs

**Reproduction :** floraison d'avril à mai ; dioïque ; pollinisation par les insectes ; dispersion des graines par le vent

**Milieu :** forme des peuplements à proximité de l'eau

**Bon à savoir :** les fleurs des saules *(Salix)*, solitaires et peu visibles, n'ont pas de corolle et sont constituées soit d'une écaille et généralement de deux étamines (fleurs mâles), soit d'une écaille et d'un ovaire (fleurs femelles). • Les saules pleureurs, avec leurs branches pendantes, sont des hybrides (*Salix* x *sepulcralis*) entre le Saule blanc et le Saule de Babylone *(Salix babylonica)*, d'origine est-asiatique. • L'écorce des saules contient de la salicine, une forme d'acide salicylique, utilisée en préparations (ex. l'aspirine) ou en infusions pour ses propriétés anti-inflammatoires et analgésiques. • Le bois tendre et léger du Saule blanc est le plus souvent utilisé dans l'industrie (contreplaqué, aggloméré, papier, caisses) et, encore un peu, pour la fabrication de sabots. • Les rameaux épais et souples sont utilisés en tressage et pour le palissage de la vigne. La coupe régulière des branches donne à la partie supérieure du tronc de l'arbre une forme globuleuse caractéristique (saules « têtards »). • Les rameaux de saules coupés s'enracinent facilement et promptement, et sont ainsi utilisés pour consolider les berges des rivières ou conforter les pentes présentant des risques de glissement de terrain.

**125 a** Feuilles au moins 4 fois plus longues que larges ▶ *Salix alba* (p. 44)
**b** Feuilles au maximum 2 fois plus longues que larges **126**

**126 a** Marge des feuilles à dents régulières et aiguës ▶ *Sorbus aria*
**b** Marge des feuilles à dents irrégulières et obtuses ▶ *Populus alba* (p. 71)

**127 a** Feuilles au maximum 1,5 fois plus longues que larges **128**
**b** Feuilles au minimum 1,5 fois plus longues que larges **136** (p. 50)

## *Sorbus aria* (L.) Crantz **Alisier blanc**

**Famille :** Rosaceae – Rosacées

**Nom :** *Sorbus* lat. nom donné à cette espèce ; *aria* « de l'Aria » (une région d'Afghanistan)

**Caractères :** arbuste ou arbre pouvant atteindre 15 m de haut et vivre jusqu'à 200 ans ; feuilles de 6 à 15 cm de long, ovales, densément couvertes de poils gris clair à blanc sur leur face inférieure, à marge dentée ; fleurs jusqu'à 5 mm de diamètre, à 5 pétales blancs, en ombelle ; fruit (drupe) globuleux, de 5 à 10 mm, orange à rouge

**Reproduction :** floraison en mai ; dioïque ; pollinisation par les insectes ; dispersion des graines par les animaux (ex. Merle noir, Grive litorne, Bouvreuil pivoine, Verdier d'Europe, Fauvette à tête noire)

**Milieu :** forêts claires, rochers

**Bon à savoir :** fruits comestibles, mais farineux et fades.
• Le bois de cœur, lourd, n'a que peu d'usages en bois de construction. On l'utilise occasionnellement pour la fabrication d'outils et comme bois de tour.

**128 a** Feuilles bordées de dents obtuses ▶ *Populus tremula*
**b** Feuilles bordées de dents aiguës **129**

**129 a** Feuilles triangulaires ou en losange **130**
**b** Feuilles différentes **132**

## *Populus tremula* L. Tremble, Peuplier tremble

**Famille :** Salicaceae – Salicacées

**Nom :** *Populus* lat. nom donné à cette espèce ; *tremula* lat. « frémissant » (feuilles)

**Caractères :** arbre pouvant atteindre 30 m de haut et vivre jusqu'à 100 ans ; feuilles de 3 à 9 cm, arrondies à triangulaires ou en losange, bordées de dents irrégulières et obtuses ; fleurs en inflorescences pendantes de 5 à 10 cm (chatons), fleurissant avant le développement des feuilles ; fruits (capsules) en chatons, graines munies d'une aigrette de poils blancs

**Reproduction :** de mars à avril ; dioïque ; pollinisation par le vent ; dispersion des graines par les animaux

**Milieu :** fourrés, forêts mixtes de feuillus

**Bon à savoir :** les fleurs insignifiantes des peupliers *(Populus)* n'ont pas de vraie corolle et sont composées soit d'une écaille et de nombreuses étamines (pieds mâles), soit d'une écaille et de l'ovaire (pieds femelles). • Les pétioles des feuilles sont longs et aplatis, et de ce fait s'agitent au plus léger souffle d'air (d'où l'expression « trembler comme une feuille »). Il en résulte également une perte d'eau plus importante par les feuilles (transpiration), ce qui augmente le niveau d'absorption d'eau par les racines et, par la même occasion, d'éléments nutritifs. En conséquence, les Peupliers trembles sont toujours bien approvisionnés en nutriments et croissent rapidement. • Le Peuplier tremble est la plante-hôte des chenilles du Grand Sylvain *(Limenitis populi)* et du Petit Mars changeant *(Apatura ilia)*. • Son bois tendre et léger trouve des utilisations industrielles (contreplaqué, panneaux de particules, papier, copeaux d'emballage, allumettes, cure-dents).

## *Betula pendula* Roth
## Bouleau pendant, Bouleau verruqueux

**Famille :** Betulaceae – Bétulacées

**Nom :** *Betula* vient du celte ; *pendula* lat. « pendant » (rameaux)

**Caractères :** arbre pouvant atteindre 30 m de haut et vivre jusqu'à 120 ans ; écorce au moins pour partie lisse et blanche ; présente toujours des rameaux pendants ; feuilles de 3 à 7 cm de long, en losange ou triangulaires, irrégulièrement dentées au bord ; fleurs en inflorescences allongées atteignant 10 cm, pendantes (chatons) ; fruits (akènes) munis de deux ailes

**Reproduction :** floraison d'avril à mai ; monoïque ; pollinisation par le vent ; dispersion des graines par le vent et les animaux (ex. Bouvreuil pivoine, Serin cini, Verdier d'Europe)

**130 a** Jeunes rameaux toujours pendants ▶ *Betula pendula* (p. 46)
**b** Jeunes rameaux jamais pendants **131**▶

**131 a** Pétioles des feuilles de 1 à 2 cm de long, à section arrondie ▶ *Betula pubescens*
**b** Pétioles des feuilles de 3 à 6 cm de long, à section un peu aplatie ▶ *Populus nigra* (p. 48)

**Milieu :** forme des boisements sur sols acides (chênaies, bétulaies), aussi haies et lisières ; souvent planté artificiellement

**Bon à savoir :** les fleurs individuelles insignifiantes sont composées soit de 0 à 2 écailles, de 4 tépales, et de 2 étamines doubles (fleurs mâles), soit d'une écaille trilobée et de l'ovaire (fleurs femelles). • Plante-hôte des chenilles du Morio *(Nymphalis antiopa)*. • Le pollen est extrêmement allergisant (rhume des foins). • Les tisanes de feuilles séchées sont utilisées dans le traitement des voies urinaires, des rhumatismes et de la goutte. • La sève de bouleau est riche en sucres et peut être extraite et utilisée comme un substitut du sucre classique (le sucre du bouleau est le xylitol, aussi appelé xylite). • Son bois tendre, léger et élastique est utilisé en ébénisterie, en placage, en bois tourné, ainsi qu'en construction intérieure ; c'est aussi un excellent bois de chauffage.

## *Betula pubescens* Ehrh.
## Bouleau pubescent, Bouleau blanc

**Famille :** Betulaceae – Bétulacées

**Nom :** *Betula* originaire du Celte ; *pubescens* lat. « couvert de duvet » (jeunes rameaux)

**Caractères :** arbre pouvant atteindre 25 m de haut et vivre jusqu'à 100 ans ; écorce majoritairement lisse et blanche ; pas de rameaux pendants ; feuilles de 3 à 6 cm de long, triangulaires ou en losange, irrégulièrement dentées au bord ; fleurs en inflorescences allongées atteignant 10 cm, pendantes (chatons) ; fruits (akènes) munis de deux ailes

**Reproduction :** floraison d'avril à mai ; monoïque ; pollinisation par le vent ; dispersion des graines par le vent et les animaux (ex. Bouvreuil pivoine, Serin cini, Verdier d'Europe)

**Milieu :** forme des boisements sur sols acides (chênaies, bétulaies) et en marais tourbeux (tourbières boisées à pins et bouleaux), également dans les landes

**Bon à savoir :** les fleurs individuelles insignifiantes sont composées soit de 0 à 2 écailles, de 4 tépales, et de 2 étamines doubles (fleurs mâles), soit d'une écaille trilobée et de l'ovaire (fleurs femelles). • Plante-hôte des chenilles du Morio *(Nymphalis antiopa)*. • Le pollen est extrêmement allergisant (rhume des foins). • Les tisanes de feuilles séchées sont utilisées dans le traitement des voies urinaires, des rhumatismes et de la goutte. • Son bois tendre, léger et élastique est utilisé en ébénisterie, en placage, en bois tourné, ainsi qu'en panneaux de contreplaqué ; c'est aussi un bon bois de chauffage.

**132 a** Extrémité des feuilles ne s'amenuisant pas en pointe ▶ *Alnus glutinosa*
**b** Extrémité des feuilles s'amenuisant en pointe nette **133**

**133 a** Feuilles allongées ▶ *Alnus incana* (p. 55)
**b** Feuilles en forme de cœur ou arrondies **134**

**134 a** Pétiole au maximum de 2 cm de long ▶ *Corylus avellana* (p. 49)
**b** Pétiole de plus de 2 cm **135**

## *Populus nigra* L. Peuplier noir

**Famille :** Salicaceae – Salicacées

**Nom :** *Populus* lat. nom de cette espèce ; *nigra* lat. « noir »

**Caractères :** arbre pouvant atteindre 30 m de haut et vivre jusqu'à 300 ans ; feuilles de 4 à 9 cm de long, triangulaires, en cœur ou en losange, finement dentées au bord, à pétiole aplati ; fleurs en longues inflorescences pendantes (chatons) atteignant 10 cm ; fruits (capsules) en chatons, graines munies d'une aigrette de poils blancs

**Reproduction :** floraison de mars à avril ; dioïque ; pollinisation par le vent ; dispersion des graines par le vent

**Milieu :** zones humides, forêts alluviales

**Bon à savoir :** pour la structure des fleurs des Peupliers *(Populus)*, voir le Peuplier tremble (p. 46). • Les peupliers droits, en colonne, fréquemment plantés en allées, sont une forme cultivée du Peuplier noir européen (*Populus nigra* var. *italica*). • Plante-hôte des chenilles du Petit Mars changeant *(Apatura ilia)*. • Son bois tendre et léger est surtout utilisé dans l'industrie du bois (contreplaqué, panneaux de particules, caisses, papier, cellulose). Un peuplier fréquent en populiculture est le Peuplier du Canada (*Populus x canadensis*), un hybride entre le Peuplier noir européen *(Populus nigra)* et le Peuplier noir du Canada *(Populus deltoides)*.

## *Alnus glutinosa* (L.) Gaertn. Aulne glutineux

**Famille :** Betulaceae – Bétulacées

**Nom :** *Alnus* lat. nom donné à cette espèce ; *glutinosa* lat. « poisseux » (bourgeons)

**Caractères :** arbre pouvant atteindre 25 m de haut et vivre jusqu'à 150 ans ; feuilles de 4 à 10 cm de long, ovales à arrondies, à sommet obtus ou comme tronqué, irrégulièrement dentées au bord ; fleurs en longues inflorescences pendantes (chatons), jaunes pour les mâles, rouges pour les femelles ; fruits (samares) dans de petits cônes atteignant 2 cm de long

**Reproduction :** floraison de février à avril ; monoïque ; pollinisation par le vent ; dispersion des graines par le vent et les animaux (Serin cini, Verdier d'Europe)

**Milieu :** forme des peuplements en zones marécageuses (aulnaies marécageuses), également à proximité de l'eau et en forêts alluviales

**Bon à savoir :** chaque fleur individuelle, insignifiante, est composée soit de 1 à 2 écailles, de 4 tépales et de 4 étamines (fleurs mâles), soit de 2 écailles, aucun tépale et de l'ovaire (fleurs femelles). • Les racines vivent en symbiose avec des bactéries *(Frankia alni)* qui fixent l'azote atmosphérique ($N_2$) et pourvoient aux besoins de l'arbre en composés azotés. L'Aulne glutineux est ainsi utilisé pour améliorer et stabiliser les sols. • Son pollen est extrêmement allergisant (rhume des foins). • Son bois tendre et moyennement résistant est utilisé en ébénisterie, en bois tourné et en sculpture, ainsi qu'en panneaux de particules. Maintenu en immersion permanente, il est quasiment imputrescible ; les pilotis de Venise furent donc construits avec des troncs d'aulne et d'orme.

## *Corylus avellana* L. Noisetier, Coudrier

**Famille :** Betulaceae – Bétulacées

**Nom :** *Corylus* lat. nom donné à cette espèce ; *avellana* d'après la ville d'Avella en Italie

**Caractères :** arbuste atteignant 6 m de haut ; écorce lisse, d'un gris rougeâtre luisant avec des rayures horizontales plus claires ; feuilles de 5 à 12 cm de long, arrondies ou en cœur, mollement velues sur les deux faces, irrégulièrement dentées au bord ; fleurs mâles en inflorescences pendantes atteignant 10 cm de long, les femelles petites, rouges, groupées par 2 à 6, fleurissant avant le développement des feuilles ; fruits (« noisettes ») insérés dans une enveloppe foliacée

**Reproduction :** floraison de février à avril ; monoïque ; pollinisation par le vent ; dispersion des graines par les animaux (ex : Pic épeiche, Pic mar, Sittelle torchepot, Geai des chênes, Écureuil roux, Muscardin, Blaireau européen)

**Milieu :** fourrés, haies, forêts, lisières

**Bon à savoir :** chaque fleur individuelle, peu visible, est composée soit de 3 écailles et 4 étamines doubles (fleurs mâles), soit de 3 écailles, un périgone réduit (voir p. 394) et de l'ovaire (fleurs femelles). • Plante-hôte de la chenille du papillon Robert-le-Diable *(Polygonia c-album)*. • On trouve souvent des noisettes dont la coque est percée d'un petit trou. Celui-ci est l'œuvre du Balanin des noisettes *(Curculio nucum)*. La femelle de ce charançon dépose un œuf dans une noisette encore tendre et verte ; la larve se nourrit de la chair puis quitte la noisette en forant un trou à travers sa coque. • Le pollen est extrêmement allergisant (rhume des foins). • Les noisettes, fraîches ou non, se consomment comme des friandises à partager, mais on peut aussi en extraire une huile de table. Toutefois, les noisettes commercialisées aujourd'hui proviennent généralement du noisetier de Lombardie *(Corylus maxima)*, espèce originaire du sud de l'Europe. • Les souples branches de noisetiers sont utilisées en vannerie et en clayonnage.

**135 a** Feuilles couvertes de poils sur la face inférieure, avec des poils blancs à la bifurcation des nervures ▶ *Tilia platyphyllos*

**b** Feuilles presque glabres sur la face inférieure, mais avec des poils roux à la bifurcation des nervures ▶ *Tilia cordata* (p. 51)

**136 a** Feuilles au minimum 3 fois plus longues que larges 137

**b** Feuilles au maximum 3 fois plus longues que larges 139

**137 a** Bord des feuilles non denté dans leur partie inférieure ▶ *Salix purpurea* (p. 51)

**b** Feuilles dentées sur tout leur pourtour 138

## *Tilia platyphyllos* Scop. Tilleul à grandes feuilles

**Famille :** Malvaceae – Malvacées

**Nom :** *Tilia* lat. nom donné à cette espèce ; *platy-* grec « plat » ; *-phyllos* grec « feuille »

**Caractères :** arbre pouvant atteindre 40 m de haut et vivre jusqu'à 1 000 ans ; feuilles de 5 à 15 cm de diamètre, en forme de cœur, couvertes de poils sur la face inférieure, avec des poils blancs à l'aisselle des nervures, dentées au bord ; fleurs odorantes jusqu'à 15 mm de diamètre, à 5 pétales blanc jaunâtre ; fruits (capsules) globuleux, brun clair, à pédoncule muni d'une aile membraneuse atteignant 8 cm de long leur permettant de voler

**Reproduction :** floraison en juin ; hermaphrodite ; pollinisation par les insectes (abeilles) ; dispersion des graines par le vent et les animaux

**Milieu :** forme des boisements de pente dans les régions à climat doux (tillaies mixtes), et présent aussi dans d'autres peuplements de feuillus ; souvent planté artificiellement

**Bon à savoir :** on boit de la tisane de fleurs séchées pour le traitement des rhumes. • Son bois tendre, semi-résistant et coriace, est utilisé en sculpture, en bois tourné et en ameublement.

## *Tilia cordata* Miller **Tilleul à feuilles en cœur**

**Famille :** Malvaceae – Malvacées

**Nom :** *Tilia* lat. nom donné à cette espèce ; *cordata* lat. « en forme de cœur » (feuilles)

**Caractères :** arbre pouvant atteindre 40 m de haut et vivre jusqu'à 1 000 ans ; feuilles de 5 à 15 cm de diamètre, en forme de cœur, vert bleuâtre clair dessous, avec des poils roux vif à l'aisselle des nervures, dentées au bord ; fleurs jusqu'à 15 mm de diamètre, à 5 pétales blanc jaunâtre, odorantes, en bouquets ; fruits (capsules) globuleux, brun clair, à pédoncule muni d'une aile membraneuse atteignant 8 cm de long leur permettant de voler

**Reproduction :** floraison de juin à juillet ; hermaphrodite ; pollinisation par les insectes (abeilles) ; dispersion des graines par le vent et les animaux

**Milieu :** forme des boisements de pente dans les régions à climat doux (tillaies), plus rarement dans d'autres peuplements de feuillus ; souvent planté artificiellement

**Bon à savoir :** on boit de la tisane de fleurs séchées pour le traitement des rhumes. Les jeunes feuilles sont principalement utilisées en salades. • Son bois tendre et léger est utilisé en sculpture, en bois tourné ainsi qu'en placage, en bois d'allumettes et pour la confection de jouets et de meubles.

## *Salix purpurea* L. **Saule pourpre**

**Famille :** Salicaceae – Salicacées

**Nom :** *Salix* indo-européen : nom donné à cette espèce ; *purpurea* lat. « pourpre »

**Caractères :** arbuste atteignant 6 m ; jeunes rameaux rouge sombre ou brun jaunâtre luisant ; feuilles de 4 à 12 cm de long, allongées, glabres, dessous vert bleuâtre à gris-vert, dentées seulement au sommet ; floraison se produisant avant le développement des feuilles ; fruits (capsules) en chatons, graines munies d'une aigrette de poils blancs

**Reproduction :** floraison de mars à mai ; dioïque ; pollinisation par les insectes ; dispersion des graines par le vent

**Milieu :** à proximité de l'eau (également en zones inondables), fourrés

**Bon à savoir :** pour la structure des fleurs des saules *(Salix)*, voir le Saule blanc (p. 44). • Ses rameaux souples et résistants sont utilisés en vannerie ainsi que pour le palissage des vignes.

**138 a** Pétiole des feuilles de 5 à 10 mm de long ; feuilles de 4 à 10 cm de long ▶ ***Salix triandra***
**b** Pétiole des feuilles de 10 à 20 mm de long ; feuilles les plus longues atteignant 18 cm ▶ ***Salix fragilis***

**139 a** Feuilles les plus grandes de moins de 4 cm de long ▶ ***Vaccinium myrtillus*** (p. 53)
**b** Feuilles les plus grandes dépassant 4 cm de long **140**

## *Salix triandra* L.
## Saule à trois étamines, Osier brun

**Famille :** Salicaceae – Salicacées

**Nom :** *Salix* indo-européen : nom donné à cette espèce ; *tri-* lat. « trois » ; *-andra* grec « étamine »

**Caractères :** arbuste ou petit arbre pouvant atteindre 5 m ; écorce des rameaux les plus anciens se détachant en lambeaux ; feuilles de 4 à 10 cm de long, allongées, finement dentées au bord, à pétiole de 5 à 10 mm de long ; fleurs en inflorescences de 2 à 10 cm de long (chatons) ; fruits (capsules) en chatons, graines munies d'une aigrette de poils blancs

**Reproduction :** floraison d'avril à mai ; dioïque ; pollinisation par les insectes ; dispersion des graines par le vent

**Milieu :** à proximité de l'eau (également en zones inondables)

**Bon à savoir :** pour la structure des fleurs des saules *(Salix)*, voir le Saule blanc (p. 44). • Les fleurs mâles possèdent 3 étamines (contrairement aux autres espèces de saules qui n'en ont que 2).• Ses rameaux souples et résistants sont utilisés en vannerie ainsi que pour le palissage des vignes.

## *Salix fragilis* L. Saule cassant

**Famille :** Salicaceae – Salicacées

**Nom :** *Salix* indo-européen : nom donné à cette espèce ; *fragilis* lat. « fragile »

**Caractères :** arbre pouvant atteindre 15 m de haut et vivre jusqu'à 100 ans ; rameaux jaunes à brun-jaune, luisants et comme laqués, se cassant extrêmement facilement au niveau de leur point d'attache ; feuilles de 8 à 18 cm de long, allongées, glabres, dentées au bord, à pétiole de 10 à 20 mm de long ; fleurs en longues inflorescences de 5 à 10 cm (chatons) ; fruits (capsules) en chatons, graines munies d'une aigrette de poils blancs

**Reproduction :** floraison d'avril à mai ; dioïque ; pollinisation par les insectes ; dispersion des graines par le vent

**Milieu :** à proximité de l'eau, forêts alluviales ; planté artificiellement pour la vannerie

**Bon à savoir :** pour la structure des fleurs des saules *(Salix)*, voir le Saule blanc (p. 44). • Ses rameaux souples et résistants sont utilisés en vannerie ainsi que pour le palissage des vignes. • La coupe régulière des branches donne à la partie supérieure du tronc une forme globuleuse caractéristique (en « têtard »). • L'Osier jaune, fréquemment planté, est un hybride entre le Saule blanc et le Saule cassant (*S. rubens* = *S. alba* x *fragilis*) et se différencie du Saule cassant par ses feuilles couvertes de poils.

## *Vaccinium myrtillus* L. Myrtille, Airelle

**Famille :** Ericaceae – Éricacées

**Nom :** *Vaccinium* origine incertaine ; *myrtillus* d'après la Myrte (fruits)

**Caractères :** arbrisseau atteignant rarement plus de 0,5 m ; jeunes rameaux verts et anguleux ; feuilles de 1 à 4 cm de long, ovales, finement dentées au bord ; fleurs d'environ 5 mm de diamètre, en clochette, à 4 ou 5 lobes, vertes à rougeâtres ; fruits (baies) globuleux, de 5 à 8 mm, à chair et peau bleu-noir

**Reproduction :** floraison d'avril à juin ; dioïque ; pollinisation par les insectes ; dispersion des graines par les animaux (ex. Rouge-queue noir, Grives musicienne ou litorne, Renard roux)

**Milieu :** uniquement sur sols très acides : tourbières, pâturages, landes, boisements de conifères

**Bon à savoir :** on donne des baies séchées contre les diarrhées (traitement particulièrement indiqué pour les enfants), et infusées en gargarisme contre les inflammations buccales ou de la gorge. Les baies sont consommées fraîches ou transformées, le plus souvent en friandises. Les « myrtilles » commercialisées proviennent le plus souvent d'espèces américaines, à fruits plus gros et à chair blanchâtre.

**140 a** Feuilles couvertes de poils rudes (sensation de papier de verre au toucher), dissymétriques à la base ▶ ***Ulmus glabra***

**b** Feuilles non poilues ou faiblement rugueuses, symétriques **141**

**141 a** Nervures latérales droites et parallèles jusqu'au bord de la feuille **142**

**b** Nervures latérales coudées au moins près du bord de la feuille **143**

**142 a** Feuilles gris-vert dessous ▶ ***Alnus incana*** (p. 55)

**b** Feuilles vertes à vert pâle dessous ▶ ***Carpinus betulus*** (p. 55)

## *Ulmus glabra* Huds. **Orme de montagne**

**Famille :** Ulmaceae – Ulmacées

**Nom :** *Ulmus* indo-européen « jaune » (bois) ; *glabra* lat. « glabre » (pas les feuilles !)

**Caractères :** arbre pouvant atteindre 40 m de haut et vivre 400 ans ; feuilles de 5 à 20 cm de long, allongées à ovales, couvertes de poils très rudes, les deux moitiés souvent dissymétriques, les plus grandes feuilles présentant souvent 3 sommets, bordées de dents aiguës ; petites fleurs rougeâtres, en bouquets, fleurissant avant le développement des feuilles ; fruits (samares) entourés d'une aile vert pâle

**Reproduction :** floraison en mars ; hermaphrodite ; pollinisation par le vent ; dispersion des graines par le vent et les animaux (ex. Serin cini, Verdier d'Europe, Gros-bec casse-noyaux)

**Milieu :** forme des peuplements à proximité de l'eau (frênaies, ormaies alluviales, forêts alluviales à bois durs)

**Bon à savoir :** chaque fleur individuelle, discrète, est composée d'un périgone de 5 tépales (voir § p. 394), protégeant les 5 étamines, et l'ovaire. • Plante-hôte des chenilles de la Thècle de l'orme *(Satyrium w-album)* et du Robert-le-Diable *(Polygonia c-album)*. • L'orme est désormais fortement menacé par un champignon à l'origine de la graphiose de l'Orme *(Ophiostoma novo-ulmi)*, qui se répand par l'intermédiaire d'un insecte : le Scolyte de l'Orme *(Scolytus scolytus)*. • On consomme de l'infusion d'écorce séchée pour le traitement des diarrhées et en gargarismes contre les inflammations buccales ou de la gorge, ainsi qu'en compresses cicatrisantes pour les plaies ou les hémorroïdes. • Son bois dur, résistant et stable, est particulièrement utilisé en parqueterie, en ébénisterie, en placage, en tournerie et pour tous les outils nécessitant une forte résistance mécanique.

## *Alnus incana* (L.) Moench **Aulne blanc**

**Famille :** Betulaceae – Bétulacées

**Nom :** *Alnus* lat. nom donné à cette espèce ; *incana* lat. « grisonnant », « gris » (écorce)

**Caractères :** arbre pouvant atteindre 20 m de haut et vivre 100 ans ; écorce lisse et gris pâle ; feuilles de 4 à 10 cm de long, ovales, glauques dessous, irrégulièrement dentées au bord ; fleurs mâles en longues inflorescences pendantes jaunes (chatons), les femelles en inflorescences courtes et rouges ; fruits (akènes) dans des cônes de 2 cm de long

**Reproduction :** floraison de février à avril ; monoïque ; pollinisation par le vent ; dispersion des graines par le vent et les animaux (ex. Serin cini, Verdier d'Europe)

**Milieu :** forme des peuplements en zones inondables (aulnaie blanche), sinon à proximité de l'eau

**Bon à savoir :** chaque fleur individuelle, peu visible, est composée soit d'1 à 2 écailles, d'un périgone à 4 tépales (voir § p. 394) et de 4 étamines (fleurs mâles), soit de 2 écailles et de l'ovaire (fleurs femelles). • Les racines vivent en symbiose avec une bactérie *(Frankia alni)*, qui fixe l'azote atmosphérique ($N_2$) et alimente l'arbre en composés azotés. Ce processus enrichit également le sol en nutriments, ce qui augmente sa fertilité. En raison de cette capacité à améliorer la qualité des sols sur lesquels il pousse, l'Aulne blanc est souvent planté pour la revégétalisation des terrils et des gravières. • Son pollen est très allergisant (rhume des foins). • Son bois léger et résistant n'a que peu d'usages en construction, un peu en panneaux de particules.

## *Carpinus betulus* L. **Charme**

**Famille :** Betulaceae – Bétulacées

**Nom :** *Carpinus* lat. nom donné à cette espèce ; *betulus* lat. nom donné au Bouleau *(Betula)*

**Caractères :** arbre pouvant atteindre 25 m de haut et vivre 150 ans ; feuilles de 4 à 12 cm de long, ovales, à nervures latérales nettement parallèles, à dents aiguës au bord ; fleurs en longues inflorescences pendantes de 1 à 6 cm (chatons) ; fruits (akènes) munis d'une aile trilobée

**Reproduction :** floraison en mai ; monoïque ; pollinisation par le vent ; dispersion des graines par le vent et les animaux (ex. Verdier d'Europe, Gros-bec casse-noyaux)

**Milieu :** forme des boisements dans les régions à climat doux (chênaies-charmaies) ; souvent planté en haies taillées pour l'ornement

**Bon à savoir :** chacune des fleurs individuelles, peu visible, est composée soit d'une écaille et de 4 à 12 étamines (fleurs mâles), soit de 3 écailles, d'un périgone réduit et de l'ovaire (fleurs femelles). • Son pollen est très allergisant (rhume des foins). • Son bois résistant et stable est utilisé en outillage, en pièces de machinerie et pour la confection d'instruments de musique (marteaux de piano). Il constitue aussi un excellent bois de chauffage.

**143 a** Pétioles des feuilles avec 1 à 4 glandes à nectar (petites protubérances globuleuses < 1 mm) **144**
**b** Pétioles des feuilles dépourvus de glandes nectarifères **145**

**144 a** Feuilles glauques en dessous ; pétioles des feuilles de 2 à 4 cm de long ▶ *Prunus avium* (p. 35)
**b** Feuilles vertes en dessous ; pétioles des feuilles ne dépassant pas 2 cm ▶ *Prunus padus*

**145 a** Pétioles des feuilles dépassant 2 cm **146**
**b** Pétioles des feuilles de moins de 2 cm de long **147**

**146 a** Nervures du dessous des feuilles nettement saillantes ▶ *Malus sylvestris* (p. 57)
**b** Nervures du dessous des feuilles à peine saillantes ▶ *Pyrus pyraster* (p. 57)

## *Prunus padus* L. Cerisier à grappes

**Famille :** Rosaceae – Rosacées

**Nom :** *Prunus* lat. terme générique pour désigner un noyau ; *padus* origine incertaine

**Caractères :** arbuste ou arbre pouvant atteindre 15 m de haut et vivre jusqu'à 80 ans ; feuilles de 5 à 15 cm de long, ovales, finement dentées au bord, avec 1 à 4 glandes à nectar sur leur pétiole (petites protubérances globuleuses < 1 mm) ; fleurs jusqu'à 18 mm de diamètre, à 5 pétales blancs, inflorescences en grappes ; fruits (drupes) globuleux, de 7 à 8 mm, noirs, luisants

**Reproduction :** floraison d'avril à juin ; hermaphrodite ; pollinisation par les insectes ; dispersion des graines par les animaux (ex. Merle noir, Rouge-queue noir, Gros-bec casse-noyaux, Mulot sylvestre, Étourneau sansonnet)

**Milieu :** forme des peuplements sur sols humides (frênaie à Cerisier à grappes), sinon en fourrés et forêts alluviales

**Bon à savoir :** toute la plante est toxique, en particulier l'écorce et les graines. Les principaux symptômes d'une intoxication sont une hyperventilation, des maux de tête, des troubles de la respiration et l'arrêt cardiaque. • Le bois semi-dur et élastique, quelque peu utilisé pour le petit mobilier, n'a que peu d'usages en construction.

## *Malus sylvestris* (L.) Mill.
## Pommier sauvage, Pommier des bois

**Famille :** Rosaceae – Rosacées

**Nom :** *Malus* lat. nom donné à cette espèce ; *sylvestris* lat. « poussant à l'état sauvage »

**Caractères :** arbre pouvant atteindre 10 m de haut et vivre jusqu'à 100 ans ; feuilles de 5 à 9 cm de long, ovales à arrondies, dentées au bord ; fleurs jusqu'à 40 mm de diamètre, à 5 pétales blancs à rosés ; fruits (faux fruits à pépins : « pommes ») globuleux, jusqu'à 4 cm, rouge jaune

**Reproduction :** floraison mai ; hermaphrodite ; pollinisation par les insectes ; dispersion des graines par les animaux (ex. Merle noir)

**Milieu :** fourrés et forêts des régions à climat doux ; diverses variétés plantées, retournant parfois à l'état sauvage

**Bon à savoir :** forme sauvage du Pommier cultivé *(Malus domestica)*. Les variétés cultivées ne sont pas épineuses et leurs feuilles sont velues dessous. • Plante-hôte des chenilles de la grande Tortue *(Nymphalis polychloros)*. • Les graines (« pépins de pomme ») contiennent de l'acide cyanhydrique et sont toxiques. Les principaux symptômes d'une intoxication sont une haleine ayant une odeur typique d'amande amère, une salivation excessive, des vomissements, des maux de tête, des vertiges, des troubles – voire une paralysie – de la respiration. • En raison de leur forte teneur en tanins, les fruits du Pommier sauvage sont à peine mangeables crus, mais peuvent servir à confectionner (éventuellement en mélange avec d'autres fruits sauvages) des gelées, des confitures ou des chutneys. • Le bois dur, quelque peu utilisé en ameublement, n'a que peu d'usages en construction.

## *Pyrus pyraster* Burgsd. Poirier sauvage

**Famille :** Rosaceae – Rosacées

**Nom :** *Pyrus* lat. nom donné à cette espèce ; *pyraster* lat. « en forme de poire »

**Caractères :** arbuste ou arbre atteignant 20 m de haut et jusqu'à 200 ans ; feuilles de 2 à 8 cm de long, ovales à arrondies, luisantes dessus, entières ou finement dentées ; fleurs jusqu'à 40 mm de diamètre, à 5 pétales blancs ; fruits (faux fruits à pépins : « poires ») globuleux à piriformes, jusqu'à 4 cm, jaunâtres

**Reproduction :** floraison d'avril à mai ; hermaphrodite ; pollinisation par les insectes ; dispersion des graines par les animaux (ex. Merle noir)

**Milieu :** fourrés et forêts dans les régions à climat doux ; diverses variétés plantées retournent parfois à l'état sauvage

**Bon à savoir :** forme sauvage du Poirier cultivé *(Pyrus communis)*. Les variétés cultivées ne sont pas épineuses. • Plante-hôte des chenilles de la Grande Tortue *(Nymphalis polychloros)*. • En raison de leur forte teneur en tanins, les fruits du Poirier sauvage sont à peine comestibles. • Son bois résistant et durable convient particulièrement bien en ébénisterie et en lutherie.

**147 a** La plus grande largeur des feuilles est située dans leur moitié supérieure **148**
**b** La plus grande largeur des feuilles est située vers le milieu ▶ ***Salix caprea***

**148 a** Feuilles de 3 à 6 cm de long avec, au point d'insertion du pétiole, souvent 2 petites feuilles surnuméraires formant des « oreillettes » ▶ ***Salix aurita***
**b** Feuilles les plus grandes jusqu'à 12 cm de long ; pas d'« oreillettes » au point d'insertion du pétiole des feuilles ▶ ***Salix cinerea*** (p. 59)

**149 a** Plante rampant sur le sol (ou grimpant contre les arbres et les murs) ▶ ***Hedera helix*** (p. 28)
**b** Plante poussant sous forme d'arbuste ou d'arbre **150**

**150 a** Rameaux verts **151**
**b** Rameaux d'une autre couleur **152**

## *Salix caprea* L.
## Saule marsault, Saule des chèvres

**Famille :** Salicaceae – Salicacées

**Nom :** *Salix* indo-européen : nom donné à cette espèce ; *caprea* lat. « chèvre »

**Caractères :** arbuste ou arbre pouvant atteindre 10 m de haut et vivre jusqu'à 60 ans ; feuilles de 3 à 10 cm de long, ovales à arrondies, la plus grande largeur des feuilles se trouvant approximativement en leur milieu, densément couvertes de poils vert grisâtre dessous ; fleurs en inflorescences de 2 à 5 cm de long (chatons), s'épanouissant avant le développement des feuilles ; fruits (capsules) en chatons, graines munies d'une aigrette de poils blancs

**Reproduction :** floraison de mars à avril ; dioïque ; pollinisation par les insectes ; dispersion des graines par le vent

**Milieu :** fourrés, clairières et coupes forestières

**Bon à savoir :** pour la structure des fleurs de saules *(Salix)*, voir le Saule blanc (p. 44). • Plante-hôte des chenilles de la Grande Tortue *(Nymphalis polychloros)* ainsi que de celles du Morio *(Nymphalis antiopa)* et du Robert-le-Diable *(Polygonia c-album)*. • Plante importante pour l'alimentation printanière des abeilles. • Utilisé pour améliorer les sols et pour leur renforcement.

## *Salix aurita* L.
## Saule à oreillettes, Petit Marsault

**Famille :** Salicaceae – Salicacées

**Nom :** *Salix* indo-européen : nom donné à cette espèce ; *aurita* lat. « auriculé » (pétioles des feuilles)

**Caractères :** arbuste atteignant 2 m de haut ; feuilles de 2 à 6 cm de long, ovales à arrondies, la plus grande largeur se trouvant dans leur moitié supérieure, densément couvertes de poils vert grisâtre dessous, à marge bordée de dents grossières et irrégulières ; fleurs en inflorescences longues de 1 à 5 cm (chatons) ; floraison avant le développement des feuilles ; fruits (capsules) en chatons, graines couvertes de poils blancs

**Reproduction :** floraison d'avril à mai ; dioïque ; pollinisation par les insectes ; dispersion des graines par le vent

**Milieu :** marais, marécages, prairies humides, lisières de boisements humides

**Bon à savoir :** pour la structure des fleurs de saules *(Salix)*, voir le Saule blanc (p. 44).

## *Salix cinerea* L. Saule cendré, Saule gris

**Famille :** Salicaceae – Salicacées

**Nom :** *Salix* indo-européen : nom donné à cette espèce ; *cinerea* lat. « cendré » (jeunes rameaux)

**Caractères :** arbuste atteignant 6 m ; jeunes rameaux couverts de poils ; feuilles de 4 à 12 cm de long, ovales, leur plus grande largeur se trouvant dans la partie avant du limbe, dessous comportant des poils situés surtout sur les nervures ; fleurs en inflorescences longues de 3 à 5 cm (chatons) ; floraison avant le développement des feuilles ; fruits (capsules) en chatons, graines munies d'une aigrette de poils blancs

**Reproduction :** floraison de mars à avril ; dioïque ; pollinisation par les insectes ; dispersion des graines par le vent

**Milieu :** à proximité de l'eau, marécages, fourrés

**Bon à savoir :** pour la structure des fleurs de saules *(Salix)*, voir le Saule blanc (p. 44).

**151 a** Feuilles, au moins celles de la partie inférieure de la plante, composées de 3 folioles (comme des feuilles de trèfle) ▶ *Cytisus scoparius* (p. 84)

**b** Toutes les feuilles entières, non divisées en 3 folioles ▶ ***Genista tinctoria***

**152 a** Feuilles au moins 3 fois plus longues que larges **153**

**b** Feuilles au plus 3 fois plus longues que larges **154**

**153 a** Feuilles au moins 10 fois plus longues que larges ▶ *Salix viminalis* (p. 61)

**b** Feuilles au plus 6 fois plus longues que larges ▶ *Daphne mezereum* (p. 33)

**154 a** Feuilles de 3 cm de long maximum ▶ *Vaccinium vitis-idaea* (p. 61)

**b** Feuilles les plus grandes dépassant généralement 3 cm de long **155**

## *Genista tinctoria* L. Genêt des teinturiers

**Famille :** Fabaceae – Fabacées

**Nom :** *Genista* lat. nom donné à cette espèce ; *tinctoria* lat. « teinter », « colorer »

**Caractères :** arbuste atteignant 0,7 m de haut ; feuilles de 0,5 à 5 cm de long, allongées à ovales ; fleurs jaunes à symétrie bilatérale, jusqu'à 15 mm de long, en inflorescences allongées situées au sommet des rameaux ; fruits (gousses) en forme de haricots, plats, atteignant 3 cm de long, brun-noir

**Reproduction :** floraison de mai à juin ; hermaphrodite ; pollinisation par les insectes ; dispersion des graines sans agent extérieur

**Milieu :** pâturages maigres, forêts claires, lisières

**Bon à savoir :** généralités sur les plantes de la famille des Fabacées, voir p. 388. • Par temps chaud, les gousses s'ouvrent brusquement, expulsant ainsi les graines qu'elles contiennent. • Toute la plante est fortement toxique. Les principaux symptômes d'une intoxication sont des vertiges, des maux de tête et des douleurs cardiaques. • Rameaux, feuilles et fleurs étaient autrefois utilisés pour teindre les étoffes en jaune.

## *Salix viminalis* L. Saule des vanniers, Osier vert

**Famille :** Salicaceae – Salicacées

**Nom :** *Salix* indo-européen : nom donné à cette espèce ; *viminalis* lat. « baguette », « badine » (rameaux)

**Caractères :** arbuste ou arbre atteignant 10 m de haut ; feuilles de 6 à 15 cm de long, étroites, densément couvertes de poils soyeux sur la face inférieure, à marge enroulée vers le dessous ; fleurs en inflorescences longues de 3 à 10 cm (chatons) ; floraison avant le développement des feuilles ; fruits (capsules) en chatons, graines munies d'une aigrette de poils blancs

**Reproduction :** floraison de mars à avril ; dioïque ; pollinisation par les insectes ; dispersion des graines par le vent

**Milieu :** à proximité de l'eau, en forêts alluviales ; planté artificiellement pour son utilisation en vannerie

**Bon à savoir :** pour la structure des fleurs de saules *(Salix)*, voir le Saule blanc (p. 44). • Ses rameaux souples et flexibles sont utilisés en vannerie et pour le palissage des vignes. • La taille régulière des branches confère à la partie supérieure de son tronc une forme globuleuse caractéristique (en « têtard »).

## *Vaccinium vitis-idaea* L. Airelle du mont Ida

**Famille :** Ericaceae – Éricacées

**Nom :** *Vaccinium* origine incertaine ; *vitis-* lat. « vigne » ; *-idaea* lat. nom donné au Framboisier *(Rubus idaeus)*

**Caractères :** arbrisseau à peine plus haut que 0,3 m ; feuilles persistantes de 1 à 3 cm de long, ovales, coriaces, luisantes dessus, généralement enroulées au bord ; fleurs jusqu'à 8 mm de long, en clochettes, à 4 lobes, blanches à roses ; fruits (baie) globuleux, de 5 à 8 mm, rouges

**Reproduction :** floraison de mai à juin ; dioïque ; pollinisation par les insectes ; dispersion des graines par les animaux (ex. Grive litorne)

**Milieu :** uniquement sur sols très acides : tourbières, landes, forêts de conifères

**Bon à savoir :** les infusions de feuilles séchées sont utilisées dans le traitement des pyélites et des cystites, et le jus de baies fraîches en prévention des infections urinaires (voies urinaires et vessie). • La confiture de baies est traditionnellement servie en accompagnement des plats de venaison.

**155 a** Nervures latérales droites et parallèles à la nervure centrale au bord de la feuille ▶ ***Fagus sylvatica***
**b** Nervures latérales coudées au moins au sommet **156**

**156 a** Marges des feuilles non enroulées ▶ ***Prunus laurocerasus*** (p. 63)
**b** Feuilles planes **157**

**157 a** Nervures clairement saillantes à la face inférieure des feuilles **158**
**b** Nervures de la face inférieure des feuilles à peine saillantes **161**

**158 a** Feuilles velues dessous **159**
**b** Feuilles non ou à peine velues dessous **160**

**159 a** Plus grande largeur des feuilles située dans leur moitié supérieure ▶ ***Salix cinerea*** (p. 59)
**b** Plus grande largeur des feuilles située vers le milieu ▶ ***Salix caprea*** (p. 58)

**160 a** Feuilles régulièrement dentées au bord ▶ ***Prunus serotina*** (p. 63)
**b** Feuilles généralement non dentées au bord ▶ ***Frangula alnus*** (p. 64)

## *Fagus sylvatica* L. Hêtre

**Famille :** Fagaceae – Fagacées

**Nom :** *Fagus* grec « manger » (fruits) ; *sylvatica* lat. « forêt »

**Caractères :** arbre pouvant atteindre 40 m de haut et vivre jusqu'à 400 ans ; écorce lisse et gris clair ; feuilles de 4 à 10 cm de long, ovales, souvent poilues et ondulées au bord ; petites fleurs mâles en bouquets de 15 à 20 mm de diamètre longuement pendantes, petites fleurs femelles toujours par 2 ; fruits (akènes, les « faînes ») disposés dans une enveloppe à quatre loges recouverte d'épines souples

**Reproduction :** floraison d'avril à mai ; monoïque ; pollinisation par le vent ; dispersion des graines par les animaux (ex. Pinson des arbres, Verdier d'Europe, Geai des chênes, Gros-bec casse-noyaux, Sittelle torchepot, Mésange charbonnière, Pic mar, Pigeon ramier, Écureuil roux, Blaireau européen)

**Milieu :** forme des peuplements dans de vastes parties de l'Europe tempérée (divers types de hêtraies) ; constitue la limite forestière supérieure dans le Jura

**Bon à savoir :** chacune des fleurs individuelles, discrète, est composée soit d'un périgone à 5 à 6 tépales et de 4 à 15 étamines (fleurs mâles), soit d'un périgone à 6 tépales et de l'ovaire (fleurs femelles). • Chez les feuilles du Hêtre pourpre, le pigment vert des feuilles (chlorophylle) est masqué par une forte concentration en tanins rouges (anthocyanine). • Son pollen est très allergisant (rhume des foins).• Les faînes réduites en poudre peuvent être pressées pour obtenir une huile comestible riche en protéines. • Son bois de cœur, lourd et résistant, sert à faire des parquets, escaliers, meubles, jouets et autres outils en bois, dans le placage ainsi que dans l'industrie (cellulose) ; on en faisait aussi autrefois des traverses de chemin de fer. C'est également un très bon bois de chauffage.

## *Prunus laurocerasus* L. Laurier-cerise

**Famille :** Rosaceae – Rosacées

**Nom :** *Prunus* lat. nom générique pour les fruits à noyaux ; *lauro-* lat. « laurier » ; *cerasus* lat. « cerise »

**Caractères :** arbuste atteignant 6 m de haut ; feuilles persistantes de 10 à 15 cm de long, ovales, semblables à celles du Laurier, coriaces, luisantes dessus, à marge un peu enroulée vers le dessous ; fleurs jusqu'à 6 mm de diamètre, à 5 pétales blancs, en inflorescences dressées telles des chandelles ; fruits (drupes) globuleux, de 4 à 7 mm, noirs, luisants

**Reproduction :** floraison d'avril à mai ; hermaphrodite ; pollinisation par les insectes ; dispersion des graines par les animaux

**Milieu :** souvent planté artificiellement, également échappé des jardins en forêts et en lisières

**Bon à savoir :** toute la plante est toxique, en particulier l'écorce et les graines. Les principaux symptômes d'une intoxication sont une hyperventilation, des maux de tête et l'arrêt respiratoire et cardiaque. • Originaire d'Asie Mineure. Forme un sous-étage à feuilles persistantes en forêt, empêchant ainsi le développement d'autres végétaux et toute régénération forestière. Moyens de lutte : couper les inflorescences après la floraison, arracher les jeunes plants avec leurs racines, écorcer les plus grands individus, puis jeter toutes les parties de la plante à la décharge (ne pas composter !).

## *Prunus serotina* Ehrh. Cerisier tardif, Cerisier d'automne

**Famille :** Rosaceae – Rosacées

**Nom :** *Prunus* lat. nom générique pour les fruits à noyaux ; *serotina-* lat. « tard »

**Caractères :** arbuste ou arbre atteignant 6 m de haut ; feuilles de 5 à 10 cm de long, ovales, coriaces, luisantes dessus, persistantes, finement dentées au bord ; fleurs jusqu'à 13 mm de diamètre, à 5 pétales blancs, en grappes allongées ; fruits (drupes) globuleux, de 8 à 10 mm, rouge sombre à noirs, luisants

**Reproduction :** floraison de mai à juin ; hermaphrodite ; pollinisation par les insectes ; dispersion des graines par les animaux

**Milieu :** fourrés, forêts claires, lisières

**Bon à savoir :** toute la plante est toxique, en particulier l'écorce et les graines. Les principaux symptômes d'une intoxication sont l'hyperventilation, des maux de tête et l'arrêt respiratoire et cardiaque. • Originaire de l'est de l'Amérique du Nord et introduit en Europe au XVIIe siècle. Forme des peuplements denses en forêt, gênant ainsi le développement d'autres végétaux, la régénération forestière et l'exploitation sylvicole. Moyens de lutte : couper les inflorescences après la floraison, arracher les jeunes plants avec leurs racines, écorcer les plus grands individus, puis jeter toutes les parties de la plante à la décharge (ne pas composter !).

**161 a** Pétiole des feuilles de 10 mm de long maximum ▶ *Ilex aquifolium* (p. 43)
**b** Pétiole des feuilles généralement de plus de 10 mm ▶ *Pyrus pyraster* (p. 57)

**162 a** Feuilles bordées de dents, obtuses ou aiguës **163**
**b** Bord des feuilles non denté, entier **167**

**163 a** Feuilles de 2 cm de large au maximum ▶ *Salix purpurea* (p. 51)
**b** Feuilles les plus grandes de plus de 2 cm de large **164**

**164 a** Feuilles les plus grandes d'au moins 15 cm de long ▶ *Buddleja davidii* (p. 65)
**b** Feuilles les plus grandes ne dépassant pas 15 cm **165**

**165 a** Feuilles nettement velues dessus ▶ *Viburnum lantana* (p. 65)
**b** Feuilles non velues dessus **166**

## *Frangula alnus* Miller **Bourdaine**

**Famille :** Rhamnaceae – Rhamnacées

**Nom :** *Frangula-* lat. « casser » (bois cassant) ; *alnus* lat. nom donné à l'Aulne (*Alnus*)

**Caractères :** arbuste atteignant 5 m de haut ; feuilles de 2 à 7 cm de long, ovales à arrondies ; fleurs d'environ 6 mm de diamètre, à 5 pétales vert jaunâtre ; fruits (drupes) globuleux de 8 mm, d'abord rouges puis noirs, luisants

**Reproduction :** floraison de mai à juin ; hermaphrodite ; pollinisation par les insectes ; dispersion des graines par les animaux (ex. Merle noir, Grives musicienne et litorne, Fauvette à tête noire)

**Milieu :** marécages, fourrés, forêts claires à sols humides, forêts alluviales, lisières

**Bon à savoir :** plante-hôte de la chenille du Citron *(Gonepteryx rhamni).* • Les fruits, feuilles et écorce sont toxiques. Les principaux symptômes d'une intoxication sont des nausées, des vomissements, des diarrhées et des douleurs abdominales. • Des préparations à base d'écorce séchée sont utilisées comme laxatifs.

## *Buddleja davidii* L. Buddleia de David

**Famille :** Scrophulariaceae – Scrofulariacées

**Nom :** *Buddleja* d'après Adam Buddle, botaniste anglais (1660-1715) ; *davidii* d'après Armand Davis, botaniste français (1826-1900)

**Caractères :** arbuste atteignant 3 m de haut ; feuilles opposées, de 15 à 25 cm de long, allongées à ovales, densément couvertes de poils gris dessous, dentées au bord ; fleurs odorantes jusqu'à 5 mm de diamètre, à 4 pétales violets, en inflorescences allongées, denses ; fruits (capsules) brun-rouge, jusqu'à 10 mm de long

**Reproduction :** floraison de juillet à août ; hermaphrodite ; pollinisation par les insectes (papillons) ; dispersion des graines par le vent

**Milieu :** planté artificiellement et souvent ensauvagé : lits des ruisseaux, berges, coupes forestières, décombres

**Bon à savoir :** originaire de Chine. L'arbuste forme des fourrés hauts et denses, en particulier sur les berges rocailleuses des cours d'eau, contrariant ainsi le développement des autres espèces végétales. Bien que les fleurs soient une source riche en nectar pour les insectes et en particulier les papillons, le Buddleia n'a aucun effet positif sur la diversité des insectes et le développement des papillons : il n'est en effet consommé que par des espèces communes et aucune ne l'utilise comme plante-hôte des chenilles. Moyens de lutte : couper les inflorescences après la floraison, arracher les jeunes plants avec leurs racines, écorcer les plus grands individus, puis jeter toutes les parties de la plante à la décharge (ne pas composter !).

## *Viburnum lantana* L. Viorne lantane, Viorne mancienne

**Famille :** Adoxaceae – Adoxacées

**Nom :** *Viburnum* indo-européen/lat. « bois souple » ; *lantana* lat. « souple » (rameaux), également « lentement »

**Caractères :** arbuste atteignant 5 m de haut ; feuilles opposées, de 4 à 12 cm de long, ovales, densément velues dessous, à poils plus épars dessus, dentées au bord ; fleurs jusqu'à 7 mm de diamètre, à 5 lobes blancs, inflorescences en ombelles ; fruits (baies) de 7 à 9 mm de long, d'abord rouge brillant puis noirs

**Reproduction :** floraison en mai ; hermaphrodite ; pollinisation par les insectes ; dispersion des graines par les animaux (ex. Merle noir, Grives musicienne, draine et litorne, Rouge-gorge familier)

**Milieu :** fourrés, haies, forêts claires, lisières

**Bon à savoir :** les feuilles, l'écorce et possiblement les fruits sont toxiques. Les principaux symptômes d'une intoxication sont des nausées, des vomissements, des diarrhées, des dyspnées, des troubles du rythme cardiaque et des crampes. • Les rameaux étaient autrefois utilisés pour confectionner des flèches. Ötzi, l'homme de Hauslabjoch, dont le cadavre momifié par les glaces et vieux de 5 000 ans fut découvert en 1991, transportait ainsi 14 flèches en bois de Viorne lantane.

**166 a** Pétiole des feuilles de 10 mm de long maximum ▶ ***Euonymus europaeus***

**b** Pétiole des feuilles dépassant 10 mm de long ▶ ***Rhamnus cathartica*** (p. 67)

**167 a** Feuilles environ 3 fois plus longues que larges ▶ ***Ligustrum vulgare*** (p. 67)

**b** Feuilles au maximum 2 fois plus longues que larges **168**▶

## *Euonymus europaeus* L. Fusain d'Europe

**Famille :** Celastraceae – Célastracées

**Nom :** *Euonymus* grec « de bonne renommée » ; *europaeus* lat. « européen »

**Caractères :** arbuste atteignant 6 m de haut ; jeunes rameaux verts et quadrangulaires ; feuilles opposées, de 3 à 8 cm de long, ovales, très finement dentées au bord ; fleurs jusqu'à 10 mm de diamètre, à 4 pétales blanc verdâtre ; fruits (capsules) à quatre compartiments, rouges, contenant 4 graines orange

**Reproduction :** floraison de mai à juin ; hermaphrodite ; pollinisation par les insectes (mouches) ; dispersion des graines par les animaux (ex. Merle noir, Rouge-gorge familier)

**Milieu :** fourrés, haies, forêts, lisières

**Bon à savoir :** toutes les parties de la plante, et en particulier ses fruits, sont très toxiques. Les principaux symptômes d'une intoxication sont des nausées, des diarrhées, des crampes, des paralysies et des troubles du rythme cardiaque. Une dose de 30 à 40 fruits est mortelle pour un adulte, une quantité moindre l'est déjà pour les enfants. • Par extension, le nom français « fusain » a été donné au bois carbonisé de cet arbuste (et aussi de celui du saule), utilisé pour dessiner.

## *Rhamnus cathartica* L. Nerprun cathartique

**Famille :** Rhamnaceae – Rhamnacées

**Nom :** *Rhamnus* grec nom donné à cette espèce ; *cathartica* grec « épurateur », « purgatif »

**Caractères :** arbuste atteignant 3 m de haut ; sommet des rameaux souvent terminés en épine ; feuilles plus ou moins opposées, de 4 à 8 cm de long, ovales à arrondies, finement dentées au bord ; fleurs d'environ 8 mm de diamètre, à 4 ou 5 pétales vert jaunâtre ; fruits (baie) globuleux, de 6 à 8 mm, noirs, luisants

**Reproduction :** floraison en mai ; dioïque ; pollinisation par les insectes ; dispersion des graines par les animaux (ex. Merle noir, Grives musicienne et litorne)

**Milieu :** marécages, haies, lisières

**Bon à savoir :** plante-hôte des chenilles de Citron *(Gonepteryx rhamni)* ainsi que de celles de la Thécla de la ronce *(Callophrys rubi)* et de la Thécla des nerpruns *(Satyrium spini).* • Les fruits avant maturité et l'écorce sont toxiques. Les principaux symptômes d'une intoxication sont notamment des nausées, des vomissements et des diarrhées. • On mâche des fruits mûrs, frais ou séchés, contre la constipation.

## *Ligustrum vulgare* L. Troène commun

**Famille :** Oleaceae – Oléacées

**Nom :** *Ligustrum* lat. « lier » ; *vulgare* lat. « commun »

**Caractères :** arbuste atteignant 5 m de haut ; feuilles opposées, de 2 à 7 cm de long, allongées, coriaces, tombant souvent seulement au printemps ; fleurs de 6 à 9 mm de diamètre, à 4 pétales blancs, en inflorescences dressées en chandelles ; fruits (baies) globuleux, de 5 à 10 mm, noirs

**Reproduction :** floraison de mai à juillet ; hermaphrodite ; pollinisation par les insectes ; dispersion des graines par les animaux (ex. Merle noir, Verdier d'Europe, Rouge-gorge familier, Fauvette à tête noire)

**Milieu :** fourrés, haies, forêts claires, lisières

**Bon à savoir :** les fruits, les feuilles et l'écorce sont toxiques. Les principaux symptômes d'une intoxication sont des nausées, des vomissements, des diarrhées, des engourdissements et des maux de tête. • Souvent planté en haie d'ornement dans les jardins.

**168 a** Feuilles à nervures latérales nettement arquées ; feuilles à peine velues
▶ ***Cornus sanguinea*** ..............................................................................................

**b** Feuilles à nervures latérales à peine arquées ; feuilles nettement velues
▶ ***Lonicera xylosteum***

**169 a** Plante rampant sur le sol (ou grimpant aux arbres et aux murs) ▶ *Hedera helix* (p. 28)

**b** Plante ayant le port d'un arbre ou d'un arbuste **170**

**170 a** Rameaux munis d'épines ou d'aiguillons **171**

**b** Rameaux dépourvus d'épines ou d'aiguillons **173**

**171 a** Feuilles nettement velues ▶ *Ribes uva-crispa* (p. 69)

**b** Feuilles non velues **172**

## *Cornus sanguinea* L. Cornouiller sanguin

**Famille :** Cornaceae – Cornacées

**Nom :** *Cornus* lat. « corne » (bois) ; *sanguinea* lat. « rouge sang » (rameaux)

**Caractères :** arbuste atteignant 4 m de haut ; jeunes rameaux souvent rouges ; feuilles opposées, de 4 à 8 cm de long, ovales à obovales, à nervures latérales nettement arquées ; fleurs jusqu'à 9 mm de diamètre, à 4 pétales blancs, inflorescences en ombelles ; fruits (drupes) globuleux, de 6 à 8 mm, noir bleuté

**Reproduction :** floraison en mai ; hermaphrodite ; pollinisation par les insectes ; dispersion des graines par les animaux (ex. Merle noir, Rouge-gorge familier, Fauvette à tête noire, Étourneau sansonnet)

**Milieu :** fourrés, haies, forêts claires, lisières

**Bon à savoir :** plante-hôte des chenilles de l'Azuré des Nerpruns *(Celastrina argiolus)*. • Ses fruits, riches en vitamine C, peuvent servir à confectionner des confitures. • Son bois dur était autrefois utilisé en bois tourné.

## *Lonicera xylosteum* L. Chèvrefeuille à balais

**Famille :** Capifoliaceae – Caprifoliacées

**Nom :** *Lonicera* d'après Adam Lonitzer, botaniste (1528-1586) ; *xylo-* grec « bois » ; *-steum* grec « os »

**Caractères :** arbuste atteignant 2 m de haut ; feuilles opposées, de 2 à 6 cm de long, ovales, mollement velues sur les deux faces ; fleurs à symétrie bilatérale, jusqu'à 15 mm de long, blanchâtres à jaunâtres, partie haute de la fleur (lèvre supérieure) découpée en 4 lobes, la lèvre inférieure non divisée, fleurs groupées par 2 ; fruits (baies) globuleux, rouges, groupés par 2 sur le même pédoncule et un peu soudés à la base

**Reproduction :** floraison d'avril à mai ; hermaphrodite ; pollinisation par les insectes ; dispersion des graines par les animaux (ex. Fauvette à tête noire)

**Milieu :** fourrés, haies, forêts de feuillus, lisières

**Bon à savoir :** plante-hôte des chenilles du Petit Sylvain *(Limenitis camilla)*. • Les fruits sont toxiques. Les principaux symptômes d'une intoxication sont des nausées, des vomissements, des diarrhées, une irritabilité ainsi que des troubles de la respiration et du rythme cardiaque.

## *Ribes uva-crispa* L. Groseillier à maquereaux

**Famille :** Grossulariaceae – Grossulariacées

**Nom :** *Ribes* origine incertaine ; *uva-* lat. « raison » ; *-crispa* lat. « crépu »

**Caractères :** arbuste atteignant 1,5 m de haut ; feuilles jusqu'à 3 cm de diamètre, à 3 à 5 lobes, velues, bordées de dents obtuses et grossières ; fleurs jusqu'à 15 mm de diamètre, à 5 pétales blanchâtres ou rougeâtres ; fruits (baies) jusqu'à 20 mm, verdâtres à rougeâtres, lisses ou portant des soies raides

**Reproduction :** floraison en avril ; hermaphrodite ; pollinisation par les insectes ; dispersion des graines par les animaux (ex. Merle noir, Rouge-gorge familier, Fauvette à tête noire)

**Milieu :** fourrés, haies, forêts, lisières ; souvent planté artificiellement et ensauvagé

**Bon à savoir :** plante-hôte des chenilles du Robert-le-Diable *(Polygonia c-album)*. • Les fruits peuvent permettre de confectionner des compotes, des gelées, du jus ou du vin.

**172 a** Feuilles découpées presque jusqu'à la nervure centrale ▶ *Crataegus monogyna*
**b** Feuilles divisées tout au plus jusqu'à la moitié de la feuille ▶ *Crataegus laevigata*

## *Crataegus monogyna* Jacq.
## Aubépine à un style

**Famille :** Rosaceae – Rosacées

**Nom :** *Crataegus* grec « dur », « fort » ; *mono-* lat. « un » ; *-gyna* lat. « style »

**Caractères :** arbuste pouvant atteindre 8 m de haut et vivre 300 ans ; feuilles de 2 à 6 cm de long, profondément découpées en 3 à 7 lobes, dentées au bord ; fleurs jusqu'à 12 mm de diamètre, à 5 pétales blancs, généralement 1 seul style ; fruits (cenelles) globuleux, de 5 à 8 mm, rouges

**Reproduction :** floraison de mai à juin ; hermaphrodite ; pollinisation par les insectes ; dispersion des graines par les animaux (ex. Merle noir, Grives draine et litorne, Fauvette à tête noire, Étourneau sansonnet)

**Milieu :** fourrés, haies, clairières forestières, lisières

**Bon à savoir :** plante-hôte des chenilles de Gazé *(Aporia crataegi).* • Des préparations à base de feuilles et de fleurs séchées sont utilisées dans le traitement des problèmes cardiaques, ainsi que sous forme de teinture alcoolique dans celui des arythmies cardiaques. • Les fruits sont utilisés pour aromatiser les yaourts.

## *Crataegus laevigata* (Poiret) DC.
## Aubépine à deux styles

**Famille :** Rosaceae – Rosacées

**Nom :** *Crataegus* grec « dur », « fort » ; *laevigata* lat. « lisse »

**Caractères :** arbuste atteignant 8 m de haut ; feuilles de 2 à 5 cm de long, à 3 à 5 lobes, dentées au bord ; fleurs jusqu'à 16 mm de diamètre, à 5 pétales blancs, généralement à 2 styles ; fruits (cenelles) globuleux, de 5 à 8 mm, rouges

**Reproduction :** floraison de mai à juin ; hermaphrodite ; pollinisation par les insectes ; dispersion des graines par les animaux (ex. Merle noir, Grives draine et litorne, Fauvette à tête noire, Étourneau sansonnet)

**Milieu :** fourrés, haies, clairières forestières, lisières

**Bon à savoir :** plante-hôte des chenilles de Gazé *(Aporia crataegi)* • Des préparations à base de feuilles et de fleurs séchées sont utilisées dans le traitement des problèmes cardiaques, ainsi que sous forme de teinture alcoolique dans celui des arythmies cardiaques.

**173 a** Feuilles gris clair à blanches dessous ▶ *Populus alba*
**b** Feuilles vertes à verdâtres dessous 174

## *Populus alba* L. Peuplier blanc

**Famille :** Salicaceae – Salicacées

**Nom :** *Populus* lat. nom donné à cette espèce ; *alba* lat. « blanc »

**Caractères :** arbre pouvant atteindre 35 m de haut et vivre 400 ans ; feuilles de 4 à 12 cm de long, à 3 à 5 lobes, densément couvertes de poils gris clair à blancs dessous, bordées de dents irrégulières et obtuses ; fleurs en inflorescences pendantes de 5 à 10 cm de long (chatons), floraison avant le développement des feuilles ; fruits (capsules) en chatons, graines munies d'une aigrette de poils blancs

**Reproduction :** floraison de mars à avril ; dioïque ; pollinisation par le vent ; dispersion des graines par le vent

**Milieu :** à proximité de l'eau, forêts alluviales

**Bon à savoir :** concernant la structure des fleurs des peupliers *(Populus)*, voir le Peuplier tremble (p. 46).
• Son bois tendre et très léger est utilisé dans l'industrie (contreplaqué, panneaux de particules, papier, laine de bois).

**174 a** Feuilles opposées, c.-à-d. disposées deux à deux, face à face, au même niveau d'insertion sur les rameaux **175** ....................

**b** Feuilles alternes, c.-à-d. disposées à des niveaux différents le long des rameaux ▶ ***Platanus* × *hispanica*** ....................

**175 a** Lobes des feuilles se terminant en longue pointe ▶ ***Acer platanoides*** (p. 73)

**b** Lobes des feuilles ne se terminant pas en longue pointe **176**

**176 a** Lobes des feuilles plus ou moins régulièrement dentés **177**

**b** Lobes des feuilles dépourvus de dents, ou à dents isolées ▶ ***Acer campestre*** (p. 73)

## ***Platanus* × *hispanica*** Miller ex Münchh.
## **Platane**

**Famille :** Platanaceae – Platanacées

**Nom :** *Platanus* grec « grand », « plat » ; *hispanica* lat. « espagnol »

**Caractères :** arbre pouvant atteindre 35 m de haut et vivre 600 ans ; écorce s'exfoliant en plaques et, de ce fait, présentant des taches de couleurs spectaculaires ; feuilles opposées, jusqu'à 25 cm de large, à 3 ou 5 lobes, avec peu de dents à la marge ; fleurs en inflorescences globuleuses au bout de longs pédoncules, les mâles jaunâtres, les femelles rouges ; fruits (akènes) groupés en une boule suspendue à l'extrémité d'un long pédoncule

**Reproduction :** floraison en mai ; monoïque ; pollinisation par le vent ; dispersion des graines par les animaux

**Milieu :** uniquement planté artificiellement

**Bon à savoir :** chaque fleur individuelle, discrète, se compose soit d'une double enveloppe à 4 lobes protégeant le plus souvent 4 étamines (fleurs mâles), soit de 5 à 9 ovaires dépourvus d'enveloppe (fleurs femelles). • Résulte du croisement entre le Platane d'Orient et le Platane américain (*P.* x *hispanica* = *P. orientalis* x *P. occidentalis*). • Le pollen est très allergisant (rhume des foins). • Son bois de cœur, élastique, est utilisé en placage et en bois tourné.

## *Acer platanoides* L. Érable plane

**Famille :** Sapindaceae – Sapindacées

**Nom :** *Acer* lat. « aigu », « acéré » ; *platan-* « platane » ; *-oides* grec « qui ressemble à »

**Caractères :** arbre pouvant atteindre 30 m de haut et vivre 200 ans ; feuilles opposées, de 8 à 20 cm de diamètre, à 3 à 7 lobes se terminant en longue pointe étirée et séparés par un sinus arrondi, à marge présentant seulement quelques dents longuement aiguës ; fleurs d'environ 10 mm de diamètre, à 5 pétales jaune-vert, en inflorescences denses ; floraison avant le développement des feuilles ; fruits (samares) soudés par deux, chacun avec une aile, l'angle entre les deux ailes étant supérieur à 90 degrés

**Reproduction :** floraison en avril ; hermaphrodite et monoïque ; pollinisation par les insectes (abeilles) ; dispersion des graines par le vent et les animaux (ex. Sittelle torchepot, Gros-bec casse-noyaux)

**Milieu :** forêts de feuillus sur sols plutôt frais

**Bon à savoir :** son bois dur, élastique et de résistance moyenne, est utilisé en construction intérieure ainsi qu'en ameublement, en lutherie, pour les ustensiles de cuisine et en bois tourné.

## *Acer campestre* L. Érable champêtre

**Famille :** Sapindaceae – Sapindacées

**Nom :** *Acer* lat. « aigu », « acéré » ; *campestre* lat. « champ »

**Caractères :** arbre pouvant atteindre 20 m de haut et vivre 150 ans ; feuilles opposées, de 3 à 10 cm de diamètre, à 3 ou 5 lobes ; fleurs d'environ 7 mm de diamètre, à 5 pétales jaune-vert ; fruits (samares) soudés par deux, chacun avec une aile, l'angle entre les deux ailes étant supérieur à 180 degrés

**Reproduction :** floraison en mai ; hermaphrodite et monoïque ; pollinisation par les insectes (abeilles) ; dispersion des graines par le vent et les animaux (ex. Sittelle torchepot, Gros-bec casse-noyaux)

**Milieu :** fourrés, haies, forêts, lisières

**Bon à savoir :** son bois dur, quelque peu utilisé en tournage, n'a que peu d'emplois comme bois de construction.

**177 a** Pétiole des feuilles dépassant généralement 3 cm de long ; feuilles les plus grandes atteignant 20 cm de long ▶ ***Acer pseudoplatanus***

**b** Pétiole des feuilles de 3 cm de long maximum ; feuilles les plus grandes atteignant au plus 12 cm de long ▶ ***Viburnum opulus*** (p. 75)

**178 a** Folioles des feuilles à marge régulièrement dentée **179**

**b** Folioles des feuilles dépourvues de dents ou à dents isolées **194** (p. 84)

**179 a** Feuilles opposées, c.-à-d. disposées deux à deux, face à face, au même niveau d'insertion sur les rameaux **180** ........................................................

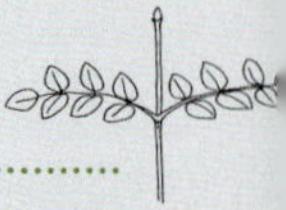

**b** Feuilles alternes, c.-à-d. disposées à des niveaux différents le long des rameaux **183** ........................................................................

## *Acer pseudoplatanus* L. Érable sycomore

**Famille :** Sapindaceae – Sapindacées

**Nom :** *Acer* lat. « aigu », « acéré » ; *pseudo-* grec « faux » ; *-platanus* « platane »

**Caractères :** arbre pouvant atteindre 30 m de haut et vivre 600 ans ; feuilles opposées, de 8 à 20 cm de diamètre, à 3 ou 5 lobes séparés par des sinus aigus, irrégulièrement et grossièrement dentées au bord, à pétiole dépassant généralement 3 cm ; fleurs jusqu'à 8 mm de diamètre, à 5 pétales jaune-vert, en inflorescences pendantes ; fruits (samares) soudés par deux, chacun avec une aile, l'angle entre les deux ailes étant inférieur à 90 degrés

**Reproduction :** floraison d'avril à mai ; hermaphrodite et monoïque ; pollinisation par les insectes (abeilles) ; dispersion des graines par le vent et les animaux (ex. Gros-bec casse-noyaux)

**Milieu :** forme des peuplements sur sols humides : acéraies, forêts alluviales à bois dur (frênaies, ormaies alluviales), forêts de pente (forêts de ravins à érables)

**Bon à savoir :** la sève est particulièrement riche en sucres et était autrefois récoltée pour l'en extraire. • Son bois, de densité moyenne et durable, est utilisé en construction intérieure (parquets) ainsi qu'en mobilier (plateaux de table), en lutherie, pour les ustensiles de cuisine et en bois tourné.

**180 a** Feuilles composées de 7 à 15 folioles ▶ *Fraxinus excelsior* (p. 76)
**b** Feuilles composées tout au plus de 7 folioles **181**

**181 a** Plante rampant à la surface du sol (ou grimpant comme une liane) ▶ *Clematis vitalba* (p. 31)
**b** Plante ayant le port d'un arbre ou d'un arbuste **182**

## *Viburnum opulus* L. Viorne obier

**Famille :** Adoxaceae – Adoxacées

**Nom :** *Viburnum* indo-européen/lat. « bois souple » ; *opulus* d'après le nom latin donné à l'Érable à feuilles d'obier *(Acer opalus)* auquel ses feuilles ressemblent

**Caractères :** arbuste atteignant 4 m de haut ; feuilles opposées, de 3 à 12 cm de diamètre, généralement à 3 lobes, à marge irrégulièrement et grossièrement dentée, à pétiole généralement de moins de 3 cm de long ; fleurs d'environ 7 mm de diamètre, à 5 lobes blancs, inflorescences en ombelles, les fleurs situées à la périphérie de l'ombelle nettement plus grandes (atteignant 25 mm de diamètre) que celles situées au centre ; fruits (baies) globuleux, de 8 à 10 mm, rouge vif, luisants

**Reproduction :** floraison de mai à juin ; hermaphrodite ; pollinisation par les insectes ; dispersion des graines par les animaux (ex. Merle noir, Grives musicienne, draine et litorne, Rouge-gorge familier)

**Milieu :** fourrés, forêts alluviales, lisières

**Bon à savoir :** les feuilles, l'écorce et possiblement les fruits sont toxiques. Les principaux symptômes d'une intoxication sont des nausées, des vomissements, des diarrhées, des dyspnées, des troubles du rythme cardiaque et des crampes.

**182 a** Feuilles vert sombre dessus, glauques dessous ; fleurs blanc crème, fruits noirs à maturité
▶ *Sambucus nigra* (p. 77)

**b** Feuilles vert pâle sur les deux faces ; fleurs jaune verdâtre, fruits rouges à maturité
▶ *Sambucus racemosa* (p. 77)

## *Fraxinus excelsior* L. Frêne commun

**Famille :** Oleaceae – Oléacées

**Nom :** *Fraxinus* lat. nom donné à cette espèce ; *excelsior* lat. « supérieur », « plus élevé »

**Caractères :** arbre pouvant atteindre 40 m de haut et vivre jusqu'à 300 ans ; bourgeons des feuilles remarquablement noirs ; feuilles opposées, de 20 à 40 cm de long, composées de 7 à 15 folioles dont les bords sont dentés ; petites fleurs vertes et violettes, en bouquets, fleurissant avant le développement des feuilles ; fruits (samares) munis d'une aile atteignant 4 cm, groupés en bouquets pendants

**Reproduction :** floraison d'avril à mai ; hermaphrodite et dioïque ou monoïque ; pollinisation par le vent ; dispersion des graines par le vent et les animaux (ex. Gros-bec casse-noyaux, Fauvette à tête noire)

**Milieu :** forme des peuplements sur sols humides (frênaies inondables) : frênaies mixtes, frênaies, acéraies, ormaies, frênaies alluviales des grands fleuves (forêts alluviales à bois dur), forêts galeries (le long de cours d'eau plus modestes), plus rarement sur sols calcaires, pierreux et secs (frênaies de pentes calcaires)

**Bon à savoir :** chacune des fleurs individuelles, peu visible et dépourvue d'enveloppe florale, n'est composée que de 2 étamines et de l'ovaire. • Depuis deux décennies, un champignon microscopique se répand : l'ascomycète *Hymenoscyphus pseudoalbidus*, connu sous le nom de chalarose du frêne, auquel sont particulièrement sensibles les jeunes arbres. L'écorce des rameaux contaminés dépérit et devient souvent brun orangé. Les feuilles situées au niveau du point d'infection dépérissent aussi, deviennent brun-noir et restent accrochées sur les rameaux jusque tardivement en automne. • Son pollen est très allergisant (rhume des foins). • Des infusions de feuilles séchées étaient utilisées dans le traitement des maladies rénales et de la vessie, des problèmes de rétention d'eau et des rhumatismes. • Les feuilles de frêne sont un bon aliment pour le bétail. • Les frênes sont utiles pour la stabilisation des berges des cours d'eau et des zones pentues. Son bois de cœur, élastique et résistant à la traction, est utilisé pour les parquets, le mobilier, en placage, le matériel sportif (autrefois pour la confection de skis et de traîneaux), les manches d'outils, ainsi qu'en construction automobile.

**183 a** Rameaux munis d'aiguillons ou d'épines **184**
**b** Rameaux dépourvus d'aiguillons ou d'épines **193** (p. 82)

**184 a** Dessous des feuilles gris clair à blanc ou argenté **185**
**b** Dessous des feuilles vert à verdâtre **186**

## *Sambucus nigra* L. Sureau noir

**Famille :** Adoxaceae – Adoxacées

**Nom :** *Sambucus* origine incertaine ; *nigra* lat. « noir » (fruits)

**Caractères :** arbuste ou arbre pouvant atteindre 10 m de haut et vivre jusqu'à 100 ans ; feuilles opposées, généralement composées de 5 folioles vert sombre dessus et glauques dessous, bord des folioles denté ; fleurs odorantes d'environ 7 mm de diamètre, blanc jaunâtre, à 5 lobes, réunies en ombelle ; fruits globuleux (baies), de 5 à 7 mm, noirs, luisants, portés par des pédoncules rouges

**Reproduction :** floraison de mai à juin ; hermaphrodite ; pollinisation par les insectes ; dispersion des graines par les animaux (ex. Merle noir, Grives mauvis, draine et musicienne, Pigeon ramier, Rouge-gorge familier, Fauvette à tête noire, Étourneau sansonnet, Mésange nonnette)

**Milieu :** fourrés, haies, forêts, lisières, souvent planté artificiellement

**Bon à savoir :** les infusions de fleurs séchées sont utilisées dans le traitement des fièvres et de la grippe ; les confitures de fruits sont laxatives. • On peut confectionner des sirops ou des beignets de fleurs, ou les incorporer dans divers desserts ; sirops et confitures peuvent également être élaborés avec les fruits.

## *Sambucus racemosa* L. Sureau à grappes

**Famille :** Adoxaceae – Adoxacées

**Nom :** *Sambucus* origine incertaine ; *racemosa* lat. « en grappe » (inflorescences)

**Caractères :** arbuste atteignant 4 m de haut ; feuilles opposées, composées de 3 à 7 folioles vert clair sur les deux faces, à marges dentées ; fleurs odorantes d'environ 5 mm de diamètre, jaune verdâtre, à 5 lobes, en inflorescences coniques ; fruits globuleux (baies), de 4 à 5 mm, rouges, luisants

**Reproduction :** floraison d'avril à mai ; hermaphrodite ; pollinisation par les insectes ; dispersion des graines par les animaux (ex. Merle noir, Grives mauvis, draine et musicienne, Pigeon ramier, Rouge-gorge familier, Fauvette à tête noire, Étourneau sansonnet, Mésange nonnette)

**Milieu :** fourrés, haies, forêts, clairières forestières, lisières

**Bon à savoir :** on peut confectionner des sirops ou des beignets de fleurs, ou les incorporer dans divers desserts ; sirops et confitures peuvent également être élaborés à partir des fruits.

**185 a** Partie basale des aiguillons rouge ▶ ***Rubus armeniacus***
**b** Partie basale des aiguillons d'une autre couleur ▶ ***Rubus idaeus***

**186 a** Folioles les plus grandes dépassant généralement 3 cm de large ; fleurs de 30 mm de diamètre au maximum **187**
**b** Folioles de 3 cm de large au maximum ; fleurs dépassant généralement 30 mm de diamètre **189**

## *Rubus armeniacus* Focke **Ronce d'Arménie**

**Famille :** Rosaceae – Rosacées

**Nom :** *Rubus* indo-européen « égratigner » ; *armeniacus* lat. « arménien »

**Caractères :** arbrisseau atteignant 3 m de haut, à rameaux vigoureux, de 8 à 25 mm d'épaisseur, luisants, à angles partiellement colorés d'un rouge spectaculaire ; feuilles généralement composées de 5 folioles, densément couvertes dessous de poils gris-blanc, dentées au bord ; fleurs jusqu'à 40 mm de diamètre, à 5 pétales roses ; fruits (drupes composées de drupéoles) noirs

**Reproduction :** floraison de juin à août ; hermaphrodite ; pollinisation par les insectes ; dispersion par les animaux

**Milieu :** talus, clairières forestières, coupes et lisières, terres incultes, bords des chemins, abords des voies ferrées

**Bon à savoir :** originaire du Caucase et introduite en Europe au XIXe siècle, cultivée pour ses fruits savoureux. L'espèce se répand par marcottage, formant des peuplements denses empêchant le développement d'autres végétaux. Moyens de lutte : récolter tous les fruits, faucher la plante chaque année en juin ou juillet, puis jeter touts les résidus à la déchetterie (ne pas composter !).

## *Rubus idaeus* L. **Framboisier**

**Famille :** Rosaceae – Rosacées

**Nom :** *Rubus* indo-européen « égratigner » ; *idaeus* dérivé du mont Ida, en Crète

**Caractères :** arbrisseau atteignant 1,5 m de haut, à rameaux dressés ou penchés, couverts de fins aiguillons ; feuilles composées généralement de 5 ou 7 folioles, densément couvertes de poils blancs dessous, dentées au bord ; fleurs jusqu'à 25 mm de diamètre, à 5 pétales blancs ; fruits (drupes composées de drupéoles, les « framboises ») rouges

**Reproduction :** floraison de mai à juin ; hermaphrodite ; pollinisation par les insectes ; dispersion des graines par les animaux (ex. Merle noir, Grive draine, Rouge-queue noir et Rouge-queue à front blanc, Fauvette à tête noire)

**Milieu :** coupes forestières, éboulis et pierriers

**Bon à savoir :** plante-hôte de la chenille du Nacré de la Ronce *(Brenthis daphne)*. • Les fruits servent à fabriquer de la confiture ou à aromatiser les yaourts.

**187 a** Partie inférieure de la plante ligneuse ; fruits mûrs bleus ou noirs **188**

**b** Partie inférieure de la plante non ligneuse ; fruits mûrs rouges ▶ ***Rubus saxatilis***

**188 a** Feuilles les plus grandes composées de 5 à 7 folioles ; fruits mûrs d'un noir luisant ▶ ***Rubus fruticosus***

**b** Feuilles composées de 3 folioles seulement ; fruits mûrs d'un bleu mat ▶ ***Rubus caesius*** (p. 80)

## *Rubus saxatilis* L. Ronce des rochers

**Famille :** Rosaceae – Rosacées

**Nom :** *Rubus* indo-européen « égratigner » ; *saxatilis* lat. « rocher »

**Caractères :** plante atteignant 0,3 m de haut, non ligneuse ; feuilles composées de 3 folioles, vertes dessous, irrégulièrement dentées au bord ; fleurs jusqu'à 18 mm de diamètre, à 5 pétales blancs ; fruits (drupes composées de drupéoles) rouge vif

**Reproduction :** floraison de mai à juin ; hermaphrodite ; pollinisation par les insectes (abeilles) ; dispersion des graines par les animaux

**Milieu :** fourrés, boisements, éboulis

**Bon à savoir :** les fruits sont comestibles, mais insipides et aqueux.

## *Rubus fruticosus* L. Ronce commune

**Famille :** Rosaceae – Rosacées

**Nom :** *Rubus* indo-européen « égratigner » ; *fruticosus* lat. « arbustif »

**Caractères :** arbrisseau atteignant 2 m de haut, à rameaux s'entremêlant de manière désordonnée ou rampant tout simplement sur le sol, munis d'aiguillons robustes ; feuilles composées de 3 à 7 folioles, dentées au bord ; fleurs jusqu'à 30 mm de diamètre, à 5 pétales blancs ou roses ; fruits (drupes composées de drupéoles : les « mûres ») d'un bleu-noir luisant

**Reproduction :** floraison de mai à septembre ; hermaphrodite ; pollinisation par les insectes ; dispersion des graines par les animaux (ex. Merle noir, Grive draine, Rouge-queue noir et Rouge-queue à front blanc, Fauvette à tête noire, Rouge-gorge familier)

**Milieu :** pâturages, fourrés, haies, boisements

**Bon à savoir :** les ronces ont des modes de reproduction variables (sexuée et végétative), dont découle une multiplicité de micro-espèces qu'il est impossible de différencier au premier coup d'œil. Ainsi, rien qu'en France, plusieurs centaines d'entre elles ont été décrites. • Plante-hôte de la chenille du Nacré de la Ronce (*Brenthis daphne*). • Les feuilles séchées sont utilisées en infusion en cas de diarrhées, en gargarisme pour les affections buccales ou les pharyngites, et en adjuvant de bains pour favoriser la cicatrisation des plaies. • Les fruits sont utilisés pour la confection de confitures, de vins, de liqueurs, ou pour aromatiser les yaourts.

**189 a** Plante à port dressé, à rameaux en partie arqués ou retombants **190**
**b** Plante de 1 m de haut au maximum, rampant près du sol et en partie grimpante ▶ *Rosa arvensis*

**190 a** Feuilles velues, au moins partiellement **191**
**b** Feuilles dépourvues de poils sur les deux faces ▶ *Rosa canina*

## *Rubus caesius* L. Ronce bleuâtre

**Famille :** Rosaceae – Rosacées

**Nom :** *Rubus* indo-européen « égratigner » ; *caesius* lat. « gris-bleu »

**Caractères :** arbrisseau atteignant 0,8 m de haut, couché ; feuilles composées de 3 folioles, dentées au bord ; fleurs jusqu'à 20 mm de diamètre, à 5 pétales blancs ; fruits (drupes composées de drupéoles) couverts d'une pruine bleue qui s'enlève au toucher

**Reproduction :** floraison de juin à septembre ; hermaphrodite ; pollinisation par les insectes ; dispersion des graines par les animaux

**Milieu :** fourrés, haies, boisements, souvent à proximité de l'eau

**Bon à savoir :** les fruits sont comestibles mais fades, acides et astringents du fait de leur forte teneur en tanins.

## *Rosa arvensis* Hudson
## Rosier des champs, Églantier des champs

**Famille :** Rosaceae – Rosacées

**Nom :** *Rosa* nom latin donné à cette espèce ; *arvensis* lat. « champ »

**Caractères :** arbrisseau atteignant 1 m de haut, en partie couché ; feuilles composées généralement de 7 folioles, le plus souvent dépourvues de poils, dentées au bord ; fleurs jusqu'à 50 mm de diamètre, à 5 pétales blancs ; fruits (faux fruits contenant des akènes, les « cynorhodons ») rouge sombre, dépourvus de poils

**Reproduction :** floraison de juin à juillet ; hermaphrodite ; pollinisation par les insectes ; dispersion des graines par les animaux

**Milieu :** haies, forêts claires, lisières

**191 a** Feuilles densément velues sur les deux faces ▶ *Rosa tomentosa*

**b** Dessus des feuilles glabres ou avec des poils épars 192

## *Rosa canina* L.
## Rosier des chiens, Églantier des chiens

**Famille :** Rosaceae – Rosacées

**Nom :** *Rosa* nom latin donné à cette espèce ; *canina* lat. « chien »

**Caractères :** arbrisseau atteignant 3 m de haut ; feuilles composées généralement de 5 à 7 folioles, dépourvues de poils, dentées au bord ; fleurs jusqu'à 50 mm de diamètre, à 5 pétales roses ou blancs ; fruits (faux fruits contenant des akènes, les « cynorhodons ») rouges, dépourvus de poils

**Reproduction :** floraison de juin à juillet ; hermaphrodite ; pollinisation par les insectes ; dispersion des graines par les animaux (ex. Merle noir, Grive litorne, Verdier d'Europe, Martre des pins)

**Milieu :** pâturages maigres, fourrés, haies, lisières, pierriers

**Bon à savoir :** on voit souvent sur les églantiers des boules hérissées de poils, qui sont les galles provoquées par un hyménoptère, le Cynips du rosier *(Diplolepis rosae)*. • On boit des infusions de fruits, frais ou séchés, contre la rétention d'eau, la constipation, ainsi qu'en prévention ou en traitement des rhumes. • Les fruits peuvent aussi être consommés en confiture.

## *Rosa tomentosa* Sm.
## Rosier tomenteux, Églantier tomenteux

**Famille :** Rosaceae – Rosacées

**Nom :** *Rosa* nom latin donné à cette espèce ; *tomentosa* lat. « laineux », « capitonné »

**Caractères :** arbrisseau atteignant 2 m de haut ; rameaux en zigzag ; feuilles composées généralement de 5 à 7 folioles velues sur les deux faces et dentées au bord ; fleurs jusqu'à 45 mm de diamètre, à 5 pétales roses ; fruits (faux fruits contenant des akènes : les « cynorhodons ») rouge lumineux, couverts de soies raides

**Reproduction :** floraison de juin à juillet ; hermaphrodite ; pollinisation par les insectes ; dispersion des graines par les animaux

**Milieu :** fourrés, haies, lisières

**192 a** Dessous des feuilles pourvus de poils rougeâtres ▶ ***Rosa rubiginosa***
**b** Dessous des feuilles dépourvus de poils rougeâtres ▶ ***Rosa corymbifera***

**193 a** Feuilles de 20 cm de long tout au plus ▶ ***Sorbus aucuparia*** (p. 83)
**b** Feuilles dépassant généralement 20 cm ▶ ***Rhus typhina*** (p. 83)

## *Rosa rubiginosa* L. Églantier couleur de rouille

**Famille :** Rosaceae – Rosacées

**Nom :** *Rosa* nom latin donné à cette espèce ; *rubiginosa* lat. « rouge rouille »

**Caractères :** arbrisseau atteignant 3 m de haut ; feuilles composées de 5 à 7 folioles, munies de poils rougeâtres dessous (glandes), feuilles à odeur de pomme ou de vin lorsqu'on les froisse (en particulier par temps chaud), dentées au bord ; fleurs jusqu'à 40 mm de diamètre, à 5 pétales roses à rouges ; fruits (faux fruits contenant des akènes : les « cynorhodons ») rouges, portés par des pédoncules couverts de soies raides

**Reproduction :** floraison de juin à juillet ; hermaphrodite ; pollinisation par les insectes ; dispersion des graines par les animaux (oiseaux)

**Milieu :** pâturages maigres, fourrés, haies, lisières

## *Rosa corymbifera* Borkh. Églantier en corymbe

**Famille :** Rosaceae – Rosacées

**Nom :** *Rosa* nom latin donné à cette espèce ; *corymbi-* grec « en corymbe » ; *-fera* lat. « qui porte » (les inflorescences)

**Caractères :** arbrisseau atteignant 3 m de haut ; feuilles composées de 5 à 7 folioles, velues (partiellement), dentées au bord ; fleurs jusqu'à 50 mm de diamètre, à 5 pétales roses ou blancs ; fruits (faux fruits contenant des akènes : les « cynorhodons ») rouges, dépourvus de poils

**Reproduction :** floraison en juin ; hermaphrodite ; pollinisation par les insectes ; dispersion des graines par les animaux

**Milieu :** fourrés, lisières, pierriers

## *Sorbus aucuparia* L. Sorbier des oiseleurs, Sorbier des oiseaux

**Famille :** Rosaceae – Rosacées

**Nom :** *Sorbus* nom latin donné à cette espèce ; *aucuparia* lat. « pour les oiseaux »

**Caractères :** arbuste ou arbre pouvant atteindre 20 m de haut et vivre jusqu'à 120 ans ; feuilles de 8 à 20 cm de long, composées de 9 à 19 folioles, dentées au bord ; fleurs jusqu'à 12 mm de diamètre, à 5 pétales blancs, disposées en ombelle ; fruits (faux fruits) globuleux, de 5 à 10 mm, rouge luisant

**Reproduction :** floraison de mai à juin ; hermaphrodite ; pollinisation par les insectes ; dispersion des graines par les animaux (ex. Merle noir, Grives draine, mauvis et musicienne, Bouvreuil pivoine, Verdier d'Europe, Fauvette à tête noire, Étourneau sansonnet, Mésange nonnette, Martre des pins)

**Milieu :** pâturages, forêts claires de feuillus ou de conifères

**Bon à savoir :** plante-hôte des chenilles du Gazé *(Aporia crataegi)*. • Les fruits crus ont une saveur amère à acide ; cuits en gelée, ils accompagnent bien le gibier ou l'agneau. • Les fruits sont riches en sucres et étaient utilisés pour en extraire un produit aux pouvoirs sucrant (le sorbitol ou glucitol). • Son bois de cœur, semi-dur, un peu utilisé en bois tourné et sculpté, n'a que peu d'utilisations comme bois d'œuvre.

## *Rhus typhina* L. Sumac amarante

**Famille :** Rosaceae – Rosacées

**Nom :** *Rhus* origine incertaine ; *typhina* d'après le nom donné à la Massette *(Typha)*, du fait d'une certaine similitude des inflorescences

**Caractères :** arbuste ou arbre à troncs multiples, pouvant atteindre 6 m de haut et vivre jusqu'à 100 ans ; feuilles de 30 à 50 cm de long, composées de 11 à 31 folioles, dentées au bord ; fleurs verdâtres d'environ 5 mm de diamètre, groupées en longue inflorescence rameuse ; fruits (drupes) globuleux, couverts de poils rouges, formant une infrutescence dense

**Reproduction :** floraison de mai à juin ; dioïque ; pollinisation par les insectes ; dispersion des graines par le vent

**Milieu :** planté artificiellement puis naturalisé

**Bon à savoir :** à l'automne, les feuilles prennent une couleur rouge vif (« été indien »). • La sève peut provoquer des irritations cutanées. • Originaire d'Amérique du Nord, le Sumac forme des peuplements denses qui empêchent le développement des autres espèces végétales. Moyens de lutte : déraciner les individus de petite taille, en prenant soin d'arracher toutes les racines, écorcer les plus grands (cerclage), arracher les repousses durant plusieurs années successives, puis disposer toutes les parties de la plante en déchetterie (ne pas composter !).

**194** a Feuilles jusqu'à 2 cm de long, en 3 parties (comme des feuilles de trèfle) ▶ ***Cytisus scoparius***
**b** Feuilles au minimum de 15 cm de long, composées au moins de 5 folioles **195**

**195 a** Rameaux épineux ▶ ***Robinia pseudacacia***
**b** Rameaux non épineux **196**

**196 a** Feuilles composées de 9 à 37 folioles ▶ ***Ailanthus altissima*** (p. 85)
**b** Feuilles composées au maximum de 11 folioles ▶ ***Juglans regia*** (p. 86)

## *Cytisus scoparius* L. Link Genêt à balais

**Famille :** Fabaceae – Fabacées

**Nom :** *Cytisus* origine incertaine ; *scoparius* lat. « balayeuse », « balai »

**Caractères :** arbuste atteignant 2 m de haut ; feuilles inférieures en 3 parties (comme des feuilles de trèfle), les supérieures simples, de 2 cm de long, ovales à allongées ; fleurs jaunes à symétrie bilatérale, jusqu'à 25 mm de long ; fruits (gousses) en forme de haricot, aplatis, jusqu'à 6 cm de long, brun-noir

**Reproduction :** floraison de juin à août ; hermaphrodite ; pollinisation par les insectes ; dispersion des graines sans agent extérieur

**Milieu :** pâturages maigres, landes, forêts claires, lisières

**Bon à savoir :** généralités concernant la structure des fleurs de Fabacées, voir p. 388. • Les rameaux verts sont capables d'effectuer la photosynthèse. • Par temps chaud, les gousses s'ouvrent brutalement, projetant ainsi à plusieurs mètres les graines qu'elles contiennent. • Toute la plante est toxique. Les principaux symptômes d'une intoxication sont des vomissements, des diarrhées, des maux de tête et des douleurs cardiaques. • Les rameaux allongés, telles des badines, étaient utilisés pour confectionner des balais.

## *Robinia pseudoacacia* L. Robinier faux-acacia

**Famille :** Fabaceae – Fabacées

**Nom :** *Robinia* d'après Jean Robin, jardinier à la Cour (1550-1629), qui fut le premier à importer la plante en Europe ; *pseudo-* grec « faux » ; *acacia* lat. « acacia » (feuilles)

**Caractères :** arbre pouvant atteindre 25 m de haut et vivre 300 ans ; rameaux épineux ; feuilles de 15 à 30 cm de long, composées de 7 à 21 folioles ; fleurs blanches à symétrie bilatérale, jusqu'à 20 mm de long, en inflorescences pendantes ; fruits (gousses) en forme de haricot, jusqu'à 10 cm de long, bruns

**Reproduction :** floraison mai à juin ; hermaphrodite ; pollinisation par les insectes (abeilles) ; dispersion des graines par le vent et les animaux

**Milieu :** planté artificiellement et souvent naturalisé : forêts claires, remblais, décombres

**Bon à savoir :** généralités concernant la structure des fleurs de Fabacées, voir p. 388. • Les racines rejettent des inhibiteurs dans le sol, qui empêchent le développement des autres espèces végétales (allélopathie). • Toutes les parties de la plante, en particulier l'écorce et les fruits, sont très toxiques. Les principaux symptômes d'une intoxication sont des nausées, des vomissements, des diarrhées, des douleurs abdominales, des vertiges et des troubles de la vision. • Les fleurs douces, au goût de fève, peuvent être consommées crues, cuites ou frites. • Son bois de cœur, très élastique et très durable, trouve des usages comme bois d'œuvre, en parquets, en ameublement ainsi que, du fait de son caractère imputrescible, pour de nombreuses utilisations en extérieur telles que le mobilier de jardin, les piquets de clôtures, les jeux en bois et les bateaux. • Le Robinier est originaire d'Amérique du Nord et a été introduit en Europe en 1600. Par drageonnement, il forme des peuplements denses. Cette caractéristique, ajoutée à son allélopathie et à l'enrichissement du sol en azote qu'il occasionne, empêche le développement des autres espèces végétales, en particulier dans les milieux naturellement pauvres en azote tels que les prairies maigres. Moyens de lutte : déraciner les petits individus avec leur système racinaire, écorcer les plus gros (cerclage), arracher les repousses durant de nombreuses années successives, puis disposer toutes les parties de la plante en déchetterie (ne pas composter !).

## *Ailanthus altissima* Miller **Ailante**

**Famille :** Simaroubaceae – Simaroubacées

**Nom :** *Ailanthus* nom chinois donné à cette espèce ; *altissima* lat. « très haut »

**Caractères :** arbre pouvant atteindre 25 m de haut et vivre 120 ans ; feuilles de 40 à 90 cm de long, composées de 9 à 37 folioles ; fleurs jusqu'à 8 mm de diamètre, à 5 pétales blanc jaunâtre, en inflorescences allongées et rameuses ; fruits (samares) entourés d'une aile atteignant 5 cm de long

**Reproduction :** floraison de juin à juillet ; dioïque ; pollinisation par les insectes ; dispersion des graines par le vent

**Milieu :** planté artificiellement et souvent naturalisé : décombres, friches ferroviaires et industrielles

**Bon à savoir :** les racines rejettent des inhibiteurs dans le sol qui empêchent le développement des autres espèces végétales (allélopathie). • L'écorce et les feuilles peuvent causer des allergies cutanées. • Originaire de Chine et planté en Europe depuis le XVIII^e^ siècle, l'Ailante forme des peuplements denses qui rendent difficile le développement des autres plantes. En outre, ses racines et ses drageons traversent aisément les murs, où ils causent d'importants dommages. Moyens de lutte : arracher les petits individus avec leur système racinaire, écorcer les plus gros (cerclage), arracher les repousses durant de nombreuses années, puis disposer toutes les parties de la plante en déchetterie (ne pas composter !).

## *Juglans regia* L. Noyer

**Famille :** Juglandaceae – Juglandacées.

**Nom :** *Ju-* « Jupiter » ; *glans* lat. « gland », « fruit » ; *regia* lat. « royal »

**Caractères :** arbre pouvant atteindre 25 m de haut et vivre jusqu'à 400 ans ; feuilles de 15 à 50 cm de long, composées de 5 à 11 folioles ; fleurs mâles en longues inflorescences pendantes, les femelles petites, groupées par 2 ou 3 ; fruits (drupes, les « noix ») à coque interne ligneuse et enveloppe externe charnue

**Reproduction :** floraison en mai ; monoïque ; pollinisation par le vent ; dispersion des graines par les animaux (ex. Pic mar et Pic épeiche)

**Milieu :** généralement planté artificiellement, naturalisé dans les boisements feuillus mixtes des régions à climat doux

**Bon à savoir :** chacune des fleurs individuelles, insignifiante, est composée soit de 3 écailles, d'un périgone à 3 pièces et de nombreuses étamines (fleurs mâles), soit d'un périgone à 4 pièces et de l'ovaire (fleurs femelles). • Avant l'époque glaciaire, le Noyer était une espèce indigène en Europe tempérée, et il y fut plus tard ramené par l'homme du temps des Romains, voire peut-être déjà dès le début de l'âge de la pierre, à partir du Moyen-Orient (peut-être des Balkans), où l'espèce avait trouvé refuge pendant les glaciations. • Feuilles et fruits produisent des substances qui, une fois dans le sol, inhibent la germination ; aussi, peu d'autres espèces végétales peuvent se développer sous les noyers (allélopathie). • Les infusions de feuilles sèches étaient préconisées en usage interne dans le traitement des diarrhées, et en usage externe dans celui des irritations cutanées. • On consomme les noix fraîches ou transformées de différentes manières, et elles peuvent aussi être utilisées pour fabriquer de la liqueur et de l'huile alimentaire. • Son bois de cœur dur est réputé pour être le bois le plus précieux des essences d'arbres d'Europe tempérée, et il est utilisé pour les parquets, l'ébénisterie, en placage ainsi qu'en décoration intérieure (lambris) et pour les fûts. La partie la plus inférieure du tronc, épaissie, noueuse et qui se prolonge souvent sous terre, fournit un bois de loupe des plus précieux.

**201 a** Plante possédant des feuilles flottant à la surface de l'eau 202

**b** Plante sans feuilles flottantes 208 (p. 90)

**202 a** Feuilles les plus grandes dépassant 20 cm de long et de large 203

**b** Feuilles les plus grandes atteignant au maximum 20 cm de long et de large 204

**203 a** Feuilles arrondies ; fleurs blanches ▶ *Nymphaea alba*

**b** Feuilles ovales ; fleurs jaunes ▶ *Nuphar lutea*

## *Nymphaea alba* L. Nénuphar blanc

**Famille :** Nymphaeaceae – Nymphæacées

**Nom :** *Nymphaea* grec « jeune mariée », « jeune femme » ; *alba* lat. « blanc »

**Caractères :** feuilles flottantes arrondies, atteignant 30 cm de long ; fleurs jusqu'à 90 mm de diamètre, à 12 à 30 pétales blancs et plus de 100 étamines jaunes ; fruits (capsules) globuleux, contenant jusqu'à 1 700 graines

**Reproduction :** floraison de juin à août ; hermaphrodite ; pollinisation par les coléoptères ; dispersion des graines par l'eau

**Milieu :** eaux dormantes ou faiblement courantes, jusqu'à 3 m de profondeur

**Bon à savoir :** les feuilles et les pédoncules des fleurs présentent des tissus aérifères (aérenchyme) permettant les échanges gazeux de la plante, ainsi que la flottaison de ses organes. • Le Nénuphar est l'espèce qui possède les plus grandes fleurs en Europe tempérée. • Il y a une transition visuelle entre les pétales et les étamines. • Toute la plante est toxique. Les principaux symptômes d'une intoxication sont un état d'excitation et une paralysie respiratoire. • Nombreuses variétés cultivées aux fleurs de couleurs variées.

## *Nuphar lutea* (L.) Sm. Nénuphar jaune

**Famille :** Nymphaeaceae – Nymphæacées

**Nom :** *Nuphar* nom arabe de cette plante ; *lutea* lat. « jaune »

**Caractères :** feuilles flottantes largement ovales, atteignant 30 cm de long ; fleurs de 30 à 50 mm de diamètre, à 5 pétales jaunes et jusqu'à plus de 10 étamines jaunes ; fruits (capsules) piriformes, de 20 à 40 mm de long, contenant jusqu'à 400 graines

**Reproduction :** floraison de juin à août ; hermaphrodite ; pollinisation par les insectes ; dispersion des graines par l'eau

**Milieu :** eaux dormantes ou faiblement courantes, jusqu'à 3 m de profondeur

**Bon à savoir :** les feuilles et les pédoncules des fleurs présentent des tissus aérifères (aérenchyme) permettant les échanges gazeux de la plante et la flottaison de ses organes. • Toute la plante est toxique.

**204 a** Feuilles les plus grandes dépassant 2 cm de diamètre ou de longueur **205**
**b** Feuilles les plus grandes ne dépassant pas 2 cm de long **207**

**205 a** Feuilles arrondies, découpées ; fleurs solitaires, blanches ▶ *Ranunculus aquatilis*
**b** Feuilles ovales à allongées, non découpées ; fleurs nombreuses, en inflorescences allongées, roses ou verdâtres **206**

## *Ranunculus aquatilis* L. Renoncule aquatique

**Famille :** Ranunculaceae – Renonculacées

**Nom :** *Ranunculus* lat. « petite grenouille » ; *aquatilis* lat. « eau »

**Caractères :** feuilles flottantes (lorsqu'elles existent) arrondies et découpées, feuilles submergées profondément découpées en segments filiformes ; fleurs de 10 à 30 mm de diamètre, à 5 pétales blancs et de nombreuses étamines jaunes ; nombreux fruits par fleur, d'environ 2 mm de long

**Reproduction :** floraison de mai à septembre ; hermaphrodite ; pollinisation par les insectes ; dispersion des graines par l'eau et les animaux

**Milieu :** eaux dormantes ou faiblement courantes

**Bon à savoir :** tiges présentant des tissus aérifères (aérenchyme) qui assurent à la fois les échanges gazeux de la plante et sa flottaison. • Hétérophyllie spectaculaire (feuilles de deux sortes différentes) : les feuilles flottantes et les feuilles immergées sont très dissemblables (voir ci-dessus). • La plante est toxique.

## *Polygonum amphibium* L. Renouée amphibie, Persicaire amphibie

**Famille :** Polygonaceae – Polygonacées

**Nom :** *Poly-* grec « beaucoup » ; *-gonum* grec « angle », « arête » ; *amphi-* grec « des deux côtés » ; *-bium* grec « vivant »

**Caractères :** pieds aquatiques présentant des feuilles flottantes de 30 cm de long, ceux croissant sur la terre ferme atteignant 60 cm de haut et à feuilles plus petites ; fleurs en inflorescences denses situées au sommet des tiges, de 4 à 5 mm de long, rouges à verdâtres ; fruits (akènes) se formant rarement

**Reproduction :** floraison de juin à septembre ; hermaphrodite ; pollinisation par les insectes ; dispersion des graines par les animaux

**Milieu :** lacs, étangs, fossés, mares, prairies humides et sols cultivés

**Bon à savoir :** tiges présentant des tissus aérifères (aérenchyme) qui assurent à la fois les échanges gazeux de la plante et sa flottaison.

**206 a** Fleurs roses ; feuilles allongées, à nervures latérales se ramifiant à partir de la nervure centrale ▶ *Polygonum amphibium* (p. 88)

**b** Fleurs verdâtres ; feuilles ovales à nervures arquées, convergeant vers le sommet ▶ *Potamogeton natans* ...................

**207 a** Plante à feuilles étalées en étoile ; feuilles jusqu'à 20 mm de long ▶ *Callitriche palustris*

**b** Plante à 2 à 6 feuilles disposées côte à côte, ne dépassant pas 6 mm de long ▶ *Lemna minor* (p. 90)

## *Potamogeton natans* L. Potamot nageant

**Famille :** Potamogetonaceae – Potamogetonacées

**Nom :** *Potamo-* grec « fleuve » ; *-geton* grec « voisin » ; *natans* lat. « nageant »

**Caractères :** feuilles flottantes ovales, jusqu'à 12 cm de long, un peu coriaces ; inflorescence de 5 à 8 cm de long, dense, composée de nombreuses petites fleurs verdâtres ; fruits (carpelles) de 3 à 4 mm de long

**Reproduction :** floraison de juin à août ; hermaphrodite ; pollinisation par le vent ; dispersion des graines par l'eau et les animaux

**Milieu :** eaux dormantes ou faiblement courantes

**Bon à savoir :** chacune des fleurs individuelles, peu visible, est composée de 4 tépales sur lesquels sont insérées les 4 étamines, et de 4 ovaires. • Reproduction végétative par bouturage à partir de fragments de tiges qui peuvent s'enraciner et produire de nouvelles plantes. • La plante passe l'hiver sous forme de turions : des fragments de tiges tombent au fond des plans d'eau à l'automne et, au printemps, à la faveur de l'augmentation de la température de l'eau et donc de l'activité respiratoire et des réserves gazeuses dans les tissus, se développent et émergent à nouveau.

## *Callitriche palustris* L. Callitriche aquatique

**Famille :** Plantaginaceae – Plantaginacées

**Nom :** *Calli-* grec « joli » ; *-triche* grec « poil » ; *palustris* lat. « marais »

**Caractères :** plante à feuilles flottantes disposées en étoile et atteignant 2 cm de long et une tige filiforme immergée ; parfois dépourvue de feuilles flottantes et dans ce cas entièrement immergée ou couchée sur la vase ; fleurs très petites et peu visibles ; fruits (coques) d'environ 1 mm de long, noirâtres

**Reproduction :** floraison de mai à septembre ; monoïque ; autofécondation ou pollinisation par l'eau ou le vent ; dispersion des graines par l'eau et les animaux

**Milieu :** mares

**Bon à savoir :** les fleurs individuelles, très discrètes, n'ont pas de corolle et sont composées soit de 2 écailles et d'une étamine (fleurs mâles), soit de 2 écailles et de l'ovaire (fleurs femelles).

**208 a** Feuilles pennées, c.-à-d. composées de 2 à 10 paires de folioles insérées ± à angle droit sur la nervure centrale ▶ ***Berula erecta*** (p. 110) ............

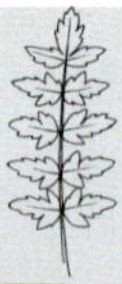

**b** Feuilles différentes **209**

**209 a** Feuilles verticillées, c.-à-d. insérées par 3 ou 4 au même niveau sur la tige (verticille) **210** ...

**b** Feuilles différentes **211**

**210 a** Verticilles à 4 feuilles ; feuilles divisées en segments filiformes ▶ ***Myriophyllum spicatum*** (p. 91)

**b** Verticilles à 3 feuilles ; feuilles non divisées ▶ ***Elodea canadensis*** (p. 91)

**211 a** Feuilles opposées, c.-à-d. disposées deux à deux, face à face au même niveau d'insertion sur la tige ▶ ***Callitriche palustris*** (p. 89) ......................

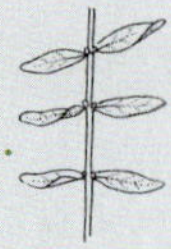

**b** Feuilles alternes, c.-à-d. disposées à des niveaux différents le long de la tige **212** ......

## *Lemna minor* L.
## Petite Lentille-d'eau, Petite Lenticule

**Famille :** Araceae – Aracées

**Nom :** *Lemna* grec « eau stagnante » ; *minor* lat. « petit »

**Caractères :** petite plante aquatique formée de 2 à 6 feuilles flottantes planes, soudées l'une à l'autre, de 2 à 6 mm de long ; chacune des feuilles flottantes est munie d'une racine unique ; fleurs très petites et insignifiantes, la plante ne fleurissant presque jamais et ne portant pas, de ce fait, de fruits (akènes)

**Reproduction :** floraison de mai à septembre ; hermaphrodite ; pollinisation par l'eau ; dispersion des graines par l'eau et les animaux

**Milieu :** eaux dormantes et faiblement courantes

**Bon à savoir :** les fleurs, insignifiantes, n'ont pas de corolle et sont composées d'une écaille, ainsi que de 2 étamines et de l'ovaire. • Reproduction végétative très rapide par bourgeonnement, c'est-à-dire par production de pousses qui se séparent du pied mère. Ainsi, en conditions propices, la plante peut doubler en deux jours la place qu'elle occupe à la surface de l'eau, et recouvre souvent la quasi-totalité d'une étendue d'eau. • Forte capacité d'absorption du radium, de l'iode et du brome.

## *Myriophyllum spicatum* L. Myriophylle en épi

**Famille :** Haloragaceae – Haloragacées

**Nom :** *Myrio-* grec « innombrable » ; *-phyllum* grec « feuille » ; *spicatum* lat. « en épi »

**Caractères :** tige de 30 à 300 cm de long, immergée ou émergente ; feuilles jusqu'à 5 cm de long ; fleurs étagées en une longue inflorescence de 5 à 20 cm, à 4 pétales mesurant jusqu'à 2,5 mm de long, rougeâtres ou verdâtres ; fruits (carpelles) très petits

**Reproduction :** floraison de juin à septembre ; hermaphrodite ; pollinisation par le vent ; dispersion des graines par l'eau

**Milieu :** eaux dormantes et faiblement courantes

**Bon à savoir :** tiges présentant des tissus aérifères (aérenchyme) qui assurent à la fois les échanges gazeux de la plante et sa flottaison. • La plante passe l'hiver sous forme de turions : des fragments de tiges tombent au fond des plans d'eau à l'automne et, au printemps, à la faveur de l'augmentation de la température de l'eau et donc de l'activité respiratoire et des réserves gazeuses des tissus, se développent et émergent à nouveau.

## *Elodea canadensis* Michx. Élodée du Canada

**Famille :** Hydrocharitaceae – Hydrocharitacées

**Nom :** *Elodea* grec « marécageux » ; *canadensis* lat. « canadien »

**Caractères :** plante immergée, à tiges régulièrement et densément couvertes de feuilles ; feuilles atteignant 2 cm de long et 1 à 5 mm de large ; fleurs portées par de longs pédoncules, d'environ 5 mm de diamètre, à 6 pétales blancs ou roses (mais ne fleurissant que lors d'étés exceptionnellement chauds) ; fruits (baies) d'environ 6 mm de long et 3 mm d'épaisseur

**Reproduction :** floraison de mai à septembre ; dioïque ; pollinisation par l'eau ; dispersion des graines par l'eau

**Milieu :** eaux dormantes et faiblement courantes

**Bon à savoir :** originaire d'Amérique du Nord. Importée depuis l'Écosse (1835) vers l'Europe tempérée. Comme elle peut produire une nouvelle plante à partir d'un seul fragment de tige, elle peut rapidement devenir une peste végétale aquatique par reproduction végétative. S'étant d'abord rapidement répandue au XIXe siècle, puis ayant amorcé une régression au XXe siècle, elle est désormais à peine considérée comme une espèce à problème, contrairement à l'Élodée de Nutall *(Elodea nuttallii)*, espèce parente qui ne s'en distingue que par ses feuilles ne dépassant pas 1 cm de long.

**212 a** Feuilles divisées en segments filiformes ▶ *Ranunculus aquatilis* (p. 88)

**b** Feuilles non divisées, ondulées au bord ▶ *Potamogeton crispus*

## *Potamogeton crispus* L. *Potamot à feuilles crépues*

**Famille :** Potamogetonaceae – Potamogetonacées

**Nom :** *Potamo-* grec « fleuve » ; *-geton* grec « voisin » ; *crispus* lat. « crépu »

**Caractères :** feuilles immergées étroitement ovales, jusqu'à 10 cm de long, finement dentées et ondulées au bord ; inflorescence de 10 à 20 mm de long, lâche, composée de petites fleurs verdâtres peu nombreuses ; fruits (carpelles) de 3 à 4 mm de long, terminés par un bec de 2 mm de long

**Reproduction :** floraison de juin à août ; hermaphrodite ; pollinisation par le vent ; dispersion des graines par l'eau et les animaux

**Milieu :** eaux dormantes ou faiblement courantes

**Bon à savoir :** chacune des fleurs individuelles, peu visible, est composée de 4 tépales, sur lesquels sont insérées les 4 étamines, et de 4 ovaires. • Reproduction végétative par bouturage à partir de fragments de tiges qui peuvent s'enraciner et produire de nouvelles plantes. • La plante passe l'hiver sous forme de turions : des fragments de tiges tombent au fond des plans d'eau à l'automne et, au printemps, à la faveur de l'augmentation de la température de l'eau et donc de l'activité respiratoire et des réserves gazeuses des tissus, se développent et émergent à nouveau.

**221 a** Plante dépourvue de fleurs mais avec, au sommet des tiges, une structure en forme de cône de pin portant les sporanges ▶ *Equisetum arvense* (p. 18)

**b** Plante à fleurs 221

**222 a** Fleurs jaunes ▶ *Tussilago farfara* (p. 135)

**b** Fleurs blanchâtres ▶ *Petasites albus* (p. 160)

**c** Fleurs rougeâtres ▶ *Petasites hybridus* (p. 150)

**d** Fleurs brun clair ▶ *Neottia nidus-avis*

**223 a** Fleurs jaunes 224

**b** Fleurs d'une autre couleur 225

## *Neottia nidus-avis* (L.) Rich.
## Néottie nid-d'oiseau

**Famille :** Orchidaceae – Orchidacées

**Nom :** *Neottia* grec « nid-d'oiseau » (forme enchevêtrée des rhizomes) ; *nidus-* lat. « nid » ; *avis* lat. « oiseau »

**Caractères :** 20 à 40 cm de haut ; tige à feuilles réduites à des écailles ; inflorescence de 5 à 15 cm de long, composée de 20 à 60 fleurs, ces dernières à symétrie bilatérale, atteignant 25 mm de long, brun clair ; labelle à deux lobes profonds et divergents ; fruits (capsules) d'environ 10 mm de long

**Reproduction :** floraison de mai à juillet ; hermaphrodite ; pollinisation par les insectes (mouches) ; dispersion des graines par le vent

**Milieu :** forêts de feuillus

**Bon à savoir :** la Néottie nid-d'oiseau fabrique trop peu de chlorophylle pour pouvoir effectuer la photosynthèse. C'est un parasite qui vit en association avec un champignon *(Rhizoctonia neottiae)*, dont les racines pénètrent les cellules de son rhizome (mycorhize endotrophe). Le champignon fournit la plante en eau, en éléments nutritifs et en produits nécessaires à son métabolisme.

**224 a** Fleurs remarquablement grandes, à 3 pétales recourbés atteignant 80 mm de long ▶ *Iris pseudacorus*

**b** Inflorescence ressemblant à celle d'un pissenlit, c.-à-d. composée de nombreuses fleurs (pétales) rayonnant en étoile ▶ *Tragopogon pratensis* (p. 129)

**225 a** Fleurs d'au moins 25 mm de diamètre 226

**b** Fleurs plus petites, en inflorescences ± globuleuses 227

## *Iris pseudacorus* L. Iris des marais, Iris faux acore

**Famille :** Iridaceae – Iridacées

**Nom :** *Iris* grec « arc-en-ciel » ; *pseudo-* grec « faux » ; *-corus* d'après l'Acore *(Acorus calamus)*

**Caractères :** 50 à 120 cm de haut ; feuilles en forme de glaive, atteignant 90 cm de long et 1 à 3 cm de large ; fleurs à 3 pétales recourbés mesurant 40 à 80 mm de long, et 3 pétales dressés plus courts, jaunes ; gros fruits (capsules) à trois compartiments, contenant de nombreuses graines empilées les unes sur les autres

**Reproduction :** floraison de mai à juin ; hermaphrodite ; pollinisation par les insectes ; dispersion des graines par l'eau

**Milieu :** fossés, roselières, berges, marais, forêts marécageuses

**Bon à savoir :** toute la plante, et en particulier ses organes souterrains, est toxique. Les principaux symptômes d'une intoxication sont des difficultés à avaler, des irritations des muqueuses, des vomissements et des diarrhées.

## *Allium oleraceum* L. Ail des jardins

**Famille :** Amaryllidaceae – Amaryllidacées

**Nom :** *Allium* origine incertaine ; *oleraceum* lat. « comme un chou », « comme un légume »

**Caractères :** 30 à 80 cm de haut ; feuilles plus ou moins planes ou en gouttière, jusqu'à 5 mm de large ; fleurs à 6 tépales de 5 à 8 mm de long, verdâtres, rougeâtres ou blanchâtres, pendantes, en ombelle lâche généralement garnie de nombreuses bulbilles ; fruits (capsules) à 3 loges

**Reproduction :** floraison de juillet à août ; hermaphrodite ; dispersion par les bulbilles

**Milieu :** prairies, fourrés, champs, lieux pierreux

**Bon à savoir :** les bulbilles se détachent de l'inflorescence, tombent au sol où elles développent des racines et donnent de nouvelles plantes. • Les jeunes feuilles peuvent être consommées comme de la ciboulette, les petits bulbes racinaires comme des oignons de printemps, et les bulbilles comme de l'ail.

**226 a** Plante à plusieurs fleurs blanches ▶ ***Ornithogalum umbellatum*** (p. 275)
**b** Plante à une fleur unique, rose à lilas ▶ ***Colchicum autumnale*** (p. 276)

**227 a** Feuilles creuses, cylindriques **228**
**b** Feuilles à peine creuses, planes ou en gouttière ▶ ***Allium oleraceum*** (p. 94)

**228 a** Dessus des feuilles présentant souvent un sillon ; à odeur d'ail ▶ ***Allium vineale***
**b** Dessus des feuilles ne présentant jamais de sillon ; à odeur de ciboulette ▶ ***Allium schoenoprasum***

## *Allium vineale* L. Ail des vignes

**Famille :** Amaryllidaceae – Amaryllidacées

**Nom :** *Allium* origine incertaine ; *vineale* lat. « vignoble »

**Caractères :** 30 à 80 cm de haut ; feuilles creuses, souvent en forme de gouttière, jamais planes ; fleurs (si présentes) sur un pédoncule, à 6 tépales de 4 à 5 mm de long, rougeâtres ou verdâtres, en inflorescences globuleuses garnies de nombreuses petites bulbilles rougeâtres ; fruits (capsules) à 3 loges

**Reproduction :** floraison de juillet à août ; hermaphrodite ; pollinisation par le vent ; dispersion par le vent

**Milieu :** fourrés, vergers, parcs, vignobles

**Bon à savoir :** les bulbilles se détachent de l'inflorescence, tombent au sol où elles développent des racines, et donnent de nouvelles plantes. Elles se déploient parfois directement sur la plante, y formant de longues pousses fines. • Les jeunes feuilles peuvent être consommées comme de la ciboulette, les petits bulbes racinaires comme des oignons de printemps, et les bulbilles comme de l'ail.

## *Allium schoenoprasum* L. Ciboulette

**Famille :** Amaryllidaceae – Amaryllidacées

**Nom :** *Allium* origine incertaine ; *schoeno-* grec « jonc » (feuilles) ; *-prasum* grec « profil »

**Caractères :** 10 à 50 cm de haut ; feuilles en gouttière ; fleurs à 6 tépales de 8 à 15 mm de long, rouges, en inflorescences globuleuses ; fruits (capsules) à 3 loges

**Reproduction :** floraison de mai à août ; hermaphrodite ; pollinisation par le vent et les insectes ; dispersion par le vent

**Milieu :** berges, marécages, prairies humides

**Bon à savoir :** forme sauvage de la Ciboulette, pouvant être utilisée comme celle-ci.

**231 a** Plante à 4 (plus rarement 5 ou 6) feuilles disposées presque horizontalement, et une fleur unique au milieu ▶ ***Paris quadrifolia***

**b** Plante d'allure différente **232**▶

**232 a** Fleurs à couleur dominante blanchâtre ou blanc pur **233**▶

**b** Fleurs à couleur dominante jaune ou jaune verdâtre **245**▶ (p. 101)

**c** Fleurs à couleur dominante rose, rouge, lilas ou violet **249**▶ (p. 102)

**233 a** Fleurs portées par des pédoncules fins pendant sous les feuilles ▶ ***Polygonatum verticillatum***

**b** Fleurs non pendantes **234**▶

## *Paris quadrifolia* L. Parisette à quatre feuilles

**Famille :** Melanthiaceae – Mélanthiacées

**Nom :** *Paris* origine incertaine ; *quadri-* lat. « quatre » ; *-folia* lat. « feuille »

**Caractères :** 10 à 40 cm de haut ; verticille composé généralement de 4 feuilles ; feuilles ovales, atteignant 15 cm de long ; fleurs de 20 à 40 mm de diamètre, avec 4 sépales verts élargis, alternant avec 4 pétales linéaires ; fruits (baies) globuleux, jusqu'à 10 mm de diamètre, noirs avec une teinte bleu sombre

**Reproduction :** floraison d'avril à mai ; hermaphrodite ; pollinisation par les mouches ; dispersion des graines par les animaux

**Milieu :** forêts

**Bon à savoir :** toute la plante est toxique, en particulier les baies. Les principaux symptômes d'une intoxication sont des nausées et des pupilles étrécies.

## *Polygonatum verticillatum* (L.) All. Sceau-de-Salomon à feuilles verticillées

**Famille :** Asparagaceae – Asparagacées

**Nom :** *Poly-* grec « beaucoup » ; *-gonatum* grec « genou » ; *verticillatum* lat. « à feuilles verticillées »

**Caractères :** 30 à 90 cm de haut ; tige anguleuse ; verticilles de 3 à 8 feuilles ; feuilles étroites, atteignant 15 cm de long, vert pâle dessus, glauques dessous ; fleurs portées par de fins pédoncules pendant sous les feuilles, de 7 à 10 mm de diamètre, à 6 lobes blancs à pointe verdâtre ; fruits (baies) globuleux, jusqu'à 10 mm de diamètre, d'abord rouges puis bleu sombre

**Reproduction :** floraison de mai à juillet ; hermaphrodite ; pollinisation par les insectes ; dispersion des graines par les animaux

**Milieu :** forêts

**Bon à savoir :** toute la plante est toxique, et en particulier les baies. Les principaux symptômes d'une intoxication sont des nausées, des vomissements et des diarrhées.

**234 a** Fleurs d'au moins 15 mm de diamètre ▶ *Anemone nemorosa*
**b** Fleurs de 8 mm de diamètre au maximum 235

**235 a** Fleurs à 5 pétales rayonnants ▶ *Spergula arvensis* (p. 258)
**b** Fleurs à 4 pétales 236

**236 a** Verticilles situés vers le milieu de la tige et composés en général de 4 feuilles 237
**b** Verticilles du milieu de la tige composés en général de plus de 4 feuilles 239

**237 a** Tige à section arrondie ▶ *Galium rotundifolium*
**b** Tige à section quadrangulaire 238

## *Anemone nemorosa* L.
## Anémone sylvie, Anémone des bois

**Famille :** Ranunculaceae – Renonculacées

**Nom :** *Anemone* peut-être du grec « vent » ; *nemorosa* lat. « bosquet », « forêt »

**Caractères :** 10 à 30 cm de haut ; verticilles composés de 3 feuilles ; feuilles profondément divisées en 3 segments, chaque segment atteignant 6 cm de long, à marge dentée ; en général une seule fleur par pied, de 20 à 40 mm de diamètre, à 6 à 8 pétales blancs souvent teintés de rose en dessous ; nombreux fruits (carpelles) par fleur

**Reproduction :** floraison de mars à mai ; hermaphrodite ; pollinisation par les insectes ; dispersion des graines par les animaux (fourmis)

**Milieu :** prairies ombragées, haies, forêts, vergers

**Bon à savoir :** l'Anémone des bois pousse en populations denses. Ceci résulte de sa stratégie de reproduction végétative – c'est-à-dire sans production de fruits, ni brassage de gènes – à partir de rejets souterrains (rhizomes). Toutes les plantes d'une même population sont issues d'un seul pied mère et sont des clones, génétiquement identiques. • Toute la plante est toxique. Les principaux symptômes d'une intoxication sont des nausées, des diarrhées et des saignements. La dose létale est de 30 plantes.

## *Galium rotundifolium* L. Gaillet à feuilles rondes

**Famille :** Rubiaceae – Rubiacées

**Nom :** *Galium* grec « lait » ; *rotundi-* lat. « rond » ; *-folium* lat. « feuille »

**Caractères :** 10 à 30 cm de haut ; verticilles situés vers le milieu de la tige composés de 4 feuilles ; feuilles ovales à arrondies, atteignant 2 cm de long ; fleurs de 1,5 à 3 mm de diamètre, à 4 pétales blanc verdâtre ; fruits (carpelles) par paires, munis de poils crochus

**Reproduction :** floraison de mai à juillet ; hermaphrodite ; pollinisation par les insectes ; dispersion par les animaux

**Milieu :** forêts de conifères, coupes forestières

**238 a** Plante poussant dans des lieux détrempés ou humides ▶ ***Galium palustre***
**b** Plante poussant dans des lieux très secs ▶ ***Asperula cynanchica***

**239 a** Tige à section arrondie ▶ ***Galium sylvaticum*** (p. 99)
**b** Tige à section quadrangulaire 240

## *Galium palustre* L. Gaillet des marais

**Famille :** Rubiaceae – Rubiacées

**Nom :** *Galium* grec « lait » ; *palustre* lat. « marécage »

**Caractères :** 10 à 30 cm de haut ; tiges à section quadrangulaire, un peu rudes (passer les doigts de bas en haut) ; verticilles situés vers le milieu de la tige composés de 4 feuilles (rarement 5 ou 6) ; feuilles étroites de 12 mm de long ; fleurs de 2 à 3,5 mm de diamètre, à 4 pétales blancs et à étamines rouges ; fruits (carpelles) par paires, plus ou moins lisses

**Reproduction :** floraison de mai à août ; hermaphrodite ; pollinisation par les insectes ; dispersion des graines par l'eau

**Milieu :** roselières, fossés, marécages, marais, prairies humides

## *Asperula cynanchica* L. Aspérule à l'esquinancie

**Famille :** Rubiaceae – Rubiacées

**Nom :** *Asperula* lat. « un peu rude » ; *cynan-* grec « chien » ; *-chica* grec « étrangler »

**Caractères :** 10 à 40 cm de haut ; tiges à section quadrangulaire ; verticilles situés vers le milieu de la tige composés de 4 feuilles avec les feuilles situées au-dessus opposées ; feuilles très étroites, atteignant 4 cm de long ; fleurs de 3 à 5 mm de diamètre, à 4 pétales roses ou lilas ; fruits (carpelles) par paires, rudes

**Reproduction :** floraison de juin à août ; hermaphrodite ; pollinisation par les insectes ; dispersion des graines par les animaux (fourmis)

**Milieu :** pelouses sèches, landes, pinèdes claires

**240 a** Tiges très rudes (passer les doigts de bas en haut) **241**

**b** Tiges lisses **242**

**241 a** Feuilles très rudes au bord et sur la nervure centrale de la face inférieure ▶ *Galium aparine*

**b** Feuilles lisses ▶ *Galium uliginosum* (p. 100)

## *Galium sylvaticum* L. Gaillet des bois

**Famille :** Rubiaceae – Rubiacées

**Nom :** *Galium* grec « lait » ; *sylvaticum* lat. « forêt »

**Caractères :** 40 à 120 cm de haut ; verticilles situés vers le milieu de la tige composés de 6 à 8 feuilles ; feuilles étroites, atteignant 4 cm de long, rudes au bord, glauques dessous ; fleurs de 1,5 à 2,5 mm de diamètre, à 4 pétales blancs ; fruits (carpelles) par paires, ridés

**Reproduction :** floraison de juillet à septembre ; hermaphrodite ; pollinisation par les insectes ; dispersion des graines par les animaux

**Milieu :** fourrés, forêts de feuillus claires, lisières

## *Galium aparine* L. Gaillet gratteron, Gaillet accrochant

**Famille :** Rubiaceae – Rubiacées

**Nom :** *Galium* grec « lait » ; *aparine* origine incertaine

**Caractères :** 30 à 150 cm de haut ; plante annuelle ; tiges à section quadrangulaire, très rudes, couchées au sol ou grimpantes ; verticilles situés vers le milieu de la tige composés de 6 à 8 feuilles ; feuilles étroites, atteignant 5 cm de long, très rudes ; fleurs d'environ 2 mm de diamètre, à 4 pétales blancs ou blanc verdâtre ; fruits (carpelles) par paires, couverts de poils crochus

**Reproduction :** floraison de mai à octobre ; hermaphrodite ; pollinisation par les insectes ; dispersion des graines par les animaux

**Milieu :** haies, fourrés, lisières, champs, décombres

**Bon à savoir :** grâce aux poils raides et en forme de crochets dont sont couverts tiges, feuilles et fruits, ces derniers restent accrochés à la fourrure des animaux et aux vêtements, assurant ainsi la dispersion des graines. • La partie supérieure des tiges (env. 15 cm), tendre, peut être cuite et utilisée comme légume, pour conférer une touche d'amertume aux soupes, risottos et cakes aux légumes.

**242 a** Fleurs en entonnoir, de 4 à 7 mm de diamètre ▶ ***Galium odoratum***

**b** Fleurs plus ou moins planes, ne dépassant pas 4 mm de diamètre **243**

**243 a** Plante dépassant en général 30 cm de haut ▶ ***Galium album*** (p. 101)

**b** Plante dépassant à peine 30 cm de haut **244**

## *Galium uliginosum* L. Gaillet des tourbières

**Famille :** Rubiaceae – Rubiacées

**Nom :** *Galium* grec « lait » ; *uliginosum* lat. « marécage », « marais »

**Caractères :** 10 à 40 cm de haut ; tiges à section quadrangulaire, rudes (passer les doigts de bas en haut) ; verticilles situés vers le milieu de la tige composés de 6 à 8 feuilles ; feuilles étroites, atteignant 2 cm de long ; fleurs de 1,5 à 2,5 mm de diamètre, à 4 pétales blancs et à étamines jaunes ; fruits (carpelles) par paires, granuleux et rudes

**Reproduction :** floraison de mai à août ; hermaphrodite ; pollinisation par les insectes ; dispersion des graines par les animaux

**Milieu :** roselières, fossés, marécages, tourbières, prairies humides

## *Galium odoratum* (L.) Scop. Aspérule odorante

**Famille :** Rubiaceae – Rubiacées

**Nom :** *Galium* grec « lait » ; *odoratum* lat. « à odeur agréable »

**Caractères :** 5 à 30 cm de haut ; tiges à section quadrangulaire ; verticilles situés vers le milieu de la tige composés de 6 à 9 feuilles ; feuilles étroites à ovales, atteignant 4 cm de long ; fleurs en entonnoir, de 4 à 7 mm de diamètre, à 4 pétales blancs ; fruits (carpelles) par paires, couverts de poils crochus

**Reproduction :** floraison d'avril à juin ; hermaphrodite ; pollinisation par les insectes ; dispersion des graines par les animaux

**Milieu :** forêts, particulièrement celles de hêtres (hêtraies à aspérule)

**Bon à savoir :** les fruits couverts de poils crochus restent accrochés à la fourrure des animaux (et aux vêtements), assurant ainsi la dispersion des graines. • L'Aspérule contient de la Coumarine (1,2-benzopyrone) et est utilisée en Allemagne pour la préparation d'une boisson traditionnelle, le « vin de mai » ou « Maitrank » : laisser macérer 2 ou 3 plantes dans un litre de vin blanc, ajouter une cuillère à soupe de sucre dilué dans de l'eau et mettre au frais. Attention : une quantité importante de coumarine peut causer des maux de tête, des vomissements et des vertiges, et à doses plus élevées la coumarine engendre des paralysies et des apnées.

**244 a** Verticilles du milieu de la tige composés de 8 à 9 feuilles ; feuilles atteignant 20 mm de long ▶ *Galium pumilum*

**b** Verticilles du milieu de la tige composés de 6 à 7 feuilles ; feuilles ne dépassant pas 10 mm de long ▶ *Galium saxatile* (p. 102)

**245 a** Fleurs ne dépassant pas 6 mm de diamètre **246**

**b** Fleurs d'au moins 15 mm de diamètre **247**

## *Galium album* Mill. Gaillet dressé, Caille-lait commun

**Famille :** Rubiaceae – Rubiacées

**Nom :** *Galium* grec « lait » ; *album* lat. « blanc »

**Caractères :** 30 à 150 cm de haut ; tiges à section quadrangulaire ; verticilles situés vers le milieu de la tige composés de 6 à 9 feuilles ; feuilles étroites, atteignant 3 cm de long, un peu coriaces, rudes à la marge ; fleurs de 3 à 4 mm de diamètre, à 4 pétales blancs ; fruits (carpelles) par paires, plus ou moins lisses

**Reproduction :** floraison de juin à octobre ; hermaphrodite ; pollinisation par les insectes ; dispersion des graines par les animaux

**Milieu :** prairies, fourrés, forêts claires de feuillus, lisières, bords des chemins

**Bon à savoir :** les parties sommitales des tiges (3 à 5 cm), tendres, peuvent être incorporées dans les salades composées.

## *Galium pumilum* Murray Gaillet nain

**Famille :** Rubiaceae – Rubiacées

**Nom :** *Galium* grec « lait » ; *pumilum* lat. « nain »

**Caractères :** 10 à 30 cm de haut ; tiges à section quadrangulaire ; verticilles situés vers le milieu de la tige composés de 8 à 9 feuilles ; feuilles très étroites, atteignant 2 cm de long ; fleurs de 2 à 3 mm de diamètre, à 4 pétales blancs ; fruits (carpelles) par paires, plus ou moins lisses

**Reproduction :** floraison de mai à juillet ; hermaphrodite ; pollinisation par les insectes ; dispersion des graines par les animaux

**Milieu :** prairies sèches, forêts claires de feuillus

**246 a** Feuilles de 2 mm de large au maximum ; verticilles composés de 8 à 12 feuilles ▶ *Galium verum*
**b** Feuilles d'au moins 3 mm de large ; verticilles composés de 4 feuilles ▶ *Cruciata laevipes*

**247 a** Feuilles profondément découpées en 3 segments dentés au bord ▶ *Anemone ranunculoides*
**b** Feuilles différentes **248**

**248 a** Feuilles de 10 à 35 mm de large ▶ *Lysimachia vulgaris* (p. 242)
**b** Feuilles situées sur la tige généralement de moins de 10 mm de large
▶ *Ranunculus auricomus* (p. 256)

## *Galium saxatile* L. Gaillet des rochers

**Famille :** Rubiaceae – Rubiacées

**Nom :** *Galium* grec « lait » ; *saxatile* lat. « rochers »

**Caractères :** 10 à 35 cm de haut ; tiges à section quadrangulaire ; verticilles situés vers le milieu de la tige composés de 6 à 7 feuilles ; feuilles étroites, jusqu'à 1 cm de long ; fleurs de 2,5 à 4 mm de diamètre, à 4 pétales blancs ; fruits (carpelles) par paires, rudes

**Reproduction :** floraison de juin à juillet ; hermaphrodite ; pollinisation par les insectes ; dispersion des graines par les animaux

**Milieu :** tourbières, landes

**Bon à savoir :** plante assez répandue en moyenne montagne (sauf dans les Alpes), mais très rare en plaine.

## *Galium verum* L. Gaillet jaune, Caille-lait jaune

**Famille :** Rubiaceae – Rubiacées

**Nom :** *Galium* grec « lait » ; *verum* lat. « vrai »

**Caractères :** 10 à 80 cm de haut ; tiges à section quadrangulaire ; verticilles situés vers le milieu de la tige composés de 8 à 12 feuilles ; feuilles fines comme des aiguilles, atteignant 2,5 cm de long, raides et luisantes ; fleurs odorantes de 2 à 4 mm de diamètre, à 4 pétales jaunes ; fruits (carpelles) par paires, plus ou moins lisses

**Reproduction :** floraison de juin à septembre ; hermaphrodite ; pollinisation par les insectes ; dispersion des graines par les animaux (fourmis)

**Milieu :** prairies maigres sèches ou humides, pinèdes, lisières, bords des chemins

**Bon à savoir :** la plante séchée est utilisée en infusion diurétique dans le traitement de la rétention d'eau et des rhumatismes. • Des extraits de Gaillet jaune (ainsi que d'autres gaillets) étaient autrefois utilisés comme présure végétale pour cailler le lait.

**249 a** Fleurs ne dépassant pas 6 mm de diamètre ▶ *Asperula cynanchica* (p. 98)
**b** Fleurs à longueur ou largeur dépassant 15 mm **250**

**250 a** Fleurs plus ou moins pendantes, à 6 pétales recourbés vers le haut ▶ *Lilium martagon* (p. 277)
**b** Fleurs disposées différemment **251**

**251 a** Fleurs à 6 pétales (plus rarement 5) rayonnants ▶ *Lythrum salicaria* (p. 277)
**b** Fleurs à symétrie bilatérale, c.-à-d. que les parties haute et basse de la fleur sont différentes ▶ *Impatiens glandulifera* (p. 282) ..................

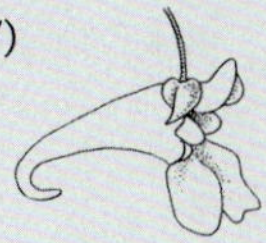

## *Cruciata laevipes* Opiz
## Gaillet croisette, Croisette velue

**Famille :** Rubiaceae – Rubiacées

**Nom :** *Cruciata* lat. « tourment », « torture » ; *laevi-* lat. « lisse » ; *-pes* lat. « pied »

**Caractères :** 15 à 70 cm de haut ; tiges à section quadrangulaire ; verticilles composés de 4 feuilles ; feuilles ovales, atteignant 2 cm de long ; fleurs de 1,5 à 3 mm de diamètre, à 4 pétales jaunes ; fruits (carpelles) par paires, ridés, situés sous les feuilles

**Reproduction :** floraison d'avril à juin ; hermaphrodite ; pollinisation par les insectes ; dispersion des graines par les animaux

**Milieu :** fourrés, haies, lisières, bords des chemins

## *Anemone ranunculoides* L.
## Anémone fausse renoncule

**Famille :** Ranunculaceae – Renonculacées

**Nom :** *Anemone* peut-être du grec « vent » ; *ranuncul-* « renoncule » *(Ranunculus)* ; *-oides* grec « semblable à »

**Caractères :** 10 à 25 cm de haut ; verticilles composés de 3 feuilles ; feuilles profondément divisées en 3 segments atteignant 8 cm de long, dentées au bord ; fleurs de 20 à 25 mm de diamètre, à 5 à 8 pétales jaunes (généralement 5) ; nombreux fruits (carpelles) par fleur

**Reproduction :** floraison en avril ; hermaphrodite ; pollinisation par les insectes ; dispersion des graines par les animaux (fourmis)

**Milieu :** haies, forêts, en particulier les hêtraies, vergers

**Bon à savoir :** toute la plante est toxique. Les principaux symptômes d'une intoxication sont des nausées, des diarrhées et des saignements.

**261 a** Plante remarquablement grande ; tiges atteignant 3 m de haut et (à la base) 10 cm d'épaisseur ; feuilles jusqu'à 1 m de long ; ombelles jusqu'à 50 cm de diamètre ▶ ***Heracleum mantegazzianum***

**b** Plante plus petite **262**

**262 a** Feuilles à contour général arrondi, divisées en 3 ou 5 segments ▶ ***Sanicula europaea***

**b** Feuilles non arrondies, nettement plus longues que larges **263**

## *Heracleum mantegazzianum* Sommier & Levier. Berce du Caucase

**Famille :** Apiaceae – Apiacées

**Nom :** *Heracleum* d'après le héros grec Héraclès (Hercule) ; *mantegazzianum* d'après Paolo Mantegazza (1831-1910), anthropologue italien et chercheur dans le domaine des drogues

**Caractères :** 150 à 300 cm de haut ; feuilles profondément divisées en 3 à 9 segments bordés de dents aiguës ; ombelles composées de 15 à 30 ombellules ; fleurs de 4 à 20 mm de diamètre, à 5 pétales blancs ou vert jaunâtre, souvent de tailles différentes ; fruits (carpelles) plats et ovales, de 10 à 14 mm de long

**Reproduction :** floraison de juillet à septembre ; hermaphrodite ; pollinisation par les insectes ; dispersion des graines par le vent et l'eau

**Milieu :** berges, fourrés, coupes forestières, lieux incultes

**Bon à savoir :** c'est la plus grande plante européenne sauvage non ligneuse ; elle peut atteindre exceptionnellement 5 m de haut. • Sa dispersion se fait exclusivement à partir des graines, sachant qu'un seul pied peut en produire jusqu'à 10 000 par an, et que chacune conserve jusqu'à 10 ans son pouvoir germinatif. Elle meurt après sa première floraison. • Toute la plante est toxique, et particulièrement la sève qui contient des substances phototoxiques : le contact avec la plante, combiné à une exposition au soleil, simultanée ou postérieure, provoque de graves inflammations de la peau, accompagnées de fortes démangeaisons et d'impressionnantes cloques (brûlures au 3e degré). Ces lésions cutanées mettent non seulement des semaines à guérir, mais laissent ensuite des séquelles sous forme de cicatrices et de taches cutanées. • Originaire des hautes vallées du Caucase et introduite en France comme plante d'ornement au XIXe siècle.

**263 a** Feuilles découpées presque jusqu'à la nervure centrale en lobes, eux-mêmes divisés en nombreux lobes ou segments étroits **264** ........................................

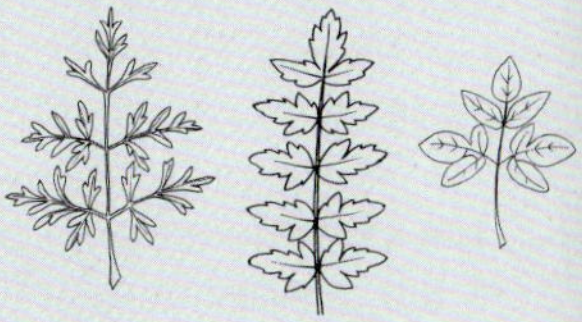

**b** Feuilles non découpées et non divisées en lobes et en segments **288** (p. 117)

**264 a** Rayons principaux de l'ombelle partant tous du même point **265** ....................................

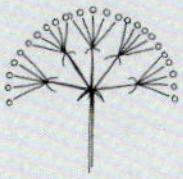

**b** Rayons principaux de l'ombelle insérés à des niveaux différents **281** (p. 114) ..............

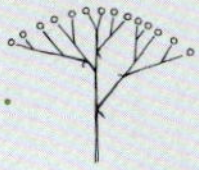

• Elle forme des peuplements denses qui compromettent le développement d'autres espèces végétales. • Moyens de lutte : couper les ombelles après la floraison, et pour les sujets non fleuris, arracher la totalité des rhizomes qui courent à 15 à 20 cm sous la surface de la terre, puis disposer toutes les parties de la plante dans une déchetterie (ne pas composter !). Lors des travaux, toute la peau doit être entièrement couverte (gants, pantalons longs, vêtements à manches longues) et le port de lunettes de protection est indispensable. Le pâturage bovin ou ovin, répété année après année, constitue une autre méthode de lutte efficace.

## *Sanicula europaea* L. Sanicle d'Europe

**Famille :** Apiaceae – Apiacées

**Nom :** *Sanicula* lat. « guérir » ; *europaea* lat. « européen »

**Caractères :** 15 à 50 cm de haut ; feuilles arrondies, divisées en 3 ou 5 segments dont les marges sont hérissées de dents fines, luisantes dessous ; ombelles composées de 3 à 5 rayons principaux ; fleurs de 2 à 3 mm de diamètre, à 5 pétales blancs ou roses ; fruits (carpelles) globuleux, de 4 à 5 mm de diamètre, couverts d'aiguillons crochus

**Reproduction :** floraison de mai à juillet ; hermaphrodite ; pollinisation par les insectes ; dispersion des graines par les animaux

**Milieu :** forêts, en particulier de feuillus

**Bon à savoir :** les aiguillons crochus des fruits leur permettent de rester accrochés à la fourrure des animaux (et aux vêtements), ce qui assure ainsi leur dissémination. • La plante fleurie et/ou ses racines sont utilisées en adjuvant de bains cicatrisants, ou en bains de bouche dans le traitement des inflammations buccales et de la gorge.

**265 a** Feuilles composées de 3 folioles qui, chez les feuilles les plus grandes, sont à leur tour divisées en 3 segments ▶ ***Aegopodium podagraria*** ...........

**b** Feuilles différentes **266**

**266 a** Ombelles les plus grandes généralement à plus de 20 rayons principaux **267**

**b** Ombelles composées de 20 rayons au maximum **269**

**267 a** Feuilles divisées en segments très fins ▶ ***Daucus carota*** ................................

**b** Feuilles divisées en folioles larges **268**

**268 a** Tiges et feuilles velues ▶ ***Heracleum sphondylium***

**b** Plante glabre ou à peine velue ▶ ***Angelica sylvestris*** (p. 108)

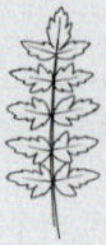

**269 a** Feuilles inférieures pennées, c.-à-d. divisées en au moins 4 folioles insérées plus ou moins perpendiculairement à la nervure centrale **270** ........................

**b** Feuilles différentes **273**

## *Aegopodium podagraria* L.
## Égopode podagraire, Podagraire

**Famille :** Apiaceae – Apiacées

**Nom :** *Aego-* grec « chèvre » ; *-podium* grec « pied » ; *podagraria* lat. « goutte affectant les pieds »

**Caractères :** 30 à 90 cm de haut ; plante entièrement dépourvue de poils ; feuilles à 3 folioles ou à plusieurs folioles divisées elles-mêmes en 3 segments ; ombelles composées de 10 à 25 rayons principaux ; fleurs d'environ 3 mm de diamètre, à 5 pétales blancs, plus rarement roses ; fruits (carpelles) allongés à ovales, d'environ 3 mm de long

**Reproduction :** floraison de mai à septembre ; hermaphrodite ; pollinisation par les insectes ; dispersion des graines par les animaux (fourmis)

**Milieu :** haies, forêts de feuillus, sous les arbres, jardins

**Bon à savoir :** plante produisant de longs stolons s'enfonçant profondément sous terre, et qui forme de ce fait souvent des peuplements denses. • Les jeunes feuilles tendres peuvent être finement coupées dans les salades composées, ou cuisinées (feuilles entières) en soupes ou en risottos.

## *Daucus carota* L. Carotte

**Famille :** Apiaceae – Apiacées

**Nom :** *Daucus* origine incertaine ; *carota* nom latin donné à cette espèce

**Caractères :** 30 à 100 cm de haut ; plante annuelle ou bisannuelle ; feuilles découpées en segments très fins ; ombelles composées de 15 à 50 rayons principaux, munies à leur base de plusieurs feuilles finement découpées ; fleurs d'environ 3 mm de diamètre, à 5 pétales blancs ou jaunâtres et de tailles souvent différentes, fleurs du centre de l'ombelle souvent rouge sombre ; après la floraison, les ombelles sont souvent déprimées en leur centre en « nid d'oiseau » ; fruits (carpelles) d'environ 4 mm de long, couverts d'aiguillons

**Reproduction :** floraison de juin à août ; hermaphrodite ; pollinisation par les insectes ; dispersion des graines par les animaux

**Milieu :** prairies, talus, bords des chemins

**Bon à savoir :** forme sauvage de la carotte cultivée. • La nuit, les rayons de l'ombelle se recourbent vers l'intérieur. • Plante-hôte de la chenille du Machaon *(Papilio machaon).* • La plante est phototoxique, c'est-à-dire que son contact, combiné à une exposition au soleil, peut provoquer des inflammations cutanées. • Les jeunes racines de carotte sauvage sont comestibles mais pâles (pauvres en carotène) et plutôt fluettes.

## *Heracleum sphondylium* L. Berce commune

**Famille :** Apiaceae – Apiacées

**Nom :** *Heracleum* d'après le héros grec Héraclès (Hercule) ; *sphondylium* origine incertaine

**Caractères :** 50 à 150 cm de haut ; tiges velues ; plante annuelle ou bisannuelle ; feuilles à 3 ou 5 folioles découpées ; ombelles composées de 15 à 30 rayons principaux ; fleurs d'environ 5 mm de diamètre, à 5 pétales blancs, plus rarement blanc verdâtre ou roses, souvent de tailles différentes ; fruits (carpelles) de 6 à 10 mm de long, en forme de disque

**Reproduction :** floraison de juin à septembre ; hermaphrodite ; pollinisation par les insectes ; dispersion des graines par les animaux et le vent

**Milieu :** prairies fertilisées, forêts, coupes forestières

**Bon à savoir :** la plante est phototoxique, c'est-à-dire que son contact, combiné à une exposition au soleil, peut provoquer des inflammations cutanées. • Cuites à la vapeur, les jeunes feuilles peuvent être consommées en salades ou en légume d'accompagnement ; les ombelles avant floraison et les jeunes tiges peuvent être préparées comme des asperges. En outre, les graines sont utilisées comme condiment.

**270 a** Fleurs jaunes ▶ *Pastinaca sativa*

**b** Fleurs blanchâtres, blanches, roses, rougeâtres ou lilas **271**

**271 a** Folioles des feuilles inférieures à peine plus longues que larges ▶ *Pimpinella saxifraga*

**b** Folioles nettement plus longues que larges **272**

## *Angelica sylvestris* L. Angélique sauvage, Angélique des bois

**Famille :** Apiaceae – Apiacées

**Nom :** *Angelica* lat. « ange » ; *sylvestris* lat. « poussant à l'état sauvage »

**Caractères :** 50 à 200 cm de haut ; plante en général entièrement dépourvue de poils ; feuilles à folioles nombreuses dont la marge est dentée ; ombelles composées de 20 à 40 rayons principaux, fortement bombées ; fleurs d'environ 2,5 mm de diamètre, à 5 pétales blancs ou verdâtres, plus rarement rougeâtres ; fruits (carpelles) ovales, de 4 à 6 mm de long

**Reproduction :** floraison de juillet à septembre ; hermaphrodite ; pollinisation par les insectes ; dispersion des graines par les animaux et le vent

**Milieu :** marais, prairies humides, forêts, clairières forestières

## *Pastinaca sativa* L. Panais cultivé

**Famille :** Apiaceae – Apiacées

**Nom :** *Pastinaca* lat. « pioche à deux pointes » ; *sativa* lat. « cultivé »

**Caractères :** 30 à 120 cm de haut ; plante bisannuelle ; feuilles à 5 à 15 folioles grossièrement et irrégulièrement dentées au bord ; ombelles composées de 5 à 20 rayons principaux ; fleurs d'environ 2 mm de diamètre, à 5 pétales jaunes souvent enroulés ; fruits (carpelles) de 5 à 7 mm de long, en forme de disque

**Reproduction :** floraison de juillet à août ; hermaphrodite ; pollinisation par les insectes ; dispersion des graines par le vent

**Milieu :** prairies, lieux incultes, bords des chemins, friches ferroviaires ; souvent aussi cultivé comme légume

**Bon à savoir :** la plante est phototoxique, c'est-à-dire que son contact, combiné à une exposition au soleil, peut provoquer des inflammations cutanées. • Les racines de la plante sauvage sont comestibles, mais sans saveur particulière.

**272 a** Plante croissant sur terrains frais à secs ▶ ***Pimpinella major***

**b** Plante poussant dans l'eau ou sur terrains marécageux ▶ ***Berula erecta*** (p. 110)

**273 a** Tiges et/ou feuilles velues **274**

**b** Plante glabre ou à peine velue **278** (p. 112)

## *Pimpinella saxifraga* L. **Boucage saxifrage**

**Famille :** Apiaceae – Apiacées

**Nom :** *Pimpinella* peut-être dérivé du lat. « poivre » ; *saxi-* lat. « rocher », « pierre » ; *-fraga* lat. « casser »

**Caractères :** 15 à 60 cm de haut ; feuilles les plus inférieures, situées contre le sol, à 5 à 11 folioles dentées au bord, feuilles insérées sur la tige à lobes très étroits ; ombelles composées de 10 à 15 rayons principaux ; fleurs d'environ 2 mm de diamètre, à 5 pétales blancs, plus rarement rougeâtres ; fruits (carpelles) de 2 à 2,5 mm de long

**Reproduction :** floraison de juin à octobre ; hermaphrodite ; pollinisation par les insectes ; dispersion des graines par les animaux (fourmis)

**Milieu :** prairies sèches, talus, forêts sèches, en particulier pinèdes et sapinières

**Bon à savoir :** les racines séchées sont utilisées en infusions dans les affections des voies respiratoires, ou en adjuvant de bains cicatrisants.

## *Pimpinella major* (L.) Huds. **Grand Boucage**

**Famille :** Apiaceae – Apiacées

**Nom :** *Pimpinella* peut-être dérivé du lat. « poivre » ; *major* lat. « le plus grand »

**Caractères :** 30 à 100 cm de haut ; plante en général entièrement dépourvue de poils ; feuilles à 3 à 9 folioles dentées au bord, luisantes en dessous ; ombelles composées de 10 à 15 rayons principaux ; fleurs d'environ 2,5 mm de diamètre, à 5 pétales blancs ou roses ; fruits (carpelles) ovoïdes de 2,5 à 3 mm de long

**Reproduction :** floraison de juin à septembre ; hermaphrodite ; pollinisation par les insectes ; dispersion des graines par le vent et les animaux

**Milieu :** prairies, pâturages

**Bon à savoir :** les racines séchées sont utilisées en infusions dans les affections des voies respiratoires, ou en adjuvant de bains cicatrisants.

**274 a** Ombelles possédant à la base au moins 4 feuilles très étroites appliquées contre les rayons principaux ▶ *Torilis japonica*

**b** Ombelles dépourvues de telles feuilles 275

## *Berula erecta* (Huds.) Coville
## Berle à feuilles étroites

**Famille :** Apiaceae – Apiacées

**Nom :** *Berula* du gallois « cresson de fontaine » ; *erecta* lat. « dressé »

**Caractères :** 20 à 80 cm de haut ; feuilles à 3 à 21 folioles dentées au bord ; ombelles composées de 10 à 20 rayons principaux, munies à leur base de petites feuilles découpées ; fleurs d'environ 2 mm de diamètre, à 5 pétales blancs ; fruits (carpelles) aplatis, d'environ 2 mm de long

**Reproduction :** floraison de juin à août ; hermaphrodite ; pollinisation par les insectes ; dispersion des graines par l'eau

**Milieu :** ruisseaux, fossés, marécages

**Bon à savoir :** racines et fruits sont toxiques. Les principaux symptômes d'une intoxication sont des vomissements, des diarrhées, des vertiges et des paralysies musculaires.

## *Torilis japonica* (Houtt.) DC. Torilis du Japon

**Famille :** Apiaceae – Apiacées

**Nom :** *Torilis* origine incertaine ; *japonica* lat. « japonais »

**Caractères :** plante de 30 à 120 cm de haut, annuelle ou bisannuelle ; feuilles à folioles profondément découpées ; ombelles composées de 4 à 12 rayons principaux, munies à leur base d'au moins 4 feuilles très étroites, appliquées contre les rayons ; fleurs d'environ 2,5 mm de diamètre, à 5 pétales blancs ou rosés ; fruits (carpelles) couverts d'aiguillons, de 2 à 4 mm de long

**Reproduction :** floraison de juillet à août ; hermaphrodite ; pollinisation par les insectes ; dispersion des graines par les animaux

**Milieu :** talus, haies, coupes forestières, bords des chemins

**Bon à savoir :** les fruits couverts d'aiguillons restent accrochés à la fourrure des animaux (et aux vêtements), assurant ainsi la dispersion des graines.

**275 a** Feuilles luisantes dessous ▶ ***Chaerophyllum hirsutum***
**b** Feuilles non ou peu luisantes dessous **276**

**276 a** Tige non tachetée, creuse ▶ ***Anthriscus sylvestris***
**b** Tige généralement tachetée, pleine **277**

## *Chaerophyllum hirsutum* L. Cerfeuil hirsute

**Famille :** Apiaceae – Apiacées

**Nom :** *Chaero-* origine incertaine ; *-phyllum* grec « feuille » ; *hirsutum* lat. « couvert de poils rudes »

**Caractères :** 30 à 120 cm de haut ; feuilles à folioles profondément découpées, luisantes dessous ; ombelles composées de 10 à 20 rayons principaux ; fleurs d'environ 3 mm de diamètre, à 5 pétales blancs ou rougeâtres, souvent de tailles différentes, ceux du bord munis de poils courts (loupe) ; fruits (carpelles) de 8 à 12 mm de long

**Reproduction :** floraison de mai à août ; hermaphrodite ; pollinisation par les insectes ; dispersion des graines par le vent et les animaux

**Milieu :** berges des ruisseaux, prairies, forêts

## *Anthriscus sylvestris* (L.) Hoffm. Cerfeuil des bois

**Famille :** Apiaceae – Apiacées

**Nom :** *Anthriscus* grec « épi », « tige » ; *sylvestris* lat. « poussant à l'état sauvage »

**Caractères :** 40 à 150 cm de haut ; tige creuse ; feuilles découpées en segments fins, luisantes sur le dessus ; ombelles composées de 8 à 16 rayons principaux ; fleurs d'environ 4 mm de diamètre, à 5 pétales blancs de tailles souvent différentes ; fruits (carpelles) de 6 à 10 mm de long

**Reproduction :** floraison d'avril à août ; hermaphrodite ; pollinisation par les insectes ; dispersion des graines par les animaux

**Milieu :** prairies fertilisées, vergers

**Bon à savoir :** la plante est phototoxique, c'est-à-dire que son contact, combiné à une exposition au soleil, peut provoquer des inflammations cutanées. • On utilise la plante fraîche ou séchée en tisanes ou en infusions dans le traitement des problèmes de rétention d'eau, des troubles digestifs ou d'éruptions cutanées. • Crues, les parties jeunes de la plante peuvent être incorporées à des salades composées.

**277 a** Ombelles composées de 8 à 20 rayons principaux, dressées avant la floraison ▶ ***Chaerophyllum aureum***

**b** Ombelles composées de 6 à 12 rayons, un peu pendantes avant la floraison ▶ ***Chaerophyllum temulum***

**278 a** Feuilles luisantes dessous **279**

**b** Feuilles non ou faiblement luisantes dessous **280**

## *Chaerophyllum aureum* L. Cerfeuil doré

**Famille :** Apiaceae – Apiacées

**Nom :** *Chaero-* origine incertaine ; *-phyllum* grec « feuille » ; *aureum* lat. « jaune d'or »

**Caractères :** 50 à 130 cm de haut ; tige généralement tachetée ; feuilles divisées en segments fins ; ombelles composées de 8 à 20 rayons principaux ; fleurs d'environ 3 mm de diamètre, à 5 pétales blancs, souvent de tailles différentes ; fruits (carpelles) de 8 à 12 mm de long, brun-jaune

**Reproduction :** floraison de juin à août ; hermaphrodite ; pollinisation par les insectes ; dispersion des graines par le vent et les animaux

**Milieu :** berges, talus, haies, lisières

## *Chaerophyllum temulum* L. Cerfeuil enivrant

**Famille :** Apiaceae – Apiacées

**Nom :** *Chaero-* origine incertaine ; *-phyllum* grec « feuille » ; *temulum* lat. « enivrer »

**Caractères :** plante de 30 à 100 cm de haut, annuelle ou bisannuelle ; tige généralement tachetée ; feuilles à folioles profondément découpées ; ombelles composées de 6 à 12 rayons principaux ; fleurs d'environ 2,5 mm de diamètre, à 5 pétales blancs, plus rarement rosés ou jaunâtres, souvent de tailles différentes ; fruits (carpelles) de 5 à 7 mm de long

**Reproduction :** floraison de mai à juillet ; hermaphrodite ; pollinisation par les insectes ; dispersion des graines par le vent et les animaux

**Milieu :** fourrés, haies, forêts claires, décombres

**Bon à savoir :** la plante est légèrement toxique et peut occasionner des pertes d'équilibre (vertiges) chez les animaux.

**279 a** Pétales bordés de poils (ciliés ; loupe) ; tiges souvent velues, au moins dans leur moitié inférieure ▶ *Chaerophyllum hirsutum* (p. 111)

**b** Pétales non ciliés ; tiges non velues ▶ *Aethusa cynapium*

**280 a** Feuilles à contour plutôt allongé ; lobes des feuilles ne dépassant pas 1,5 mm de large ▶ *Carum carvi*

**b** Feuilles à contour triangulaire ; lobes des feuilles de plus de 1,5 mm de large ▶ *Anthriscus sylvestris* (p. 111)

## *Aethusa cynapium* L. Ciguë des jardins

**Famille :** Apiaceae – Apiacées

**Nom :** *Aethusa* grec « ardente », « lumineuse » ; *cyn-* grec « chien » ; *-apium* lat. « céleri »

**Caractères :** plante de 10 à 100 cm de haut, annuelle ou bisannuelle ; plante entièrement dépourvue de poils ; feuilles divisées en segments fins, à odeur désagréable quand on les froisse ; ombelles composées de 5 à 15 rayons principaux ; fleurs de 2 à 3 mm de diamètre, à 5 pétales blancs de tailles souvent différentes ; fruits (carpelles) ovoïdes de 2,5 à 4 mm de long

**Reproduction :** floraison de juin à octobre ; hermaphrodite ; pollinisation par les insectes ; dispersion des graines par le vent

**Milieu :** jardins, champs, lieux incultes

**Bon à savoir :** toute la plante est extrêmement toxique. Les principaux symptômes d'une intoxication sont une sensation de bouche en feu, des vomissements, une dilatation et un assombrissement de la couleur de l'abdomen, des crampes, des troubles de la conscience et une paralysie respiratoire.

## *Carum carvi* L. Carvi

**Famille :** Apiaceae – Apiacées

**Nom :** *Carum* nom grec donné à cette espèce ; *carvi* nom arabe donné à cette espèce

**Caractères :** plante bisannuelle de 30 à 70 cm de haut, entièrement dépourvue de poils ; feuilles divisées en segments très fins ; ombelles composées de 8 à 16 rayons principaux ; fleurs d'environ 3 mm de diamètre, à 5 pétales blancs ou rougeâtres ; fruits (carpelles) ovales, de 3 à 3,5 mm de long, odorants quand on les écrase

**Reproduction :** floraison de mai à août ; hermaphrodite ; pollinisation par les insectes ; dispersion des graines par les animaux

**Milieu :** prairies, pâturages

**Bon à savoir :** la saveur des fruits est due à un terpène, la carvone, aux propriétés digestives. Ainsi, on peut mâcher des graines mûres, ou en faire des infusions ou des liqueurs (eau-de-vie de Carvi) en cas de troubles digestifs.

**281 a** Feuilles divisées en 3 à 5 folioles rayonnantes ▶ ***Eupatorium cannabinum***
**b** Feuilles différentes **282**

**282 a** Fleurs réduites à de nombreuses étamines groupées en bouquets hémisphériques ▶ ***Thalictrum aquilegiifolium***
**b** Fleurs différentes **283**

## *Eupatorium cannabinum* L.
## Eupatoire à feuilles de chanvre

**Famille :** Asteraceae – Astéracées

**Nom :** *Eupatorium* peut-être du grec « foie » ; *cannabinum* grec « ressemblant au chanvre » *(Cannabis)* (feuilles)

**Caractères :** 50 à 150 cm de haut ; feuilles opposées, divisées en 3 à 5 folioles rayonnantes et dentées au bord ; inflorescences (capitules) de 5 à 6 mm de long, à 3 à 10 fleurs individuelles roses à rouge pâle ; fruits (akènes) de 2 à 3 mm de long, avec une aigrette de 3 à 5 mm

**Reproduction :** floraison de juillet à septembre ; hermaphrodite ; pollinisation par les insectes ; dispersion des graines par le vent et les animaux

**Milieu :** berges, prairies marécageuses, forêts alluviales, zones forestières marécageuses

**Bon à savoir :** toute la plante est toxique. Les principaux symptômes d'une intoxication sont des irritations de la peau et des réactions allergiques. A peut-être des vertus anticancéreuses.

## *Thalictrum aquilegiifolium* L.
## Pigamon à feuilles d'ancolie, Colombine panachée

**Famille :** Ranunculaceae – Renonculacées

**Nom :** *Thalictrum* origine incertaine ; *aquilegii-* lat. « ancolie » *(Aquilegia)* ; *-folium* lat. « feuille »

**Caractères :** 40 à 140 cm de haut ; plante entièrement dépourvue de poils ; folioles arrondies à ovales, à dents grossières et obtuses, un peu glauques ; fleurs hémisphériques de 15 à 25 mm de diamètre, formées de bouquets d'étamines lilas à rosées, parfois presque blanches ; plusieurs fruits (carpelles) par fleur, de 5 à 7 mm de long, pendant au bout d'un pédicelle

**Reproduction :** floraison de mai à juillet ; hermaphrodite ; pollinisation par les insectes ; dispersion des graines par le vent

**Milieu :** berges, prairies ombragées, forêts alluviales, forêts

**Bon à savoir :** les 4 ou 5 pétales tombent lorsque la fleur s'ouvre. • Les bouquets d'étamines forment alors l'appareil visuel de la plante qui attire les insectes.

**283 a** Feuilles divisées en segments extrêmement fins ▶ *Achillea millefolium*

**b** Feuilles de la tige pennées, c.-à-d. composées au minimum de 4 folioles insérées ± à angle droit sur la nervure centrale 284

**284 a** Fleurs jaunes ▶ *Tanacetum vulgare*

**b** Fleurs blanches ou roses 285

## *Achillea millefolium* L. Achillée millefeuille

**Famille :** Asteraceae – Astéracées

**Nom :** *Achillea* d'après Achille, héros de Troie ; *mille-* lat « mille » ; *-folium* lat. « feuille »

**Caractères :** 15 à 60 cm de haut ; feuilles étroites, divisées en segments très fins, odorantes quand on les froisse ; inflorescences (capitules) de 4 à 10 mm de diamètre, à 4 à 6 fleurs périphériques étalées blanches ou rosées, celles du centre blanchâtres à jaunâtres ; fruits (akènes) de 1,5 à 2 mm de long

**Reproduction :** floraison de juin à septembre ; hermaphrodite ; pollinisation par les insectes ; dispersion des graines par le vent et les animaux

**Milieu :** prairies, pâturages, bords des chemins

**Bon à savoir :** la plante fleurie est séchée et utilisée en infusion, en teinture ou en adjuvant de bains dans le traitement des douleurs menstruelles, des douleurs d'estomac, et pour ses propriétés cicatrisantes. • Les jeunes feuilles peuvent être préparées en salades ou en soupes. On peut aussi les servir comme légume, cuites ou étuvées.

## *Tanacetum vulgare* L. Tanaisie

**Famille :** Asteraceae – Astéracées

**Nom :** *Tanacetum* origine incertaine ; *vulgare* lat. « commun »

**Caractères :** 40 à 150 cm de haut ; feuilles composées de 15 à 31 folioles étroites, dentées à découpées, dégageant une forte odeur quand on les froisse ; fleurs (capitules) jaunes de 5 à 12 mm de diamètre ; fruits (akènes) de 1,5 à 2 mm de long

**Reproduction :** floraison de juin à septembre ; hermaphrodite ; pollinisation par les insectes ; dispersion des graines par le vent et les animaux (fourmis)

**Milieu :** berges, fourrés, coupes forestières, lieux incultes

**Bon à savoir :** en cas de très fort ensoleillement, les feuilles s'orientent de manière à être parallèles aux rayons solaires (plante héliotrope).

**285 a** Feuilles opposées, c.-à-d. disposées deux à deux, face à face, au même niveau d'insertion sur la tige **286** ..........................................................

**b** Feuilles alternes, c.-à-d. non disposées face à face ▶ ***Filipendula ulmaria*** ......

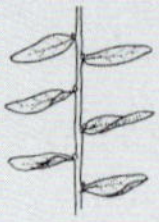

**286 a** Plante atteignant au maximum 40 cm de haut ▶ ***Valeriana dioica***

**b** Plante de 40 à 200 cm de haut **287**

## *Filipendula ulmaria* (L.) Maxim.
## Reine-des-prés, Spirée ulmaire

**Famille :** Rosaceae – Rosacées

**Nom :** *Fili-* lat. « fil » ; *-pendula* lat. « qui pend » ; *ulmaria* lat. « comme celles d'un Orme » (feuilles)

**Caractères :** 50 à 200 cm de haut ; feuilles composées de 5 à 15 grandes folioles entre lesquelles sont insérées de petites feuilles ; folioles dentées au bord, vert sombre dessus, vert clair à presque blanches dessous ; fleurs de 6 à 9 mm de diamètre, généralement à 5 pétales blancs ; plusieurs fruits spiralés par fleur (carpelles)

**Reproduction :** floraison de juin à août ; hermaphrodite ; pollinisation par les insectes ; dispersion des graines par le vent et les animaux

**Milieu :** berges des ruisseaux, fossés, marécages, prairies humides, forêts alluviales

**Bon à savoir :** plante-hôte des chenilles du Sylvain des spirées *(Neptis rivularis).* • L'infusion de la plante ou de ses fleurs séchées est utilisée pour soigner grippes ou refroidissements. • Les feuilles aromatisent agréablement certaines boissons comme la bière.

## *Valeriana dioica* L.
## Valériane dioïque, Petite Valériane

**Famille :** Caprifoliaceae – Caprifoliacées

**Nom :** *Valeriana* origine incertaine ; *di-* grec « deux » ; *-oica* grec « maison »

**Caractères :** 15 à 30 cm de haut ; feuilles opposées, celles situées sur la tige composées de 5 à 9 segments, celles situées à la base de la plante entière ; fleurs de 2 à 5 mm de diamètre, à 5 lobes blancs ou roses ; fruits (akènes) de 2,5 à 3,5 mm de long

**Reproduction :** floraison d'avril à juin ; dioïque ; pollinisation par les insectes ; dispersion des graines par le vent

**Milieu :** berges des ruisseaux, marais, prairies marécageuses

**Bon à savoir :** plante-hôte des chenilles de la Mélitée noirâtre *(Melitaea diamina).*

**287 a** Feuilles à folioles irrégulièrement dentées ▶ *Valeriana officinalis*
**b** Feuilles à folioles régulièrement et finement dentées ▶ *Sambucus ebulus*

**288 a** Marges des feuilles finement dentées **289**
**b** Marges des feuilles entières ou dentées seulement au sommet **290**

## *Valeriana officinalis* L.
## Valériane officinale, Valériane à petites feuilles

**Famille :** Caprifoliaceae – Caprifoliacées

**Nom :** *Valeriana* origine incertaine ; *officinalis* lat. « utilisé comme remède »

**Caractères :** 40 à 150 cm de haut ; feuilles opposées, celles situées sur la tige comme celles situées à la base de la plante composées de 5 à 27 folioles irrégulièrement dentées ; fleurs de 2 à 4,5 mm de diamètre, à 5 lobes, blanches à roses ; fruits (akènes) de 2 à 5 mm de long

**Reproduction :** floraison de juin à août ; hermaphrodite ; pollinisation par les insectes ; dispersion des graines par le vent

**Milieu :** berges, fossés, prairies humides, fourrés, forêts humides

**Bon à savoir :** plante-hôte des chenilles de la Mélitée noirâtre *(Melitaea diamina)*. • Les composants de la Valériane ont sur les chats des propriétés stimulantes, similaires aux hormones sexuelles. • Les racines fraîches ou sèches sont utilisées en infusions ou en teinture pour soigner la nervosité, les troubles légers du sommeil et les troubles cardiaques liés à l'anxiété.

## *Sambucus ebulus* L. Sureau yèble, Hièble

**Famille :** Adoxaceae – Adoxacées

**Nom :** *Sambucus* origine incertaine ; *ebulus* nom latin donné à cette espèce

**Caractères :** 50 à 200 cm de haut ; feuilles opposées, composées de 5 à 7 folioles régulièrement et finement dentées ; fleurs odorantes jusqu'à 8 mm de diamètre, à 5 lobes, blanches à roses, à étamines rouges ; fruits (drupes) globuleux, de 5 à 7 mm, noirs

**Reproduction :** floraison de juillet à août ; hermaphrodite ; pollinisation par les insectes ; dispersion des graines par les animaux

**Milieu :** fourrés, haies, coupes forestières, lieux incultes

**Bon à savoir :** toute la plante est toxique, en particulier ses graines. Les principaux symptômes d'une intoxication sont des nausées, des vomissements, des diarrhées, des vertiges, des pupilles dilatées, des troubles de la vue et des problèmes cardiaques.

**289 a** Feuilles un peu épaisses (charnues) ▶ ***Sedum telephium***

**b** Feuilles normales ▶ ***Achillea ptarmica***

**290 a** Fleurs blanches ▶ ***Allium ursinum*** (p. 276)

**b** Fleurs d'une autre couleur **796** ▶ (p. 323)

## ***Sedum telephium*** L., ***Hylotelephium telephium*** (L.) Ohba **Orpin reprise**

**Famille :** Crassulaceae – Crassulacées

**Nom :** *Sedum* origine incertaine ; *Hylo-* grec « forêt » ; *-telephium* peut-être d'après Télèphe, fondateur de la ville de Pergame (Turquie)

**Caractères :** 20 à 70 cm de haut ; plante entièrement glabre ; tige jusqu'à 10 mm d'épaisseur ; feuilles opposées ou alternes, les supérieures parfois en verticilles, ovales, un peu épaisses (charnues), irrégulièrement dentées au bord ; fleurs de 5 à 9 mm de diamètre, à 5 pétales jaunâtres, verdâtres ou rouges ; 5 fruits (carpelles) par fleur

**Reproduction :** floraison de juin à septembre ; hermaphrodite ; pollinisation par les insectes ; dispersion des graines par le vent

**Milieu :** pelouses, lieux pierreux et broussailleux, murs, rochers et éboulis

**Bon à savoir :** on applique les feuilles fraîches sur les plaies pour accélérer leur cicatrisation. • Les feuilles peuvent être ajoutées dans les salades, auxquelles elles apportent une note juteuse, légèrement fruitée et acidulée.

## ***Achillea ptarmica*** L. **Achillée sternutatoire**

**Famille :** Asteraceae – Asteracées

**Nom :** *Achillea* d'après Achille, héros de Troie ; *ptarmica* grec « qui fait éternuer »

**Caractères :** 30 à 80 cm de haut ; feuilles étroites, finement et régulièrement dentées au bord ; inflorescences (capitules) de 12 à 17 mm de diamètre, à 8 à 13 fleurs périphériques étalées blanches, celles du centre blanchâtres à jaunâtres ; fruits (akènes) de 1,5 à 2 mm de long

**Reproduction :** floraison de juillet à août ; hermaphrodite ; pollinisation par les insectes ; dispersion des graines par le vent

**Milieu :** berges, fossés, prairies marécageuses

**301 a** Feuilles composées de 3 à 7 folioles dentées au bord **185** (p. 77) ...............

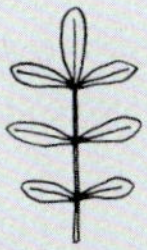

**b** Feuilles différentes **302**

**302** Dans ce groupe de plantes, les organes que l'on prend pour des fleurs sont en réalité des inflorescences (capitules) composées de nombreuses fleurs individuelles, chacune d'elles ayant l'aspect de pétales (généralités concernant la famille des Astéracées, voir p. 386). Ne l'oubliez pas dans les pages suivantes. **303**

**303 a** Capitules entourés de nombreuses feuilles (bractées) rayonnantes, luisantes **304**

**b** Capitules sans bractées luisantes **305**

**304 a** Bractées blanc argenté, luisantes ; plante en général d'à peine quelques centimètres de haut, à un seul capitule ▶ *Carlina acaulis*

**b** Bractées jaune-brun, luisantes ; plante atteignant en général jusqu'à 50 cm de haut, à plusieurs capitules ▶ *Carlina vulgaris* (p. 120)

## *Carlina acaulis* L. Carline à tige courte

**Famille :** Asteraceae – Astéracées

**Nom :** *Carlina* peut-être du lat. « qui gratte » ; *acaulis* lat. « sans tige »

**Caractères :** 3 à 40 cm de haut ; feuilles profondément découpées, très piquantes ; capitules entourés de bractées blanc argenté luisantes, mesurant (bractées incluses) 50 à 120 mm de diamètre, composés de nombreuses fleurs blanches ou rougeâtres ; fruits (akènes) de 4 à 5 mm de long, couverts de poils blancs de 10 à 15 mm de long

**Reproduction :** floraison de juillet à septembre ; hermaphrodite ; pollinisation par les insectes ; dispersion des graines par le vent et les animaux

**Milieu :** prairies maigres, pâturages, forêts claires

**Bon à savoir :** par temps très humide, les capitules se ferment, le dessous des bractées se déformant plus fortement que le dessus sous l'effet d'une différence de pression osmotique à l'intérieur des cellules. • Les racines séchées sont utilisées contre les problèmes digestifs comme diurétique et sudorifique, ainsi que pour stimuler la cicatrisation des plaies.

**305 a** Fleurs roses, rouges, lilas ou violettes **306**
**b** Fleurs jaune blanchâtre ou jaune d'or **313** (p. 124)

**306 a** Fleurs à symétrie bilatérale, c.-à-d. à parties supérieure et inférieure dissemblables ▶ ***Ononis spinosa*** (p. 172) ..........................................

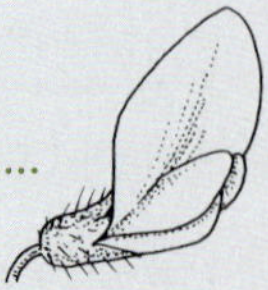

**b** Fleurs différentes **307**

## *Carlina vulgaris* L. Carline commune

**Famille :** Asteraceae – Astéracées

**Nom :** *Carlina* peut-être du lat. « qui gratte » ; *vulgaris* lat. « commun »

**Caractères :** 10 à 50 cm de haut ; feuilles découpées plus ou moins profondément, très piquantes ; capitules entourés de bractées d'un jaune-brun luisant, mesurant (bractées incluses) 25 à 50 mm de diamètre, composés de nombreuses fleurs jaunâtres à rougeâtres ; fruits (akènes) de 2 à 4 mm de longueur, couverts de poils jaunâtres longs de 7 à 8 mm

**Reproduction :** floraison de juillet à septembre ; hermaphrodite ; pollinisation par les insectes ; dispersion des graines par le vent

**Milieu :** prairies maigres, pinèdes et chênaies claires

**Bon à savoir :** par temps très humide, les capitules se ferment, le dessous des bractées se déformant plus fortement que le dessus sous l'effet d'une différence de pression osmotique à l'intérieur des cellules.

## *Cirsium acaule* Scop. Cirse acaule

**Famille :** Asteraceae – Astéracées

**Nom :** *Cirsium* peut-être de l'indo-européen « couper » ; *acaule* lat. « sans tige »

**Caractères :** tige en général inexistante ou très courte ; feuilles profondément découpées, raides, velues, très piquantes ; en général un seul capitule de 20 à 45 mm de diamètre, composé de nombreuses fleurs pourpres ; fruits (akènes) de 3 à 4 mm de longueur, surmontés de poils blanchâtres longs de 20 à 30 mm

**Reproduction :** floraison de juillet à septembre ; hermaphrodite ou dioïque ; pollinisation par les insectes ; dispersion des graines par le vent et les animaux (fourmis)

**Milieu :** prairies maigres, pâturages

**307 a** Tige généralement d'à peine quelques centimètres de haut ▶ *Cirsium acaule*
**b** Tige d'au moins 30 cm de haut **308**

**308 a** Feuilles situées sur la tige opposées, soudées deux à deux ▶ *Dipsacus fullonum*
**b** Feuilles situées sur la tige solitaires et non soudées **309**

**309 a** Tige non épineuse ▶ *Cirsium arvense*
**b** Tige épineuse, au moins dans sa partie inférieure **310**

## *Dipsacus fullonum* L. Cabaret-des-oiseaux

**Famille :** Caprifoliaceae – Caprifoliacées

**Nom :** *Dipsacus* grec « soif » ; *fullonum* lat. « drapier »

**Caractères :** 50 à 200 cm de haut ; plante bisannuelle ; tige munie d'aiguillons de 1 à 5 mm de long ; feuilles opposées, munies d'aiguillons au revers de la nervure centrale ; inflorescences ovoïdes, de 30 à 80 mm de long et 25 à 45 mm de diamètre, composées de nombreuses fleurs lilas à 4 lobes et de feuilles étroites et épineuses ; fruits (akènes) sillonnés, d'environ 5 mm de long

**Reproduction :** floraison de juillet à août ; hermaphrodite ; pollinisation par les insectes ; dispersion des graines par les animaux (ex. Chardonneret élégant)

**Milieu :** berges, friches, décombres

**Bon à savoir :** les feuilles soudées forment un creuset où s'accumule l'eau. • L'éclosion des fleurs commence par la partie médiane de l'inflorescence, puis s'étend vers le haut et le bas.

## *Cirsium arvense* (L.) Scop. Cirse des champs

**Famille :** Asteraceae – Astéracées

**Nom :** *Cirsium* peut-être de l'indo-européen « couper » ; *arvense* lat. « champ »

**Caractères :** 30 à 150 cm de haut ; feuilles découpées plus ou moins profondément, dentées au bord, peu piquantes ; capitules de 8 à 18 mm de diamètre, composés de nombreuses fleurs lilas ; fruits (akènes) d'environ 3 à 4 mm de longueur, surmontés de poils blanchâtres de 20 à 30 mm de long

**Reproduction :** floraison de juillet à septembre ; dioïque ; pollinisation par les insectes ; dispersion des graines par le vent et les animaux (ex. Chardonneret élégant)

**Milieu :** coupes forestières, champs, lieux incultes, bords des chemins

**Bon à savoir :** multiplication végétative possible par drageonnement. De petits fragments racinaires peuvent produire une nouvelle plante. • Plante-hôte des chenilles de la Belle-Dame *(Cynthia cardui)* et de la Mélitée des centaurées *(Melitaea phoebe)*.

**310 a** Capitules généralement solitaires à l'extrémité des tiges et des rameaux **311**
**b** Plusieurs capitules agglomérés au sommet des tiges et des rameaux **312**

**311 a** Feuilles rudes dessus ; capitules dressés ▶ ***Cirsium vulgare***
**b** Feuilles velues mais non rudes dessus ; capitules un peu penchés ▶ ***Carduus nutans***

## *Cirsium vulgare* (Savi) Ten. Cirse commun, Cirse à feuilles lancéolées

**Famille :** Asteraceae – Astéracées

**Nom :** *Cirsium* peut-être de l'indo-européen « couper » ; *vulgare* lat. « commun »

**Caractères :** 50 à 200 cm de haut ; plante bisannuelle ; tige épineuse ; feuilles profondément découpées, raides, nettement piquantes ; capitules de 30 à 45 mm de diamètre, composés de nombreuses fleurs rouge pâle à violettes ; fruits (akènes) d'environ 3 à 4 mm de longueur, surmontés de poils blanchâtres de 20 à 30 mm de long

**Reproduction :** floraison de juillet à septembre ; hermaphrodite ou dioïque ; pollinisation par les insectes ; dispersion des graines par le vent et les animaux (ex. Chardonneret élégant)

**Milieu :** pâturages, coupes forestières, lieux incultes, bords des chemins

**Bon à savoir :** plante-hôte des chenilles de la Mélitée des centaurées *(Melitaea phoebe).*

## *Carduus nutans* L. Chardon penché

**Famille :** Asteraceae – Astéracées

**Nom :** *Carduus* lat. « chardon » ; *nutans* lat. « penché »

**Caractères :** 30 à 120 cm de haut ; plante bisannuelle ; tige épineuse ; feuilles découpées, nettement piquantes ; capitules de 30 à 50 mm de diamètre, généralement un peu pendants (penchés), composés de nombreuses fleurs pourprées ; fruits (akènes) d'environ 3 à 5 mm de longueur, surmontés de poils de 15 à 20 mm de long

**Reproduction :** floraison de juillet à août ; hermaphrodite ; pollinisation par les insectes ; dispersion des graines par le vent et les animaux

**Milieu :** pâturages, lieux incultes, décombres, bords des chemins

**312 a** Capitules de 8 à 15 mm de diamètre ; plante poussant sur des terrains plutôt humides ou marécageux ▶ *Cirsium palustre*

**b** Capitules de 15 à 25 mm de diamètre ; plante poussant sur des terrains plutôt secs ▶ *Carduus crispus*

## *Cirsium palustre* (L.) Scop. **Cirse des marais**

**Famille :** Asteraceae – Astéracées

**Nom :** *Cirsium* peut-être de l'indo-européen « couper » ; *palustre* lat. « marécage », « marais »

**Caractères :** 40 à 200 cm de haut ; plante bisannuelle ; tige épineuse ; feuilles profondément découpées, raides, nettement piquantes ; capitules de 8 à 15 mm de diamètre, composés de nombreuses fleurs pourprées ; fruits (akènes) de 2 à 3 mm de longueur, surmontés de poils blanchâtres de 7 à 10 mm de long

**Reproduction :** floraison de juillet à octobre ; hermaphrodite ou dioïque ; pollinisation par les insectes ; dispersion des graines par le vent et les animaux (ex. Chardonneret élégant)

**Milieu :** marais, prairies marécageuses, coupes forestières

**Bon à savoir :** on peut consommer les jeunes pousses, débarrassées de leurs épines, soit crues en salade, soit cuites comme un légume.

## *Carduus crispus* L. **Chardon crépu**

**Famille :** Asteraceae – Astéracées

**Nom :** *Carduus* lat. « chardon » ; *crispus* lat. « crépu »

**Caractères :** 50 à 150 cm de haut ; plante bisannuelle ; tige épineuse ; feuilles découpées, piquantes ; capitules de 15 à 25 mm de diamètre, composés de nombreuses fleurs pourprées ; fruits (akènes) d'environ 3 à 4 mm de longueur, surmontés de poils de 10 à 18 mm de long

**Reproduction :** floraison de juillet à septembre ; hermaphrodite ; pollinisation par les insectes ; dispersion des graines par le vent

**Milieu :** décombres, bords des chemins

**313 a** Revers des feuilles pourvu d'aiguillons courts sur la nervure centrale
▶ *Lactuca serriola* (p. 128)
**b** Revers des feuilles dépourvu d'aiguillons **314**

**314 a** Capitules entourés de feuilles vert jaunâtre ▶ *Cirsium oleraceum*
**b** Capitules non entourés de feuilles vert jaunâtre **315**

## *Cirsium oleraceum* (L.) Scop. Cirse maraîcher, Cirse faux épinard

**Famille :** Asteraceae – Astéracées

**Nom :** *Cirsium* peut-être de l'indo-européen « couper » ; *oleraceum* lat. « ressemblant à un chou, à un légume »

**Caractères :** 50 à 150 cm de haut ; feuilles découpées plus ou moins profondément, à peine piquantes ; capitules les plus grands de 15 à 25 mm de diamètre, composés de nombreuses fleurs jaune clair ; fruits (akènes) de 4 à 5 mm de longueur, surmontés de poils blanchâtres d'environ 15 mm de long

**Reproduction :** floraison de juin à septembre ; hermaphrodite ou dioïque ; pollinisation par les insectes ; dispersion des graines par le vent et les animaux (ex. Chardonneret élégant)

**Milieu :** berges, fossés, prairies humides, forêts alluviales

**Bon à savoir :** on peut préparer et consommer les feuilles comme des légumes.

## *Sonchus arvensis* L. Laiteron des champs

**Famille :** Asteraceae – Astéracées

**Nom :** *Sonchus* origine incertaine ; *arvensis* lat. « champ »

**Caractères :** 50 à 150 cm de haut ; feuilles découpées plus ou moins profondément, bordées de dents piquantes ; capitules de 25 à 45 mm de diamètre, composés de nombreuses fleurs rayonnantes jaune d'or ; fruits (akènes) de 2 à 4 mm de longueur, surmontés de poils blancs, longs de 10 à 13 mm

**Reproduction :** floraison de juin à octobre ; hermaphrodite ; pollinisation par les insectes ; dispersion des graines par le vent et les animaux (ex. Chardonneret élégant)

**Milieu :** champs, décombres

**Bon à savoir :** les capitules ne s'ouvrent que par temps ensoleillé, et particulièrement à la mi-journée.

**315 a** Capitules d'au moins 25 mm de diamètre, jaune d'or ▶ *Sonchus arvensis*

**b** Capitules atteignant au maximum 25 mm de diamètre, jaune pâle **316**

**316 a** Feuilles souples, à peine luisantes, à dents aiguës (à peine piquantes) ▶ *Sonchus oleraceus*

**b** Feuilles un peu raides, luisantes, à dents épineuses (un peu piquantes) ▶ *Sonchus asper*

## *Sonchus oleraceus* L. Laiteron maraîcher

**Famille :** Asteraceae – Astéracées

**Nom :** *Sonchus* origine incertaine ; *oleraceus* lat. « ressemblant à un chou, à un légume »

**Caractères :** plante annuelle ou bisannuelle de 30 à 100 cm de haut ; feuilles découpées plus ou moins profondément, bordées de dents aiguës (à peine piquantes) ; capitules de 15 à 25 mm de diamètre, composés de nombreuses fleurs rayonnantes jaune pâle ; fruits (akènes) de 2,5 à 3 mm de long, surmontés de poils blancs de 5 à 8 mm de long

**Reproduction :** floraison de juin à octobre ; hermaphrodite ; pollinisation par les insectes ; dispersion des graines par le vent et les animaux (ex. Chardonneret élégant)

**Milieu :** jardins, champs, décombres

**Bon à savoir :** par temps humide, les inflorescences restent fermées. • Les jeunes feuilles et les pousses peuvent être consommées en salade ou cuites comme un légume.

## *Sonchus asper* (L.) Hill Laiteron épineux

**Famille :** Asteraceae – Astéracées

**Nom :** *Sonchus* origine incertaine ; *asper* lat. « rude »

**Caractères :** plante annuelle ou bisannuelle de 30 à 100 cm de haut ; feuilles découpées plus ou moins profondément, bordées de dents en épine (un peu piquantes) ; capitules de 15 à 25 mm de diamètre, composés de nombreuses fleurs rayonnantes jaunes ; fruits (akènes) de 2,5 à 3 mm de long, surmontés de poils blancs de 5 à 8 mm de long

**Reproduction :** floraison de juin à octobre ; hermaphrodite ; pollinisation par les insectes ; dispersion des graines par le vent et les animaux (ex. Chardonneret élégant)

**Milieu :** jardins, champs, décombres

**Bon à savoir :** par temps humide, les inflorescences restent fermées. • Les jeunes feuilles et les pousses peuvent être consommées en salade ou cuites comme un légume.

**321** Dans ce groupe, les organes que l'on prend pour des fleurs sont en réalité des inflorescences appelées capitules et composées de nombreuses fleurs individuelles, chacune d'elles ayant l'aspect d'un pétale unique (généralités concernant la famille des Astéracées, voir p. 386). Ne l'oubliez pas dans les pages suivantes. **322**

**322 a** Capitule à dominante jaune verdâtre, jaunâtre, jaune clair, jaune orangé ou brunâtre **323**

**b** Capitule à dominante rose, rougeâtre, rouge, brun-rouge, lilas, violette ou bleu pâle **368** (p. 146)

**c** Capitule à dominante blanchâtre à blanc pur ; capitule souvent jaune ou jaunâtre au milieu **390** (p. 156)

**323 a** Tige portant au moins une feuille de forme normale **324**

**b** Tige dépourvue de feuilles, c.-à-d. que toutes les feuilles sont situées à la base de la tige (la tige possède tout au plus quelques petites feuilles en forme d'écailles) **363** (p. 144)

## *Ambrosia artemisiifolia* L.
## Ambroisie à feuilles d'armoise

**Famille :** Asteraceae – Astéracées

**Nom :** *Ambrosia* grec « immortel » ; *artemisii-* nom latin donné à l'Armoise *(Artemisia)* ; *-folia* lat. « feuille »

**Caractères :** plante annuelle de 20 à 120 cm de haut ; feuilles du bas de la tige opposées, celles du haut verticillées, découpées profondément jusqu'à la nervure centrale ou presque, dentées au bord ; capitules de 4 à 5 mm de diamètre, pendants et rassemblés en longues grappes, composés de fleurs verdâtres à jaunâtres ; fruits (akènes) de 4 à 5 mm de long

**Reproduction :** floraison d'août à octobre ; monoïque ; pollinisation par les insectes ; dispersion des graines par le vent et les animaux

**Milieu :** champs, décombres, bords des chemins

**Bon à savoir :** cette espèce se reproduit exclusivement par graines, chaque plante pouvant en produire plus de 50 000 par an. Elles conservent leur pouvoir germinatif plus de 10 ans. • Son pollen est très fortement allergisant. Une seule plante peut produire quotidiennement jusqu'à 2 milliards de grains de pollen, soit une concentration de 5 à 10 grains de pollen par $m^3$ d'air qui peut déclencher, chez les personnes sensibles, une réaction allergique ou de l'asthme. • Originaire d'Amérique du Nord, elle fut introduite accidentellement en Europe dans la seconde moitié du XIX$^e$ siècle dans des lots de graines de céréales et de tournesol impurs. Moyens de lutte : arracher chaque plante avant la floraison, faucher les plus grosses populations entre mi-juillet et fin août, puis disposer l'ensemble des résidus de coupe ou d'arrachage à la déchetterie (ne pas composter !). Lors des travaux, il est nécessaire de porter des lunettes de protection et de couvrir toute la surface de la peau (gants, manches et pantalons longs).

**324 a** Feuilles, au moins celles situées dans la partie basse de la tige, opposées c.-à-d. disposées deux à deux, face à face, au même niveau d'insertion sur la tige **325** ...............

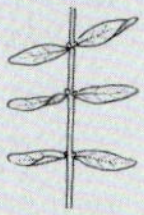

**b** Feuilles alternes, c.-à-d. non insérées face à face **327** ............

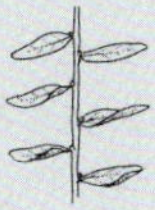

**325 a** Capitules de 4 à 5 mm de diamètre ▶ ***Ambrosia artemisiifolia***

**b** Capitules d'au moins 10 mm de diamètre **326**

**326 a** Feuilles les plus grandes divisées en 3 à 5 segments ▶ ***Bidens tripartita***

**b** Feuilles les plus grandes non divisées ▶ ***Bidens cernua***

## *Bidens tripartita* L. Bident à feuilles tripartites

**Famille :** Asteraceae – Astéracées

**Nom :** *Bi-* lat. « deux » ; *-dens* lat. « dent » ; *tri-* lat. « trois » ; *-partita* lat. « partie »

**Caractères :** plante annuelle de 15 à 120 cm de haut ; feuilles opposées, au moins en bas de la tige, divisées en 3 à 5 segments allongés et dentés au bord ; capitules de 10 à 20 mm de diamètre, en général dépourvus de fleurs rayonnantes, à fleurs jaune brunâtre ; fruits (akènes) de 4,5 à 8,5 mm de long, munis de 2 ou 3 arêtes longues de 3 mm

**Reproduction :** floraison de juillet à octobre ; hermaphrodite ; pollinisation par les insectes ; dispersion des graines par les animaux

**Milieu :** berges, marais, décombres

## *Bidens cernua* L. Bident penché

**Famille :** Asteraceae – Astéracées

**Nom :** *Bi-* lat. « deux » ; *-dens* lat. « dent » ; *cernua* lat. « se renverser la tête la première »

**Caractères :** plante annuelle de 15 à 120 cm de haut ; feuilles opposées, au moins en bas de la tige, allongées, dentées au bord ; capitules de 10 à 50 mm de diamètre, avec à leur périphérie 6 à 9 fleurs rayonnantes jaunes, celles du milieu de l'inflorescence d'un jaune brunâtre ; fruits (akènes) de 4 à 7 mm de long, munis de 4 arêtes longues de 2 à 4 mm

**Reproduction :** floraison de juillet à septembre ; hermaphrodite ; pollinisation par les insectes ; dispersion des graines par les animaux

**Milieu :** berges, marais, décombres

**327 a** Nervure centrale des feuilles portant des aiguillons sur la face inférieure ▶ *Lactuca serriola*
**b** Face inférieure des feuilles dépourvue d'aiguillons 328

**328 a** Marge des feuilles à dents épineuses (un peu piquantes) 314 (p. 124)
**b** Marge des feuilles sans dents épineuses (non piquantes) 329

**329 a** Feuilles les plus grandes profondément découpées, ou divisées en nombreux segments ou folioles 351 (p. 138)
**b** Feuilles les plus grandes non ou peu découpées, non divisées 330

## *Lactuca serriola* L. Laitue sauvage

**Famille :** Asteraceae – Astéracées

**Nom :** *Lactuca* grec « lait » (sève blanc laiteux) ; *serriola* peut-être du latin « petite scie »

**Caractères :** plante annuelle ou bisannuelle de 30 à 150 cm de haut ; feuilles souvent dressées plus ou moins à la verticale, découpées plus ou moins profondément, raides, glauques, munies d'aiguillons courts sur la face inférieure de la nervure centrale, finement dentées au bord ; capitules de 10 à 15 mm de diamètre, à nombreuses fleurs rayonnantes jaune pâle ; fruits (akènes) de 5 à 7 mm de long, à poils blancs

**Reproduction :** floraison de juillet à septembre ; hermaphrodite ; pollinisation par les insectes ; dispersion des graines par le vent et les animaux

**Milieu :** talus, décombres, bords des chemins

**Bon à savoir :** forme sauvage de la salade cultivée *(Lactuca sativa)*. • Par fort ensoleillement, les feuilles se redressent pour être parallèles aux rayons du soleil (plante héliotrope).

## *Gnaphalium uliginosum* L. Gnaphale des marais, Cotonnière des fanges

**Famille :** Asteraceae – Astéracées

**Nom :** *Gnaphalium* grec « flocons de laine », « coussin » ; *uliginosum* lat. « marais », « marécage »

**Caractères :** plante annuelle de 5 à 25 cm de haut ; tige densément couverte de poils gris clair à blancs ; feuilles allongées, densément couvertes de poils gris clair à blancs ; capitules de 2 à 3 mm de diamètre, réunis en glomérules compacts, à fleurs jaunâtres ; fruits (akènes) de 0,5 à 0,6 mm de long, munis de soies de 1 à 1,5 mm de long

**Reproduction :** floraison de juillet à septembre ; hermaphrodite ; pollinisation par les insectes ; dispersion des graines par le vent et les animaux (fourmis)

**Milieu :** berges, champs humides, chemins d'accès aux cultures

**330 a** Tige et feuilles (au moins dans la partie inférieure) très densément couvertes de poils couchés, gris clair à blancs **331**

**b** Tige et feuilles non velues ou à poils disposés autrement **332**

**331 a** Feuilles les plus grandes situées sur la tige atteignant au plus 4 cm de long, couvertes dessus de poils denses et couchés ▶ ***Gnaphalium uliginosum***

**b** Feuilles les plus grandes situées sur la tige atteignant 7 cm de long, presque dépourvues de poils sur la face supérieure ▶ ***Gnaphalium sylvaticum***

**332 a** Feuilles bien plus longues que larges, atteignant 50 cm de long ▶ ***Tragopogon pratensis***

**b** Feuilles différentes **333**

## *Gnaphalium sylvaticum* L. Gnaphale des bois

**Famille :** Asteraceae – Astéracées

**Nom :** *Gnaphalium* grec « flocons de laine », « coussin » ; *sylvaticum* lat. « forêt »

**Caractères :** 10 à 50 cm de haut ; tige densément couverte de poils gris clair à blancs ; feuilles étroites, densément couvertes de poils gris clair à blancs, surtout sur la face inférieure ; capitules de 5 à 7 mm de diamètre, à fleurs jaunâtres à brunâtres ; fruits (akènes) de 1 à 1,5 mm de long, munis de soies de 3 à 3,5 mm de long

**Reproduction :** floraison de juin à août ; hermaphrodite ; pollinisation par les insectes ; dispersion des graines par le vent

**Milieu :** pâturages, coupes forestières

**Bon à savoir :** la plante fleurie, une fois séchée, est utilisée en infusions dans le traitement des affections provoquant des diarrhées (ex. dysenterie) et des affections hépatiques.

## *Tragopogon pratensis* L. Salsifis des prés

**Famille :** Asteraceae – Astéracées

**Nom :** *Trago-* grec « bouc » ; *-pogon* grec « barbe » ; *pratensis* lat. « pré »

**Caractères :** 30 à 70 cm de haut ; plante entièrement glabre ; feuilles très étroites et longues (comme celles des graminées) ; capitules de 30 à 70 mm de diamètre, à nombreuses fleurs rayonnantes jaunes ; fruits (akènes) de 15 à 25 mm de long, surmontés de longs poils blanc jaunâtre

**Reproduction :** floraison de mai à juillet ; hermaphrodite ; pollinisation par les insectes ; dispersion des graines par le vent

**Milieu :** prairies, bords des chemins

**Bon à savoir :** les fleurs ne s'ouvrent qu'à la mi-journée et par temps ensoleillé. • Les infrutescences refermées forment un pinceau de poils qui rappelle une barbe de bouc, d'où l'étymologie de son nom. • Les racines sont comestibles, tout comme celles de son proche cousin : le Salsifis noir *(Scorzonera hispanica)*.

**333 a** Capitules de 13 mm de diamètre au maximum, dépourvus de fleurs rayonnantes **334**

**b** Capitules d'au moins 10 mm de diamètre, pourvus de fleurs rayonnantes **337** ...

**334 a** Fleurs jaune blanchâtre ▶ *Petasites albus* (p. 160)

**b** Fleurs jaunes, jaunâtres ou brunâtre pâle **335**

**335 a** Fleurs jaunes ; capitules très nombreux, rassemblés en grappes denses unilatérales **336**

**b** Fleurs jaunâtres à brunâtre pâle ; capitules disposés différemment ▶ *Inula conyzae*

## *Inula conyzae* (Griess.) Meikle
## Meikle Herbe aux mouches

**Famille :** Asteraceae – Astéracées

**Nom :** *Inula* peut-être d'après l'héroïne grecque Hélène ; *conyzae* peut-être du grec « lente » ou « gale »

**Caractères :** 40 à 100 cm de haut ; feuilles ovales à allongées, en général finement dentées au bord ; capitules de 5 à 10 mm de diamètre, sans fleurs en languette, à fleurs jaunâtres, rougeâtres ou brunâtre pâle ; fruits (akènes) d'environ 2 mm de long, surmontés de poils de 5 à 7 mm de long

**Reproduction :** floraison de juillet à octobre ; hermaphrodite ; pollinisation par les insectes ; dispersion des graines par le vent

**Milieu :** fourrés, forêts claires, lisières

## *Solidago canadensis* L.
## Solidage du Canada, Gerbe-d'or

**Famille :** Asteraceae – Astéracées

**Nom :** *Solid-* lat. « solide », « agréger » ; *-ago* terminaison latine fréquente (suffixe) des noms de plantes ; *canadensis* lat. « canadien »

**Caractères :** 50 à 200 cm de haut ; feuilles allongées, dentées au bord ; capitules de 3 à 5 mm de diamètre, très nombreux, groupés en grappes denses unilatérales formant une inflorescence ramifiée au sommet de la tige ; fleurs jaunes ; fruits (akènes) de 0,5 à 1 mm de long, surmontés de poils blancs de 2 à 3 mm de long

**Reproduction :** floraison d'août à octobre ; hermaphrodite ; pollinisation par les insectes ; dispersion des graines par le vent

**Milieu :** fourrés rivulaires, talus, clairières forestières, lieux incultes

**Bon à savoir :** jeune, la plante entière peut être cuite et consommée en salades ou comme des asperges. • Originaire d'Amérique du Nord et introduite dès le XVIIe siècle en Angleterre comme plante ornementale. L'espèce se répand rapidement par le développement de longs rhizomes

**336 a** Tige munie de poils courts, au moins dans sa partie supérieure, entièrement verte ; dessous des feuilles en général densément couvert de poils courts ▶ *Solidago canadensis*

**b** Tige velue uniquement au niveau de l'inflorescence, souvent rougeâtre en bas ; feuilles portant des poils courts tout au plus sur leur marge ▶ *Solidago gigantea*

**337 a** Tige avec 3 feuilles au maximum **338**

**b** Tige avec plus de 3 feuilles **340**

souterrains, et de nouvelles plantes peuvent se développer à partir de simples fragments racinaires. Dans les peuplements denses, le développement d'autres espèces végétales et très compromis. Moyens de lutte : couper les inflorescences après la floraison, arracher les plantes avec leur système racinaire complet ; pour les peuplements denses, faucher deux fois par an plusieurs années de suite, puis disposer les résidus de coupe ou d'arrachage à la déchetterie (ne pas composter !).

## *Solidago gigantea* Aiton **Solidage tardif**

**Famille :** Asteraceae – Astéracées

**Nom :** *Solid-* lat. « solide », « agréger » ; *-ago* terminaison latine fréquente (suffixe) des noms de plantes ; *gigantea* lat. « géant »

**Caractères :** 50 à 200 cm de haut ; feuilles allongées, dentées au bord ; capitules de 4 à 8 mm de diamètre, très nombreux, groupés en grappes denses unilatérales formant une inflorescence ramifiée au sommet de la tige ; fleurs jaunes ; fruits (akènes) d'environ 1 mm de long, surmontés de poils blancs de 3 à 4 mm de long

**Reproduction :** floraison d'août à octobre ; hermaphrodite ; pollinisation par les insectes ; dispersion des graines par le vent

**Milieu :** fourrés rivulaires, talus, clairières forestières, lieux incultes

**Bon à savoir :** jeune, la plante entière peut être cuite et consommée en salades ou comme des asperges. • Originaire d'Amérique du Nord et introduite en Europe au XVIII^e^ siècle. L'espèce se répand rapidement par le développement de longs rhizomes souterrains, et de nouvelles plantes peuvent se développer à partir de simples fragments racinaires. Dans les peuplements denses, le développement d'autres espèces végétales est très compromis. Moyens de lutte : couper les inflorescences après la floraison, arracher les plantes avec leur système racinaire complet ; pour les peuplements denses, faucher deux fois par an plusieurs années de suite, puis disposer les résidus de coupe ou d'arrachage à la déchetterie (ne pas composter !).

**338 a** Feuilles dentées au bord ▶ ***Hieracium murorum***
**b** Feuilles non dentées (ou presque) **339**

**339 a** Fleurs jaune pâle ; tiges dépourvues de poils ou presque ▶ ***Hieracium lactucella***
**b** Fleurs jaune orangé ; tiges munies de longs poils sombres ▶ ***Hieracium aurantiacum***

**340 a** Capitules possédant au maximum 18 fleurs rayonnantes **341**
**b** Capitules possédant plus de 18 fleurs rayonnantes **345**

## *Hieracium murorum* L. **Épervière des murs**

**Famille :** Asteraceae – Astéracées

**Nom :** *Hieracium* grec « faucon », « autour » ; *murorum* lat. « mur »

**Caractères :** 20 à 60 cm de haut ; tiges portant généralement une feuille unique ; feuilles de la base ovales, peu dentées au bord ; capitules de 20 à 35 mm de diamètre, composés de nombreuses fleurs rayonnantes jaunes ; fruits (akènes) de 3 à 4 mm de long, noirs, à poils blanc jaunâtre

**Reproduction :** floraison de mai à septembre ; hermaphrodite ; pollinisation par les insectes ; dispersion des graines par le vent

**Milieu :** prairies ombragées, forêts, lisières, murs

**Bon à savoir :** chez les Épervières *(Hieracium)*, les graines sont produites sans fécondation (agamospermie), ce qui signifie que toute modification des caractères, issue d'une mutation génétique, peut se perpétuer de manière constante au fil des générations. À cause de ce phénomène, il existe de nombreuses formes légèrement différentes, difficiles à distinguer les unes des autres. • Les fleurs de l'Épervière des murs se ferment la nuit et par temps couvert, la partie externe des pétales se déformant alors plus rapidement que leur partie interne sous l'effet d'une différence de pression osmotique à l'intérieur des cellules.

## *Hieracium lactucella* Wallr. **Piloselle auricule**

**Famille :** Asteraceae – Astéracées

**Nom :** *Hieracium* grec « faucon », « autour » ; *lactucella* lat. « petite laitue » *(Lactuca)*

**Caractères :** plante de 5 à 30 cm de haut, émettant de longs stolons feuillés ; tiges portant généralement une seule feuille en bas ; feuilles de la base allongées, glauques, munies en général de poils atteignant 4 mm de long ; capitules de 17 à 28 mm de diamètre, composés de nombreuses fleurs rayonnantes jaune clair ; fruits (akènes) de 1,5 à 2,5 mm de long, noirs, à poils blanc jaunâtre

**Reproduction :** floraison de mai à octobre ; hermaphrodite ; pollinisation par les insectes ; dispersion des graines par le vent

**Milieu :** marécages, prairies, pâturages

**Bon à savoir :** pour les généralités concernant les Épervières *(Hieracium)*, voir l'Épervière des murs (ci-dessus).

**341 a** Feuilles larges de 8 mm au maximum ▶ *Senecio inaequidens*
**b** Feuilles en général nettement plus larges 342

**342 a** Capitules, fleurs rayonnantes incluses, atteignant au maximum 15 mm de diamètre 343
**b** Capitules de plus de 20 mm de diamètre 344

## *Hieracium aurantiacum* Wallr. Piloselle orangée

**Famille :** Asteraceae – Astéracées

**Nom :** *Hieracium* grec « faucon », « autour » ; *aurantiacum* lat. « rouge-orange »

**Caractères :** 20 à 60 cm de haut ; tiges munies de poils sombres longs de 2 à 7 mm, et de 1 à 3 feuilles ; feuilles allongées, à poils de 1 à 3 mm de long ; capitules de 20 à 30 mm de diamètre, composés de nombreuses fleurs rayonnantes jaune orangé à brun-rouge ; fruits (akènes) de 1,5 à 2,5 mm de long, noirs, à poils blanc jaunâtre

**Reproduction :** floraison de juin à août ; hermaphrodite ; pollinisation par les insectes ; dispersion des graines par le vent

**Milieu :** prairies, pâturages ; également échappée des jardins

**Bon à savoir :** pour les généralités concernant les Épervières (*Hieracium*), voir l'Épervière des murs (p. 132).

## *Senecio inaequidens* DC. Séneçon du Cap

**Famille :** Asteraceae – Astéracées

**Nom :** *Senecio* lat. « vieillard » ; *inaequi-* lat. « inégal » ; *-dens* lat. « dent »

**Caractères :** plante bisannuelle de 30 à 100 cm de haut ; feuilles très étroites, de 2 à 7 cm de long et 1 à 5 mm de large, généralement non dentées au bord, souvent enroulées par-dessous ; capitules de 10 à 25 mm de diamètre, à 10 à 15 fleurs jaunes rayonnantes périphériques ; fruits (akènes) d'environ 3 mm de long, surmontés de poils blancs d'environ 5 mm

**Reproduction :** floraison d'août à octobre ; hermaphrodite ; pollinisation par les insectes ; dispersion des graines par le vent

**Milieu :** talus, lieux incultes, bords des chemins, friches ferroviaires

**Bon à savoir :** toxique. • L'espèce se répand très rapidement grâce à sa forte production de graines. • Originaire d'Afrique du Sud et introduite accidentellement en Europe à la fin du XIXe siècle dans de la laine de mouton. Forme des peuplements très étendus le long des autoroutes et dans les friches ferroviaires. Moyens de lutte : arracher les plantes avant la fructification, faucher les peuplements denses, puis disposer tous les résidus de coupe à la déchetterie (ne pas composter !).

**343 a** Feuilles du bas découpées ; fleurs d'un jaune plutôt clair ▶ *Lapsana communis* (p. 143)
**b** Feuilles du bas non découpées ; fleurs plutôt jaune d'or ▶ *Solidago virgaurea*

**344 a** Feuilles régulièrement dentées au bord ; dents orientées vers le sommet des feuilles ▶ *Senecio ovatus*
**b** Feuilles irrégulièrement dentées au bord ; dents diversement orientées ▶ *Senecio vernalis* (p. 139)

## *Solidago virgaurea* L. Solidage verge-d'or

**Famille :** Asteraceae – Astéracées

**Nom :** *Solid-* lat. « solide », « agréger » ; *-ago* terminaison latine fréquente (suffixe) des noms de plantes ; *virg-* lat. « baguette », « rameau », « badine » ; *-aurea* lat. « doré »

**Caractères :** 20 à 120 cm de haut ; feuilles ovales à allongées, généralement dentées au bord ; capitules de 10 à 15 mm de diamètre, à 5 à 12 fleurs jaunes rayonnantes périphériques ; fruits (akènes) de 3 à 4 mm de long, surmontés de longs poils d'environ 4 mm

**Reproduction :** floraison d'août à octobre ; hermaphrodite ; pollinisation par les insectes ; dispersion des graines par le vent et les animaux

**Milieu :** pâturages, landes, forêts claires, bords des chemins

**Bon à savoir :** la plante séchée est utilisée en tisanes dans le traitement des reins et de la vessie, ainsi qu'en adjuvant de bains cicatrisants.

## *Senecio ovatus* (P. Gaertn. & al.) Willd. Séneçon de Fuchs

**Famille :** Asteraceae – Astéracées

**Nom :** *Senecio* lat. « vieillard » ; *ovatus* lat. « ovale »

**Caractères :** 50 à 150 cm de haut ; feuilles allongées, régulièrement dentées au bord ; capitules de 25 à 30 mm de diamètre, à 3 à 8 fleurs jaunes en languette périphériques ; fruits (akènes) d'environ 4 mm de long, surmontés de poils d'environ 10 à 12 mm

**Reproduction :** floraison de juillet à septembre ; hermaphrodite ; pollinisation par les insectes ; dispersion des graines par le vent

**Milieu :** fourrés, forêts claires, coupes forestières

**Bon à savoir :** toxique.

**345 a** Tiges ramifiées, à plusieurs capitules **346**

**b** Tiges non ramifiées, portant un capitule unique ▶ *Tussilago farfara*

**346 a** Feuilles les plus grandes à 2 oreillettes aiguës embrassant la tige ▶ *Crepis paludosa* ...

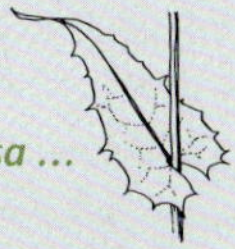

**b** Feuilles sans oreillettes **347**

## *Tussilago farfara* L. Pas-d'âne

**Famille :** Asteraceae – Astéracées

**Nom :** *Tussil-* lat. « tousser » ; *-ago* terminaison latine fréquente des noms de plantes ; *far-* peut-être du lat. « farine » ; *-fara* peut-être du lat. « qui porte » (dessous des feuilles)

**Caractères :** 5 à 30 cm de haut ; feuilles appliquées sur la tige ressemblant à des écailles, feuilles de la base se développant après la floraison, en forme de cœur, atteignant 25 cm de long, couvertes dessous de poils gris à blancs, bordées de dents à pointe noire ; capitules de 20 à 30 mm de diamètre, avec de nombreuses fleurs jaunes rayonnantes ; fruits (akènes) de 3 à 5 mm de long, surmontés de poils blancs d'environ 10 mm

**Reproduction :** floraison de mars à mai ; monoïque ; pollinisation par les insectes ; dispersion des graines par le vent

**Milieu :** talus marneux, glissements de terrain, friches, gravières

**Bon à savoir :** toute la plante est toxique et peut provoquer des cancers et des insuffisances hépatiques. • L'infusion de feuilles séchées peut être utilisée en adjuvant de bains cicatrisants. • Les jeunes pousses avec leurs capitules encore fermés peuvent être consommées crues, cuites ou frites, mais seulement en faible quantité compte tenu de leur toxicité potentielle. Cuites, les jeunes feuilles sont savoureuses.

## *Crepis paludosa* (L.) Moench Crépide des marais

**Famille :** Asteraceae – Astéracées

**Nom :** *Crepis* grec « escarpin », « soutien » ; *paludosa* lat. « marais »

**Caractères :** 20 à 120 cm de haut ; feuilles ovales à allongées, dentées au bord ou découpées ; capitules de 25 à 35 mm de diamètre, avec de nombreuses fleurs jaunes rayonnantes ; fruits (akènes) de 4,5 à 5,5 mm de long, surmontés de poils blanc jaunâtre de 6 à 7 mm

**Reproduction :** floraison de mai à juillet ; hermaphrodite ; pollinisation par les insectes ; dispersion des graines par le vent et les animaux

**Milieu :** marais, prairies humides

**347 a** Présence de feuilles vertes à la base de la tige **348**
**b** Pas de feuilles vertes à la base de la tige **349**

**348 a** Feuilles hérissées de poils raides (comme du papier de verre au toucher) ▶ ***Picris hieracioides***
**b** Feuilles à peine velues ▶ ***Hieracium lachenalii***

## *Picris hieracioides* L. Picride fausse épervière

**Famille :** Asteraceae – Astéracées

**Nom :** *Picris* grec « amer » ; *hieraci-* épervière *(Hieracium)* ; *-oides* grec « comme »

**Caractères :** 30 à 90 cm de haut ; feuilles ovales à allongées, légèrement dentées au bord ; capitules de 30 à 45 mm de diamètre, avec de nombreuses fleurs jaunes rayonnantes ; fruits (akènes) de 2,5 à 5 mm de long, surmontés de poils blancs d'environ 5 mm

**Reproduction :** floraison de juillet à octobre ; hermaphrodite ; pollinisation par les insectes ; dispersion des graines par le vent et les animaux

**Milieu :** prairies, décombres, bords des chemins

## *Hieracium lachenalii* C. C. Gmel. Épervière vulgaire

**Famille :** Asteraceae – Astéracées

**Nom :** *Hieracium* grec « faucon », « autour » ; *lachenalii* d'après Werner de Lachenal, botaniste suisse (1736-1800)

**Caractères :** 20 à 60 cm de haut ; tiges portant au minimum 3 feuilles ; feuilles inférieures ovales, bordées de peu de dents ; capitules de 20 à 35 mm de diamètre, à nombreuses fleurs jaunes rayonnantes ; fruits (akènes) de 3 à 4 mm de long, noirs, surmontés de poils blanc jaunâtre

**Reproduction :** floraison de mai à septembre ; hermaphrodite ; pollinisation par les insectes ; dispersion des graines par le vent

**Milieu :** pelouses, forêts, lisières

**Bon à savoir :** généralités concernant les Épervières *(Hieracium)*, voir l'Épervière des murs (p. 132).

**349 a** Feuilles les plus grandes étroites, non dentées ou à dents isolées ▶ *Hieracium umbellatum*

**b** Feuilles les plus grandes ovales à allongées, dentées au bord 350

**350 a** Tiges à poils rudes, densément feuillées ▶ *Hieracium sabaudum*

**b** Tiges à peine velues, à feuilles espacées ▶ *Hieracium laevigatum* (p. 138)

## *Hieracium umbellatum* L.
## Épervière en ombelle, Accipitrine

**Famille :** Asteraceae – Astéracées

**Nom :** *Hieracium* grec « faucon », « autour » ; *umbellatum* lat. « en ombelle »

**Caractères :** 20 à 120 cm de haut ; feuilles allongées, étroites, généralement bordées de peu de dents ; capitules de 18 à 30 mm de diamètre, avec de nombreuses fleurs jaunes rayonnantes ; fruits (akènes) de 2,5 à 3 mm de long, noirs, surmontés de poils blanc jaunâtre

**Reproduction :** floraison d'août à octobre ; hermaphrodite ; pollinisation par les insectes ; dispersion des graines par le vent et les animaux

**Milieu :** landes, fourrés, forêts claires, lisières

**Bon à savoir :** généralités concernant les épervières *(Hieracium)*, voir l'Épervière des murs (p. 132).

## *Hieracium sabaudum* L. Épervière de Savoie

**Famille :** Asteraceae – Astéracées

**Nom :** *Hieracium* grec « faucon », « autour » ; *sabaudum* lat. « savoyard »

**Caractères :** 20 à 120 cm de haut ; tiges hérissées de poils rudes ; feuilles ovales à allongées, dentées au bord ; capitules de 18 à 30 mm de diamètre, avec de nombreuses fleurs jaunes rayonnantes ; fruits (akènes) de 2,5 à 3 mm de long, noirs, surmontés de poils blanc jaunâtre

**Reproduction :** floraison d'août à octobre ; hermaphrodite ; pollinisation par les insectes ; dispersion des graines par le vent

**Milieu :** fourrés, forêts claires, lisières

**Bon à savoir :** généralités concernant les épervières *(Hieracium)*, voir l'Épervière des murs (p. 132).

**351 a** Plante entièrement couverte de poils gris argenté ▶ ***Artemisia absinthium***
**b** Plante majoritairement verte **352**

**352 a** Dessous des feuilles gris clair à blanc ▶ ***Artemisia vulgaris*** (p. 148)
**b** Dessous des feuilles d'une autre couleur **353**

**353 a** Capitules, fleurs rayonnantes incluses, d'au moins 15 mm de diamètre **354**
**b** Capitules de 15 mm de diamètre au maximum **357**

## *Hieracium laevigatum* Willd. Épervière lisse

**Famille :** Asteraceae – Astéracées

**Nom :** *Hieracium* grec « faucon », « autour » ; *laevigatum* lat. « lisse »

**Caractères :** 30 à 120 cm de haut ; feuilles ovales à allongées, bordées de dents peu nombreuses mais acérées ; capitules de 20 à 35 mm de diamètre, avec de nombreuses fleurs jaunes rayonnantes ; fruits (akènes) de 2,5 à 4 mm de long, noirs, surmontés de poils blanc jaunâtre

**Reproduction :** floraison de juin à août ; hermaphrodite ; pollinisation par les insectes ; dispersion des graines par le vent

**Milieu :** pelouses, landes, forêts claires, lisières

**Bon à savoir :** généralités concernant les épervières (*Hieracium*), voir l'Épervière des murs (p. 132).

## *Artemisia absinthium* L. Absinthe

**Famille :** Asteraceae – Astéracées

**Nom :** *Artemisia* d'après la déesse grecque Artémis ; *absinthium* nom grec donné à cette espèce

**Caractères :** 30 à 80 cm de haut ; plante entièrement couverte de poils gris argenté, fortement odorante ; feuilles profondément découpées en lobes fins ; très nombreux capitules de 3 à 4 mm de diamètre, disposés en une longue inflorescence rameuse, composés de fleurs jaunes ; fruits (akènes) de 0,8 à 2 mm de long

**Reproduction :** floraison de juillet à août ; hermaphrodite ; pollinisation par les insectes ; dispersion des graines par le vent et les animaux (ex. Chardonneret élégant)

**Milieu :** talus pierreux, champs, lieux incultes, bords des chemins

**Bon à savoir :** à la floraison, les parties sommitales des tiges et les feuilles séchées sont utilisées en infusion pour réguler l'appétit et en cas de perturbation du transit intestinal.
• L'absinthe, ou « fée verte », boisson alcoolisée fabriquée avec un mélange d'Absinthe et d'autres plantes aromatiques, interdite durant des décennies, peut à nouveau être achetée

**354 a** Capitules avec moins de 15 fleurs rayonnantes 355

**b** Capitules à plus de 15 fleurs rayonnantes 356

**355 a** Capitules ne dépassant pas 25 mm de diamètre ; fleurs rayonnantes longues de 12 mm env.

▶ *Senecio jacobaea*

**b** Capitules d'un diamètre de 20 à 30 mm ; fleurs rayonnantes longues de 8 à 12 mm

▶ *Senecio vernalis*

dans certains pays (dont la Suisse) depuis quelques années, car il a été démontré que les nouveaux produits sont moins riches en thuyone, substance nocive pour l'organisme, que ce que l'on pensait autrefois.

## *Senecio jacobaea* L. Séneçon jacobée

**Famille :** Asteraceae – Astéracées

**Nom :** *Senecio* lat. « vieillard » ; *jacobaea* lat. d'après l'apôtre Jacques l'Ancien, fils de Zébédée

**Caractères :** plante haute de 30 à 100 cm ; feuilles découpées plus ou moins profondément, à marge dentée ; capitules d'un diamètre de 15 à 25 mm, à 11 à 15 fleurs jaunes rayonnantes, longues de 12 mm environ ; fruits (akènes) de 2 mm de long environ, surmontés de poils blancs longs de 4 à 5 mm

**Reproduction :** floraison de juin à août ; hermaphrodite ; pollinisation par les insectes ; dispersion des graines par le vent

**Milieu :** prairies, pâturages, fourrés, lisières, bords des chemins

**Bon à savoir :** toute la plante est toxique, particulièrement pour les animaux (bétail notamment), et cette toxicité persiste dans le foin séché ou dans le fourrage ensilé.

## *Senecio vernalis* Waldst. et Kit. Séneçon printanier

**Famille :** Asteraceae – Astéracées

**Nom :** *Senecio* lat. « vieillard » ; *vernalis* lat. « printemps »

**Caractères :** plante annuelle ou bisannuelle, haute de 10 à 60 cm ; feuilles découpées plus ou moins profondément, à marge dentée ; capitules d'un diamètre de 20 à 30 mm, à 11 à 15 fleurs jaunes rayonnantes, longues de 8 à 12 mm ; fruits (akènes) longs de 2 à 4 mm, surmontés de poils blancs longs de 5 à 7 mm

**Reproduction :** floraison de mai à septembre ; hermaphrodite ; pollinisation par les insectes ; dispersion des graines par le vent

**Milieu :** cultures, friches, décombres, bords des chemins

**Bon à savoir :** toxique.

**356 a** Capitules d'un diamètre de 25 à 40 mm ▶ *Crepis biennis*
**b** Capitules d'un diamètre de 15 à 25 mm ▶ *Crepis capillaris*

**357 a** Capitules sans fleurs rayonnantes 358
**b** Capitules avec fleurs rayonnantes 362 ..................................

**358 a** Fleurs vert jaunâtre ▶ *Matricaria discoidea* (p. 141)
**b** Fleurs jaunes 359

## *Crepis biennis* L. Crépide bisannuelle

**Famille :** Asteraceae – Astéracées

**Nom :** *Crepis* grec « escarpin », « soutien » ; *bi-* lat. « deux » ; *-ennis* lat. « année »

**Caractères :** plante bisannuelle, haute de 30 à 120 cm ; feuilles allongées, à marge dentée à découpée ; capitules d'un diamètre de 25 à 40 mm, à nombreuses fleurs rayonnantes jaunes ; fruits (akènes) longs de 4 à 7,5 mm, surmontés de poils blancs longs de 5 à 7 mm

**Reproduction :** floraison de mai à juillet ; hermaphrodite ; pollinisation par les insectes ; dispersion des graines par le vent et les animaux

**Milieu :** prairies

**Bon à savoir :** les jeunes feuilles peuvent être consommées en salades et les jeunes pousses fleuries crues ou cuites comme un légume.

## *Crepis capillaris* Wallr. Crépide à tiges capillaires

**Famille :** Asteraceae – Astéracées

**Nom :** *Crepis* grec « escarpin », « soutien » ; *capillaris* lat. « cheveu »

**Caractères :** plante annuelle ou bisannuelle, haute de 10 à 90 cm ; feuilles allongées à marge dentée ou découpée ; capitules d'un diamètre de 15 à 25 mm, à nombreuses fleurs rayonnantes jaunes ; fruits (akènes) longs de 1,5 à 2,5 mm, surmontés de poils blancs longs de 3 à 4 mm

**Reproduction :** floraison de juin à septembre ; hermaphrodite ; pollinisation par les insectes ; dispersion des graines par le vent

**Milieu :** pelouses, décombres, bords des chemins

**Bon à savoir :** les jeunes feuilles peuvent être consommées en salades et les jeunes pousses fleuries crues ou cuites comme un légume.

**359 a** Capitules en forme de disque, plus larges que longs ▶ *Tanacetum vulgare* (p. 115)
**b** Capitules non discoïdaux, plus longs que larges 360

**360 a** Plus grandes feuilles de la tige découpées jusqu'à la nervure centrale ou presque, de texture normale 361
**b** Plus grandes feuilles de la tige moins profondément découpées, un peu épaisses ▶ *Senecio vulgaris*

## *Matricaria discoidea* DC. Matricaire odorante

**Famille :** Asteraceae – Astéracées

**Nom :** *Matricaria* lat. « matrice » ; *discoidea* lat. « discoïdal »

**Caractères :** plante annuelle, haute de 5 à 40 cm, entièrement glabre, sentant nettement la camomille ; feuilles divisées en segments très fins ; capitules d'un diamètre de 5 à 10 mm, à fleurs non rayonnantes jaune verdâtre ; fruits (akènes) longs de 1 à 1,5 mm

**Reproduction :** floraison de mai à octobre ; hermaphrodite ; pollinisation par les insectes ; dispersion des graines par les animaux (ex. le Serin cini)

**Milieu :** cultures, friches, bords des chemins, talus ferroviaires

**Bon à savoir :** originaire du nord de l'Asie et de l'Amérique du Nord, elle s'est répandue très rapidement en Europe tempérée à partir du milieu du XIXe siècle. • Utilisée comme plante médicinale en Amérique du Nord.

## *Senecio vulgaris* L. Séneçon commun

**Famille :** Asteraceae – Astéracées

**Nom :** *Senecio* lat. « vieillard » ; *vulgaris* lat. « commun »

**Caractères :** plante annuelle ou bisannuelle, haute de 5 à 40 cm ; feuilles allongées, un peu épaisses, dentées ou profondément découpées ; capitules d'un diamètre de 5 à 8 mm, à fleurs jaunes non rayonnantes ; fruits (akènes) longs de 2 à 3 mm, surmontés de poils blancs longs de 5 mm environ

**Reproduction :** floraison de janvier à décembre ; hermaphrodite ; pollinisation par les insectes ; dispersion des graines par le vent

**Milieu :** jardins, cultures, décombres

**Bon à savoir :** toxique. • Avec leurs poils blancs, les capitules fructifiés évoquent une tête de vieillard et ont suggéré divers noms communs de la plante dans plusieurs pays d'Europe.

**361 a** Plante visqueuse, à odeur plutôt désagréable ▶ ***Senecio viscosus***

**b** Plante non visqueuse, inodore ▶ ***Senecio sylvaticus***

## *Senecio viscosus* L. Séneçon visqueux

**Famille :** Asteraceae – Astéracées

**Nom :** *Senecio* lat. « vieillard » ; *viscosus* lat. « collant », « visqueux »

**Caractères :** plante annuelle ou bisannuelle, haute de 15 à 60 cm ; feuilles profondément découpées, un peu collantes, à marge dentée ; capitules d'un diamètre de 8 à 13 mm ; 11 à 15 fleurs jaunes périphériques enroulées vers le bas ; fruits (akènes) longs de 3 à 4 mm, surmontés de poils blancs longs de 7 mm environ

**Reproduction :** floraison de juin à septembre ; hermaphrodite ; pollinisation par les insectes ; dispersion des graines par le vent

**Milieu :** coupes forestières, talus ferroviaires, lieux pierreux

## *Senecio sylvaticus* L. Séneçon des bois

**Famille :** Asteraceae – Astéracées

**Nom :** *Senecio* lat. « vieillard » ; *sylvaticus* lat. « bois »

**Caractères :** plante annuelle ou bisannuelle, haute de 15 à 80 cm ; feuilles profondément découpées, à marge dentée ; capitules d'un diamètre de 4 à 10 mm ; 11 à 15 fleurs jaunes périphériques enroulées vers le bas ; fruits (akènes) longs de 2 à 3 mm, surmontés de poils blancs longs de 5 mm environ

**Reproduction :** floraison de juin à août ; hermaphrodite ; pollinisation par les insectes ; dispersion des graines par le vent

**Milieu :** forêts claires, coupes forestières

**362 a** Capitules en général à 5 fleurs rayonnantes seulement ▶ *Mycelis muralis*

**b** Capitules à 8 à 18 fleurs rayonnantes ▶ *Lapsana communis*

## *Mycelis muralis* (L.) Dumort. **Laitue des murailles**

**Famille :** Asteraceae – Astéracées

**Nom :** *Mycelis* origine incertaine ; *muralis* lat. « mur »

**Caractères :** plante haute de 25 à 100 cm ; feuilles profondément découpées, à marge dentée ; capitules d'un diamètre de 10 à 25 mm, généralement à 5 fleurs rayonnantes jaunes ; fruits (akènes) longs de 3 à 4 mm, surmontés de poils blancs

**Reproduction :** floraison de juillet à septembre ; hermaphrodite ; pollinisation par les insectes ; dispersion des graines par le vent

**Milieu :** fourrés, forêts, coupes forestières, rochers, murs

## *Lapsana communis* L. **Lampsane commune**

**Famille :** Asteraceae – Astéracées

**Nom :** *Lapsana* évent. grec « légume » ; *communis* lat. « commun »

**Caractères :** plante haute de 15 à 120 cm ; feuilles inférieures divisées en segments inégaux, les supérieures entières, ovales à allongées, à marge pourvue de quelques dents ; capitules d'un diamètre de 10 à 15 mm, avec 8 à 18 fleurs rayonnantes jaune pâle ; fruits (akènes) longs de 3 à 4 mm, bruns

**Reproduction :** floraison de juin à octobre ; hermaphrodite ; pollinisation par les insectes ; dispersion des graines par le vent

**Milieu :** coupes forestières, jardins, champs, décombres, bords des chemins

**Bon à savoir :** par temps ensoleillé, les fleurs ne s'ouvrent que le matin. • Les jeunes feuilles peuvent être consommées crues en salades ou cuites comme des épinards.

**363 a** Tige glabre, creuse, à parois minces, aisément compressible ▶ *Taraxacum officinale*
**b** Tige différente 364

**364 a** Marge des feuilles dentée 365
**b** Marge des feuilles non ou à peine dentée 367

## *Taraxacum officinale* Weber **Pissenlit**

**Famille :** Asteraceae – Astéracées

**Nom :** *Taraxacum* origine incertaine, probab. arabe « origine » ; *officinalis* lat. « médicinal »

**Caractères :** plante haute de 5 à 40 cm ; tige glabre, creuse, à parois minces, aisément compressible ; feuilles de la base allongées, à marge lobée ou dentée ; capitules d'un diamètre de 25 à 50 mm, à nombreuses fleurs rayonnantes jaunes ; fruits longs de 3 à 4 mm de long, brun pâle, à poils blancs

**Reproduction :** floraison d'avril à septembre ; hermaphrodite ; pollinisation par le vent et les insectes ; dispersion des graines par le vent et les animaux (ex. Chardonneret élégant, Serin cini)

**Milieu :** prairies, pâturages, pelouses, champs, décombres, bords des chemins

**Bon à savoir :** les graines sont souvent formées sans qu'il y ait eu de reproduction sexuée (agamospermie). Ce phénomène explique que des caractères générés par des mutations génétiques puissent se maintenir inchangés tout au long des générations. Il en résulte une multitude de formes (microespèces) différant à peine les unes des autres et de détermination difficile. Ainsi, en France seulement, plus de 150 de ces microespèces sont aujourd'hui connues. • Les fleurs se ferment le soir et en l'absence de soleil, par un mécanisme de pression osmotique différente entre les cellules de la face interne des pétales et celles de leur face externe. • Le pollen est très allergisant (rhume des foins). • Les jeunes feuilles ont un goût un peu amer et peuvent être mangées en salades ou cuites sous forme de légume. Les boutons floraux non épanouis peuvent en outre être mis en conserve et apprêtés de différentes manières.

**365 a** Dents obtuses ; feuilles verruqueuses ; tige souple, vert glauque ▶ *Hypochaeris radicata*

**b** Dents aiguës ; feuilles lisses ; tige vert franc **366**

**366 a** Feuilles et tige velues ; habituellement un seul capitule par tige ▶ *Leontodon hispidus*

**b** Feuilles et tige (quasiment) glabres ; tige généralement ramifiée, à plusieurs capitules ▶ *Leontodon autumnalis* (p. 146)

## *Hypochaeris radicata* L. Porcelle enracinée

**Famille :** Asteraceae – Astéracées

**Nom :** *Hypo-* grec « en bas », « dessous » ; *-chaeris* grec « porcelet » ; *radicata* lat. « produisant une racine »

**Caractères :** plante haute de 20 à 60 cm ; tige élancée, vert glauque ; feuilles de la base appliquées contre le sol, ovales à allongées, verruqueuses, à marge dentée ou lobée ; capitules d'un diamètre de 25 à 40 mm, à nombreuses fleurs rayonnantes jaunes ; fruits (akènes) longs de 13 à 16 mm, surmontés de poils blanc crème longs de 10 mm env.

**Reproduction :** floraison de juin à octobre ; hermaphrodite ; pollinisation par les insectes ; dispersion des graines par le vent

**Milieu :** prairies, pâturages, pelouses

**Bon à savoir :** les jeunes feuilles peuvent être consommées en salades et les boutons floraux non épanouis peuvent en outre être mis en conserve et apprêtés de différentes manières.

## *Leontodon hispidus* L. Liondent hispide

**Famille :** Asteraceae – Astéracées

**Nom :** *Leont-* grec « lion » ; *-odon* grec « dent » ; *hispidus* lat. « à poils raides », « hirsute »

**Caractères :** plante haute de 10 à 60 cm ; tige habituellement non ramifiée et nue, ou tout au plus avec 3 petites feuilles écailleuses ; feuilles de la base allongées, à marge dentée ou découpée ; capitules d'un diamètre de 25 à 40 mm, à nombreuses fleurs rayonnantes jaunes ; fruits (akènes) longs de 4 à 8 mm, surmontés de poils blanc crème

**Reproduction :** floraison de juin à août ; hermaphrodite ; pollinisation par les insectes ; dispersion des graines par le vent

**Milieu :** prairies, pâturages

**Bon à savoir :** les jeunes feuilles ont un goût un peu amer et peuvent être mangées crues en salades ou cuites sous forme de légume. Les boutons floraux non épanouis peuvent en outre être mis en conserve et apprêtés de différentes manières.

**367 a** Dessous des feuilles gris pâle ou blanc ; un seul capitule par tige ▶ *Hieracium pilosella*

**b** Dessous des feuilles vert glauque ; 2 capitules ou plus par tige ▶ *Hieracium lactucella* (p. 132)

**368 a** Feuilles épineuses **307▶** (p. 121)

**b** Feuilles non épineuses **369▶**

## *Leontodon autumnalis* L., *Scorzoneroides autumnalis* (L.) Moench **Liondent d'automne**

**Famille :** Asteraceae – Astéracées

**Nom :** Leont- grec « lion » ; -odon grec « dent » ; scorzoner- « scorzonère » (Scorzonera) ; -oides grec « comme » ; autumnalis lat. « automne »

**Caractères :** plante haute de 15 à 50 cm ; tige normalement ramifiée, à plusieurs petites écailles ; feuilles de la base allongées, à marge découpée ou dentée ; capitules d'un diamètre de 25 à 35 mm, à nombreuses fleurs rayonnantes jaunes ; fruits (akènes) longs de 3 à 6 mm, surmontés de poils blanc crème

**Reproduction :** floraison de juillet à septembre ; hermaphrodite ; pollinisation par les insectes ; dispersion des graines par le vent et les animaux

**Milieu :** prairies, pâturages, pelouses, bords des chemins

**Bon à savoir :** les jeunes feuilles ont un goût un peu amer et peuvent être mangées crues en salades ou cuites sous forme de légume. Les boutons floraux non épanouis peuvent en outre être mis en conserve et apprêtés de différentes manières.

## *Hieracium pilosella* L. **Piloselle**

**Famille :** Asteraceae – Astéracées

**Nom :** *Hieracium* grec « faucon », « autour » ; *pilosella* lat. « velu »

**Caractères :** plante haute de 5 à 30 cm ; présence de longs stolons feuillés ; tige nue ; feuilles de la base allongées, à poils longs de 3 à 7 mm, densément couvertes en dessous d'un duvet gris pâle ou blanc ; capitules d'un diamètre de 20 à 30 mm, à nombreuses fleurs rayonnantes jaune pâle ; fruits (akènes) longs de 1,5 à 2,5 mm, noirs, surmontés de poils banc crème

**Reproduction :** floraison de mai à octobre ; hermaphrodite ; pollinisation par les insectes ; dispersion des graines par le vent

**369 a** Feuilles opposées, c.-à-d. insérées deux par deux en vis-à-vis à même hauteur sur la tige **386** (p. 154) ............................................................

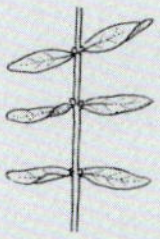

**b** Feuilles alternes, c.-à-d. non insérées en vis-à-vis **370** ............

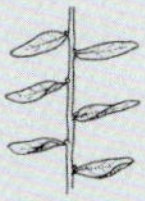

**370 a** Dessous des feuilles gris pâle ou blanc **371**

**b** Dessous des feuilles vert **372**

**371 a** Marge des feuilles supérieures non dentée, souvent enroulée en dessous ▶ ***Artemisia verlotiorum***

**b** Marge des feuilles supérieures dentée, plane ▶ ***Artemisia vulgaris*** (p. 148)

**Milieu :** prairies, pâturages, pelouses, rochers

**Bon à savoir :** pour les généralités sur les épervières *(Hieracium)*, voir Épervière des murs (p. 132)

## *Artemisia verlotiorum* Lamotte **Armoise de Chine**

**Famille :** Asteraceae – Astéracées

**Nom :** *Artemisia* d'après la déesse grecque Artémis ; *verlotiorum* d'après Pierre-Bernard-Lazare Verlot, botaniste français (1836-1897) et Jean-Baptiste Verlot, fleuriste français (1816-1891)

**Caractères :** plante haute de 30 à 200 cm, entièrement odorante ; feuilles profondément découpées en segments individuels, densément couvertes en dessous d'un duvet blanchâtre ou gris, les supérieures non dentées, à marge souvent enroulée vers le bas ; capitules d'un diamètre de 2 à 4 mm, très nombreux, disposés en longue inflorescence rameuse, à fleurs individuelles brun rougeâtre ; fruits (akènes) longs de 0,8 à 2 mm

**Reproduction :** floraison de septembre à novembre ; hermaphrodite ; pollinisation par le vent ; dispersion des graines par le vent et les animaux

**Milieu :** berges, friches, décombres, bords des chemins, talus ferroviaires

**Bon à savoir :** espèce originaire de Chine, introduite accidentellement en Europe ; la plante se répand rapidement grâce à ses rejets souterrains (rhizomes) et peut se propager à partir d'un seul court fragment de ces rhizomes. Ses peuplements denses peuvent inhiber le développement des autres espèces. Moyens de lutte : faucher plusieurs fois par an sur plusieurs années consécutives, évacuer les produits en déchetterie (ne pas composter !).

**372 a** Petites feuilles des capitules (bractées) terminées en crochet **373** ....................

**b** Bractées non terminées en crochet **375**

**373 a** Capitules à bractées reliées par des filaments aranéeux entre les crochets ▶ ***Arctium tomentosum***

**b** Bractées sans ou avec seulement quelques filaments **374**

## *Artemisia vulgaris* L. Armoise commune

**Famille :** Asteraceae – Astéracées

**Nom :** *Artemisia* d'après la déesse grecque Artémis ; *vulgaris* lat. « commun »

**Caractères :** plante haute de 30 à 150 cm, entièrement odorante ; feuilles profondément découpées en segments individuels, densément couvertes en dessous d'un duvet blanc ou gris, les supérieures dentées ; capitules d'un diamètre de 2 à 4 mm, très nombreux, disposés en longue inflorescence rameuse, à fleurs individuelles jaunâtres ou brun rougeâtre ; fruits (akènes) longs de 0,8 à 2 mm

**Reproduction :** floraison de juillet à septembre ; hermaphrodite ; pollinisation par le vent ; dispersion des graines par le vent et les animaux (ex : Serin cini)

**Milieu :** berges, décombres, bords des chemins

**Bon à savoir :** le pollen est très allergisant (rhume des foins). • Les sommités fleuries et les feuilles séchées fournissent une infusion efficace en cas de perte d'appétit et de troubles digestifs. • Les jeunes feuilles peuvent être hachées pour agrémenter des salades ou du fromage frais, ou être séchées pour servir de condiment.

## *Arctium tomentosum* Mill. Bardane tomenteuse

**Famille :** Asteraceae – Astéracées

**Nom :** *Arctium* évent. du grec « ours » ; *tomentosum* lat. « feutré », « rembourré »

**Caractères :** plante bisannuelle, haute de 50 à 120 cm ; feuilles ovales ou en cœur, atteignant 40 cm de long (sans le pétiole), à marge avec quelques dents ; capitules d'un diamètre de 15 à 30 mm, à bractées reliées par des filaments aranéeux, à nombreuses fleurs pourprées ; fruits (akènes) longs de 5 à 5,5 mm, à soies jaunâtres longues de 1 à 3 mm

**Reproduction :** floraison de juillet à septembre ; hermaphrodite ; pollinisation par les insectes ; dispersion des graines par les animaux

**Milieu :** berges, décombres, bords des chemins

**Bon à savoir :** pour les généralités sur les bardanes *(Arctium)*, voir la Bardane à petites têtes (p. 149).

**374 a** Capitules épanouis d'un diamètre de 25 mm au maximum ▶ *Arctium minus*

**b** Capitules épanouis d'un diamètre de 30 mm au moins ▶ *Arctium lappa*

**375 a** Pas plus de 3 feuilles par tige ▶ *Hieracium aurantiacum* (p. 133)

**b** En principe plus de 3 feuilles par tige 376

## *Arctium minus* Bernh.
## Bardane à petites têtes, Petite Bardane

**Famille :** Asteraceae – Astéracées

**Nom :** *Arctium* évent. du grec « ours » ; *minus* lat. « petit »

**Caractères :** plante bisannuelle, haute de 50 à 120 cm ; feuilles ovales ou en cœur, atteignant 60 cm de long (sans le pétiole), à marge présentant quelques dents ; capitules d'un diamètre de 15 à 25 mm, à nombreuses fleurs pourprées ; fruits (akènes) longs de 5 à 6 mm, à soies jaunâtres longues de 1 à 3 mm

**Reproduction :** floraison de juillet à septembre ; hermaphrodite ; pollinisation par les insectes ; dispersion des graines par les animaux

**Milieu :** décombres, bords des chemins

**Bon à savoir :** grâce à leurs bractées en hameçon, les capitules s'accrochent à la fourrure des animaux (et aux vêtements) et, une fois mûrs, tombent au sol en se désarticulant. • La racine fraîche ou séchée est utilisée en infusion contre les troubles légers de la vésicule biliaire et pour ses propriétés faiblement sudorifiques ; on peut aussi en faire une huile de massage ou de bain pour atténuer les douleurs des rhumatismes musculaires et articulaires, et pour combattre les pellicules ou la chute des cheveux. • Les jeunes parties de la plante peuvent être cuites et préparées de multiples façons ; elles ont une saveur d'artichaut.

## *Arctium lappa* L.
## Bardane commune, Grande Bardane

**Famille :** Asteraceae – Astéracées

**Nom :** *Arctium* évent. du grec « ours » ; *lappa* lat. nom de cette espèce

**Caractères :** plante bisannuelle, haute de 60 à 150 cm ; feuilles ovales ou en cœur, atteignant 50 cm de long (sans le pétiole), à marge munie de quelques dents ; capitules d'un diamètre de 30 à 45 mm, à nombreuses fleurs pourprées ; fruits (akènes) longs de 6 à 8 mm, à soies jaunâtres longues de 1 à 3 mm

**Reproduction :** floraison de juillet à septembre ; hermaphrodite ; pollinisation par les insectes ; dispersion des graines par les animaux

**Milieu :** berges, décombres, bords des chemins

**Bon à savoir :** pour les généralités sur les bardanes *(Arctium)* voir la Bardane à petites têtes (ci-dessus).

**376 a** Capitules ne dépassant pas 25 mm de diamètre (avec les fleurs rayonnantes) **377**
**b** Capitules dépassant 25 mm de diamètre **382**

**377 a** Feuilles découpées en segments très étroits ▶ ***Achillea millefolium*** (p. 115)
**b** Feuilles non découpées ; feuilles à marge dentée, au moins en partie **378**

**378 a** Floraison entre mars et avril ▶ ***Petasites hybridus***
**b** Floraison pas avant la mi-mai **379**

## *Petasites hybridus* (L.) P. Gaertn. et al. Grand Pétasite, Pétasite hybride

**Famille :** Asteraceae – Astéracées

**Nom :** *Petasites* grec « chapeau à large rebord » ; *hybridus* lat. « hybride »

**Caractères :** plante haute de 10-50 cm, atteignant 100 cm après la floraison ; feuilles de la tige écailleuses, appliquées contre celle-ci, celles de la base ne se développant qu'après la floraison, presque aussi larges que longues (jusqu'à 60 cm de large), velues grisâtres dessous, à marge dentée ; capitules d'un diamètre de 5 à 10 mm, à fleurs individuelles rougeâtres ; fruits (akènes) longs de 2 à 3 mm, à poils blanc crème longs de 6 à 8 mm

**Reproduction :** floraison de mars à avril ; hermaphrodite ou dioïque ; pollinisation par les insectes ; dispersion des graines par le vent

**Milieu :** berges des ruisseaux et des rivières, prairies humides

**Bon à savoir :** les racines et les feuilles notamment sont toxiques. Elles peuvent endommager le foie et avoir une action cancérigène. • Les racines et les feuilles séchées sont utilisées sous forme de spécialités toutes prêtes dans le commerce pour prévenir les migraines, les spasmes du système urinaire et de la sphère épaules-cou, de même que contre l'asthme. Au Moyen Âge, on pensait que l'odeur forte du pétasite était susceptible d'éloigner la peste. • Les jeunes pétioles des feuilles peuvent être mangés cuits en salades ou frits en beignets, mais en quantités modérées du fait de leur toxicité potentielle. Une fois cuites, les jeunes feuilles peuvent servir à la confection de roulés.

## *Prenanthes purpurea* L. Prénanthe pourpre

**Famille :** Asteraceae – Astéracées

**Nom :** *Pren-* grec « penché en avant » ; *-anthes* grec « fleur » ; *purpurea* lat. « pourpre »

**Caractères :** plante haute de 30 à 200 cm, entièrement glabre ; feuilles allongées, vert glauque dessous, à marge munie de quelques dents ; capitules d'un diamètre de 12 à 15 mm,

**379 a** Feuilles de la tige les plus larges de plus de 15 mm **380**
**b** Feuilles de la tige les plus larges de moins de 15 mm **381**

**380 a** Capitules à 5 fleurs rayonnantes seulement ▶ *Prenanthes purpurea*
**b** Capitules à nombreuses fleurs rayonnantes ▶ *Erigeron annuus* (p. 161)

**381 a** Fleurs bleues ; marge des feuilles ondulée ▶ *Jasione montana*
**b** Fleurs lilas ou violacées ; feuilles à marge plane ▶ *Erigeron acer*

à 5 fleurs rayonnantes, violettes ou pourprées ; fruits (akènes) longs de 5 mm environ, à poils blancs longs de 5 mm environ

**Reproduction :** floraison de juillet à septembre ; hermaphrodite ; pollinisation par les insectes ; dispersion des graines par le vent

**Milieu :** forêts

## *Jasione montana* L. Jasione des montagnes

**Famille :** Campanulaceae – Campanulacées

**Nom :** *Jasione* grec « guérison » ; *montana* lat. « montagne »

**Caractères :** plante bisannuelle, haute de 10 à 80 cm ; feuilles étroites, à marge ondulée ; capitules presque sphériques, d'un diamètre de 12 à 25 mm, avec de nombreuses fleurs bleues à corolle à 5 lobes ; fruits (capsules) ovales

**Reproduction :** floraison de juin à août ; hermaphrodite ; pollinisation par les insectes ; dispersion des graines par le vent

**Milieu :** prairies maigres, lieux sableux ou rocailleux

## *Erigeron acer* L. Vergerette âcre

**Famille :** Asteraceae – Astéracées

**Nom :** *Eri-* grec « tôt » ; *-geron* grec « vieillard » ; *acer* lat. « aigu »

**Caractères :** plante haute de 10 à 60 cm ; feuilles allongées, à marge souvent munie de dents isolées ; capitules d'un diamètre de 5 à 15 mm, avec des fleurs rayonnantes lilas ou violettes, celles du centre jaunâtres ou rougeâtres ; fruits (akènes) longs de 2 à 3 mm, à poils longs de 5 à 7 mm

**Reproduction :** floraison de juin à septembre ; hermaphrodite ; pollinisation par les insectes ; dispersion des graines par le vent

**Milieu :** pelouses sèches, bords des chemins, carrières

**Bon à savoir :** dans certaines contrées d'Europe, l'espèce était censée protéger des ensorcellements et on en mettait un rameau dans le berceau des nouveau-nés.

**382 a** Au moins les feuilles inférieures profondément découpées **383**
**b** Pas de feuilles découpées profondément **384**

**383 a** Fleurs bleu pâle ; plante produisant du latex blanc lorsqu'on déchire une feuille ▶ *Cichorium intybus*
**b** Fleurs rougeâtres ou pourpres ; plante dépourvue de latex ▶ *Centaurea scabiosa*

## *Cichorium intybus* L. Chicorée amère

**Famille :** Asteraceae – Astéracées

**Nom :** *Cichorium* grec nom de cette espèce ; *intybus* lat. nom de cette espèce

**Caractères :** plante haute de 20 à 120 cm ; feuilles inférieures profondément découpées, les supérieures allongées, à marge dentée ; capitules d'un diamètre de 30 à 50 mm, avec de nombreuses fleurs rayonnantes bleu pâle ; fruits (akènes) longs de 2 à 3 mm, brun clair

**Reproduction :** floraison de juillet à septembre ; hermaphrodite ; pollinisation par les insectes ; dispersion des graines par le vent et les animaux (ex. Serin cini)

**Milieu :** pâturages, décombres, bords des chemins

**Bon à savoir :** dans les lieux arides, les feuilles se dessèchent rapidement. • Par temps chaud, les fleurs ne s'ouvrent que vers 10 heures et se décolorent ensuite à vue d'œil. • Avec la racine séchée ou la plante entière, on fait des infusions contre les troubles digestifs. • Les jeunes feuilles peuvent être préparées en salades. • L'Endive *(Cichorium endivia)*, étroitement apparentée, est sa variante cultivée bien connue qui se mange en salades. • Durant la Seconde Guerre mondiale, sa racine grillée et moulue servait à faire un succédané de café.

## *Centaurea scabiosa* L. Centaurée scabieuse

**Famille :** Asteraceae – Astéracées

**Nom :** *Centaurea* grec « centaure » ; *scabiosa* lat. nom de la scabieuse *(Scabiosa)*

**Caractères :** plante haute de 30 à 120 cm ; feuilles plus ou moins profondément découpées ; capitules d'un diamètre de 30 à 50 mm, à fleurs pourpres, les extérieures rayonnantes et en forme d'entonnoir ; fruits (akènes) longs de 3,5 à 5 mm, à soies longues de 4 à 5 mm

**Reproduction :** floraison de juin à août ; hermaphrodite ; pollinisation par les insectes ; dispersion des graines par les animaux (fourmis)

**Milieu :** prairies maigres, pâturages

**Bon à savoir :** plante-hôte des chenilles de deux papillons : la Mélitée des centaurées *(Melitaea phoebe)* et la Mélitée orangée *(Melitaea didyma)*.

**384 a** Fleurs roses, rouges ou violacées ▶ *Centaurea jacea*

**b** Fleurs externes, rayonnantes, bleues **385**

**385 a** Feuilles supérieures larges de 6 mm tout au plus ▶ *Centaurea cyanus*

**b** Feuilles supérieures nettement plus larges ▶ *Centaurea montana* (p. 154)

## *Centaurea jacea* L. Centaurée jacée

**Famille :** Asteraceae – Astéracées

**Nom :** *Centaurea* grec « centaure » ; *jacea* origine incertaine

**Caractères :** plante haute de 10 à 70 cm ; feuilles ovales à allongées, à marge généralement dentée ou découpée ; capitules d'un diamètre de 25 à 40 mm, à fleurs roses ou pourprées, les extérieures rayonnantes et en entonnoir ; fruits (akènes) longs de 3 mm environ

**Reproduction :** floraison de juin à septembre ; hermaphrodite ; pollinisation par les insectes ; dispersion des graines par les animaux

**Milieu :** prairies, pâturages

## *Centaurea cyanus* L. Bleuet

**Famille :** Asteraceae – Astéracées

**Nom :** *Centaurea* grec « centaure » ; *cyanus* grec « bleu sombre »

**Caractères :** plante annuelle, haute de 20 à 80 cm ; feuilles étroites, à marge munie de quelques dents ou découpée ; capitules d'un diamètre de 25 à 35 mm, à fleurs bleues, les extérieures rayonnantes et en entonnoir ; fruits (akènes) longs de 3,5 mm environ, à soies brun rouille longues de 3 mm environ

**Reproduction :** floraison de juin à octobre ; hermaphrodite ; pollinisation par les insectes ; dispersion des graines par le vent et les animaux (fourmis)

**Milieu :** champs de céréales

**Bon à savoir :** ce représentant emblématique de la flore accompagnatrice des moissons a connu un déclin dramatique au cours du dernier siècle avec l'intensification de l'agriculture et l'usage croissant des pesticides.

**386 a** Capitules ne dépassant pas 5 mm de diamètre ▶ *Eupatorium cannabinum* (p. 114)
**b** Capitules dépassant 10 mm de diamètre 387

**387 a** Grandes feuilles de la tige découpées 388
**b** Grandes feuilles de la tige entières 389

## *Centaurea montana* L. Bleuet des montagnes, Centaurée des montagnes

**Famille :** Asteraceae – Astéracées

**Nom :** *Centaurea* grec « centaure » ; *montana* lat. « montagne »

**Caractères :** plante haute de 10 à 70 cm ; feuilles ovales à allongées ; capitules d'un diamètre de 35 à 50 mm, à fleurs extérieures rayonnantes bleues, en entonnoir, celles du milieu pourprées ; fruits (akènes) longs de 4,5 à 5,5 mm, à soies brunâtres longues de 1 mm environ

**Reproduction :** floraison de mai à août ; hermaphrodite ; pollinisation par les insectes ; dispersion des graines par le vent et les animaux (fourmis)

**Milieu :** prairies, fourrés, forêts ; introduite dans les jardins comme plante décorative et se naturalisant parfois

## *Scabiosa columbaria* L. Scabieuse colombaire

**Famille :** Caprifoliaceae – Caprifoliacées

**Nom :** *Scabiosa* lat. « galeux », « croûteux » ; *columbaria* lat. « pigeon »

**Caractères :** plante haute de 20 à 80 cm ; feuilles de la tige opposées, découpées en segments étroits, celles de la base habituellement entières, bordées de dents obtuses ; inflorescence discoïdale ou hémisphérique, d'un diamètre de 20 à 35 mm, avec de nombreuses fleurs lilas ou violacées à 5 lobes et soies noirâtres, les fleurs périphériques plus grandes que les centrales ; fruits (akènes) longs de 2,5 à 3 mm, sillonnés

**Reproduction :** floraison de juin à septembre ; hermaphrodite ; pollinisation par les insectes ; dispersion des graines par le vent et les animaux

**Milieu :** prairies maigres, forêts claires de pins

**Bon à savoir :** plante-hôte des chenilles de deux papillons : la Mélitée des centaurées *(Melitaea phoebe)* et le Damier de la succise *(Eurodryas aurinia)*.

**388 a** Inflorescences avec des soies noirâtres ; feuilles poilues seulement à la marge et sur les nervures ▶ *Scabiosa columbaria* (p. 154)

**b** Inflorescences dépourvues de soies ; feuilles poilues ± entièrement ▶ *Knautia arvensis*

**389 a** Inflorescences discoïdales, bombées ; marge des feuilles en partie dentée ▶ *Knautia dipsacifolia*

**b** Inflorescences globuleuses ou presque ; marge des feuilles à peine dentée ▶ *Succisa pratensis* (p. 156)

## *Knautia arvensis* (L.) Coult. **Knautie des champs**

**Famille :** Caprifoliaceae – Caprifoliacées

**Nom :** *Knautia* d'après Christoph (1638-1694) et Christian Knaut (1654-1716), médecins et botanistes allemands ; *arvensis* lat. « champ »

**Caractères :** plante haute de 30 à 100 cm ; feuilles de la tige opposées, divisées en 7 à 13 lobes, celles de la base habituellement entières ; inflorescence discoïdale ou hémisphérique, d'un diamètre de 20 à 40 mm, avec de nombreuses fleurs bleues à rouge violacé, les périphériques nettement plus grandes que les centrales ; fruits (akènes) longs de 4,5 à 5,5 mm, à poils atteignant 1,5 mm de long

**Reproduction :** floraison de mai à septembre ; hermaphrodite ; pollinisation par les insectes ; dispersion des graines par les animaux (fourmis)

**Milieu :** prairies, bords des chemins

## *Knautia dipsacifolia* Kreutzer **Knautie à feuilles de cardère**

**Famille :** Caprifoliaceae – Caprifoliacées

**Nom :** *Knautia* d'après Christoph (1638-1694) et Christian Knaut (1654-1716), médecins et botanistes allemands ; *dipsaci-* lat. nom de la Cardère *(Dipsacus)* ; *-folia* lat. « feuille »

**Caractères :** plante haute de 20 à 100 cm ; feuilles opposées, ovales à allongées, à marge le plus souvent un peu dentée ; inflorescence discoïdale ou hémisphérique, d'un diamètre de 25 à 40 mm, avec de nombreuses fleurs violettes à 4 lobes, les périphériques en général plus grandes que les centrales ; fruits (akènes) longs de 5 à 6,5 mm, à poils atteignant 2 mm de long

**Reproduction :** floraison de juin à septembre ; hermaphrodite ; pollinisation par les insectes ; dispersion des graines par les animaux (fourmis)

**Milieu :** prairies, forêts, bords des chemins

**390 a** Tige sans feuilles ; toutes les feuilles situées à la base de la tige ▶ *Bellis perennis*

**b** Tige feuillée **391**

**391 a** Feuilles opposées, c.-à-d. insérées deux par deux en vis-à-vis à la même hauteur sur la tige **392** ........................................

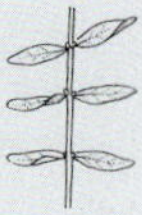

**b** Feuilles alternes, c.-à-d. non insérées en vis-à-vis deux par deux **393** ............

## *Succisa pratensis* Moench
## Succise des prés, Mors-du-Diable

**Famille :** Caprifoliaceae – Caprifoliacées

**Nom :** *Succisa* lat. « coupé inférieurement » ; *pratensis* lat. « prairie »

**Caractères :** plante haute de 20 à 90 cm ; feuilles opposées, ovales ; inflorescence hémisphérique avant la floraison, devenant ensuite presque sphérique, d'un diamètre de 15 à 25 mm, avec de nombreuses fleurs lilas ou bleu violacé, à 4 lobes ; fruits (akènes) quadrangulaires, longs de 5 à 7 mm

**Reproduction :** floraison de juillet à septembre ; hermaphrodite ou dioïque ; pollinisation par les insectes ; dispersion des graines par le vent

**Milieu :** marais, prairies humides, landes

**Bon à savoir :** la racine paraît comme mordue à son extrémité, d'où son nom commun. • Plante-hôte de la chenille du Damier de la succise *(Eurodryas aurinia).*

## *Bellis perennis* L. Pâquerette

**Famille :** Asteraceae – Astéracées

**Nom :** *Bellis* lat. « jolie » ; *perennis* lat. « vivace »

**Caractères :** plante haute de 5 à 15 cm ; feuilles ovales à arrondies, bordées de dents superficielles ; capitule d'un diamètre de 10 à 30 mm, à nombreuses fleurs rayonnantes blanches ou rosées, les centrales jaunes ; fruits (akènes) longs de 1 mm environ

**Reproduction :** floraison de février à novembre ; hermaphrodite ou dioïque ; pollinisation par les insectes ; dispersion des graines par le vent et les animaux

**Milieu :** prairies, pâturages, pelouses

**Bon à savoir :** on peut utiliser les jeunes feuilles en salades comme de la mâche. Les boutons floraux se conservent comme des câpres dans du vinaigre ou de l'huile, alors que les capitules épanouis servent à aromatiser des soupes ou du fromage blanc, ou à décorer les plats.

**392 a** Tige à poils dressés ; feuilles de la tige entièrement poilues ▶ *Galinsoga ciliata*
**b** Tige glabre ; feuilles de la tige poilues seulement un peu sur leurs marges
▶ *Galinsoga parviflora*

**393 a** Feuilles découpées en segments très fins 394
**b** Feuilles différentes 397

## *Galinsoga ciliata* (Raf.) S. F. Blake **Galinsoga cilié**

**Famille :** Asteraceae – Astéracées

**Nom :** *Galinsoga* d'après Mariano Martinez de Galinsoga, médecin espagnol (1766-1797) ; *ciliata* lat. « cilié »

**Caractères :** plante annuelle, haute de 10 à 60 cm ; tige à poils étalés ; feuilles opposées, ovales à allongées, dentées ; capitules d'un diamètre de 4 à 8 mm, avec 4 à 5 fleurs rayonnantes blanches, les centrales jaunes ; fruits (akènes) longs de 1 à 2 mm, noirs

**Reproduction :** floraison de juillet à octobre ; hermaphrodite ; autopollinisation ; dispersion des graines par les animaux (fourmis)

**Milieu :** jardins, cultures, décombres

**Bon à savoir :** originaire d'Amérique du Sud et centrale, présent en Europe depuis 1850 environ • Les jeunes feuilles peuvent être consommées en salades et la plante entière, une fois cuite, utilisée en légumes comme des épinards.

## *Galinsoga parviflora* Cav. Galinsoga à petites fleurs

**Famille :** Asteraceae – Astéracées

**Nom :** *Galinsoga* d'après Mariano Martinez de Galinsoga, médecin espagnol (1766-1797) ; *parvi-* lat. « petit » ; *-flora* lat. « fleur »

**Caractères :** plante annuelle, haute de 10 à 60 cm ; feuilles opposées, ovales à allongées, dentées ; capitules d'un diamètre de 4 à 7 mm, avec 4 à 5 fleurs rayonnantes blanches, les centrales jaunes ; fruits (akènes) longs de 1 à 1,5 mm

**Reproduction :** floraison de juillet à octobre ; hermaphrodite ; autopollinisation ; dispersion des graines par les animaux (fourmis)

**Milieu :** jardins, cultures, décombres

**Bon à savoir :** originaire du Pérou, présent en Europe depuis 1800 environ • Les jeunes feuilles peuvent être consommées en salades et la plante entière, une fois cuite, utilisée en légumes comme des épinards.

**394 a** Capitules individuels ne dépassant pas 10 mm de diamètre ▶ *Achillea millefolium* (p. 115)
**b** Capitules d'un diamètre de 15 mm au moins 395

**395 a** Plante à forte odeur aromatique (camomille) ▶ *Matricaria chamomilla*
**b** Plante inodore ou à odeur faible 396

## *Matricaria chamomilla* L.
## Camomille sauvage, Matricaire camomille

**Famille :** Asteraceae – Astéracées

**Nom :** *Matricaria* lat. « matrice » ; *chamomilla* lat. nom de l'espèce

**Caractères :** plante annuelle, haute de 15 à 45 cm ; plante glabre, à forte odeur aromatique (camomille) ; feuilles découpées en segments très fins ; capitules d'un diamètre de 15 à 25 mm, avec 10 à 20 fleurs rayonnantes blanches, les centrales jaunes ; fruits (akènes) longs de 1 à 1,5 mm

**Reproduction :** floraison de mai à septembre ; hermaphrodite ; pollinisation par les insectes ; dispersion des graines par les animaux (ex. Serin cini)

**Milieu :** cultures, friches, bords des chemins

**Bon à savoir :** les capitules séchés peuvent être utilisés en infusion contre les maux d'estomac ou d'intestin, ou en usage externe sur les blessures cicatrisant mal, les infections de la peau, et pour les inflammations de la bouche ou de la gorge.

## *Tripleurospermum inodorum* (L.) Sch. Bip.
## Camomille inodore

**Famille :** Asteraceae – Astéracées

**Nom :** *Tri-* lat. « trois » ; *-pleuro-* grec « côte » ; *-spermum* lat. « graine » ; *inodorum* lat. « inodore »

**Caractères :** plante annuelle ou bisannuelle, haute de 15 à 80 cm, entièrement glabre ; feuilles découpées en longs segments très fins ; capitules d'un diamètre de 25 à 50 mm, avec 15 à 30 fleurs rayonnantes blanches, les centrales jaunes ; fruits (akènes) longs de 1,5 à 2 mm

**Reproduction :** floraison de juin à octobre ; hermaphrodite ; pollinisation par les insectes ; dispersion des graines par le vent et les animaux

**Milieu :** cultures, décombres, bords des chemins

**396 a** Feuilles découpées en segments remarquablement longs et fins (presque filiformes), terminés en courte pointe ▶ ***Tripleurospermum inodorum*** (p. 158)

**b** Segments des feuilles non filiformes et sans pointe au sommet ▶ ***Anthemis arvensis***

**397 a** Diamètre des capitules (avec les fleurs rayonnantes) supérieur à 30 mm ▶ ***Leucanthemum vulgare***

**b** Diamètre des capitules (avec les fleurs rayonnantes) ne dépassant pas 22 mm 398 ▶

## *Anthemis arvensis* L. Anthémis des champs

**Famille :** Asteraceae – Astéracées

**Nom :** *Anthemis* grec « fleur » ; *arvensis* lat. « champ »

**Caractères :** plante annuelle, haute de 10 à 50 cm ; feuilles découpées en segments étroits ; capitules d'un diamètre de 20 à 40 mm, avec 8 à 13 fleurs rayonnantes blanches, les centrales jaunes ; fruits (akènes) longs de 1,5 à 3 mm

**Reproduction :** floraison de mai à octobre ; hermaphrodite ; pollinisation par les insectes ; dispersion des graines par les animaux

**Milieu :** champs, décombres, bords des chemins

## *Leucanthemum vulgare* Lam. Marguerite

**Famille :** Asteraceae – Astéracées

**Nom :** *Leuc-* grec « blanc » ; *-anthemum* grec « fleur » ; *vulgare* lat. « commun »

**Caractères :** plante haute de 20 à 80 cm ; feuilles allongées, dentées ; capitules d'un diamètre de 35 à 60 mm, à nombreuses fleurs rayonnantes blanches, les centrales jaunes ; fruits (akènes) longs de 1,5 à 2,5 mm

**Reproduction :** floraison de mai à octobre ; hermaphrodite ; pollinisation par les insectes ; dispersion des graines par le vent et les animaux

**Milieu :** prairies, pâturages, pelouses

**Bon à savoir :** les jeunes feuilles constituent un ingrédient savoureux pour les salades ; les jeunes pousses avec leurs boutons floraux peuvent être cuites en légumes et ces derniers peuvent être conservés dans de l'huile et du vinaigre comme des câpres.

**398 a** Floraison de mars à mai ▶ *Petasites albus*

**b** Floraison pas avant début juin 399

**399 a** Capitules d'un diamètre de 5 mm tout au plus ▶ *Conyza canadensis* (p. 161)

**b** Capitules d'un diamètre de plus de 10 mm avec les fleurs rayonnantes 400

**400 a** Feuilles supérieures de la tige sans dents ou presque ▶ *Erigeron annuus* (p. 161)

**b** Toutes les feuilles de la tige à dents fines et aiguës ▶ *Achillea ptarmica* (p. 118)

## *Petasites albus* (L.) Gaertn. **Pétasite blanc**

**Famille :** Asteraceae – Astéracées

**Nom :** *Petasites* grec « chapeau à large rebord » ; *albus* lat. « blanc »

**Caractères :** plante haute de 10 à 30 cm, mais atteignant 80 cm après la floraison ; feuilles de la tige écailleuses, plus ou moins appliquées contre celle-ci ; feuilles de la base ne se développant qu'après la floraison, plus larges que longues (jusqu'à 40 cm de large), densément couvertes dessous d'un duvet gris ou blanc, à marge dentée ; capitules d'un diamètre de 6 à 13 mm, à fleurs blanc crème ; fruits (akènes) longs de 2 à 3 mm, à poils blancs longs de 12 mm environ

**Reproduction :** floraison de mars à mai ; hermaphrodite ou dioïque ; pollinisation par les insectes ; dispersion des graines par le vent

**Milieu :** forêts fraîches, bords des chemins

**Bon à savoir :** les jeunes pétioles cuits peuvent être mangés en salades ou en beignets, alors que les jeunes feuilles cuites peuvent servir à la confection de roulés.

## *Conyza canadensis* (L.) Cronquist, *Erigeron canadensis* L. Vergerette du Canada

**Famille :** Asteraceae – Astéracées

**Nom :** *Conyza* évent. grec « lente » ou « gale » ; *Eri-* grec « tôt » ; *-geron* grec « vieillard » ; *canadensis* lat. « canadien »

**Caractères :** plante annuelle ou bisannuelle, haute de 10 à 120 cm ; feuilles allongées, à marge dentée ou non ; capitules d'un diamètre de 2 à 5 mm, très nombreux, à fleurs blanchâtres, jaunâtres ou rosées ; fruits (akènes) longs de 1 à 1,5 mm, à poils jaunâtres longs de 2 à 3 mm

**Reproduction :** floraison de juillet à septembre ; hermaphrodite ; pollinisation par les insectes ; dispersion des graines par le vent

**Milieu :** coupes forestières, champs, décombres, bords des chemins, talus ferroviaires

**Bon à savoir :** l'espèce se reproduit exclusivement par graines, chaque pied pouvant en produire jusqu'à 25 000 par an, et celles-ci pouvant être transportées par le vent sur plus de 500 km dans certains cas extrêmes. • Originaire d'Amérique du Nord et apparue en Europe au XVII$^{e}$ siècle. Localement, elle peut inhiber le développement de la flore indigène. Moyens de lutte : arracher les pieds isolés, faucher les grands peuplements et évacuer tous les restes vers une déchetterie (ne pas composter !).

## *Erigeron annuus* (L.) Desf. Vergerette annuelle

**Famille :** Asteraceae – Astéracées

**Nom :** *Eri-* grec « tôt » ; *-geron* grec « vieillard » ; *annuus* lat. « annuel »

**Caractères :** plante annuelle ou bisannuelle, haute de 30 à 150 cm ; feuilles ovales à allongées, à marge dentée ; capitules d'un diamètre de 15 à 25 mm, à nombreuses fleurs rayonnantes étroites, blanches ou lilas, les centrales jaunes ; fruits (akènes) longs de 1 mm, à poils blancs longs de 2 mm environ

**Reproduction :** floraison de juin à octobre ; hermaphrodite ; pollinisation par les insectes ; dispersion des graines par le vent

**Milieu :** berges, prairies, talus, coupes forestières, décombres

**Bon à savoir :** originaire d'Amérique du Nord et introduite en Europe dès le XVII$^{e}$ siècle comme plante ornementale. Cette espèce tend à coloniser les pelouses maigres, mettant ainsi en péril les espèces indigènes rares liées à cet habitat. Moyens de lutte : arracher les pieds avant la montée en graines, puis évacuer tous les restes vers une déchetterie (ne pas composter !).

**411 a** Plante avec des vrilles : la nervure centrale des feuilles est prolongée d'un filament qui peut s'enrouler en hélice autour d'un support **447** (p. 179) ......

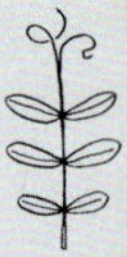

**b** Plante sans vrilles **412**

**412 a** Feuilles composées de 3 folioles de taille ± égale **429** (p. 169) .........

**b** Feuilles pennées, c.-à-d. composées d'au moins 4 folioles insérées à angle droit sur la nervure centrale **413** ..............................................

**413 a** Fleurs à pédoncule arqué, ± pendantes ; pétales jaune pâle à rougeâtres ; sépales brun-rouge ▶ *Geum rivale*

**b** Fleurs différentes **414**

**414 a** Nombreuses petites fleurs réunies en inflorescences denses (fermes), globuleuses ou cylindriques **415**

**b** Fleurs disposées autrement **416**

**415 a** Fleurs verdâtres à rougeâtres ▶ *Sanguisorba minor* (p. 163)

**b** Fleurs rouge sombre à brun-rouge ▶ *Sanguisorba officinalis* (p. 163)

## *Geum rivale* L. Benoîte des ruisseaux

**Famille :** Rosaceae – Rosacées

**Nom :** *Geum* origine incertaine ; *rivale* lat. « ruisseau »

**Caractères :** plante haute de 20 à 60 cm ; feuilles les plus grandes divisées au moins en 3 lobes de tailles inégales, à marge dentée ; fleurs plus ou moins pendantes, longues de 10 à 15 mm, avec 5 à 6 pétales saumon, jaunes ou rougeâtres entourés de sépales brun-rouge ; nombreux fruits (akènes) par fleur, munis d'une arête genouillée et plumeuse (style)

**Reproduction :** floraison d'avril à juillet ; hermaphrodite ; pollinisation par les insectes ; dispersion des graines par les animaux

**Milieu :** bords des ruisseaux, prairies humides

**Bon à savoir :** les fruits s'accrochent à la fourrure des animaux (et aux vêtements) grâce à leur style crochu. • L'infusion de racine séchée est utilisée en cas de diarrhées ou de maux d'estomac, comme adjuvant de bain pour accélérer la cicatrisation des plaies, ainsi qu'en gargarisme contre les inflammations des gencives ou des muqueuses de la bouche et de la gorge. La teneur en principes actifs est toutefois plus faible que chez la Benoîte commune *(Geum urbanum)*.

## *Sanguisorba minor* Scop. Petite Pimprenelle

**Famille :** Rosaceae – Rosacées

**Nom :** *Sangui-* lat. « sang » ; *-sorba* lat. « absorber un liquide » ; *minor* lat. « plus petit »

**Caractères :** plante haute de 20 à 60 cm ; feuilles les plus grandes divisées en 11 à 31 folioles, vert grisâtre dessous, à marge dentée ; petites fleurs vertes ou rougeâtres, groupées en têtes globuleuses ou ovales denses, longues de 7 à 18 mm et larges de 8 à 12 mm ; les fruits (akènes) restent enveloppés dans le calice

**Reproduction :** floraison de mai à août ; hermaphrodite ; pollinisation par le vent ; dispersion des graines par le vent

**Milieu :** prairies sèches, talus

**Bon à savoir :** les fleurs femelles sont situées au sommet de l'inflorescence, repérables aux brosses rouges de leurs stigmates, les fleurs hermaphrodites au milieu et les fleurs mâles à la base, dont les étamines aux longs filaments sont les premières à éclore. • Les jeunes feuilles peuvent servir d'ingrédient dans une salade.

## *Sanguisorba officinalis* L. Sanguisorbe officinale, Grande Pimprenelle

**Famille :** Rosaceae – Rosacées

**Nom :** *Sangui-* lat. « sang » ; *-sorba* lat. « absorber un liquide » ; *officinalis* lat. « médicinal »

**Caractères :** plante haute de 30 à 120 cm ; feuilles les plus grandes divisées en 7 à 31 folioles, vert grisâtre ou glauque dessous, à marge dentée ; petites fleurs rouge sombre, groupées en têtes globuleuses ou ovales denses, longues de 10 à 30 mm et larges de 10 à 15 mm ; les fruits (akènes) restent enveloppés dans le calice

**Reproduction :** floraison de juin à septembre ; hermaphrodite ; pollinisation par les insectes ; dispersion des graines par le vent

**Milieu :** berges des ruisseaux, fossés, marais, prairies humides

**Bon à savoir :** plante-hôte des chenilles de deux papillons : l'Azuré de la sanguisorbe *(Maculinea teleius)* et l'Azuré des paluds *(Maculinea nausithous)*. Les femelles pondent leurs œufs dans les boutons floraux où les chenilles éclosent puis, après plusieurs mues, se laissent tomber à terre. Là, par des procédés encore mal élucidés, elles « persuadent » des fourmis – *Myrmica scabrinoidis* dans le cas de l'Azuré de la sanguisorbe et *Myrmica rubra* chez l'Azuré des paluds – de les transporter à l'intérieur de leur fourmilière, où elles se nourriront du couvain avant de se nymphoser et de s'envoler le printemps suivant sous la forme d'adultes ailés.

**416 a** Fleurs distinctement bicolores : partie supérieure de la fleur rosâtre ou violacée, l'inférieure blanche ▶ ***Securigera varia***

**b** Fleurs différentes **417**

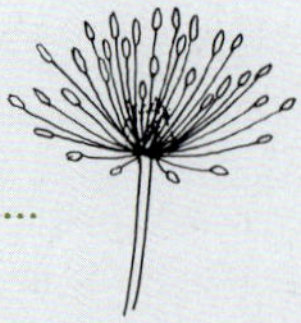

**417 a** Fleurs réduites à de nombreux bouquets hémisphériques d'étamines ▶ ***Thalictrum aquilegiifolium*** (p. 114) ..............................

**b** Fleurs différentes **418**

**418 a** Couleur dominante des fleurs jaune pâle à jaune verdâtre **419**

**b** Couleur dominante des fleurs rose, rouge, lilas, violette ou bleuâtre **424**

**c** Couleur dominante des fleurs blanchâtre à blanc pur **427** (p. 168)

**419 a** Fleurs à 4 pétales disposés en croix **532** (p. 212)

**b** Fleurs à 5 pétales rayonnants **632** (p. 252)

**c** Fleurs différentes, à symétrie bilatérale **420**

**420 a** Foliole terminale des feuilles plus grande que les latérales ▶ ***Anthyllis vulneraria*** (p. 165)

**b** Foliole terminale des feuilles de même taille que les latérales **421**

**421 a** Feuilles à plus de 5 folioles **422**

**b** Feuilles à 5 folioles **423**

**422 a** Folioles longues de plus de 2 cm ; fleurs jaune verdâtre ▶ ***Astragalus glycyphyllos*** (p. 165)

**b** Folioles longues de moins de 2 cm ; fleurs jaunes ▶ ***Hippocrepis comosa*** (p. 166)

## *Securigera varia* (L.) Lassen — Coronille bigarrée

**Famille :** Fabaceae – Fabacées

**Nom :** *Securi-* lat. « hache » ; *-gera* lat. « porter » ; *varia* lat. « varié », « multicolore »

**Caractères :** plante haute ou longue de 30 à 120 cm, à tige souvent couchée ; feuilles divisées en 11 à 25 folioles ; fleurs longues de 8 à 15 mm, à pétales supérieurs roses à violets, les inférieurs blancs ou rose pâle, disposées par 5 à 20, en couronne ; fruits (gousses) longs de 2 à 8 cm

**Reproduction :** floraison de juin à août ; hermaphrodite ; pollinisation par les insectes (abeilles) ; dispersion des graines par le vent

**Milieu :** prairies, talus, fourrés, bords des chemins

**Bon savoir :** pour les généralités sur la famille des Fabacées, voir p. 388. • Plante-hôte des chenilles de plusieurs papillons : le Fluoré *(Colias alfacariensis)*, l'Azuré des cytises *(Glaucopsyche alexis)*, l'Azuré des coronilles *(Lycaeides argyrognomon)*, le Bleu-nacré *(Lysandra coridon)* et l'Azuré de l'orobe *(Meleageria daphnis)*. • La plante entière est toxique, notamment ses graines. Les principaux symptômes d'une intoxication sont des nausées, des vomissements, des diarrhées et des convulsions.

## *Anthyllis vulneraria* L. Anthyllide vulnéraire

**Famille :** Fabaceae – Fabacées

**Nom :** *Anthyllis* grec « petite fleur » ; *vulneraria* lat. « blessure »

**Caractères :** plante haute de 10 à 60 cm ; feuilles les plus grandes divisées en 5 à 13 folioles, la terminale nettement plus grande que les latérales ; fleurs longues de 10 à 20 mm, jaune pâle, parfois un peu rosées, en courtes inflorescences sous-tendues par de petites feuilles à leur base ; fruits (gousses) longs de 4 à 6 mm

**Reproduction :** floraison de mai à juin ; hermaphrodite ; pollinisation par les insectes (abeilles) ; dispersion des graines par le vent et les animaux

**Milieu :** prairies sèches, fourrés, forêts claires

**Bon à savoir :** pour les généralités sur la famille des Fabacées, voir p. 388. • Plante-hôte des chenilles de plusieurs papillons : l'Argus vert *(Callophrys rubi)*, l'Argus frêle *(Cupido minimus)* et l'Azuré du Mélilot *(Plebicula dorylas)*. • L'infusion de la plante entière fleurie ou des seules fleurs séchées est utilisée comme adjuvant de bain pour accélérer la cicatrisation des plaies.

## *Astragalus glycyphyllos* L. Astragale à feuilles de réglisse

**Famille :** Fabaceae – Fabacées

**Nom :** *Astragalus* grec « astragale » ; *glycy-* grec « sucré » ; *-phyllos* grec « feuille »

**Caractères :** plante haute ou longue de 20 à 120 cm, à tige couchée s'appuyant parfois sur d'autres plantes pour se développer ; feuilles divisées en 9 à 13 folioles ; fleurs longues de 13 à 15 mm, jaune verdâtre, en inflorescences courtes ; fruits (gousses) longs de 3 à 4 cm et épais de 5 mm environ

**Reproduction :** floraison de juin à août ; hermaphrodite ; pollinisation par les insectes (abeilles) ; dispersion des graines par le vent et les animaux

**Milieu :** fourrés, forêts claires, lisières

**Bon à savoir :** pour les généralités sur la famille des Fabacées, voir p. 388. • Plante-hôte des chenilles de plusieurs papillons : l'Azuré des coronilles *(Lycaeides argyrognomon)*, le Bleu-nacré *(Lysandra coridon)* et l'Azuré de l'orobe *(Meleageria daphnis)*. • Feuilles et racines ont une saveur sucrée.

**423 a** Pas plus de 8 fleurs par inflorescence ; tige à section quadrangulaire ▶ ***Lotus corniculatus***

**b** Au moins 6 fleurs par inflorescence ; tige à section arrondie ▶ ***Lotus pedunculatus*** (p. 167)

## *Hippocrepis comosa* L. Hippocrépide à toupet

**Famille :** Fabaceae – Fabacées

**Nom :** *Hippo-* grec « cheval » ; *-crepis* grec « chaussure » ; *comosa* lat. « plumeux », « très poilu »

**Caractères :** plante haute de 5 à 25 cm ; feuilles divisées en 5 à 17 folioles ; fleurs jaunes, longues de 8 à 12 mm, disposées par 5 à 12 en couronne ; fruits (gousses) échancrés « en fer à cheval », longs de 10 à 30 mm

**Reproduction :** floraison de mai à juin ; hermaphrodite ; pollinisation par les insectes ; dispersion des graines par le vent et les animaux

**Milieu :** pelouses sèches, talus, forêts claires, rocailles

**Bon à savoir :** pour les généralités sur la famille des Fabacées, voir p. 388. • Plante-hôte des chenilles de plusieurs papillons : le Fluoré *(Colias alfacariensis)*, le Petit Argus *(Plebejus argus)*, le Bleu-nacré *(Lysandra coridon)* et l'Argus bleu céleste *(Lysandra bellargus)*.

## *Lotus corniculatus* L. Lotier corniculé

**Famille :** Fabaceae – Fabacées

**Nom :** *Lotus* origine incertaine ; *corniculatus* lat. « cornu »

**Caractères :** plante haute de 10 à 30 cm ; feuilles à 5 folioles, souvent vert glauque en dessous ; fleurs jaunes, longues de 8 à 16 mm, disposées par 3 à 8 en couronne ; fruits (gousses) longs de 15 à 30 mm

**Reproduction :** floraison de mai à juillet ; hermaphrodite ; pollinisation par les insectes ; dispersion des graines par les animaux (fourmis)

**Milieu :** prairies, talus, bords des chemins

**Bon à savoir :** pour les généralités sur la famille des Fabacées, voir p. 388. • Les gousses éclatent par temps chaud et éjectent leurs graines jusqu'à une distance de 2 m alentour.

**424 a** Fleurs à 4 pétales disposés en croix **524** (p. 208)
**b** Fleurs à 5 pétales rayonnants **588** (p. 231)
**c** Fleurs différentes, à symétrie bilatérale **425**

**425 a** Feuilles avec une foliole terminale ▶ *Onobrychis viciifolia*
**b** Feuilles terminées par une pointe courte **426**

## *Lotus pedunculatus* Cav. Lotier des marais

**Famille :** Fabaceae – Fabacées

**Nom :** *Lotus* origine incertaine ; *pedunculatus* lat. « pédonculé »

**Caractères :** plante haute de 30 à 90 cm ; feuilles à 5 folioles, souvent vert glauque en dessous ; fleurs jaunes, longues de 12 à 15 mm, disposées par 6 à 14 en couronne ; fruits (gousses) longs de 15 à 30 mm

**Reproduction :** floraison de juin à juillet ; hermaphrodite ; pollinisation par les insectes ; dispersion des graines par les animaux (fourmis) ou sans agent extérieur

**Milieu :** marais, prairies humides, forêts fraîches

**Bon à savoir :** pour les généralités sur la famille des Fabacées, voir p. 388. • Par temps chaud, les gousses éclatent et leurs graines sont projetées jusqu'à 2 m de distance.

## *Onobrychis viciifolia* Scop. Sainfoin, Esparcette

**Famille :** Fabaceae – Fabacées

**Nom :** *Ono-* évent. du grec « âne » ; *-brychis* évent. du grec « manger avec voracité » ; *vicii-* « vesce » *(Vicia)* ; *-folia* lat. « feuille »

**Caractères :** plante haute de 20 à 70 cm ; feuilles composées de 13 à 27 folioles ; fleurs longues de 10 à 15 mm, roses ou rouge pâle avec des rayures sombres, disposées en inflorescences allongées ; fruits (gousses) longs de 6 à 8 mm, munis de dents longues de 0,5 à 1 mm

**Reproduction :** floraison de mai à août ; hermaphrodite ; pollinisation par les insectes (abeilles) ; dispersion des graines par les animaux et le vent

**Milieu :** prairies, talus, bords des chemins ; souvent cultivé comme fourrage

**Bon à savoir :** pour les généralités sur la famille des Fabacées, voir p. 388. • Plante-hôte des chenilles de plusieurs papillons : le Souci *(Colias crocea)*, l'Azuré des cytises *(Glaucopsyche alexis)*, le Sablé du sainfoin *(Agrodiaetus damon)* et l'Azuré commun *(Polyommatus icarus)*.

**426 a** Tige parcourue par deux expansions foliacées (ailée) ▶ ***Lathyrus linifolius***

**b** Tige non ailée ▶ ***Lathyrus vernus***

**427 a** Fleurs à 4 pétales disposés en croix **482** (p. 189)

**b** Fleurs différentes **428**

## *Lathyrus linifolius* (Reichard) Bässler
## Gesse à feuilles de lin

**Famille :** Fabaceae – Fabacées

**Nom :** *Lathyrus* grec « aplati » ; *lini-* lat. « lin » *(Linum)* ; *-folius* lat. « feuille »

**Caractères :** plante haute de 15 à 30 cm, à tige souvent couchée ; feuilles composées de 4 à 8 folioles, avec une courte pointe au sommet, vert glauque en dessous ; fleurs longues de 10 à 18 mm, pourpre pâle à l'éclosion, virant ensuite au bleuâtre ou au verdâtre, 2 à 6 par inflorescence ; fruits (gousses) longs de 3 à 4 cm et larges de 4 à 5 mm

**Reproduction :** floraison d'avril à juin ; hermaphrodite ; pollinisation par les insectes (abeilles) ; dispersion des graines par les animaux (fourmis) ou sans agent extérieur

**Milieu :** prairies, landes, forêts, lisières

**Bon à savoir :** pour les généralités sur la famille des Fabacées, voir p. 388. • Par temps chaud les gousses éclatent et projettent leurs graines aux alentours.

## *Lathyrus vernus* (L.) Bernh. Gesse de printemps

**Famille :** Fabaceae – Fabacées

**Nom :** *Lathyrus* grec « aplati » ; *vernus* lat. « printemps »

**Caractères :** plante haute de 20 à 50 cm ; feuilles composées de 4 à 8 folioles, avec une courte pointe au sommet ; fleurs longues de 14 à 20 mm, pourprées à l'éclosion, puis virant au bleu et enfin au vert bleuâtre en fin de floraison, 3 à 8 par inflorescence ; fruits (gousses) longs de 4 à 6 cm et larges de 5 à 7 mm

**Reproduction :** floraison d'avril à mai ; hermaphrodite ; pollinisation par les insectes (abeilles) ; dispersion des graines sans agent extérieur

**Milieu :** forêts, notamment hêtraies

**Bon à savoir :** pour les généralités sur la famille des Fabacées, voir p. 388. • Par temps chaud les gousses éclatent et projettent leurs graines aux alentours.

**428 a** Petites fleurs très nombreuses, disposées en épis allongés tous également minces
▶ *Aruncus dioicus*

**b** Petites fleurs groupées en courte inflorescence ovale ▶ *Actaea spicata*

**429 a** Fleurs penchées sur un pédoncule ± arqué 430▶

**b** Fleurs non penchées 431▶

## *Aruncus dioicus* (Walter) Fernald **Barbe-de-bouc**

**Famille :** Rosaceae – Rosacées

**Nom :** *Aruncus* origine incertaine ; *di-* grec « deux » ; *-oicus* grec « maison »

**Caractères :** plante haute de 100 à 200 cm ; grandes feuilles longuement pétiolées, composées de plusieurs folioles à marge dentée ; petites fleurs, à 5 pétales blanc pur ou blanc crème longs de 1 à 2 mm, regroupées en une grande inflorescence rameuse atteignant 50 cm de long ; fruits (follicules) longs de 1 à 3 mm

**Reproduction :** floraison de juin à juillet ; dioïque ou hermaphrodite ; pollinisation par les insectes ; dispersion des graines par le vent

**Milieu :** forêts, ravins

**Bon à savoir :** plante-hôte de la chenille du Sylvain des spirées *(Neptis rivularis)*. • Après épluchage, les jeunes pousses peuvent être apprêtées et consommées comme des asperges.

## *Actaea spicata* L. **Actée en épi**

**Famille :** Ranunculaceae – Renonculacées

**Nom :** *Actaea* origine incertaine ; *spicata* lat. « en épi »

**Caractères :** plante haute de 30 à 80 cm ; grandes feuilles composées de plusieurs folioles à marge dentée, à pétiole atteignant 15 cm de long ; fleurs blanches de 4 à 6 mm de diamètre, regroupées en inflorescences courtes et lâches, à 4 pétales externes longs de 2 à 3 mm, rapidement caducs, et 4 pétales internes plus courts (1 à 1,5 mm) ; fruits (baies) noirs, d'un diamètre de 10 mm environ

**Reproduction :** floraison de mai à juillet ; hermaphrodite ; pollinisation par les insectes ; dispersion des graines par les animaux

**Milieu :** fourrés, forêts, ravins

**430 a** Fleurs d'au moins 30 mm de diamètre, à pétales bleu violacé ▶ ***Aquilegia vulgaris***

**b** Fleurs d'un diamètre de moins de 15 mm ; pétales jaune pâle ou rougeâtres ; sépales brun-rouge ▶ ***Geum rivale*** (p. 162)

**431 a** Plante à 5 fleurs verdâtres de 5 mm de diamètre env., disposées en inflorescence ± cubique ▶ ***Adoxa moschatellina***

**b** Fleurs de forme différente et disposées autrement 432

**432 a** Fleurs à 5 pétales rayonnants 551 (p. 219)

**b** Fleurs différentes, à symétrie bilatérale 433

## *Aquilegia vulgaris* L. Ancolie commune

**Famille :** Ranunculaceae – Renonculacées

**Nom :** *Aquilegia* origine incertaine ; *vulgaris* lat. « commun »

**Caractères :** plante haute de 30 à 90 cm ; feuilles composées de 3 folioles, elles-mêmes à 3 lobes ; fleurs plus ou moins penchées, d'un diamètre de 30 à 50 mm, bleu violacé, plus rarement roses ou blanches, à 5 pétales étalés, séparés par 5 autres pétales disposés perpendiculairement et terminés en éperon crochu (nectaires) ; généralement 5 fruits (follicules) par fleur, longs de 2 à 3 cm

**Reproduction :** floraison de mai à juillet ; hermaphrodite ; pollinisation par les insectes (abeilles) ; dispersion des graines par le vent

**Milieu :** prairies, fourrés, forêts claires, notamment de hêtres

**Bon à savoir :** le sommet crochu des nectaires renferme un glande secrétant du nectar. En cherchant à atteindre ce dernier, les abeilles et les bourdons fécondent la fleur. • Toute la plante est toxique, notamment ses graines. Les principaux symptômes d'une intoxication sont des diarrhées, un essoufflement, une paralysie, voire une syncope.

## *Adoxa moschatellina* L.
## Adoxe musquée, Moscatelline

**Famille :** Adoxaceae – Adoxacées

**Nom :** *Adoxa* grec « sans gloire » ; *moschatellina* lat. « à odeur faiblement musquée »

**Caractères :** plante haute de 5 à 20 cm ; feuilles composées de 3 folioles, elles-mêmes à 3 lobes ; fleurs d'un diamètre de 5 mm environ, avec 4 à 5 pétales verdâtres, groupées en inflorescences plus ou moins cubiques avec 4 fleurs sur les côtés et une au sommet ; fruits (drupes) blanchâtres à verdâtres

**Reproduction :** floraison de mars à avril ; hermaphrodite ; pollinisation par les insectes ; dispersion des graines par les animaux (escargots)

**Milieu :** fourrés, haies, forêts fraîches

**433 a** Folioles découpées ▶ *Corydalis cava*

**b** Folioles non découpées, tout au plus à marge dentée 434

**434 a** Couleur dominante des fleurs blanche, blanchâtre, rose, lilas, rougeâtre, rouge, violette ou bleue 435

**b** Couleur dominante des fleurs jaune pâle ou jaune d'or 444 (p. 176)

**435 a** Nombreuses fleurs regroupées en inflorescences denses, globuleuses ou ovales 438

**b** Fleurs soit solitaires, soit groupées en inflorescences allongées 436

## *Corydalis cava* (L.) Schweigg. et Körte
## Corydale à tubercule creux

**Famille :** Papaveraceae – Papavéracées

**Nom :** *Corydalis* grec « Cochevis huppé » ; *cava* lat. « creux »

**Caractères :** plante haute de 10 à 30 cm ; feuilles composées de 3 folioles, elles-mêmes divisées en 3 segments, vert glauque, à marge incisée ou dentée ; fleurs à symétrie bilatérale, longues de 18 à 30 mm, roses à violacées ou blanches, se prolongeant en un long éperon crochu à son extrémité, disposées en inflorescences allongées ; fruits (capsules) longs de 20 à 25 mm

**Reproduction :** floraison de mars à avril ; hermaphrodite ; pollinisation par les insectes (abeilles) ; dispersion des graines par les animaux (fourmis)

**Milieu :** haies, forêts de feuillus, lisières, vergers, parcs

**Bon à savoir :** des pieds à fleurs violettes et d'autres à fleurs blanches se rencontrent souvent côte à côte. • Plante-hôte de la chenille du Semi-Apollon *(Parnassius mnemosyne)*.
• La plante entière est toxique, particulièrement le tubercule. Les principaux symptômes d'une intoxication sont une difficulté à se mouvoir, pouvant aller jusqu'à une abolition de la motricité volontaire et réflexe.

**436 a** Fleurs longues de 8 à 25 mm, roses à rouge violacé **437**

**b** Fleurs longues de 4 à 5 mm, blanches ▶ ***Melilotus albus***

**437 a** Plante ± épineuse ▶ ***Ononis spinosa***

**b** Plante non épineuse ▶ ***Ononis repens*** (p. 173)

## *Melilotus albus* Medik. **Mélilot blanc**

**Famille :** Fabaceae – Fabacées

**Nom :** *Meli-* grec « miel » ; *-lotus* origine incertaine ; *albus* lat. « blanc »

**Caractères :** plante annuelle ou bisannuelle, haute de 30 à 150 cm ; feuilles à 3 folioles, celles-ci à marge finement dentée ; fleurs longues de 4 à 5 mm, blanches, pendantes, disposées en inflorescences longues de 3 à 6 cm ; fruits (gousses) ovales, longs de 3 à 4 mm, noirs

**Reproduction :** floraison de mars à avril ; hermaphrodite ; pollinisation par les insectes (abeilles) ; dispersion des graines par les animaux (fourmis)

**Milieu :** alluvions grossières, décombres, bords des chemins, talus ferroviaires, gravières, carrières.

**Bon à savoir :** pour les généralités sur la famille des Fabacées, voir p. 388.

## *Ononis spinosa* L. **Bugrane épineuse**

**Famille :** Fabaceae – Fabacées

**Nom :** *Ononis* évent. du grec « âne » ; *spinosa* lat. « épineux »

**Caractères :** plante haute de 30 à 60 cm, à tige souvent couchée, habituellement épineuse, au moins dans sa partie inférieure ; feuilles inférieures à 3 folioles, dentées sur leurs bords ; fleurs longues de 8 à 25 mm, roses à rouge violacé ; fruits (gousses) longs de 5 à 8 mm

**Reproduction :** floraison de juin à septembre ; hermaphrodite ; pollinisation par les insectes (abeilles) ; dispersion des graines sans agent extérieur

**Milieu :** pelouses sèches, pâturages, bords des chemins

**Bon à savoir :** pour les généralités sur la famille des Fabacées, voir p. 388. • L'infusion de la racine séchée est diurétique et son emploi est conseillé dans les cas de rétention d'eau et d'inflammation de la vessie, de même que contre les rhumatismes et la goutte.

**438 a** Inflorescence plutôt allongée, densément velue, laineuse ▶ *Trifolium arvense*
**b** Inflorescence plutôt globuleuse, peu velue 439

**439 a** Marge des folioles nettement dentée, au moins au sommet 440
**b** Marge des folioles non, ou peu distinctement, dentée 443 (p. 176)

## *Ononis repens* L. Bugrane rampante

**Famille :** Fabaceae – Fabacées

**Nom :** *Ononis* évent. du grec « âne » ; *repens* lat. « rampant »

**Caractères :** plante haute de 30 à 60 cm, à tige couchée, sans épines ; feuilles inférieures à 3 folioles, à marge dentée ; fleurs longues de 8 à 25 mm, roses à rouge violacé ; fruits (gousses) longs de 5 à 8 mm

**Reproduction :** floraison de juin à septembre ; hermaphrodite ; pollinisation par les insectes (abeilles) ; dispersion des graines sans agent extérieur

**Milieu :** tourbières, prairies, pâturages

**Bon à savoir :** pour les généralités sur la famille des Fabacées, voir p. 388.

## *Trifolium arvense* L. Trèfle des champs

**Famille :** Fabaceae – Fabacées

**Nom :** *Tri-* lat. « trois » ; *-folium* lat. « feuille » ; *arvense* lat. « champ »

**Caractères :** plante annuelle ou bisannuelle, haute de 5 à 40 cm ; feuilles à 3 folioles, celles-ci au moins deux fois aussi longues que larges ; fleurs longues de 3 à 4 mm, blanches ou rosées, groupées en inflorescences ovales ou cylindriques, longues de 10 à 20 mm et larges de 8 à 10 mm, fortement velues ; les fruits (gousses) restent cachés à l'intérieur des fleurs fanées

**Reproduction :** floraison de juin à août ; hermaphrodite ; pollinisation par les insectes ; dispersion des graines par le vent et les animaux

**Milieu :** pâturages, champs, bords des chemins

**Bon à savoir :** pour les généralités sur la famille des Fabacées, voir p. 388.

**440 a** Feuilles dentées seulement au sommet des folioles ▶ *Medicago sativa*

**b** Folioles régulièrement et finement dentées tout autour **441**

**441 a** Tige rampant sur le sol, seules les feuilles et les fleurs étant dressées ▶ *Trifolium repens*

**b** Tige feuillée et fleurie ± dressée **442**

## *Medicago sativa* L. Luzerne cultivée

**Famille :** Fabaceae – Fabacées

**Nom :** *Medicago* « originaire de Médie » (une région de l'Iran) ; *sativa* lat. « cultivé »

**Caractères :** plante haute de 30 à 90 cm ; feuilles à 3 folioles, celles-ci au moins deux fois aussi longues que larges, dentées seulement vers leur sommet ; fleurs longues de 7 à 12 mm, bleues ou violacées, groupées en inflorescences courtes ; fruits (gousses) enroulés en spirale, d'un diamètre de 4 à 6 mm

**Reproduction :** floraison de juin à août ; hermaphrodite ; pollinisation par les insectes ; dispersion des graines par les animaux

**Milieu :** prairies, cultures ; souvent cultivée comme fourrage

**Bon à savoir :** pour les généralités sur la famille des Fabacées, voir p. 388. • Plante-hôte des chenilles de plusieurs papillons : le Soufré *(Colias hyale)*, le Souci *(Colias crocea)*, l'Azuré des cytises *(Glaucopsyche alexis)* et l'Azuré commun *(Polyommatus icarus)*. • Une fois cuites, les jeunes pousses peuvent être consommées comme légume.

## *Trifolium repens* L. Trèfle rampant, Trèfle blanc

**Famille :** Fabaceae – Fabacées

**Nom :** *Tri-* lat. « trois » ; *-folium* lat. « feuille » ; *repens* lat. « rampant »

**Caractères :** plante haute de 5 à 40 cm, émettant des stolons à la surface du sol ; feuilles à 3 folioles, celles-ci à peine deux fois aussi longues que larges, souvent avec une bande pâle, à marge finement dentée ; fleurs longues de 7 à 12 mm, blanchâtres, groupées en inflorescences globuleuses de 15 à 25 mm de diamètre ; les fruits (gousses) restent cachés au fond des corolles sèches

**Reproduction :** floraison de mai à septembre ; hermaphrodite ; pollinisation par les insectes ; dispersion des graines par les animaux

**Milieu :** prairies, pâturages, pelouses des jardins et des stades de sport, décombres, bords des chemins

**Bon à savoir :** pour les généralités sur la famille des Fabacées, voir p. 388. • Reproduction végétative grâce à ses stolons. • Résiste très bien au piétinement, ce qui explique sa présence dans les pelouses fréquentées. • Espèce fourragère importante.

**442 a** Feuilles à pétiole velu (plier celui-ci) ▶ ***Trifolium montanum***
**b** Pétiole des feuilles glabre ▶ ***Trifolium hybridum***

## *Trifolium montanum* L. Trèfle des montagnes

**Famille :** Fabaceae – Fabacées

**Nom :** *Tri-* lat. « trois » ; *-folium* lat. « feuille » ; *montanum* lat. « montagne »

**Caractères :** plante haute de 10 à 50 cm ; feuilles à 3 folioles, celles-ci nettement plus longues que larges, à marge finement dentée ; fleurs longues de 7 à 10 mm, blanches ou crème, groupées en inflorescences globuleuses à ovales, longues de 25 mm et larges de 15 à 20 mm ; les fruits (gousses) restent enfermés dans les fleurs desséchées

**Reproduction :** floraison de mai à juillet ; hermaphrodite ; pollinisation par les insectes ; dispersion des graines par le vent et les animaux

**Milieu :** prairies maigres, pâturages, forêts claires

**Bon à savoir :** pour les généralités sur la famille des Fabacées, voir p. 388.

## *Trifolium hybridum* L. Trèfle hybride

**Famille :** Fabaceae – Fabacées

**Nom :** *Tri-* lat. « trois » ; *-folium* lat. « feuille » ; *hybridum* lat. « bâtard »

**Caractères :** plante haute de 10 à 50 cm ; feuilles à 3 folioles, celles-ci à peine deux fois aussi longues que larges, à marge finement dentée ; fleurs longues de 7 à 12 mm, blanches ou roses, groupées en inflorescences globuleuses à ovales, longues de 30 mm et larges de 18 mm ; les fruits (gousses) longs de 5 à 7 mm restent enfermés dans les fleurs desséchées

**Reproduction :** floraison de juin à août ; hermaphrodite ; pollinisation par les insectes (abeilles) ; dispersion des graines par le vent et les animaux

**Milieu :** prairies, champs, bords des chemins ; souvent cultivé comme plante fourragère

**Bon à savoir :** pour les généralités sur la famille des Fabacées, voir p. 388. • Originaire d'Europe de l'Est. • On pensait autrefois qu'il s'agissait de l'hybride entre le Trèfle des prés et le Trèfle rampant, ce qui n'est pas le cas.

**443 a** Folioles ayant leur plus grande largeur vers le milieu ▶ ***Trifolium pratense***
**b** Folioles ayant leur plus grande largeur dans la moitié inférieure ▶ ***Trifolium medium***

**444 a** Fleurs en inflorescences allongées dépassant 4 cm de long ▶ ***Melilotus officinalis*** (p. 177)
**b** Fleurs en inflorescences plus courtes, globuleuses **445**

## *Trifolium pratense* L.
## Trèfle des prés, Trèfle rouge

**Famille :** Fabaceae – Fabacées

**Nom :** *Tri-* lat. « trois » ; *-folium* lat. « feuille » ; *pratense* lat. « prairie »

**Caractères :** plante haute de 10 à 40 cm ; feuilles à 3 folioles, celles-ci atteignant 3 cm de long, le plus souvent tachées de blanc ; fleurs longues de 10 à 16 mm, rosées ou pourprées, groupées en inflorescences globuleuses à ovales, larges de 15 à 35 mm ; les fruits (gousses) restent enfermés dans les fleurs desséchées

**Reproduction :** floraison de mai à octobre ; hermaphrodite ; pollinisation par les insectes (abeilles) ; dispersion des graines par les animaux (fourmis)

**Milieu :** prairies, pâturages, forêts claires

**Bon à savoir :** pour les généralités sur la famille des Fabacées, voir p. 388. • Plante-hôte de la chenille du Demi-Argus *(Cyaniris semiargus)*. • Importante plante fourragère.

## *Trifolium medium* L.
## Trèfle intermédiaire, Trèfle flexueux

**Famille :** Fabaceae – Fabacées

**Nom :** *Tri-* lat. « trois » ; *-folium* lat. « feuille » ; *medium* lat. « milieu »

**Caractères :** plante haute de 15 à 45 cm ; feuilles à 3 folioles, celles-ci pouvant atteindre 6 cm de long, souvent ornées d'une tache pâle ; fleurs longues de 15 à 22 mm, pourprées, groupées en inflorescences globuleuses à ovales, larges de 25 à 35 mm ; les fruits (gousses) restent enfermés dans les fleurs desséchées

**Reproduction :** floraison de mai à juillet ; hermaphrodite ; pollinisation par les insectes ; dispersion des graines par le vent et les animaux

**Milieu :** talus, fourrés, forêts claires, lisières

**Bon à savoir :** pour les généralités sur la famille des Fabacées, voir p. 388.

**445 a** Folioles terminées par une petite pointe ▶ *Medicago lupulina* ..................

**b** Folioles sans pointe 446

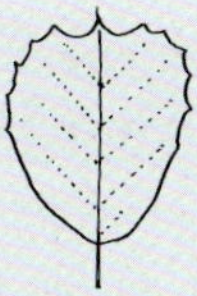

## *Melilotus officinalis* Lam. Grand Mélilot

**Famille :** Fabaceae – Fabacées

**Nom :** *Meli-* grec « miel » ; *-lotus* origine incertaine ; *officinalis* lat. « médicinal »

**Caractères :** plante annuelle ou bisannuelle, haute de 30 à 120 cm ; feuilles à 3 folioles, à marge finement dentée ; fleurs longues de 5 à 7 mm, jaunes, pendantes, formant une inflorescence allongée de 40 à 100 mm ; fruits (gousses) ovales, longs de 3 à 4 mm

**Reproduction :** floraison de juin à octobre ; hermaphrodite ; pollinisation par les insectes ; dispersion des graines par le vent

**Milieu :** alluvions grossières, décombres, bords des chemins, talus ferroviaires, gravières, carrières

**Bon à savoir :** pour les généralités sur la famille des Fabacées, voir p. 388. • La plante entière séchée, ou les fleurs seulement, fournissent une tisane favorisant la dilatation veineuse et servant à imprégner les bandages ou les compresses en cas de contusions ou contre les entorses.

## *Medicago lupulina* L. Luzerne lupuline

**Famille :** Fabaceae – Fabacées

**Nom :** *Medicago* « originaire de Médie » (une région de l'Iran) ; *lupulina* lat. « petit houblon » *(lupulus)*

**Caractères :** plante haute de 10 à 30 cm, à tige souvent couchée ; feuilles à 3 folioles de forme arrondie, munies d'une petite pointe au sommet, dentées seulement dans leur partie supérieure ; fleurs jaunes longues de 2 à 4 mm, groupées en petites inflorescences globuleuses de 4 à 6 mm de diamètre ; fruits (gousses) enroulés, mesurant 1,5 à 3 mm de diamètre

**Reproduction :** floraison de mai à septembre ; hermaphrodite ; pollinisation par les insectes (abeilles) ; dispersion des graines par les animaux

**Milieu :** prairies, talus, décombres, bords des chemins

**Bon à savoir :** pour les généralités sur la famille des Fabacées, voir p. 388..

**446 a** Folioles atteignant 20 mm de long ; inflorescence à 20 à 30 fleurs ▶ ***Trifolium campestre***

**b** Folioles ne dépassant pas 13 mm de long ; inflorescence à 3 à 20 fleurs ▶ ***Trifolium dubium***

## *Trifolium campestre* Schreb. **Trèfle jaune**

**Famille :** Fabaceae – Fabacées

**Nom :** *Tri-* lat. « trois » ; *-folium* lat. « feuille » ; *campestre* lat. « champ »

**Caractères :** plante annuelle ou bisannuelle, haute de 10 à 35 cm ; tige souvent couchée ; feuilles à 3 folioles, dentées seulement dans leur partie supérieure ; fleurs jaunes longues de 4 à 5 mm, groupées par 20 à 30 en inflorescences globuleuses à ovales, longues de 7 à 15 mm ; les fruits (gousses) longs de 3 mm environ restent enfermés dans les fleurs desséchées

**Reproduction :** floraison de mai à août ; hermaphrodite ; pollinisation par les insectes (abeilles) ; dispersion des graines par le vent et les animaux

**Milieu :** prairies sèches, champs, décombres, bords des chemins

**Bon à savoir :** pour les généralités sur la famille des Fabacées, voir p. 388.

## *Trifolium dubium* Sibth. **Trèfle douteux, Petit Trèfle jaune**

**Famille :** Fabaceae – Fabacées

**Nom :** *Tri-* lat. « trois » ; *-folium* lat. « feuille » ; *dubium* lat. « douteux »

**Caractères :** plante annuelle ou bisannuelle, haute de 5 à 30 cm ; tige couchée ; feuilles à 3 folioles, vert glauque, à marge dentée seulement dans sa partie supérieure ; fleurs jaune pâle longues de 3,5 à 4 mm, groupées par 3 à 20 en inflorescences globuleuses larges de 5 à 10 mm ; les fruits (gousses) mesurant à peine 2 mm de long restent enfermés dans les fleurs desséchées

**Reproduction :** floraison de mai à septembre ; hermaphrodite ; pollinisation par les insectes (abeilles) ; dispersion des graines par le vent

**Milieu :** prairies, pelouses, bords des chemins

**Bon à savoir :** pour les généralités sur la famille des Fabacées, voir p. 388.

**447 a** Couleur dominante des fleurs jaune ▶ *Lathyrus pratensis*

**b** Couleur dominante des fleurs rouge à bleu violacé 448

**c** Couleur dominante des fleurs blanche ou blanc bleuté 451

**448 a** Feuilles à 2 folioles ▶ *Lathyrus sylvestris*

**b** Feuilles possédant au moins 8 folioles 449

## *Lathyrus pratensis* L. Gesse des prés

**Famille :** Fabaceae – Fabacées

**Nom :** *Lathyrus* grec « aplati » ; *pratensis* lat. « prairie »

**Caractères :** plante haute de 30 à 90 cm ; tige grimpante ; feuilles à 2 ou 4 folioles, habituellement terminées par une vrille ; fleurs jaunes longues de 10 à 16 mm, groupées par 3 à 12 dans chaque inflorescence ; fruits (gousses) longs de 20 à 35 mm et larges de 4 à 6 mm

**Reproduction :** floraison de juin à juillet ; hermaphrodite ; pollinisation par les insectes (abeilles) ; dispersion des graines par les animaux ou sans agent extérieur

**Milieu :** prairies, fourrés, bords des chemins

**Bon à savoir :** pour les généralités sur la famille des Fabacées, voir p. 388. • Par temps chaud, les gousses éclatent et projettent leurs graines alentour. • Plante-hôte de la chenille de la Piéride de la moutarde *(Leptidea sinapis)*. • Le sommet des jeunes pousses feuillées peut être mangé en salades ou, cuit avec les inflorescences, être consommé comme légume.

## *Lathyrus sylvestris* L. Gesse sauvage

**Famille :** Fabaceae – Fabacées

**Nom :** *Lathyrus* grec « aplati » ; *sylvestris* lat. « qui pousse à l'état sauvage »

**Caractères :** plante haute ou longue de 50 à 200 cm, à tige couchée ou grimpante ; feuilles à 2 folioles et avec une vrille au sommet ; fleurs roses ou rouges longues de 12 à 18 mm, groupées par 3 à 10 dans chaque inflorescence ; fruits (gousses) longs de 50 à 80 mm et larges de 8 à 13 mm

**Reproduction :** floraison de juillet à août ; hermaphrodite ; pollinisation par les insectes (abeilles) ; dispersion des graines par les animaux ou sans agent extérieur

**Milieu :** berges des rivières, fourrés, lisières forestières, éboulis

**Bon à savoir :** pour les généralités sur la famille des Fabacées, voir p. 388. • Par temps chaud, les gousses éclatent et projettent leurs graines alentour.

**449 a** Inflorescence avec au moins 15 fleurs ▶ ***Vicia cracca***
**b** Fleurs solitaires ou en inflorescences de 6 fleurs tout au plus **450**

**450 a** Fleurs habituellement solitaires ou par deux, rouges ou rouge violacé ▶ ***Vicia sativa***
**b** Fleurs par 3 à 6, roses ou violet brunâtre ▶ ***Vicia sepium*** (p. 181)

## *Vicia cracca* L. Jarosse, Vesce à épis

**Famille :** Fabaceae – Fabacées

**Nom :** *Vicia* indo-europ. « courber », « s'enrouler » ; *cracca* origine incertaine

**Caractères :** plante haute ou longue de 20 à 150 cm, à tige couchée ou grimpante ; feuilles à 10 à 30 folioles et terminées par une vrille ; fleurs bleu violacé longues de 8 à 12 mm, groupées par 15 à 40 en inflorescences allongées ; fruits (gousses) longs de 10 à 25 mm et larges de 4 à 6 mm

**Reproduction :** floraison de juin à août ; hermaphrodite ; pollinisation par les insectes (abeilles) ; dispersion des graines par les animaux ou sans agent extérieur

**Milieu :** prairies, fourrés, lisières forestières, cultures

**Bon à savoir :** pour les généralités sur la famille des Fabacées, voir p. 391. • Par temps chaud, les gousses éclatent et projettent leurs graines jusqu'à 2 m alentour. • Plante-hôte de la chenille de l'Azuré de la jarosse *(Plebicula amanda).* • Le sommet des jeunes pousses feuillées peut être mangé en salade ou, cuit avec les inflorescences, être consommé comme légume.

## *Vicia sativa* L. Vesce commune

**Famille :** Fabaceae – Fabacées

**Nom :** *Vicia* indo-européen « courber », « s'enrouler » ; *sativa* lat. « cultivé »

**Caractères :** plante annuelle ou bisannuelle, haute ou longue de 10 à 90 cm ; tige couchée ou grimpante ; feuilles avec 6 à 18 folioles, habituellement terminées par une vrille ; fleurs longues de 13 à 25 mm, rouges ou rouge violacé, généralement solitaires ; fruits (gousses) longs de 3 à 5 cm et larges de 3,5 à 5 mm

**Reproduction :** floraison de mai à octobre ; hermaphrodite ; pollinisation par les insectes ; dispersion des graines sans agent extérieur

**Milieu :** prairies sèches, fourrés, cultures, bords des chemins

**Bon à savoir :** pour les généralités sur la famille des Fabacées, voir p. 388. • Par temps chaud, les gousses éclatent et projettent leurs graines alentour. • Le sommet des jeunes pousses feuillées peut être mangé en salades ou, cuit avec les inflorescences, être consommé comme légume.

**451 a** Feuilles avec 12 à 20 folioles, celles-ci terminées par 3 dents ▶ ***Vicia hirsuta***

**b** Feuilles avec 4 à 12 folioles, à sommet obtus ou aigu (sans dents) ▶ ***Vicia tetrasperma*** (p. 182)

## *Vicia sepium* L. Vesce des haies

**Famille :** Fabaceae – Fabacées

**Nom :** *Vicia* indo-européen « courber », « s'enrouler » ; *sepium* lat. « haie »

**Caractères :** plante haute de 20 à 60 cm, à tige souvent grimpante ; feuilles avec 8 à 16 folioles, terminées par une vrille ; fleurs longues de 12 à 15 mm, roses ou violet brunâtre, groupées par 3 à 6 en inflorescences courtes ; fruits (gousses) longs de 18 à 35 mm et larges de 5 à 8 mm

**Reproduction :** floraison d'avril à août ; hermaphrodite ; pollinisation par les insectes ; dispersion des graines par les animaux ou sans agent extérieur

**Milieu :** prairies, fourrés, lisières forestières

**Bon à savoir :** pour les généralités sur la famille des Fabacées, voir p. 388. • Par temps chaud, les gousses éclatent et projettent leurs graines alentour. • Le sommet des jeunes pousses feuillées peut être mangé en salades ou, cuit avec les inflorescences, être consommé comme légume.

## *Vicia hirsuta* (L.) Gray Vesce hérissée

**Famille :** Fabaceae – Fabacées

**Nom :** *Vicia* indo-européen « courber », « s'enrouler » ; *hirsuta* lat. « à poils raides »

**Caractères :** plante annuelle, haute ou longue de 20 à 60 cm ; tige couchée ou grimpante ; feuilles avec 12 à 20 folioles, terminées par une vrille, chaque foliole munie de 3 dents au sommet ; fleurs longues de 3 à 4 mm, bleutées ou blanches, groupées par 3 à 6 dans chaque inflorescence ; fruits (gousses) longs de 6 à 11 mm, couverts de poils courts et raides, comprenant deux graines

**Reproduction :** floraison de mai à juillet ; hermaphrodite ; autopollinisation ; dispersion des graines par les animaux ou sans agent extérieur

**Milieu :** prairies, fourrés, cultures, décombres

**Bon à savoir :** pour les généralités sur la famille des Fabacées, voir p. 388. • Par temps chaud, les gousses éclatent et projettent leurs graines alentour.

## *Vicia tetrasperma* (L.) Schreb.
## Vesce à fleurs lâches

**Famille :** Fabaceae – Fabacées

**Nom :** *Vicia* indo-européen « courber », « s'enrouler » ; *tetra-* grec « quatre » ; *-sperma* grec « graine »

**Caractères :** plante annuelle, haute ou longue de 20 à 60 cm ; tige couchée ou grimpante ; feuilles avec 4 à 12 folioles, terminées par une vrille ; fleurs longues de 4 à 7 mm, bleutées ou blanches, généralement solitaires ; fruits (gousses) longs de 7 à 16 mm et larges de 3 à 4 mm, glabres, comprenant habituellement 4 graines

**Reproduction :** floraison de mai à juillet ; hermaphrodite ; autopollinisation ; dispersion des graines par les animaux ou sans agent extérieur

**Milieu :** prairies, fourrés, cultures, décombres

**Bon à savoir :** pour les généralités sur la famille des Fabacées, voir p. 388. • Par temps chaud, les gousses éclatent et projettent leurs graines alentour.

**461 a** Fleurs entièrement, ou au moins en partie, jaunes ou jaunâtres ▶ *Viola tricolor*

**b** Fleurs jamais jaunes, même partiellement 462

**462 a** Tige sans feuilles, celles-ci toutes situées à la base de la plante 463

**b** Tige feuillée 465

## *Viola tricolor* L. Pensée sauvage

**Famille :** Violaceae – Violacées

**Nom :** *Viola* lat. « violet » ; *tri-* lat. « trois » ; *-color* lat. « couleur »

**Caractères :** plante annuelle ou bisannuelle, haute ou longue de 10 à 40 cm ; tige souvent en partie couchée ; feuilles arrondies ou allongées, bordées de quelques dents ; fleurs à 5 pétales disposés irrégulièrement (4 supérieurs, 1 inférieur), entièrement jaunes ou jaune panaché de blanc, de bleuâtre ou de violet, le pétale inférieur se prolongeant en arrière (éperon) ; diamètre maximal des fleurs de 10 à 30 mm ; fruits (capsules) ovales, à 3 parties

**Reproduction :** floraison de mars à septembre ; hermaphrodite ; pollinisation par les insectes ; dispersion des graines par les animaux (fourmis) ou sans agent extérieur

**Milieu :** prairies, cultures, friches, bords des chemins

**Bon à savoir :** plante-hôte des chenilles de deux papillons : le Grand Nacré *(Mesoacidalia aglaja)* et le Petit Nacré *(Issoria lathonia)*. • Une fois séchée, la plante fleurie fournit une infusion utile contre les hypersécrétions des voies respiratoires et, en usage externe, contre l'acné, l'eczéma et les croûtes de lait.

**463 a** Fleurs à odeur agréable ▶ ***Viola odorata***
**b** Fleurs inodores **464**

**464 a** Feuilles ± velues, au moins en dessous ; pousse dans des milieux plutôt secs ▶ ***Viola hirta***
**b** Feuilles entièrement glabres ; pousse dans des milieux humides ou marécageux ▶ ***Viola palustris*** (p. 185)

## *Viola odorata* L. Violette odorante

**Famille :** Violaceae – Violacées

**Nom :** *Viola* lat. « violet » ; *odorata* lat. « odorant »

**Caractères :** plante haute de 3 à 15 cm ; feuilles arrondies ou en cœur, à marge dentée ; fleurs à 5 pétales disposés irrégulièrement, bleu violacé, odorants, l'inférieur à rayures plus sombres et prolongé vers l'arrière (éperon) ; diamètre maximal des fleurs de 15 à 20 mm ; fruits (capsules) ovales, velus, à 3 parties

**Reproduction :** floraison de mars à avril ; hermaphrodite ; pollinisation par les insectes ; dispersion des graines par les animaux (fourmis)

**Milieu :** lieux ombragés, fourrés, lisières forestières, vergers

**Bon à savoir :** plante-hôte de la chenille de la Petite Violette *(Clossiana dia).* • La plante entière séchée ou les fleurs seules fournissent une tisane (souvent en mélange avec d'autres plantes) efficace contre la toux. • Les fleurs peuvent être transformées en sirop, servir à aromatiser le riz au lait ou être dégustées confites.

## *Viola hirta* L. Violette hérissée

**Famille :** Violaceae – Violacées

**Nom :** *Viola* lat. « violet » ; *hirta* lat. « à poils raides », « hérissé »

**Caractères :** plante haute de 3 à 25 cm ; feuilles arrondies ou en cœur, velues surtout en dessous, à marge dentée ; fleurs à 5 pétales disposés irrégulièrement, bleu violacé, l'inférieur rayé de sombre et prolongé vers l'arrière (éperon) ; diamètre maximal des fleurs de 15 à 20 mm ; fruits (capsules) ovales, velus, à 3 parties

**Reproduction :** floraison de mars à avril ; hermaphrodite ; autopollinisation ; dispersion des graines par les animaux (fourmis)

**Milieu :** prairies, pâturages, talus, fourrés

**Bon à savoir :** plante-hôte de la chenille du Petit Nacré *(Issoria lathonia).*

**465 a** Feuilles de la tige les plus grandes 1,5 à 2 fois aussi longues que larges ; pas de feuilles à la base de la plante ▶ *Viola canina*

**b** Feuilles de la tige les plus grandes moins de 1,5 fois aussi longues que larges ; présence de feuilles à la base de la plante 466

## *Viola palustris* L. Violette des marais

**Famille :** Violaceae – Violacées

**Nom :** *Viola* lat. « violet » ; *palustris* lat. « marais »

**Caractères :** plante haute de 3 à 10 cm ; feuilles arrondies, glabres, souvent enroulées ou en entonnoir, à marge dentée ; fleurs lilas à 5 pétales disposés irrégulièrement, l'inférieur à rayures violettes et prolongé vers l'arrière (éperon) ; diamètre maximal des fleurs de 10 à 15 mm ; fruits (capsules) ovales, à 3 parties

**Reproduction :** floraison d'avril à juin ; hermaphrodite ; pollinisation par les insectes ; dispersion des graines sans agent extérieur ou par les animaux (fourmis)

**Milieu :** tourbières, prairies humides

**Bon à savoir :** plante-hôte de la chenille du Petit Collier argenté *(Clossiana selene)*.

## *Viola canina* L. Violette des chiens

**Famille :** Violaceae – Violacées

**Nom :** *Viola* lat. « violet » ; *canina* lat. « chien »

**Caractères :** plante haute ou longue de 5 à 30 cm, à tige en partie couchée ; feuilles arrondies ou en cœur, un peu coriaces, à marge dentée ; fleurs à 5 pétales disposés irrégulièrement, bleu violacé, l'inférieur à rayures sombres et prolongé vers l'arrière (éperon) ; diamètre maximal des fleurs de 20 à 25 mm ; fruits (capsules) ovales, à 3 parties

**Reproduction :** floraison de mai à juin ; hermaphrodite ; pollinisation par les insectes ; dispersion des graines sans agent extérieur ou par les animaux (fourmis)

**Milieu :** tourbières, prairies, pâturages, landes, lisières forestières

**Bon à savoir :** plante-hôte des chenilles de plusieurs papillons : le Grand Collier argenté *(Clossiana euphrosyne)*, le Petit Collier argenté *(Clossiana selene)* et le Tabac d'Espagne *(Argynnis paphia)*.

**466 a** Feuilles les plus grandes à peu près aussi longues que larges ; pétale inférieur à prolongement (éperon) nettement plus clair que le reste de la fleur ▶ ***Viola riviniana***

**b** Feuilles les plus grandes un peu plus longues que larges ; pétale inférieur à prolongement (éperon) ± de même couleur que le reste de la fleur ▶ ***Viola reichenbachiana***

## *Viola riviniana* Rchb. Violette de Rivinus

**Famille :** Violaceae – Violacées

**Nom :** *Viola* lat. « violet » ; *rivinus* d'après Augustus Quirinus Rivinus, médecin et botaniste allemand (1652-1723)

**Caractères :** plante haute ou longue de 5 à 25 cm, à tige en partie couchée ; feuilles arrondies ou en cœur, à peu près aussi longues que larges, à marge dentée ; fleurs à 5 pétales disposés irrégulièrement, bleu violacé, l'inférieur à rayures sombres et prolongé vers l'arrière en éperon blanchâtre arqué ; diamètre maximal des fleurs de 20 à 25 mm ; fruits (capsules) ovales, à 3 parties

**Reproduction :** floraison d'avril à mai ; hermaphrodite ; pollinisation par les insectes ; dispersion des graines sans agent extérieur ou par les animaux (fourmis)

**Milieu :** forêts

## *Viola reichenbachiana* Boreau Violette des bois, Violette de Reichenbach

**Famille :** Violaceae – Violacées

**Nom :** *Viola* lat. « violet » ; *reichenbachiana* d'après Heinrich Gottlieb Ludwig Reichenbach, directeur du jardin botanique de Dresde (1793-1879)

**Caractères :** plante haute ou longue de 5 à 25 cm, à tige en partie couchée ; feuilles arrondies ou en cœur, plus longues que larges, à marge dentée ; fleurs à 5 pétales disposés irrégulièrement, bleu violacé, l'inférieur à rayures sombres et prolongé vers l'arrière en éperon violacé plus ou moins droit ; diamètre maximal des fleurs de 15 à 20 mm ; fruits (capsules) ovales, à 3 parties

**Reproduction :** floraison d'avril à mai ; hermaphrodite ; pollinisation par les insectes ; dispersion des graines sans agent extérieur ou par les animaux (fourmis)

**Milieu :** forêts

**Bon à savoir :** plante-hôte des chenilles de plusieurs papillons : le Grand Collier argenté *(Clossiana euphrosyne)*, le Moyen Nacré *(Fabriciana adippe)* et le Tabac d'Espagne *(Argynnis paphia)*.

**471 a** Feuilles verticillées, c.-à-d. insérées par 4 (ou plus) à même hauteur, régulièrement, tout autour de la tige (verticille) **231** (p. 96) ........................

**b** Feuilles de la tige jamais verticillées **472**

**472 a** Couleur dominante des fleurs blanchâtre à blanc pur, parfois avec des taches ou des rayures de couleur différente **473**

**b** Couleur dominante des fleurs rose, rouge, lilas, violette ou bleue **500** (p. 197)

**c** Couleur dominante des fleurs verdâtre, vert jaunâtre ou jaune pâle **529** (p. 210)

**473 a** Tige sans feuilles, celles-ci toutes groupées à la base de la plante ▶ ***Erophila verna***

**b** Tige feuillée **474**

**474 a** Feuilles opposées, au moins vers le bas de la tige, c.-à-d. disposées deux par deux, en vis-à-vis, à même hauteur sur la tige **475** ............

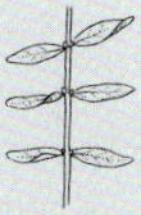

**b** Feuilles alternes, c.-à-d. non disposées en vis-à-vis **481** ..................................

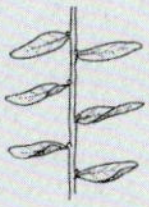

**475 a** Feuilles de 2 mm de large tout au plus ▶ ***Sagina procumbens*** (p. 188)

**b** Feuilles plus larges **476**

**476 a** Fleurs disposées tout autour de la tige, juste au-dessus de chaque paire de feuille ▶ ***Lycopus europaeus*** (p. 283)

**b** Fleurs disposées autrement **477**

**477 a** Feuilles inférieures à pétiole de plus de 10 mm de long ▶ ***Circaea lutetiana*** (p. 188)

**b** Feuilles sans pétiole ou celui-ci inférieur à 10 mm de long **478**

## *Erophila verna* (L.) DC., *Draba verna* (L.) DC.
## Drave de printemps

**Famille :** Brassicaceae – Brassicacées

**Nom :** *Ero-* grec « printemps » ; *-phila* grec « qui aime » ; *draba* grec nom de plante ; *verna* lat. « printemps »

**Caractères :** plante annuelle, haute de 2 à 20 cm ; tige non feuillée ; feuilles de la base allongées à ovales, atteignant 3 cm de long ; fleurs à 4 pétales blancs, longs de 1 mm environ, profondément échancrés ; fruits (silicules) longs de 5 à 12 mm

**Reproduction :** floraison de février à mai ; hermaphrodite ; autopollinisation ; dispersion des graines par le vent

**Milieu :** pelouses, cultures, lieux graveleux, sommets des murs, interstices entre les pavés

**478 a** Pétales échancrés au sommet ▶ *Epilobium ciliatum* (p. 201) ....................
**b** Pétales non échancrés **479**

**479 a** Feuilles étroites, les plus grandes jusqu'à 5 cm de long
▶ *Veronica scutellata* (p. 204)
**b** Feuilles ovales, les plus grandes longues de 2,5 cm au maximum **480**

**480 a** Marge des feuilles grossièrement dentée ; feuilles velues ▶ *Veronica agrestis* (p. 203)
**b** Marge non dentée ou à dents insignifiantes ; feuilles quasiment glabres
▶ *Veronica serpyllifolia* (p. 207)

## *Sagina procumbens* L. Sagine couchée

**Famille :** Caryophyllaceae – Caryophyllacées

**Nom :** *Sagina* lat. « engraissement », « alimentation » ; *procumbens* lat. « couché »

**Caractères :** plante haute de 1 à 5 cm ; tige souvent couchée ; feuilles opposées, très étroites, longues de 15 mm au maximum et larges de 1 mm ; fleurs à 4 pétales blancs (souvent manquants), longs de 1 mm environ, atteignant à peine la moitié de la longueur des sépales verts ; fruits (capsules) longs de 1 à 4 mm

**Reproduction :** floraison de mai à septembre ; hermaphrodite ; pollinisation par les insectes ; dispersion des graines par le vent et les animaux

**Milieu :** cultures fraîches, bords des chemins, interstices entre les pavés

## *Circaea lutetiana* L. Circée commune

**Famille :** Onagraceae – Onagracées

**Nom :** *Circaea* du grec « Circé » (la magicienne) ; *lutetiana* lat. « de Paris » (Lutèce)

**Caractères :** plante haute de 20 à 60 cm ; feuilles opposées, ovales à allongées, à marge munie de quelques dents ; fleurs disposées en longues inflorescences, à 2 pétales blancs ou rosés, divisés jusqu'au milieu, longs de 2 à 4 mm ; fruits (akènes) longs de 3 à 4 mm, à poils crochus

**Reproduction :** floraison de juin à août ; hermaphrodite ; pollinisation par les insectes (mouches) ; dispersion des graines par les animaux

**Milieu :** fourrés, forêts

**Bon à savoir :** grâce à leurs poils crochus, les fruits restent accrochés à la fourrure des animaux (et aux vêtements), assurant ainsi la dissémination de la plante.

**481 a** Feuilles les plus grandes de la tige profondément découpées ou composées de folioles indépendantes **482** ..........................................

**b** Feuilles de la tige ni découpées ni composées **489** (p. 192)

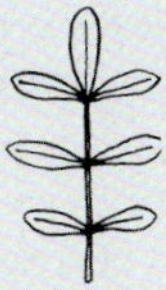

**482 a** Pétales mesurant plus de 12 mm de long ▶ ***Raphanus raphanistrum***

**b** Pétales mesurant moins de 8 mm de long **483**

**483 a** Feuilles supérieures de la tige profondément découpées ou divisées en folioles **484**

**b** Feuilles supérieures ni découpées ni divisées en folioles **488**

**484 a** Pétales longs de plus de 5 mm ▶ ***Cardamine amara***

**b** Pétales longs de moins de 5 mm **485**

## *Raphanus raphanistrum* L. Radis ravenelle

**Famille :** Brassicaceae – Brassicacées

**Nom :** *Raphanus* grec « navet » ; *raphanistrum* combinaison du nom des genres *Raphanus* (Radis) et *Rapistrum* (Rapistre)

**Caractères :** plante annuelle, haute de 20 à 60 cm ; feuilles les plus grandes divisées en 5 à 11 folioles, à marge dentée ; fleurs à pétales blancs ou jaune pâle, souvent rayés de sombre, longs de 12 à 24 mm ; fruits (siliques) longs de 2 à 9 cm et épais de 3 à 5 mm, bosselés

**Reproduction :** floraison de mai à octobre ; hermaphrodite ; pollinisation par les insectes ; dispersion des graines par les animaux (ex. Serin cini)

**Milieu :** cultures, friches, bords des chemins

**Bon à savoir :** étroitement apparenté au Radis cultivé *(Raphanus sativus)* qui comprend les différentes variétés de radis rose et noir.

## *Cardamine amara* L.<br>Cardamine amère, Cresson amer

**Famille :** Brassicaceae – Brassicacées

**Nom :** *Cardamine* grec « Cresson alénois » ; *amara* lat. « amer »

**Caractères :** plante haute de 10 à 60 cm ; feuilles les plus grandes divisées en 5 à 13 folioles, à marge faiblement dentée ; fleurs à 4 pétales blancs, longs de 5 à 10 mm, et étamines violacées ; fruits (siliques) longs de 18 à 40 mm et épais de 1 à 2 mm

**Reproduction :** floraison de mai à juin ; hermaphrodite ; pollinisation par les insectes ; dispersion des graines sans agent extérieur

**Milieu :** sources, bords des ruisseaux, fossés

**Bon à savoir :** les feuilles ont un goût prononcé et peuvent être utilisées en salades.

**485 a** Feuilles les plus grandes à 5 à 9 folioles **486**
**b** Feuilles les plus grandes à 7 à 17 folioles ; plante forestière **487**

**486 a** Plante haute de 30 cm au maximum ▶ *Cardamine hirsuta*
**b** Plante haute de plus de 30 cm ; pousse dans des milieux marécageux ▶ *Nasturtium officinale*

## *Cardamine hirsuta* L. Cardamine hérissée

**Famille :** Brassicaceae – Brassicacées

**Nom :** *Cardamine* grec « Cresson alénois » ; *hirsuta* lat. « à poils raides », « hérissé »

**Caractères :** plante annuelle ou bisannuelle, haute de 5 à 30 cm ; feuilles les plus grandes divisées en 5 à 9 folioles, à marge munie de rares dents obtuses ; fleurs à 4 pétales blancs, longs de 2,5 à 3,5 mm ; fruits (siliques) longs de 18 à 25 mm et épais de 1 mm environ

**Reproduction :** floraison de mars à mai et en automne ; hermaphrodite ; autopollinisation ; dispersion des graines par les animaux ou sans agent extérieur

**Milieu :** jardins, cultures, vignes

**Bon à savoir :** les fruits mûrs sont sous pression et explosent spontanément ou au moindre contact, catapultant leurs graines jusqu'à 1,5 m aux alentours. • La saveur légèrement poivrée des feuilles confère aux salades une note délicatement épicée.

## *Nasturtium officinale* R. Br. Cresson de fontaine, Cresson officinal

**Famille :** Brassicaceae – Brassicacées

**Nom :** *Nas-* lat. « nez » ; *-turtium* lat. « tourmenter » ; *officinale* lat. « médicinal »

**Caractères :** plante haute de 30 à 90 cm ; feuilles les plus grandes divisées en 3 à 9 folioles, à marge faiblement dentée ; fleurs à 4 pétales blancs, longs de 3,5 à 5 mm, étamines jaunes ; fruits (siliques) longs de 12 à 18 mm et épais de 1,8 à 2,5 mm

**Reproduction :** floraison de juin à septembre ; hermaphrodite ; pollinisation par les insectes ; dispersion des graines par le vent

**Milieu :** sources, bords des ruisseaux, fossés

**Bon à savoir :** les feuilles possèdent une saveur piquante de moutarde. On peut les consommer crues en salades, seules ou mélangées à d'autres feuilles, également en soupe ou en sauce après cuisson.

**487 a** Base de la tige avec des feuilles vertes ▶ *Cardamine flexuosa*
**b** Base de la tige sans feuilles vertes ▶ *Cardamine impatiens*

**488 a** Feuilles à la base de la tige atteignant 80 cm de long ▶ *Armoracia rusticana* (p. 192)
**b** Feuilles à la base de la tige beaucoup plus courtes, ou absentes ▶ *Lepidium campestre* (p. 196)

## *Cardamine flexuosa* With. Cardamine des bois

**Famille :** Brassicaceae – Brassicacées

**Nom :** *Cardamine* grec « Cresson alénois » ; *flexuosa* lat. « sinueux »

**Caractères :** plante annuelle ou bisannuelle, haute de 5 à 40 cm ; feuilles les plus grandes divisées en 7 à 13 folioles, à marge munie de quelques dents obtuses ; fleurs à 4 pétales blancs, longs de 2,5 à 3,5 mm ; fruits (siliques) longs de 18 à 25 mm et épais de 1 mm environ

**Reproduction :** floraison de mai à juin et de septembre à novembre ; hermaphrodite ; autopollinisation ; dispersion des graines sans agent extérieur

**Milieu :** forêts fraîches, coupes, chemins forestiers

## *Cardamine impatiens* L. Cardamine impatiente

**Famille :** Brassicaceae – Brassicacées

**Nom :** *Cardamine* grec « Cresson alénois » ; *impatiens* lat. « impatient », « sensible »

**Caractères :** plante annuelle ou bisannuelle, haute de 10 à 80 cm ; feuilles les plus grandes divisées en 11 à 19 folioles, à marge dentée ou découpée ; fleurs à 4 pétales blancs, longs de 2 à 3 mm, souvent absents ; fruits (siliques) longs de 18 à 30 mm et épais de 1 mm environ

**Reproduction :** floraison de mai à juillet ; hermaphrodite ; autopollinisation ; dispersion des graines sans agent extérieur

**Milieu :** fourrés, forêts fraîches, chemins forestiers, rochers, murs

**Bon à savoir :** les fruits mûrs, sous pression, explosent spontanément ou au moindre contact, catapultant leurs graines jusqu'à 2 à 5 m aux alentours.

**489 a** Plantes ne possédant que 2 feuilles, en forme de cœur, à la base ▶ *Maianthemum bifolium*
**b** Plantes possédant plus de 2 feuilles **490**

**490 a** Toujours une feuille au point d'insertion du pédoncule floral sur la tige ▶ *Veronica agrestis* (p. 203)
**b** Pas de feuille au point d'insertion du pédoncule floral sur la tige **491**

## *Armoracia rusticana* P. Gaertn. et al.
## Raifort, Cranson

**Famille :** Brassicaceae – Brassicacées

**Nom :** *Armoracia* origine incertaine ; *rusticana* lat. « rural »

**Caractères :** plante haute de 40 à 120 cm ; feuilles de la base très grandes, mesurant jusqu'à 80 cm de long, ovales, celles de la partie inférieure de la tige irrégulièrement découpées en segments inégaux, celles de la partie supérieure simples, toutes à marge dentée ; fleurs à 4 pétales blancs, longs de 5 à 7 mm ; fruits (silicules) ovales, longs de 4 à 6 mm

**Reproduction :** floraison en mai ; hermaphrodite ; pollinisation par les insectes ; dispersion des graines par le vent

**Milieu :** décombres, bords des chemins

**Bon à savoir :** cultivé en Europe tempérée depuis le XV^e^ siècle. • La racine fraîche râpée est utilisée contre les hypersécrétions bronchiques, en cataplasmes contre les ulcères de la peau, mais également pour agrémenter des sauces en accompagnement de viandes ou de poissons.

## *Maianthemum bifolium* (L.) F. W. Schmidt
## Maïanthème à deux feuilles

**Famille :** Asparagaceae – Asparagacées

**Nom :** *Mai-* lat. « mai » ; *-anthemum* grec « fleur » ; *bi-* lat. « deux » ; *folium* lat. « feuille »

**Caractères :** plante haute de 5 à 20 cm, à deux feuilles en forme de cœur étalées plus ou moins horizontalement ; fleurs d'un diamètre de 5 mm environ, à 4 pétales blancs, odorantes, groupées en inflorescences lâches, longues de 2 à 4 cm ; fruits (baies) globuleux, jaunes à rouges

**Reproduction :** floraison en mai ; hermaphrodite ; pollinisation par les insectes (mouches) ; dispersion des graines par les animaux

**Milieu :** forêts de feuillus et de conifères

**Bon à savoir :** la plante entière est toxique, notamment ses baies. Nausées, diarrhées, perturbations du rythme cardiaque et vertiges sont les principaux symptômes d'une intoxication.

**491 a** Feuilles inférieures de la tige en forme de cœur à la base, longuement pétiolées, sans odeur d'ail si on les froisse ▶ *Alliaria petiolata*

**b** Feuilles de forme différente, sans odeur alliacée 492

**492 a** Pétales divisés presque jusqu'au milieu ▶ *Berteroa incana*

**b** Pétales non, ou à peine, divisés 493

## *Alliaria petiolata* (M. Bieb.) Cavara et Grande
## Alliaire officinale

**Famille :** Brassicaceae – Brassicacées

**Nom :** *Alliaria* d'après *Allium sativum* (l'ail) ; *petiolata* lat. « petit pied » (pétiole des feuilles)

**Caractères :** plante haute de 15 à 90 cm ; feuilles à contour arrondi à triangulaire, à marge grossièrement dentée, sentant un peu l'ail au froissement ; fleurs à 4 pétales blancs, longs de 4 à 6 mm ; fruits (siliques) longs de 2 à 7 cm et épais de 1,5 à 2,5 mm

**Reproduction :** floraison d'avril à juin ; hermaphrodite ; pollinisation par les insectes ; dispersion des graines par le vent

**Milieu :** fourrés, haies, décombres, bords des chemins

**Bon à savoir :** les feuilles finement coupées ou hachées peuvent, tout comme les jeunes pousses avec leurs boutons floraux, être consommées en salades ou servir de condiment.

## *Berteroa incana* (L.) DC. Alysson blanc

**Famille :** Brassicaceae – Brassicacées

**Nom :** *Berteroa* d'après Carlo Giuseppe Luigi Bertero, médecin et botaniste italien (1789-1831) ; *incana* lat. « grisonnant », « gris »

**Caractères :** plante annuelle ou bisannuelle, haute de 25 à 60 cm ; feuilles allongées, velues et grisâtres ; fleurs à 4 pétales blancs, longs de 4 à 6 mm, profondément divisés en deux ; fruits (silicules) ovales, longs de 4 à 9 mm

**Reproduction :** floraison de juin à octobre ; hermaphrodite ; pollinisation par les insectes ; dispersion des graines par le vent

**Milieu :** décombres, bords des chemins, talus ferroviaires, gravières

**493 a** Pétales dépassant 10 mm de long ▶ *Hesperis matronalis* (p. 211)

**b** Pétales mesurant moins de 10 mm de long 494

**494 a** Fruits beaucoup plus longs que larges 495

**b** Fruits environ aussi longs que larges 497

**495 a** Feuilles de la tige glabres, vert glauque ; plante atteignant au moins 50 cm de haut ▶ *Turritis glabra*

**b** Feuilles de la tige en général velues, vert franc ; plante ne dépassant pas 60 cm de haut 496

## *Turritis glabra* L. Arabette glabre

**Famille :** Brassicaceae – Brassicacées

**Nom :** *Turritis* lat. « dressé comme une tour » ; *glabra* lat. « glabre »

**Caractères :** plante bisannuelle, haute de 50 à 150 cm ; feuilles inférieures dentées ou découpées, les supérieures entières, d'un vert glauque ; fleurs à 4 pétales blanc crème, longs de 4 à 6 mm ; fruits (siliques) longs de 4 à 7 cm et épais de 1 à 1,5 mm

**Reproduction :** floraison de mai à juillet ; hermaphrodite ; pollinisation par les insectes (mouches) ; dispersion des graines par le vent

**Milieu :** fourrés, lieux pierreux

## *Arabis hirsuta* (L.) Scop. Arabette hérissée

**Famille :** Brassicaceae – Brassicacées

**Nom :** *Arabis* origine incertaine ; *hirsuta* lat. « hirsute », « hérissé »

**Caractères :** plante haute de 15 à 60 cm, à tige densément feuillée ; feuilles allongées, à marge dentée ; fleurs à 4 pétales blancs, longs de 4 à 7 mm ; fruits (siliques) longs de 20 à 50 mm et épais de 1 à 1,5 mm, formant une grappe allongée

**Reproduction :** floraison de mai à juin ; hermaphrodite ; pollinisation par les insectes ; dispersion des graines par le vent et les animaux

**Milieu :** prairies maigres, talus, bords des chemins

**496 a** Tige densément feuillée ; feuilles à marge (normalement) dentée ▶ ***Arabis hirsuta*** (p. 194)

**b** Tige lâchement feuillée ; feuilles non dentées ▶ ***Arabidopsis thaliana***

## *Arabidopsis thaliana* (L.) Heynh.
## Arabette des dames, Arabette de Thalius

**Famille :** Brassicaceae – Brassicacées

**Nom :** *Arabid-* de *arabis* ; *-opsis* grec « aspect » ; *thaliana* d'après Johann Thal, médecin allemand (1542-1583)

**Caractères :** plante annuelle ou bisannuelle, haute de 5 à 40 cm ; feuilles ovales à allongées ; fleurs à 4 pétales blancs, longs de 2 à 4 mm ; fruits (siliques) longs de 10 à 20 mm et épais de 1 mm tout au plus

**Reproduction :** floraison d'avril à mai ; hermaphrodite ; pollinisation par les insectes ; dispersion des graines par le vent

**Milieu :** talus, cultures, bords des chemins, murs

**Bon à savoir :** depuis des décennies, *Arabidopsis thaliana* est utilisée comme modèle pour l'étude de la génétique des plantes. Cette espèce présente en effet plusieurs avantages : sa culture ne nécessite que peu de soins et d'espace. En conditions optimales, elle est capable de boucler l'ensemble de son cycle vital – de la graine à la plante fructifiée – en 8 semaines à peine. Son génome est petit avec seulement 5 paires de chromosomes (2n = 10), totalisant environ 125 millions de paires de bases et il a pu être entièrement séquencé en 2000. *Arabidopsis thaliana* peut être assez aisément modifiée génétiquement et il en existe aujourd'hui de nombreux mutants qui diffèrent des plantes non mutantes par un caractère anatomique ou une propriété particulière.

**497 a** Fruits triangulaires ▶ *Capsella bursa-pastoris*

**b** Fruits arrondis ou en forme de cœur 498

**498 a** Tige à poils courts dressés ▶ *Lepidium campestre*

**b** Tige glabre 499

**499 a** Les plus grandes feuilles présentes sur la tige atteignant 6 cm de long, vert pâle ▶ *Thlaspi arvense* (p. 197)

**b** Feuilles de la tige mesurant moins de 4 cm de long, vert grisâtre ou vert glauque ▶ *Thlaspi perfoliatum* (p. 197)

## *Capsella bursa-pastoris* (L.) Medik
## Bourse-à-pasteur

**Famille :** Brassicaceae – Brassicacées

**Nom :** *Capsella* lat. « petite capsule » ; *bursa* lat. « pelage », « bourse » ; *pastoris* lat. « berger »

**Caractères :** plante annuelle ou bisannuelle, haute de 5 à 70 cm ; feuilles inférieures à marge dentée ou découpée ; fleurs à 4 pétales blancs, longs de 2 à 3 mm ; fruits (silicules) à contour triangulaire, longs de 4 à 9 mm, disposés en grappe allongée

**Reproduction :** floraison de mai à novembre ; hermaphrodite ; pollinisation par les insectes ; dispersion des graines par les animaux (ex. Serin cini)

**Milieu :** jardins, cultures, friches, bords des chemins

**Bon à savoir :** la plante, séchée avec ses fleurs, fournit une infusion qui favorise la cicatrisation des plaies et lutte contre les saignements des gencives ou du nez. • Les jeunes feuilles procurent à une salade une saveur légèrement poivrée et peuvent également être préparées comme un légume.

## *Lepidium campestre* (L.) R. Br.
## Passerage des champs

**Famille :** Brassicaceae – Brassicacées

**Nom :** *Lepidium* grec « petite écaille » ; *campestre* lat. « champ »

**Caractères :** plante annuelle ou bisannuelle, haute de 15 à 50 cm, à tige densément feuillée ; feuilles allongées, à marge dentée ou découpée ; fleurs à 4 pétales blancs, longs de 2 à 3 mm, disposées en inflorescences allongées ; fruits (silicules) arrondis ou en forme de cœur, longs de 4 à 6 mm, amincis en aile au sommet, formant une grappe allongée

**Reproduction :** floraison d'avril à juin ; hermaphrodite ; autopollinisation ; dispersion des graines par le vent

**Milieu :** cultures, décombres, bords des chemins

**500 a** Au moins les feuilles de la base de la tige opposées, c.-à-d. insérées deux par deux en vis-à-vis à même hauteur **501** ..............................

**b** Feuilles alternes, c.-à-d. non insérées en vis-à-vis **523** (p. 207) ..........................

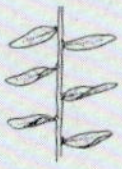

**501 a** Feuilles à odeur nettement aromatique (par ex. mentholée) quand on les froisse **729** (p. 291)

**b** Feuilles inodores ou presque **502**

**502 a** Fleurs à 2 pétales rosés, profondément divisés ▶ *Circaea lutetiana* (p. 188)

**b** Fleurs différentes **503**

## *Thlaspi arvense* L.
## Tabouret des champs, Monnoyère

**Famille :** Brassicaceae – Brassicacées

**Nom :** *Thlaspi* évent. grec « écraser » (fruits) ; *arvense* lat. « champ cultivé »

**Caractères :** plante annuelle ou bisannuelle, haute de 10 à 40 cm, entièrement glabre ; feuilles allongées ; fleurs à 4 pétales blancs, longs de 3 à 4 mm ; fruits (silicules) arrondis, d'un diamètre de 5 à 15 mm, entourés d'une aile mince, disposés en grappe allongée

**Reproduction :** floraison d'avril à juin ; hermaphrodite ; pollinisation par les insectes ; dispersion des graines par le vent et les animaux

**Milieu :** cultures, décombres, bords des chemins

**Bon à savoir :** les feuilles crues peuvent être mangées en salades ou servir de légume une fois cuites.

## *Thlaspi perfoliatum* L., *Microthlaspi perfoliatum* (L.) F. K. Mey
## Tabouret perfolié, Monnoyère à feuilles embrassantes

**Famille :** Brassicaceae – Brassicacées

**Nom :** *Micro-* grec « petit » ; *thlaspi* évent. grec « écraser » (fruits) ; *per-* lat. « à travers » ; *-foliatum* lat. « feuillé »

**Caractères :** plante annuelle ou bisannuelle, haute de 5 à 20 cm, entièrement glabre ; feuilles allongées ou ovales, un peu glauques ; fleurs à 4 pétales blancs, longs de 2 à 2,5 mm ; fruits (silicules) en forme de cœur, munis d'une aile mince au sommet, disposés en grappe allongée

**Reproduction :** floraison d'avril à mai ; hermaphrodite ; autopollinisation ; dispersion des graines par le vent

**Milieu :** prairies sèches, cultures, vignes

**503 a** Pétales échancrés au sommet, roses ou violacés **504** ........................

**b** Pétales non échancrés, lilas, violets ou bleus, souvent avec des rayures sombres **510**

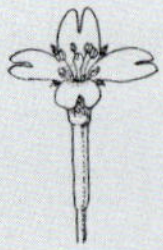

**504 a** Feuilles à pétiole net **505**

**b** Feuilles sans pétiole ou presque **506**

**505 a** Section de la tige à 2 ou 4 angles ▶ ***Epilobium roseum***

**b** Tige à section arrondie ▶ ***Epilobium montanum***

## *Epilobium roseum* Schreb. Épilobe rosé

**Famille :** Onagraceae – Onagracées

**Nom :** *Epi-* grec « sur », « dressé » ; *-lobium* lat. « petite gousse », « silique » ; *roseum* lat. « rose »

**Caractères :** plante haute de 20 à 80 cm ; tige à 2 ou 4 angles ; feuilles opposées, au moins celles du bas de la tige, les autres alternes, allongées, atteignant 6 cm de long, à marge dentée ; fleurs à 4 pétales échancrés, longs de 4 à 7 mm, presque blancs à l'éclosion, puis devenant roses ; fruits (capsules) longs et minces, à graines surmontées d'une touffe de poils blancs

**Reproduction :** floraison de juillet à septembre ; hermaphrodite ; autopollinisation ; dispersion des graines par le vent

**Milieu :** lieux humides, berges, roselières, fossés

## *Epilobium montanum* L. Épilobe des montagnes

**Famille :** Onagraceae – Onagracées

**Nom :** *Epi-* grec « sur », « dressé » ; *-lobium* lat. « petite gousse », « silique » ; *montanum* lat. « montagne »

**Caractères :** plante haute de 20 à 100 cm ; feuilles opposées, au moins celles du bas de la tige, les autres alternes, allongées, atteignant 10 cm de long, à marge dentée ; fleurs roses à 4 pétales échancrés, longs de 8 à 12 mm ; fruits (capsules) longs et minces, à graines surmontées d'une touffe de poils blancs

**Reproduction :** floraison de juin à août ; hermaphrodite ; autopollinisation ; dispersion des graines par le vent

**Milieu :** haies, coupes forestières, jardins, bords des chemins

**506 a** Pétales longs de plus de 12 mm ▶ ***Epilobium hirsutum***
**b** Pétales mesurant moins de 10 mm de long **507**

**507 a** Tige à section arrondie **508**
**b** Tige à 2 ou 4 angles **509**

**508 a** Feuilles ovales, à marge plane ▶ ***Epilobium parviflorum***
**b** Feuilles étroites, à marge arquée ou enroulée vers le bas ▶ ***Epilobium palustre*** (p. 200)

## *Epilobium hirsutum* L.
## Épilobe hérissé, Épilobe à grandes fleurs

**Famille :** Onagraceae – Onagracées

**Nom :** *Epi-* grec « sur », « dressé » ; *-lobium* lat. « petite gousse », « silique » ; *hirsutum* lat. « à poils dressés »

**Caractères :** plante haute de 50 à 150 cm ; tige couverte de poils mous étalés ; feuilles de la base de la tige opposées, les supérieures alternes, allongées, atteignant 12 cm de long, mollement velues, à marge dentée ; fleurs à 4 pétales échancrés, longs de 12 à 18 mm, roses ou violacés ; fruits (capsules) longs et minces, à graines surmontées d'une touffe de poils blancs

**Reproduction :** floraison de juin à septembre ; hermaphrodite ; pollinisation par les insectes ; dispersion des graines par le vent

**Milieu :** berges, roselières, fossés, forêts fraîches

## *Epilobium parviflorum* Schreb.
## Épilobe à petites fleurs

**Famille :** Onagraceae – Onagracées

**Nom :** *Epi-* grec « sur », « dressé » ; *-lobium* lat. « petite gousse », « silique » ; *parvi-* lat. « petit » ; *-florum* lat. « fleur »

**Caractères :** plante haute de 20 à 60 cm ; feuilles de la base de la tige opposées, les supérieures alternes, allongées, atteignant 7 cm de long ; fleurs à 4 pétales échancrés, longs de 3 à 6 mm, roses ou violacés ; fruits (capsules) longs et minces, à graines surmontées d'une touffe de poils blancs

**Reproduction :** floraison de juin à septembre ; hermaphrodite ; pollinisation par les insectes ; dispersion des graines par le vent

**Milieu :** berges, roselières, fossés, forêts fraîches

**509 a** Tige glabre ou presque ▶ ***Epilobium tetragonum***
**b** Tige velue, au moins au sommet ▶ ***Epilobium ciliatum***

**510 a** Fleurs d'un diamètre de 4 mm au maximum ▶ ***Veronica arvensis*** (p. 201)
**b** Fleurs les plus grandes d'un diamètre de 4 à 15 mm **511**▶

## *Epilobium palustre* L. Épilobe des marais

**Famille :** Onagraceae – Onagracées

**Nom :** *Epi-* grec « sur », « dressé » ; *-lobium* lat. « petite gousse », « silique » ; *palustre* lat. « marais »

**Caractères :** plante haute de 10 à 50 cm ; feuilles du bas de la tige opposées, les autres alternes, étroites, atteignant 6 cm de long et 1 cm de large, à marge habituellement enroulée en dessous ; fleurs à 4 pétales échancrés, longs de 4 à 7 mm, roses à rouge violacé ; fruits (capsules) longs et minces, à graines surmontées d'une touffe de poils blancs

**Reproduction :** floraison de juillet à septembre ; hermaphrodite ; pollinisation par les insectes ; dispersion des graines par le vent et les animaux

**Milieu :** sources, fossés, marais, prairies marécageuses

## *Epilobium tetragonum* L. Épilobe à quatre angles

**Famille :** Onagraceae – Onagracées

**Nom :** *Epi-* grec « sur », « dressé » ; *-lobium* lat. « petite gousse », « silique » ; *tetra-* grec « quatre » ; *-gonum* grec « coin », « angle »

**Caractères :** plante haute de 30 à 100 cm ; tige à 2 ou 4 angles ; feuilles de la base de la tige opposées, les autres alternes, allongées, atteignant 10 cm de long, à marge dentée ; fleurs à 4 pétales échancrés, longs de 5 à 7 mm, rouge violacé ; fruits (capsules) longs et minces, à graines surmontées d'une touffe de poils blancs

**Reproduction :** floraison de juin à septembre ; hermaphrodite ; autopollinisation ; dispersion des graines par le vent

**Milieu :** lieux humides, berges, roselières, fossés

**511 a** Fleurs solitaires sur un pédoncule allongé, inséré à l'aisselle d'une feuille ; tige couchée 512

**b** Fleurs en grappe lâche au sommet de la tige ou sur des rameaux latéraux ; tige normalement dressée 516 (p. 204) ..............................

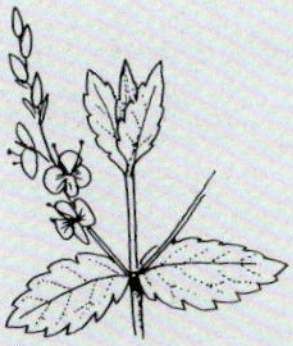

## *Epilobium ciliatum* Raf. Épilobe cilié, Épilobe à tige glanduleuse

**Famille :** Onagraceae – Onagracées

**Nom :** *Epi-* grec « sur », « dressé » ; *-lobium* lat. « petite gousse », « silique » ; *ciliatum* lat. « cilié »

**Caractères :** plante haute de 30 à 140 cm ; tige à 2 ou 4 angles ; feuilles de la base de la tige opposées, les autres alternes, allongées, atteignant 10 cm de long, à marge dentée ; fleurs à 4 pétales échancrés, longs de 5 à 7 mm, blancs ou rose pâle ; fruits (capsules) longs et minces, à graines surmontées d'une touffe de poils blancs

**Reproduction :** floraison de juillet à septembre ; hermaphrodite ; autopollinisation ; dispersion des graines par le vent

**Milieu :** fossés, lisières forestières, décombres, bords des chemins

**Bon à savoir :** originaire d'Amérique du Nord.

## *Veronica arvensis* L. Véronique des champs

**Famille :** Plantaginaceae – Plantaginacées

**Nom :** *Veronica* évent. d'après sainte Véronique ; *arvensis* lat. « champ »

**Caractères :** plante annuelle, haute de 5 à 25 cm ; feuilles inférieures opposées, les supérieures alternes, allongées à ovales, atteignant 1,5 cm de long ; fleurs larges de 2 à 4 mm, à 4 pétales bleu clair, disposées en longue grappe feuillée ; fruits (capsules) aplatis, larges de 3 à 4 mm et presque aussi longs

**Reproduction :** floraison d'avril à septembre ; hermaphrodite ; pollinisation par les insectes ; dispersion des graines par les animaux

**Milieu :** prairies sèches, cultures

**512 a** Pétiole dépassant 10 mm de long, au moins celui des feuilles inférieures ▶ *Veronica hederifolia*

**b** Feuilles sans pétiole ou celui-ci de moins de 10 mm de long **513**

**513 a** Feuilles plus longues que larges **514**

**b** Feuilles à peu près aussi longues que larges **515**

## *Veronica hederifolia* L.
## Véronique à feuilles de lierre

**Famille :** Plantaginaceae – Plantaginacées

**Nom :** *Veronica* évent. d'après sainte Véronique ; *hederi-* d'après *Hedera helix* (Lierre) ; *-folia* lat. « feuille »

**Caractères :** plante annuelle ou bisannuelle, longue de 5 à 50 cm, à tige couchée ; feuilles de la base de la tige plus ou moins opposées, les supérieures alternes, arrondies, à marge comprenant 3 à 5 dents ou lobes ; fleurs larges de 6 à 9 mm, à 4 pétales lilas rayés de sombre ; fruits (capsules) presque globuleux, d'un diamètre de 5 à 6 mm

**Reproduction :** floraison de mars à mai ; hermaphrodite ; pollinisation par les insectes ; dispersion des graines par les animaux (fourmis)

**Milieu :** forêts claires, jardins, cultures, vignes, murs

## *Veronica persica* Poir. Véronique de Perse

**Famille :** Plantaginaceae – Plantaginacées

**Nom :** *Veronica* évent. d'après sainte Véronique ; *persica* lat. « de Perse »

**Caractères :** plante annuelle ou bisannuelle, longue de 10 à 50 cm, à tige couchée ; feuilles de la base de la tige opposées, les supérieures alternes, ovales, atteignant 2,5 cm de long, à marge grossièrement dentée ; fleurs larges de 7 à 13 mm, à 4 pétales bleus rayés de sombre ; fruits (capsules) aplatis, longs de 4 à 6 mm et larges de 6 à 9 mm

**Reproduction :** floraison de février à octobre ; hermaphrodite ; pollinisation par les insectes ; dispersion des graines par les animaux (fourmis)

**Milieu :** fourrés, jardins, cultures, vignes, décombres

**Bon à savoir :** originaire d'Asie occidentale, apparue en Europe au début du XIXe siècle.

**514 a** Feuilles les plus grandes atteignant 2,5 cm de long ▶ ***Veronica persica*** (p. 202)

**b** Feuilles les plus grandes longues de 1,5 cm tout au plus ▶ ***Veronica agrestis***

**515 a** Fleurs les plus grandes d'un diamètre de plus de 8 mm ; plante vert pâle ▶ ***Veronica filiformis***

**b** Fleurs d'un diamètre de moins de 8 mm ; plante vert sombre ▶ ***Veronica polita*** (p. 204)

## *Veronica agrestis* L. **Véronique agreste**

**Famille :** Plantaginaceae – Plantaginacées

**Nom :** *Veronica* évent. d'après sainte Véronique ; *agrestis* lat. « champ »

**Caractères :** plante annuelle, longue de 5 à 25 cm, à tige couchée ; feuilles de la base de la tige plus ou moins opposées, les supérieures alternes, ovales, atteignant 1,5 cm de long, à marge grossièrement dentée ; fleurs d'un diamètre de 3 à 7 mm, à 4 pétales blanchâtres striés de bleu ; fruits (capsules) aplatis, longs de 3 à 6 mm et larges de 4 à 7 mm

**Reproduction :** floraison de mars à octobre ; hermaphrodite ; pollinisation par les insectes ; dispersion des graines par les animaux

**Milieu :** jardins, cultures

## *Veronica filiformis* Sm. **Véronique filiforme**

**Famille :** Plantaginaceae – Plantaginacées

**Nom :** *Veronica* évent. d'après sainte Véronique ; *fili-* lat. « fil » ; *-formis* lat. « en forme de »

**Caractères :** plante longue de 10 à 30 cm, à tige couchée ; feuilles de la base de la tige opposées, les supérieures alternes, arrondies, atteignant 1,2 cm de long, à marge grossièrement dentée ; fleurs d'un diamètre de 8 à 15 mm, à 4 pétales bleu lilas rayés de sombre ; fruits (capsules) aplatis, longs de 3 à 6 mm et larges de 4 à 7 mm

**Reproduction :** floraison de mars à mai ; hermaphrodite ; pollinisation par les insectes ; dispersion des graines par les animaux

**Milieu :** pâturages, pelouses, vergers

**Bon à savoir :** se multiplie végétativement à partir de courts fragments de tige qui donnent naissance à une nouvelle plante. • Originaire d'Asie occidentale, apparue en Europe au début du XX^e^ siècle.

**516 a** Plante entièrement glabre 517
**b** Tige et/ou feuilles velues 519

**517 a** Feuilles ne dépassant pas 10 mm de large ▶ *Veronica scutellata*
**b** Feuilles généralement larges de plus de 10 mm 518

## *Veronica polita* Fr.
## Véronique brillante, Véronique luisante

**Famille :** Plantaginaceae – Plantaginacées

**Nom :** *Veronica* évent. d'après sainte Véronique ; *polita* lat. « poli », « fin », « élégant »

**Caractères :** plante annuelle, longue de 5 à 25 cm, à tige couchée ; feuilles opposées ou alternes, arrondies, atteignant 1,2 cm de long, à marge grossièrement dentée ; fleurs d'un diamètre de 3 à 8 mm, à 4 pétales bleus striés de sombre ; fruits (capsules) aplatis, longs de 3 à 5 mm et larges de 4 à 6 mm

**Reproduction :** floraison de mars à octobre ; hermaphrodite ; pollinisation par les insectes ; dispersion des graines par les animaux (fourmis)

**Milieu :** jardins, cultures, vignes

## *Veronica scutellata* L. Véronique à écusson

**Famille :** Plantaginaceae – Plantaginacées

**Nom :** *Veronica* évent. d'après sainte Véronique ; *scutellata* lat. « petite écuelle »

**Caractères :** plante haute de 5 à 30 cm ; feuilles opposées, étroites, atteignant 5 cm de long ; fleurs d'un diamètre de 4 à 6 mm, à 4 pétales blanchâtres striés de rayures lilas, disposées en grappe lâche ; fruits (capsules) aplatis, longs de 2 à 4 mm et larges de 4 à 6 mm

**Reproduction :** floraison de juin à septembre ; hermaphrodite ; pollinisation par les insectes (mouches) ; dispersion des graines par le vent et les animaux

**Milieu :** berges, fossés, marais, tourbières

**518 a** Feuilles ne dépassant pas 5 cm de long ; tige à section arrondie ▶ ***Veronica beccabunga***

**b** Feuilles atteignant 10 cm de long ; tige à section légèrement quadrangulaire ▶ ***Veronica anagallis-aquatica***

## *Veronica beccabunga* L. Véronique des ruisseaux

**Famille :** Plantaginaceae – Plantaginacées

**Nom :** *Veronica* évent. d'après sainte Véronique ; *beccabunga* latinisation du nom allemand de la plante (Bachbunge)

**Caractères :** plante haute de 10 à 60 cm, entièrement glabre ; feuilles opposées, arrondies à ovales, atteignant 5 cm de long, un peu épaisses ; fleurs d'un diamètre de 5 à 8 mm, à 4 pétales bleus à violet foncé, disposées en inflorescences allongées ; fruits (capsules) presque sphériques, d'un diamètre de 3 à 4 mm

**Reproduction :** floraison de mai à août ; hermaphrodite ; pollinisation par les insectes ; dispersion des graines par l'eau et les animaux

**Milieu :** sources, berges de ruisseaux, fossés

**Bon à savoir :** les feuilles et les jeunes pousses crues peuvent fournir une salade croquante ou, après cuisson, être consommées en tant que légume, comme des épinards.

## *Veronica anagallis-aquatica* L. Véronique mouron d'eau, Mouron aquatique

**Famille :** Plantaginaceae – Plantaginacées

**Nom :** *Veronica* évent. d'après sainte Véronique ; *anagallis* d'après *Anagallis* (le Mouron des champs) ; *aquatica* lat. « eau »

**Caractères :** plante haute de 20 à 60 cm, entièrement glabre ; feuilles opposées, allongées, atteignant 10 cm de long ; fleurs d'un diamètre de 4 à 10 mm, à 4 pétales lilas ou violet pâle, striés de sombre, groupées en inflorescences allongées ; fruits (capsules) presque sphériques, d'un diamètre de 2,5 à 4 mm

**Reproduction :** floraison de mai à septembre ; hermaphrodite ; pollinisation par les insectes (mouches) ; dispersion des graines par l'eau et les animaux

**Milieu :** berges de ruisseaux, roselières, fossés

**Bon à savoir :** les feuilles et les jeunes pousses peuvent être consommées crues en salades ou cuites en guise de légume.

**519 a** Pétiole dépassant 10 mm de long, au moins chez les feuilles inférieures ▶ ***Veronica montana***
**b** Feuilles sans pétiole, ou celui-ci de moins de 10 mm de long **520**

**520 a** Feuilles les plus grandes dépassant 5 cm de long ▶ ***Veronica urticifolia***
**b** Feuilles les plus grandes atteignant à peine 5 cm de long **521**

**521 a** Fleurs d'un diamètre de 5 à 6 mm ▶ ***Veronica serpyllifolia*** (p. 207)
**b** Fleurs d'un diamètre dépassant 6 mm **522**

## *Veronica montana* L. Véronique des montagnes

**Famille :** Plantaginaceae – Plantaginacées

**Nom :** *Veronica* évent. d'après sainte Véronique ; *montana* lat. « montagne »

**Caractères :** plante haute de 10 à 25 cm ; feuilles opposées, ovales, atteignant 3,5 cm de long, à marge grossièrement dentée ; fleurs d'un diamètre de 6 à 12 mm, à pétales lilas striés de sombre ; fruits (capsules) aplatis, longs de 5 à 6 mm et larges de 7 à 8 mm

**Reproduction :** floraison de mai à juin ; hermaphrodite ; pollinisation par les insectes ; dispersion des graines par le vent

**Milieu :** forêts de feuillus fraîches

## *Veronica urticifolia* Jacq. Véronique à feuilles d'ortie

**Famille :** Plantaginaceae – Plantaginacées

**Nom :** *Veronica* évent. d'après sainte Véronique ; *urtici-* d'après *Urtica* (Ortie) ; *-folia* lat. « feuille »

**Caractères :** plante haute de 20 à 70 cm ; feuilles opposées, allongées à ovales, atteignant 10 cm de long, à marge grossièrement dentée ; fleurs d'un diamètre de 6 à 8 mm, à 4 pétales lilas ou rosés striés de sombre, disposées en inflorescences allongées ; fruits (capsules) aplatis, longs de 3 à 5 mm et autant de large

**Reproduction :** floraison de mai à août ; hermaphrodite ; pollinisation par les insectes ; dispersion des graines par le vent

**Milieu :** forêts

**522 a** Marge des feuilles grossièrement dentée ; tige avec 2 lignes de poils ▶ ***Veronica chamaedrys***
**b** Marge des feuilles finement dentée ; tige velue tout autour ▶ ***Veronica officinalis*** (p. 208)

**523 a** Feuilles de la tige les plus grandes profondément découpées ou divisées en folioles indépendantes **524**
**b** Feuilles les plus grandes ni découpées ni divisées en folioles **527**

## *Veronica serpyllifolia* L.
## Véronique à feuilles de serpolet

**Famille :** Plantaginaceae – Plantaginacées

**Nom :** *Veronica* évent. d'après sainte Véronique ; *serpylli-* d'après *Thymus serpyllum* (Thym serpolet) ; *-folia* lat. « feuille »

**Caractères :** plante haute de 5 à 20 cm ; feuilles inférieures de la tige opposées, les supérieures alternes, ovales à arrondies, atteignant 2,5 cm de long ; fleurs d'un diamètre de 5 à 6 mm, à 4 pétales blanchâtres rayés de bleu, disposées en inflorescences allongées et feuillées ; fruits (capsules) aplatis, longs de 3 à 4 mm et larges de 4 à 6 mm

**Reproduction :** floraison de mai à septembre ; hermaphrodite ; pollinisation par les insectes (mouches) ; dispersion des graines par les animaux

**Milieu :** prairies et pâturages frais, cultures, bords des chemins

## *Veronica chamaedrys* L. Véronique petit-chêne

**Famille :** Plantaginaceae – Plantaginacées

**Nom :** *Veronica* évent. d'après sainte Véronique ; *chama-* grec « bas » ; *-drys* grec « chêne »

**Caractères :** plante haute de 10 à 30 cm ; tige à 2 lignes de poils ; feuilles opposées, ovales, atteignant 3,5 cm de long, à marge grossièrement dentée ; fleurs d'un diamètre de 10 à 15 mm, à 4 pétales bleus rayés de sombre, disposées en inflorescences allongées ; fruits (capsules) aplatis, longs de 2 à 4 mm et larges de 4 à 5 mm

**Reproduction :** floraison d'avril à août ; hermaphrodite ; pollinisation par les insectes ; dispersion des graines par le vent et les animaux

**Milieu :** prairies, pâturages, forêts claires

**524 a** Fleurs d'un diamètre de 20 mm au maximum ▶ *Cardamine pratensis*
**b** Fleurs d'un diamètre supérieur à 20 mm **525**

**525 a** Fruit au maximum 2 fois aussi long que large ▶ *Papaver rhoeas* (p. 209) ...
**b** Fruit 2 à 5 fois plus long que large **526**

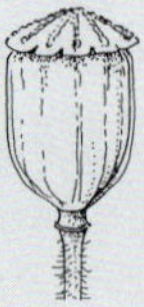

## *Veronica officinalis* L. Véronique officinale

**Famille :** Plantaginaceae – Plantaginacées

**Nom :** *Veronica* évent. d'après sainte Véronique ; *officinalis* lat. « médicinal »

**Caractères :** plante haute de 10 à 30 cm ; tige velue tout autour, en partie couchée ; feuilles opposées, allongées à ovales, atteignant 5 cm de long, à marge finement dentée ; fleurs d'un diamètre de 6 à 8 mm, à 4 pétales lilas striés de sombre, disposées en inflorescences dressées ; fruits (capsules) aplatis, longs de 3 à 4 mm et autant de large

**Reproduction :** floraison de mai à juillet ; hermaphrodite ; pollinisation par les insectes ; dispersion des graines par les animaux

**Milieu :** pâturages maigres, landes, forêts claires, lisières

**Bon à savoir :** plante-hôte de la chenille de la Mélitée du mélampyre *(Mellicta athalia)*. • La plante, séchée avec ses fleurs, est utilisée en infusion comme expectorant contre les encombrements bronchiques et comme diurétique en cas de rhumatismes. En usage externe, on l'emploie comme adjuvant de bain contre les éruptions cutanées ou pour aider à la cicatrisation des plaies.

## *Cardamine pratensis* L. Cardamine des prés

**Famille :** Brassicaceae – Brassicacées

**Nom :** *Cardamine* grec « Cresson alénois » ; *pratensis* lat. « prairie »

**Caractères :** plante haute de 15 à 60 cm ; feuilles les plus grandes composées de 5 à 15 folioles, à marge faiblement dentée ; fleurs à 4 pétales, longs de 8 à 13 mm, lilas ou rosés, plus rarement blancs, avec des étamines jaunes ; fruits (siliques) longs de 20 à 40 mm et épais de 1 à 1,5 mm

**Reproduction :** floraison d'avril à mai ; hermaphrodite ; pollinisation par les insectes ; dispersion des graines par les animaux ou sans agent extérieur

**Milieu :** prairies fertilisées, pâturages, fourrés

**Bon à savoir :** une fois mûrs, les fruits sont sous pression et explosent spontanément ou au moindre contact, catapultant leurs graines jusqu'à 2,5 m alentour. • Plante-hôte de la chenille de l'Aurore *(Anthocharis cardamines)*. • Les feuilles, de saveur légèrement piquante, confèrent aux salades une note épicée.

**526 a** Fruit hérissé de soies ; plante vert franc ▶ *Papaver argemone*
**b** Fruit glabre ; plante vert grisâtre ▶ *Papaver dubium* (p. 210)

**527 a** Fleurs de 15 mm de diamètre tout au plus 510 (p. 200)
**b** Fleurs d'un diamètre de plus de 15 mm 528

## *Papaver rhoeas* L. Coquelicot

**Famille :** Papaveraceae – Papavéracées

**Nom :** *Papaver* origine incertaine ; *rhoeas* du grec « grenadier » (couleur de la fleur)

**Caractères :** plante annuelle ou bisannuelle, haute de 25 à 70 cm, à latex blanchâtre ; feuilles profondément découpées, parfois jusqu'à la nervure centrale ; fleurs d'un diamètre de 50 à 80 mm, à 4 pétales rouges tachés de sombre à la base ; fruits (capsules) glabres, longs de 10 à 22 mm et épais de 5 à 10 mm, brusquement rétrécis à l'insertion sur le pédoncule

**Reproduction :** floraison de mai à septembre ; hermaphrodite ; pollinisation par les insectes ; dispersion des graines par le vent

**Milieu :** champs de céréales, friches, décombres

**Bon à savoir :** avant la floraison, les pétales sont chiffonnés à l'intérieur du bouton formé par les sépales. • La plante entière est toxique, notamment le latex. Maux de ventre et vomissements sont les principaux symptômes d'un empoisonnement. • Les jeunes feuilles peuvent être mangées en salades ; plus vieilles, elles sont cuites et accommodées en guise de légume comme des épinards. Les graines grillées sont utilisées en boulangerie et peuvent accompagner des plats de viande ou parfumer des sauces. • L'opium est extrait des capsules immatures du Pavot somnifère *(Papaver somniferum).*

## *Papaver argemone* L. Coquelicot argémone

**Famille :** Papaveraceae – Papavéracées

**Nom :** *Papaver* origine incertaine ; *argemone* hébr. « pourpre »

**Caractères :** plante annuelle ou bisannuelle, haute de 15 à 50 cm, à latex blanchâtre ; feuilles profondément découpées, parfois jusqu'à la nervure centrale ; fleurs d'un diamètre de 25 à 50 mm, à 4 pétales rouge sombre tachés de noir à la base ; fruits (capsules) en massue, longs de 15 à 20 mm et épais de 4 à 5 mm, hérissés de quelques soies raides

**Reproduction :** floraison d'avril à juin ; hermaphrodite ; pollinisation par les insectes ; dispersion des graines par le vent

**Milieu :** champs de céréales, jachères, friches

**Bon à savoir :** avant la floraison, les pétales sont chiffonnés à l'intérieur du bouton formé par les sépales.

**528 a** Feuilles les plus grandes de la tige larges de 2 cm au maximum ▶ ***Epilobium angustifolium***
**b** Feuilles les plus grandes de la tige dépassant 2 cm de large ▶ ***Hesperis matronalis*** (p. 211)

**529 a** Feuilles les plus grandes de la tige profondément découpées ou composées de folioles indépendantes **530**
**b** Feuilles ni découpées ni composées de folioles indépendantes **539** (p. 215)

## *Papaver dubium* L. Coquelicot douteux

**Famille :** Papaveraceae – Papavéracées

**Nom :** *Papaver* origine incertaine ; *dubium* lat. « douteux »

**Caractères :** plante annuelle ou bisannuelle, haute de 30 à 80 cm, à latex blanchâtre ; feuilles profondément découpées, parfois jusqu'à la nervure centrale ; fleurs d'un diamètre de 25 à 50 mm, à 4 pétales rouges souvent tachés de noir à la base ; fruits (capsules) longs de 15 à 20 mm et épais de 5 à 7 mm, se rétrécissant progressivement vers le pédoncule, sans soies

**Reproduction :** floraison de mai à juillet ; hermaphrodite ; pollinisation par les insectes (mouches) ; dispersion des graines par le vent et les animaux

**Milieu :** champs de céréales, friches

**Bon à savoir :** avant la floraison, les pétales sont chiffonnés à l'intérieur du bouton formé par les sépales.

## *Epilobium angustifolium* L. Épilobe à feuilles étroites, Laurier de saint Antoine

**Famille :** Onagraceae – Onagracées

**Nom :** *Epi-* grec « sur », « dressé » ; *-lobium* lat. « petite gousse », « silique » ; *angusti-* lat. « étroit » ; *-folium* lat. « feuille »

**Caractères :** plante haute de 50 à 180 cm ; feuilles étroites, allongées, atteignant 20 cm de long et 2 cm de large, à marge enroulée vers le bas ; fleurs disposées en longues inflorescences, à 4 pétales roses à rouge violacé, longs de 10 à 15 mm, entre lesquels sont intercalés les sépales étroits rouge violacé ; fruits (capsules) longs et minces, à graines surmontées d'une touffe de poils blancs

**Reproduction :** floraison de juin à août ; hermaphrodite ; pollinisation par les insectes ; dispersion des graines par le vent et les animaux (ex. Serin cini)

**Milieu :** berges, fourrés, coupes forestières, décombres

**Bon à savoir :** l'épanouissement des fleurs s'effectue du bas vers le haut de la tige. • Les jeunes pousses peuvent être pelées et consommées comme des asperges ou être mangées en soupe ou en risotto.

**530 a** Feuilles avec 3 à 5 folioles disposées comme les doigts d'une main **531**

**b** Feuilles avec folioles insérées ± perpendiculairement sur la nervure centrale **532**

**531 a** Feuilles divisées en 3 à 5 folioles dentées, rayonnant comme des doigts ▶ *Potentilla erecta*

**b** Feuilles divisées en 3 folioles découpées, étalées en éventail ▶ *Aphanes arvensis* (p. 212)

## *Hesperis matronalis* L. Julienne des dames

**Famille :** Brassicaceae – Brassicacées

**Nom :** *Hesperis* grec « soir » ; *matronalis* lat. « femme », « matrone »

**Caractères :** plante haute de 40 à 80 cm ; feuilles ovales à allongées ; fleurs à 4 pétales longs de 18 à 28 mm, lilas, violacés ou blancs ; fruits (siliques) longs de 3 à 10 cm de long et épais de 1,5 à 2 mm

**Reproduction :** floraison de mai à juin ; hermaphrodite ; pollinisation par les insectes ; dispersion des graines par le vent

**Milieu :** berges, fourrés, forêts, décombres ; souvent échappée de jardins

## *Potentilla erecta* (L.) Raeusch. Potentille dressée, Tormentille

**Famille :** Rosaceae – Rosacées

**Nom :** *Potentilla* origine incertaine ; *erecta* lat. « dressé »

**Caractères :** plante haute de 10 à 60 cm ; tige souvent partiellement couchée ; feuilles divisées en 3 à 5 folioles rayonnantes, à marge dentée ; fleurs d'un diamètre de 8 à 12 mm, à 4 pétales jaunes ; fruits (akènes) nombreux dans chaque fleur

**Reproduction :** floraison de juin à septembre ; hermaphrodite ; pollinisation par les insectes ; dispersion des graines par les animaux (fourmis)

**Milieu :** tourbières, prairies humides, prairies maigres, pâturages, forêts claires

**Bon à savoir :** lorsqu'on la tranche, la racine prend une couleur rouge. • Avec la racine séchée et finement hachée, on confectionne une tisane qui combat les diarrhées ainsi que les inflammations de la bouche ou des muqueuses de la gorge.

**532 a** Pétales dépassant 7 mm de long **533**
**b** Pétales mesurant moins de 7 mm de long **534**

**533 a** Pétales jaunes ; plante à latex jaune qui s'écoule lorsqu'on déchire une feuille ▶ *Chelidonium majus*
**b** Pétales jaune pâle ; plante dépourvue de latex jaune ▶ *Sinapis arvensis* (p. 213)

## *Aphanes arvensis* L. Alchémille des champs

**Famille :** Rosaceae – Rosacées

**Nom :** *Aphanes* grec « discret » ; *arvensis* lat. « champ »

**Caractères :** plante annuelle haute ou longue de 3 à 20 cm, à tige souvent couchée ; feuilles à contour en éventail, composées de 3 folioles à sommet profondément denté ou lobé, couvertes de poils raides ; fleurs agglomérées en inflorescences denses, d'un diamètre de 1,5 à 2 mm, à 8 lobes vert jaunâtre (sépales) ; fruits (carpelles) longs de 1,4 à 1,8 mm, bruns

**Reproduction :** floraison de mai à septembre ; hermaphrodite ; autopollinisation ; dispersion des graines par le vent et les animaux

**Milieu :** cultures, jardins

**Bon à savoir :** les feuilles peuvent être mangées en salades.

## *Chelidonium majus* L. Grande Chélidoine

**Famille :** Papaveraceae – Papavéracées

**Nom :** *Chelidonium* du grec « hirondelle » ; *majus* lat. « plus grand »

**Caractères :** plante haute de 20 à 80 cm, à latex jaune ; feuilles divisées en folioles, vert glauque ou vert grisâtre en dessous, à marge bordée de dents obtuses ; fleurs d'un diamètre de 14 à 26 mm, à 4 pétales jaunes ; fruits (capsules) longs de 2 à 5 cm

**Reproduction :** floraison d'avril à septembre ; hermaphrodite ; pollinisation par les insectes ; dispersion des graines par les animaux (fourmis)

**Milieu :** fourrés, lisières forestières, décombres, bords des chemins, murs

**Bon à savoir :** la plante entière, notamment son latex, est extrêmement toxique. Les principaux symptômes d'une intoxication sont des paralysies, des perturbations du rythme cardiaque et une chute de la pression sanguine. • La plante séchée avec ses fleurs est utilisée pour alléger les crampes et les douleurs en cas de troubles des voies biliaires, de l'estomac ou de l'intestin.

**534 a** Fleurs peu visibles, d'un diamètre de 2 mm au maximum, verdâtres ▶ *Lepidium ruderale*

**b** Fleurs les plus grandes d'un diamètre supérieur à 2 mm, jaune pâle 535

## *Sinapis arvensis* L. Moutarde des champs

**Famille :** Brassicaceae – Brassicacées

**Nom :** *Sinapis* nom grec/lat. de la plante ; *arvensis* lat. « champ »

**Caractères :** plante annuelle, haute de 20 à 60 cm ; feuilles ovales, à marge dentée ou découpée ; fleurs à 4 pétales longs de 8 à 12 mm, jaune pâle ; fruits (siliques) longs de 25 à 40 mm et épais de 2 à 3 mm

**Reproduction :** floraison de mai à octobre ; hermaphrodite ; pollinisation par les insectes ; dispersion des graines par le vent et les animaux (ex. Serin cini)

**Milieu :** cultures, friches, bords des chemins

**Bon à savoir :** les feuilles crues peuvent servir d'ingrédient pour une salade ou, une fois cuites, être consommées en légume. • Pour la fabrication de la moutarde, on utilise d'autres espèces, telles que la Moutarde blanche *(Sinapis alba)* et la Moutarde brune *(Brassica juncea).*

## *Lepidium ruderale* L. Passerage des décombres

**Famille :** Brassicaceae – Brassicacées

**Nom :** *Lepidium* grec « petite écaille » ; *ruderale* lat. « décombres »

**Caractères :** plante annuelle ou bisannuelle, haute de 10 à 40 cm, répandant une odeur désagréable quand on la froisse ; feuilles les plus grandes découpées jusqu'à la nervure centrale en segments étroits, les plus petites entières et allongées ; fleurs peu visibles, à 4 lobes verdâtres (sépales) ne dépassant pas 1 mm de long, en longues inflorescences ; fruits (silicules) longs de 1,5 à 3 mm, un peu moins larges, munis d'une aile mince à leur sommet, disposés en grappes allongées

**Reproduction :** floraison de juin à octobre ; hermaphrodite ; autopollinisation ; dispersion des graines par le vent

**Milieu :** décombres, bords des chemins, talus ferroviaires

**535 a** Feuilles de la tige les plus grandes plusieurs fois divisées en segments très étroits
▶ *Descurainia sophia*
**b** Feuilles les plus grandes divisées en segments plus larges 536

**536 a** Tige hérissée de poils rudes ▶ *Sisymbrium officinale*
**b** Tige glabre 537

## *Descurainia sophia* (L.) Prantl
## Herbe de sainte Sophie, Sagesse des chirurgiens

**Famille :** Brassicaceae – Brassicacées

**Nom :** *Descurainia* d'après François Descuraine, pharmacien français (1658-1740) ; *sophia* origine incertaine

**Caractères :** plante annuelle ou bisannuelle, haute de 20 à 90 cm ; feuilles plusieurs fois divisées en segments très étroits, velues ; fleurs à 4 pétales jaune pâle longs de 1,5 à 2 mm ; fruits (siliques) longs de 15 à 25 mm, ne dépassant pas 1 mm d'épaisseur

**Reproduction :** floraison de mai à août ; hermaphrodite ; pollinisation par les insectes ; dispersion des graines par le vent et les animaux

**Milieu :** cultures, décombres, bords des chemins

## *Sisymbrium officinale* (L.) Scop.
## Sisymbre officinal, Herbe aux chantres

**Famille :** Brassicaceae – Brassicacées

**Nom :** *Sisymbrium* origine incertaine ; *officinale* lat. « médicinal »

**Caractères :** plante annuelle ou bisannuelle, haute de 30 à 60 cm ; tige hérissée de poils raides, à rameaux insérés presque à angle droit ; feuilles les plus grandes divisées presque jusqu'à la nervure centrale en 3 à 9 segments à marge dentée ; fleurs à 4 pétales jaunes, longs de 3 à 4 mm ; fruits (siliques) longs de 10 à 15 mm et larges de 1 à 1,5 mm, étroitement appliqués contre la tige

**Reproduction :** floraison de mai à août ; hermaphrodite ; pollinisation par les insectes ; dispersion des graines par le vent

**Milieu :** décombres, bords des chemins

**Bon à savoir :** la plante entière est toxique. L'absorption de grandes quantités entraîne une baisse de la fréquence cardiaque.

**537 a** Pétales longs de 3 mm au maximum, jaune pâle ▶ *Rorippa palustris*
**b** Pétales dépassant 2,5 mm de long, jaune d'or 538

**538 a** Feuilles de la tige pétiolées ; plante vert pâle ▶ *Rorippa sylvestris*
**b** Feuilles de la tige sans pétiole ; plante vert sombre ▶ *Barbarea vulgaris* (p. 216)

**539 a** Feuilles les plus grandes plus longues que larges 540
**b** Feuilles les plus grandes environ aussi longues que larges 543

## *Rorippa palustris* (L.) Besser
## Cresson des marais

**Famille :** Brassicaceae – Brassicacées

**Nom :** *Rorippa* origine incertaine ; *palustris* lat. « marais »

**Caractères :** plante haute de 10 à 100 cm ; feuilles les plus grandes divisées presque jusqu'à la nervure centrale en 7 à 15 folioles, ces dernières à marge faiblement dentée ; fleurs à 4 pétales jaune pâle, longs de 1,6 à 2,5 mm ; fruits (silicules) longs de 5 à 12 mm et épais de 1,7 à 3 mm

**Reproduction :** floraison de juin à août ; hermaphrodite ; autopollinisation ; dispersion des graines par l'eau et les animaux

**Milieu :** berges, fossés, cultures humides, décombres, bords des chemins

## *Rorippa sylvestris* (L.) Besser Cresson des bois

**Famille :** Brassicaceae – Brassicacées

**Nom :** *Rorippa* origine incertaine ; *sylvestris* lat. « sauvage »

**Caractères :** plante haute de 15 à 60 cm ; feuilles les plus grandes divisées en 7 à 15 folioles, ces dernières à marge dentée ou découpée ; fleurs à 4 pétales jaune d'or, longs de 2,5 à 6 mm ; fruits (siliques) longs de 6 à 18 mm et épais de 0,8 à 1,5 mm

**Reproduction :** floraison de juin à septembre ; hermaphrodite ; pollinisation par les insectes ; dispersion des graines par le vent et les animaux

**Milieu :** berges, fossés, cultures humides, décombres

**540 a** Pétales longs de 15 mm au moins ▶ *Oenothera biennis*
**b** Pétales longs de 12 mm au maximum 541

**541 a** Fleurs jaune pâle ▶ *Sinapis arvensis* (p. 213)
**b** Fleurs jaunes 542

## *Barbarea vulgaris* R. Br. Barbarée commune

**Famille :** Brassicaceae – Brassicacées

**Nom :** *Barbarea* d'après sainte Barbara ; *vulgaris* lat. « commun »

**Caractères :** plante annuelle ou bisannuelle, haute de 20 à 90 cm ; feuilles inférieures découpées jusqu'à la nervure centrale en 3 à 11 folioles, les supérieures généralement non divisées ; fleurs à 4 pétales jaunes, longs de 5 à 7 mm ; fruits (siliques) longs de 15 à 40 mm et épais de 1,4 à 2 mm

**Reproduction :** floraison de mai à juillet ; hermaphrodite ; pollinisation par les insectes ; dispersion des graines par le vent et les animaux (ex. Serin cini)

**Milieu :** berges, décombres, bords des chemins, gravières

**Bon à savoir :** les feuilles peuvent être consomées en salades ou comme légume, et les inflorescences non épanouies peuvent être préparées comme du brocoli.

## *Oenothera biennis* L. Onagre bisannuelle, Herbe aux ânes

**Famille :** Onagraceae – Onagracées

**Nom :** *Oeno-* grec « âne » ; *-thera* grec « qui attrape » ; *bi-* lat. « deux » ; *-ennis* lat. « année »

**Caractères :** plante bisannuelle, haute de 50 à 150 cm ; feuilles allongées, atteignant 15 cm de long ; fleurs à 4 pétales jaunes, longs de 15 à 30 mm ; fruits (capsules) longs de 15 à 30 mm et épais de 4 à 8 mm

**Reproduction :** floraison de juin à septembre ; hermaphrodite ; pollinisation par les insectes ; dispersion des graines par le vent

**Milieu :** berges, friches, bords des chemins et des routes, talus ferroviaires

**Bon à savoir :** originaire d'Amérique du Nord. • Les onagres possèdent des modalités de reproduction très originales, qui expliquent qu'ils fassent partie des végétaux parmi les plus recherchés pour modéliser la génétique des plantes. Chaque espèce a, entre autres, la possibilité de se croiser avec les autres et de donner une descendance fertile. • Les fleurs s'épanouissent lors des soirées chaudes en l'espace de quelques minutes seulement et sont souvent déjà fanées le lendemain à midi. • La racine râpée peut être consommée crue en salades ou cuite. Les boutons floraux peuvent être étuvés ou frits, les fleurs épanouies farcies de fromage frais ou de mousse de légumes.

**542 a** Marge des feuilles à nombreuses dents aiguës ▶ ***Rorippa amphibia***
**b** Marge des feuilles non dentée ou à dents éparses ▶ ***Erysimum cheiranthoides***

**543 a** Marge des feuilles lobée et à dents aiguës ; tige à section arrondie ▶ ***Alchemilla vulgaris*** (p. 218)
**b** Marge des feuilles à dents obtuses ; tige à section triangulaire
▶ ***Chrysosplenium alternifolium*** (p. 218)

## *Rorippa amphibia* (L.) Besser
## Cresson amphibie

**Famille :** Brassicaceae – Brassicacées

**Nom :** *Rorippa* origine incertaine ; *amphi-* grec « des deux côtés » ; *-bia* grec « vie »

**Caractères :** plante haute de 40 à 120 cm, à tige souvent partiellement couchée ; feuilles allongées, bordées de dents aiguës, généralement non divisées en folioles ; fleurs à 4 pétales jaunes, longs de 4 à 5 mm ; fruits (silicules) longs de 3 à 7 mm et épais de 1 à 2 mm

**Reproduction :** floraison de mai à juillet ; hermaphrodite ; pollinisation par les insectes ; dispersion des graines par le vent et les animaux

**Milieu :** berges, roselières, fossés

## *Erysimum cheiranthoides* L. Vélar fausse giroflée

**Famille :** Brassicaceae – Brassicacées

**Nom :** *Erysimum* grec « guérir », « sauver » ; *cheiranth-* d'après *Cheiranthes cheiri* (Giroflée) ; *-oides* grec « comme »

**Caractères :** plante annuelle ou bisannuelle, haute de 15 à 70 cm ; feuilles allongées ; fleurs jaunes à 4 pétales longs de 4 à 5 mm ; fruits (siliques) longs de 10 à 30 mm et épais de 1 à 1,5 mm

**Reproduction :** floraison de juin à août ; hermaphrodite ; pollinisation par les insectes ; dispersion des graines par le vent

**Milieu :** cultures, décombres, bords des chemins

## *Alchemilla vulgaris* L. Alchémille commune

**Famille :** Rosaceae – Rosacées

**Nom :** *Alchemilla* évent. arabe « alchimie » ; *vulgaris* lat. « commun »

**Caractères :** plante haute de 10 à 60 cm ; feuilles à contour arrondi, d'un diamètre de 5 à 15 cm, à 9 à 11 lobes obtus régulièrement dentés sur les bords ; fleurs de 4 à 6 mm de diamètre, à 8 lobes (sépales) vert jaunâtre, agglomérées en bouquets denses ; les fruits sont des akènes

**Reproduction :** floraison de mai à octobre ; hermaphrodite ; pas de pollinisation ; dispersion des graines par le vent et les animaux

**Milieu :** sources, bords des ruisseaux, prairies

**Bon à savoir :** les graines sont souvent formées sans qu'il y ait eu reproduction sexuée (agamospermie). Ce phénomène explique que des caractères générés par des mutations génétiques puissent se maintenir inchangés pendant plusieurs générations. Il en résulte une multitude de formes (microespèces), différant à peine les unes des autres et de détermination difficile. Rien qu'en France, plus de 60 de ces microespèces sont aujourd'hui connues, la plupart issues des massifs montagneux. • En cas de haute humidité atmosphérique, des gouttelettes d'eau apparaissent au bord des feuilles, au niveau des dents ; ce phénomène, connu sous le nom de guttation, permet à la plante de maintenir une pression hydrique optimale au sein de ses tissus. • L'infusion de feuilles séchées est utilisée contre les diarrhées ou, en usage externe, comme adjuvant de bain pour favoriser la cicatrisation des plaies.

## *Chrysosplenium alternifolium* L. Dorine à feuilles alternes

**Famille :** Saxifragaceae – Saxifragacées

**Nom :** *Chryso-* grec « or » ; *-splenium* grec « rate » ; *alterni-* lat. « alterne » ; *-folium* lat. « feuille »

**Caractères :** plante haute de 5 à 20 cm ; tige à 3 angles ; feuilles circulaires ou semi-circulaires, à marge bordée de larges dents obtuses, les supérieures jaunâtres ; fleurs larges de 3 à 5 mm, à 4 lobes (sépales) vert jaunâtre ; les fruits sont des capsules

**Reproduction :** floraison d'avril à juin ; hermaphrodite ; pollinisation par les insectes ; dispersion des graines par l'eau

**Milieu :** berges des ruisseaux forestiers, forêts ombragées

**Bon à savoir :** les feuilles supérieures jaunâtres ressemblent à une grande fleur et leurrent ainsi les insectes pollinisateurs potentiels. • À maturité, les valves des capsules s'ouvrent à plat, exposant les graines qui seront éjectées par les gouttes de pluie.

**551 a** Couleur dominante des fleurs rose, rouge, lilas, violette ou bleue **552**
**b** Couleur dominante des fleurs verdâtre, jaune verdâtre, jaune pâle, jaune ou orangée **602** (p. 238)
**c** Couleur dominante des fleurs blanchâtre à blanc pur **641** (p. 256)

**552 a** Plante à petites fleurs disposées en épis raides et allongés atteignant 20 cm de long
▶ ***Verbena officinalis***
**b** Plante différente **553**

**553 a** Feuilles les plus grandes découpées ou divisées en folioles indépendantes **587** (p. 231)
**b** Feuilles ni découpées ni divisées en folioles **554**

**554 a** Tige non feuillée (toutes les feuilles sont à la base) ▶ ***Pyrola minor*** (p. 258)
**b** Tige feuillée **555**

**555 a** Feuilles opposées, au moins celles du haut de la tige, c.-à-d. insérées deux par deux en vis-à-vis à la même hauteur **556** ...

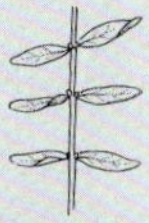

**b** Feuilles alternes, c.-à-d. non disposées deux par deux en vis-à-vis **567** (p. 223) ......

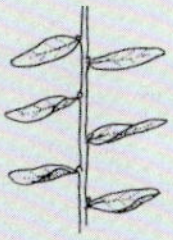

## *Verbena officinalis* L. Verveine officinale

**Famille :** Verbenaceae – Verbénacées

**Nom :** *Verbena* lat. rameau utilisé dans les rituels religieux ; *officinalis* lat. « médicinal »

**Caractères :** plante haute de 30 à 70 cm ; tige à 4 angles ; feuilles opposées, celles du milieu de la tige profondément découpées, les autres à marge seulement dentée ; fleurs longues de 3 à 5 mm, lilas pâle, à 5 lobes, disposées en inflorescences allongées ; 4 fruits (akènes) longs de 2 mm environ par fleur

**Reproduction :** floraison de juin à septembre ; hermaphrodite ; pollinisation par les insectes ; dispersion des graines par les animaux

**Milieu :** pâturages, friches, bords des chemins

**556 a** Fleurs en cloche, pendantes, longues de 25 à 35 mm, brun violacé ▶ *Atropa belladonna*
**b** Fleurs différentes 557

**557 a** Pétales profondément découpés en 4 lanières inégales ▶ *Silene flos-cuculi*
**b** Pétales différents 558

**558 a** Feuilles très étroites, au moins 10 fois plus longues que larges 559
**b** Feuilles plus larges 561

## *Atropa belladonna* L. Belladone

**Famille :** Solanaceae – Solanacées

**Nom :** *Atropa* lat. « noir mat » ; *bella-* ital. « belle » ; *-donna* ital. « femme »

**Caractères :** plante haute de 50 à 150 cm ; feuilles proches des fleurs opposées (une grande et une petite), les autres alternes, ovales, atteignant 15 cm de long ; fleurs en cloche, pendantes, longues de 25 à 35 mm, à 5 lobes, brun violacé ; fruits (baies) sphériques, d'un diamètre de 10 à 15 mm, noir luisant

**Reproduction :** floraison de juin à août ; hermaphrodite ; pollinisation par les insectes (abeilles) ; dispersion des graines par les animaux

**Milieu :** coupes forestières, chemins forestiers

**Bon à savoir :** la plante entière est hautement toxique. Les principaux symptômes d'une intoxication sont de l'excitation, des mouvements et des paroles incontrôlés, une dilatation des pupilles et une fixité du regard, des troubles visuels, des hallucinations, des crampes et des paralysies, pouvant causer la mort par arrêt respiratoire. Les baies ont une saveur sucrée. 10 à 12 d'entre elles suffisent pour tuer un adulte, 3 à 4 seulement pour un enfant. • Au début du xx^e^ siècle, on fabriquait une préparation médicale (la « cure bulgare ») à partir d'extraits de belladone pour traiter la maladie de Parkinson, mais avec des effets secondaires rédhibitoires. De nos jours, on utilise (sous surveillance médicale) des préparations à base de la plante en cas de troubles du tractus digestif d'origine nerveuse.

## *Silene flos-cuculi* (L.) Clairv., *Lychnis flos-cuculi* L. Silène fleur de coucou

**Famille :** Caryophyllaceae – Caryophyllacées

**Nom :** *Silene* d'après Silène, un personnage hybride de la mythologie grecque ; *lychnis* grec « lampe », « lumière » ; *flos-* lat. « fleur » ; *-cuculi* lat. « coucou »

**Caractères :** plante haute de 30 à 90 cm ; feuilles opposées, allongées et étroites, atteignant 5 cm de long ; fleurs à 5 pétales rosés longs de 15 à 25 mm, incisés à leur sommet en 4 lanières profondes ; fruits (capsules) longs de 8 mm environ

**559 a** Sommet des pétales non denté ▶ ***Spergularia rubra***
**b** Sommet des pétales denté **560**

**560 a** Fleurs groupées par 5 à 10, en tête dense ▶ ***Dianthus carthusianorum***
**b** Fleurs solitaires (ou par 2 ou 3) au sommet de la tige ▶ ***Dianthus deltoides*** (p. 222)

**561 a** Tige à section arrondie **562**
**b** Tige à section anguleuse **565**

**Reproduction :** floraison de mai à août ; hermaphrodite ; pollinisation par les insectes ; dispersion des graines par le vent

**Milieu :** marais, prairies fraîches à humides

**Bon à savoir :** on l'appelle « coucou » à cause des amas d'écume (« crachat de coucou ») souvent déposés sur sa tige par un insecte : la Cicadelle écumeuse *(Aphrophora spumaria)*, ou parce que la plante fleurit à la période où le coucou revient de migration.

## *Spergularia rubra* (L.) J. et C. Presl
## Spergulaire rouge

**Famille :** Caryophyllaceae – Caryophyllacées

**Nom :** *Spergularia* formé à partir de *Spergula* (voir p. 258) ; *rubra* lat. « rouge »

**Caractères :** plante haute ou longue de 5 à 25 cm, à tige partiellement couchée ; feuilles opposées, très étroites, atteignant 2,5 cm de long ; fleurs d'un diamètre de 6 à 8 mm, à 5 pétales rosés ou lilas ; fruits (capsules) longs de 4 à 5 mm

**Reproduction :** floraison de mai à août ; hermaphrodite ; pollinisation par les insectes (mouches) ; dispersion des graines par le vent

**Milieu :** berges, cultures, bords des chemins, interstices entre les pavés

## *Dianthus carthusianorum* L. Œillet des chartreux

**Famille :** Caryophyllaceae – Caryophyllacées

**Nom :** *Di-* grec « Zeus » ; *-anthus* grec « fleur » ; *carthusianorum* d'après la Grande Chartreuse, à côté de Grenoble

**Caractères :** plante haute de 10 à 60 cm ; feuilles opposées, très étroites ; fleurs odorantes regroupées en tête dense, larges de 15 à 25 mm, à 5 pétales pourpres dentés au sommet ; fruits (capsules) allongés

**Reproduction :** floraison de juin à octobre ; hermaphrodite ; pollinisation par les insectes (papillons diurnes) ; dispersion des graines par le vent

**Milieu :** prairies sèches, pâturages, forêts claires, rochers

**562 a** Feuilles un peu coriaces ; fleurs bleues ou violettes ▶ *Vinca minor*
**b** Feuilles souples ; fleurs roses ou rouges **563**

**563 a** Tige un peu collante au niveau des fleurs ▶ *Silene nutans* (p. 261)
**b** Tige non collante **564**

**564 a** Tige velue ▶ *Silene dioica* (p. 223)
**b** Tige glabre ou presque ▶ *Saponaria officinalis* (p. 266)

## *Dianthus deltoides* L. Œillet à delta

**Famille :** Caryophyllaceae – Caryophyllacées

**Nom :** *Di-* grec « Zeus » ; *-anthus* grec « fleur » ; *delt-* grec « triangle » ; *-oides* grec « comme »

**Caractères :** plante haute de 10 à 35 cm ; feuilles opposées, très étroites ; fleurs d'un diamètre de 12 à 18 mm, à 5 pétales dentés au sommet, pourpres avec des points blancs ; fruits (capsules) allongés

**Reproduction :** floraison de juin à août ; hermaphrodite ; pollinisation par des insectes (papillons diurnes) ; dispersion des graines par le vent

**Milieu :** prairies sèches, landes, lisières forestières

## *Vinca minor* L. Petite Pervenche

**Famille :** Apocynaceae – Apocynacées

**Nom :** *Vinca* lat. « enrouler », « courber » ; *minor* lat. « plus petit »

**Caractères :** plante haute de 10 à 25 cm, à tige couchée sur le sol ; feuilles persistantes opposées, allongées, atteignant 5 cm de long, un peu coriaces, à face supérieure luisante et marge arquée vers le bas ; fleurs d'un diamètre de 20 à 30 mm, en forme d'éolienne, à 5 pétales bleu violacé (plus rarement pourprés) ; 2 fruits (follicules) par fleur, longs de 15 à 20 mm

**Reproduction :** floraison d'avril à mai ; hermaphrodite ; pollinisation par les insectes ; dispersion des graines par les animaux (fourmis)

**Milieu :** fourrés, forêts de feuillus, notamment de hêtres

**Bon à savoir :** reproduction végétative très active grâce à ses tiges rampantes. • La plante entière est toxique. Les principaux symptômes d'une intoxication sont une baisse de la pression sanguine, ainsi que des troubles cardiaques, circulatoires et respiratoires.

**565 a** Fleurs d'un diamètre de 5 mm au maximum ▶ *Valerianella locusta* (p. 266)
**b** Fleurs d'un diamètre supérieur à 5 mm 566

**566 a** Plus grande largeur des feuilles situées vers leur sommet ; fleurs généralement en inflorescences denses ▶ *Centaurium erythraea*
**b** Plus grande largeur des feuilles situées vers leur base ; fleurs solitaires ▶ *Anagallis arvensis* (p. 224)

**567 a** Marge des feuilles dentée 568
**b** Marge des feuilles entière ou à peine dentée 576 (p. 227)

## *Silene dioica* (L.) Clairv.
## Silène dioïque, Compagnon rouge

**Famille :** Caryophyllaceae – Caryophyllacées

**Nom :** *Silene* d'après Silène, un personnage hybride de la mythologie grecque ; *di-* grec « deux » ; *-oica* grec « maison »

**Caractères :** plante haute de 30 à 90 cm ; feuilles opposées, ovales à allongées, atteignant 12 cm de long ; fleurs d'un diamètre de 15 à 25 mm, à 5 pétales rouges profondément échancrés ; fruits (capsules) longs de 7 à 13 mm

**Reproduction :** floraison d'avril à septembre ; dioïque ; pollinisation par les insectes ; dispersion des graines par le vent et les animaux

**Milieu :** prairies et lieux boisés frais

## *Centaurium erythraea* Rafn
## Petite-centaurée commune, Érythrée

**Famille :** Gentianaceae – Gentianacées

**Nom :** *Cent-* lat. « cent » ; *aurium* lat. « pièce d'or » ; *erythraea* grec « rougeâtre »

**Caractères :** plante annuelle ou bisannuelle, haute de 10 à 40 cm ; tige à 4 angles ; feuilles opposées, ovales à allongées, atteignant 4 cm de long ; fleurs roses, en bouquets denses, à 5 lobes longs de 5 à 7 mm ; fruits (capsules) longs de 7 à 10 mm

**Reproduction :** floraison de juillet à septembre ; hermaphrodite ; pollinisation par les insectes ; dispersion des graines par le vent

**Milieu :** berges, prairies fraîches, talus, coupes forestières

**Bon à savoir :** avec la plante fleurie séchée, on prépare une tisane utilisée en cas de perte d'appétit, contre les troubles digestifs et les maux d'estomac.

**568 a** Feuilles de la tige les plus grandes arrondies, environ aussi larges que longues **601** (p. 238)
**b** Feuilles les plus grandes nettement plus longues que larges **569**

**569 a** Marge des feuilles irrégulièrement dentée, à dents espacées **570**
**b** Marge des feuilles régulièrement dentée **571**

**570 a** Feuilles de la tige glabres ▶ *Prenanthes purpurea* (p. 150)
**b** Feuilles de la tige rudes, hérissées de poils raides ▶ *Anchusa arvensis*

## *Anagallis arvensis* L. Mouron des champs

**Famille :** Primulaceae – Primulacées

**Nom :** *Anagallis* origine incertaine ; *arvensis* lat. « champ »

**Caractères :** plante annuelle, haute ou longue de 5 à 30 cm ; tige partiellement couchée à 4 angles ; feuilles opposées, ovales à allongées, atteignant 2 cm de long ; fleurs à 5 pétales longs de 3 à 7 mm, rouges (plus rarement bleus ou rosés) ; fruits (capsules) sphériques, d'un diamètre de 4 à 5 mm

**Reproduction :** floraison de juin à septembre ; hermaphrodite ; pollinisation par les insectes ; dispersion des graines par le vent et les animaux

**Milieu :** jardins, cultures, vignes, friches

**Bon à savoir :** la plante entière est toxique, notamment ses racines. Les principaux symptômes d'empoisonnement sont des irritations de la peau, des tremblements, des inflammations du système digestif, des diarrhées et une paralysie.

## *Anchusa arvensis* (L.) M. Bieb. Buglosse des champs

**Famille :** Boraginaceae – Boraginacées

**Nom :** *Anchusa* origine incertaine ; *arvensis* lat. « champ »

**Caractères :** plante annuelle, haute de 15 à 50 cm, entièrement hérissée de poils raides ; feuilles allongées, atteignant 15 cm de long, à marge ondulée et munie de quelques dents espacées ; fleurs courbées, longues de 10 à 15 mm et larges de 5 à 9 mm, bleu pâle, à 5 lobes ; 4 fruits (carpelles) par fleur

**Reproduction :** floraison de juin à septembre ; hermaphrodite ; pollinisation par les insectes ; dispersion des graines par les animaux (fourmis)

**Milieu :** cultures, vignes, friches, bords des chemins

**571 a** Fleurs sans pédoncule ▶ *Campanula glomerata*
**b** Fleurs à pédoncule net 572

**572 a** Tige à section arrondie 573
**b** Tige à section anguleuse 574

**573 a** Feuilles les plus grandes de la tige larges de 5 mm au maximum ▶ *Campanula rotundifolia*
**b** Feuilles de la tige larges de plus de 15 mm ▶ *Campanula rapunculoides* (p. 226)

## *Campanula glomerata* L.
## Campanule à fleurs agglomérées

**Famille :** Campanulaceae – Campanulacées

**Nom :** *Campanula* lat. « petite cloche » ; *glomerata* lat. « aggloméré »

**Caractères :** plante haute de 15 à 60 cm ; feuilles ovales à allongées, atteignant 10 cm de long, à marge finement dentée ; fleurs groupées en bouquets denses, en forme d'entonnoir, longues de 15 à 28 mm, à 5 lobes, d'un bleu violacé ; fruits (capsules) velus et dressés

**Reproduction :** floraison de juin à août ; hermaphrodite ; pollinisation par les insectes ; dispersion des graines par le vent

**Milieu :** prairies sèches, pâturages, fourrés

## *Campanula rotundifolia* L.
## Campanule à feuilles rondes

**Famille :** Campanulaceae – Campanulacées

**Nom :** *Campanula* lat. « petite cloche » ; *rotundi-* lat. « rond » ; *-folia* lat. « feuille »

**Caractères :** plante haute de 10 à 50 cm ; feuilles inférieures arrondies (généralement disparues à la floraison), celles de la tige allongées et très étroites ; fleurs bleues à bleu violacé, pendant en cloche, longues de 10 à 20 mm, à 5 lobes ; fruits (capsules) en général glabres, pendants

**Reproduction :** floraison de mai à septembre ; hermaphrodite ; pollinisation par les insectes ; dispersion des graines par le vent

**Milieu :** prairies, pâturages, forêts claires, murs, falaises et éboulis

**574 a** Feuilles de la tige les plus grandes presque triangulaires, à marge grossièrement dentée ▶ ***Campanula trachelium***

**b** Feuilles les plus grandes allongées, à marge finement dentée **575**

**575 a** Fleurs en entonnoir évasé ; inflorescence largement étalée ; feuilles à marge non ondulée ▶ ***Campanula patula***

**b** Fleurs en entonnoir étroit ; inflorescence contractée ; marge des feuilles un peu ondulée ▶ ***Campanula rapunculus***

## *Campanula rapunculoides* L.
## Campanule fausse raiponce

**Famille :** Campanulaceae – Campanulacées

**Nom :** *Campanula* lat. « petite cloche » ; *rapuncul-* lat. « petit navet », « mâche » ; *-oides* grec « comme »

**Caractères :** plante haute de 30 à 80 cm ; tige à angles arrondis, courtement velue ou glabre ; feuilles étroites, en forme de cœur à la base, à marge dentée ; fleurs en inflorescences allongées, toutes plus ou moins insérées du même côté de la tige, pendant en cloche longue de 20 à 30 mm, à 5 lobes, bleu violacé ; fruits (capsules) courtement velus, pendants

**Reproduction :** floraison de juin à septembre ; hermaphrodite ; pollinisation par les insectes ; dispersion des graines par le vent

**Milieu :** fourrés, lisières forestières, décombres, bords des chemins

## *Campanula trachelium* L.
## Campanule à feuilles d'ortie, Campanule gantelée

**Famille :** Campanulaceae – Campanulacées

**Nom :** *Campanula* lat. « petite cloche » ; *trachelium* évent. grec « rugueux », « inégal »

**Caractères :** plante haute de 30 à 100 cm, à poils raides ; tige à angles aigus ; feuilles triangulaires à ovales, à marge grossièrement dentée ; fleurs en inflorescences allongées, réparties plus ou moins tout autour de la tige, pendant en cloche longue de 30 à 50 mm, à 5 lobes, bleu violacé à bleu pâle ; fruits (capsules) à poils raides, pendants

**Reproduction :** floraison de juillet à septembre ; hermaphrodite ; pollinisation par les insectes ; dispersion des graines par le vent

**Milieu :** fourrés, forêts, lisières

**576 a** Fleurs à longueur et/ou diamètre de plus de 10 mm 577

**b** Fleurs à longueur et/ou diamètre de moins de 10 mm 582

**577 a** Grandes feuilles de la tige larges de 5 mm au maximum ▶ *Campanula rotundifolia* (p. 225)

**b** Grandes feuilles de la tige larges de plus de 5 mm 578

**578 a** Tige à poils dressés 579

**b** Tige à poils non dressés ou glabre 581

## *Campanula patula* L. Campanule étalée

**Famille :** Campanulaceae – Campanulacées

**Nom :** *Campanula* lat. « petite cloche » ; *patula* lat. « déployé »

**Caractères :** plante bisannuelle, haute de 25 à 70 cm ; tige anguleuse ; feuilles allongées, étroites, à marge dentée ; fleurs disposées en inflorescences à rameaux largement étalés, dressées, en entonnoir long de 15 à 25 mm et d'un diamètre de 20 à 40 mm, bleu lilas ; fruits (capsules) glabres, dressés

**Reproduction :** floraison de juin à août ; hermaphrodite ; pollinisation par les insectes ; dispersion des graines par le vent

**Milieu :** prairies et pâturages

## *Campanula rapunculus* L. Campanule raiponce

**Famille :** Campanulaceae – Campanulacées

**Nom :** *Campanula* lat. « petite cloche » ; *rapunculus* lat. « petit navet », « mâche »

**Caractères :** plante bisannuelle, haute de 30 à 90 cm ; tige anguleuse ; feuilles allongées à étroites, à marge finement dentée ; fleurs en longues inflorescences étroites, un peu penchées, en entonnoir long et large de 15 à 25 mm, à 5 lobes, bleu violacé pâle ; fruits (capsules) glabres, dressés

**Reproduction :** floraison de mai à juillet ; hermaphrodite ; pollinisation par les insectes ; dispersion des graines par le vent

**Milieu :** prairies sèches, talus, lisières forestières, bords des chemins

**579 a** Les plus grandes feuilles au moins 6 fois plus longues que larges ▶ ***Echium vulgare***
**b** Les plus grandes feuilles moins de 6 fois plus longues que larges **580**

**580 a** Pétiole des feuilles se prolongeant le long de la tige jusqu'à la feuille inférieure ▶ ***Symphytum officinale***
**b** Pétiole ne se prolongeant pas sur la tige ▶ ***Pulmonaria obscura*** (p. 229)

**581 a** Étamines au centre de la fleur d'un jaune éclatant ▶ ***Solanum dulcamara*** (p. 29)
**b** Étamines d'une autre couleur ▶ ***Campanula glomerata*** (p. 225)

## *Echium vulgare* L. Vipérine commune

**Famille :** Boraginaceae – Boraginacées

**Nom :** *Echium* grec « vipère » ; *vulgare* lat. « commun »

**Caractères :** plante haute de 30 à 150 cm, entièrement couverte de poils raides ; feuilles allongées, étroites, atteignant 30 cm de long ; inflorescences mesurant jusqu'à 50 cm de long ; fleurs longues de 14 à 22 mm, d'abord roses puis bleues (rarement rougeâtres), à 3 lobes allongés et 2 lobes plus courts, à étamines allongées ; 4 fruits (akènes) par fleur, longs de 3 mm environ

**Reproduction :** floraison de mai à octobre ; hermaphrodite ; pollinisation par les insectes ; dispersion des graines par le vent et les animaux

**Milieu :** décombres, bords des chemins, carrières

**Bon à savoir :** les jeunes pousses peuvent être mangées en soupe ou servir à garnir des crêpes ; quant aux fleurs, elles peuvent constituer une décoration comestible.

## *Symphytum officinale* L. Consoude officinale

**Famille :** Boraginaceae – Boraginacées

**Nom :** *Symphytum* grec « souder » ; *officinale* lat. « médicinal »

**Caractères :** plante haute de 30 à 120 cm, couverte de poils raides ; feuilles ovales à allongées, atteignant 25 cm de long, à pétiole se prolongeant sur la tige ; fleurs en bouquets pendants, longues de 10 à 20 mm, jaunâtres ou pourprées à violacées, à 5 lobes ; 4 fruits (akènes) par fleur

**Reproduction :** floraison de mai à août ; hermaphrodite ; pollinisation par les insectes ; dispersion des graines par les animaux (fourmis)

**Milieu :** berges des ruisseaux, fossés, prairies et forêts fraîches

**Bon à savoir :** la racine fraîche ou séchée, une fois hachée menu et mélangée à de l'eau, permet de fabriquer une pâte utilisée en compresses contre les hémorragies, les contusions, les foulures ou les froissements musculaires. Elle est aussi disponible sous forme de pommade dans le commerce.
• Les grandes feuilles peuvent être farcies ou, finement hachées, incorporées à des salades.

**582 a** Fleurs d'un diamètre de plus de 5 mm 583
**b** Fleurs d'un diamètre de moins de 5 mm 584

**583 a** Calice à poils étalés ▶ *Myosotis sylvatica* ....................

**b** Calice à poils appliqués ▶ *Myosotis scorpioides* (p. 230) ....................

**584 a** Feuilles poilues 585
**b** Feuilles glabres ▶ *Polygonum aviculare* (p. 311)

## *Pulmonaria obscura* Dumort. Pulmonaire à fleurs sombres

**Famille :** Boraginaceae – Boraginacées

**Nom :** *Pulmonaria* lat. « phtisique » ; *obscura* lat. « sombre »

**Caractères :** plante haute de 10 à 30 cm, à tige anguleuse couverte de poils étalés ; feuilles elliptiques à ovales, atteignant 15 cm de long ; fleurs en bouquets, longues de 8 à 18 mm et larges de 8 à 13 mm, d'abord rougeâtres, puis violettes ou bleues, à 5 lobes ; 4 fruits (akènes) par fleur

**Reproduction :** floraison de mars à mai ; hermaphrodite ; pollinisation par les insectes ; dispersion des graines par les animaux (fourmis)

**Milieu :** forêts de feuillus

**Bon à savoir :** la plante séchée se boit en tisane contre les catarrhes bronchiques.

## *Myosotis sylvatica* Hoffm. Myosotis des bois

**Famille :** Boraginaceae – Boraginacées

**Nom :** *Myos-* grec « souris » ; *-otis* grec « oreille » ; *sylvatica* lat. « forêt »

**Caractères :** plante haute de 15 à 50 cm ; feuilles ovales à allongées, atteignant 10 cm de long, poilues ; fleurs d'un diamètre de 6 à 10 mm, à 5 pétales bleus (souvent roses à l'éclosion) ; 4 fruits par fleur (akènes), mesurant jusqu'à 1,6 mm de long

**Reproduction :** floraison de mai à juillet ; hermaphrodite ; pollinisation par les insectes ; dispersion des graines par les animaux

**Milieu :** prairies fraîches, forêts

**585 a** Plante ne dépassant pas 20 cm de haut ▶ *Myosotis stricta*
**b** Plante haute de 15 à 50 cm **586**

**586 a** Pas de feuilles entre les fleurs ▶ *Myosotis arvensis*
**b** Présence de feuilles entre les fleurs ▶ *Buglossoides arvensis* (p. 269)

## *Myosotis scorpioides* L. Myosotis des marais

**Famille :** Boraginaceae – Boraginacées

**Nom :** *Myos-* grec « souris » ; *-otis* grec « oreille » ; *scorpi-* grec « scorpion » ; *-oides* grec « comme »

**Caractères :** plante haute de 10 à 80 cm ; feuilles ovales, mesurant jusqu'à 10 cm de long, densément velues ; fleurs d'un diamètre de 5 à 8 mm, à 5 pétales bleu pâle (rarement rosés) ; 4 fruits (akènes) par fleur longs de 1,3 à 1,8 mm

**Reproduction :** floraison de mai à juillet ; hermaphrodite ; pollinisation par les insectes ; dispersion des graines par le vent

**Milieu :** berges, fossés, marais, prairies humides

## *Myosotis stricta* Roem. et Schult. Myosotis raide

**Famille :** Boraginaceae – Boraginacées

**Nom :** *Myos-* grec « souris » ; *-otis* grec « oreille » ; *stricta* lat. « raide », « rigide »

**Caractères :** plante annuelle, haute de 5 à 20 cm, entièrement couverte de poils grisâtres denses ; feuilles ovales à allongées, atteignant 3 cm de long ; fleurs en entonnoir, d'un diamètre de 1 à 2 mm, à 5 pétales bleu pâle ; 4 fruits (akènes) par fleur longs de 0,8 à 1,5 mm

**Reproduction :** floraison de mars à mai ; hermaphrodite ; pollinisation par les insectes ; dispersion des graines par le vent

**Milieu :** pelouses sèches, pinèdes, cultures

**587 a** Feuilles pennées, c.-à-d. composées de folioles insérées en vis-à-vis sur la nervure centrale 588 ............................................................

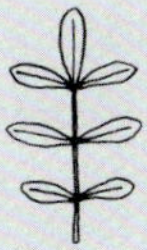

**b** Feuilles non pennées 589

**588 a** Fleurs roses ; plante poussant dans des milieux secs ▶ *Erodium cicutarium*

**b** Fleurs rouge foncé ; plante poussant dans des lieux humides ▶ *Potentilla palustris* (p. 232)

## *Myosotis arvensis* Hill **Myosotis des champs**

**Famille :** Boraginaceae – Boraginacées

**Nom :** *Myos-* grec « souris » ; *-otis* grec « oreille » ; *arvensis* lat. « champ »

**Caractères :** plante annuelle, haute de 15 à 50 cm, entièrement et plus ou moins densément couverte de poils grisâtres ; feuilles ovales à allongées, atteignant 8 cm de long ; fleurs en entonnoir, d'un diamètre de 2 à 3 mm, à 5 pétales bleu pâle ; 4 fruits (akènes) par fleur longs de 1,5 à 2 mm

**Reproduction :** floraison d'avril à octobre ; hermaphrodite ; pollinisation par les insectes ; dispersion des graines par les animaux

**Milieu :** prairies, cultures, bords des chemins

## *Erodium cicutarium* (L.) L'Hér. **Bec-de-grue à feuilles de ciguë**

**Famille :** Geraniaceae – Géraniacées

**Nom :** *Erodium* grec « héron » ; *cicutarium* lat. « ressemblant à la ciguë » *(Cicuta)*

**Caractères :** plante annuelle ou bisannuelle, haute (ou longue) de 5 à 40 cm, à tige couchée ; feuilles divisées en folioles, celles-ci à marge dentée ou découpée ; fleurs d'un diamètre de 10 à 18 mm, à 5 pétales rosés ; fruits (capsules) longs de 30 à 40 mm

**Reproduction :** floraison d'avril à septembre ; hermaphrodite ; pollinisation par les insectes ; dispersion des graines par les animaux ou sans agent extérieur

**Milieu :** cultures, vignes, friches, bords des chemins

**Bon à savoir :** grâce à leur long bec, les fruits peuvent s'enfoncer en vrillant dans le sol ou rester accrochés à la fourrure des animaux.

**589 a** Feuilles composées de 3 folioles découpées ▶ *Geranium robertianum*
**b** Feuilles non composées de 3 folioles découpées **590**

**590 a** Feuilles découpées au moins jusqu'au milieu du limbe **591**
**b** Feuilles moins profondément découpées **601** (p. 238)

**591 a** Fleurs de moins de 20 mm de diamètre **592**
**b** Fleurs de plus de 20 mm de diamètre **596**

## *Potentilla palustris* (L.) Scop., *Comarum palustre* L.
## Comaret, Potentille des marais

**Famille :** Rosaceae – Rosacées

**Nom :** *Potentilla* origine incertaine ; *Comarum* grec « arbousier » (fruits) ; *palustris* lat. « marais »

**Caractères :** plante haute de 15 à 70 cm ; feuilles composées de 3 à 7 folioles à marge dentée, vert grisâtre ou vert glauque dessous ; fleurs d'un diamètre de 15 à 25 mm, à 5 sépales internes rouge foncé, entre lesquels sont intercalés 5 pétales plus étroits et plus courts, pourpre sombre (auxquels se rajoutent vers l'extérieur – c'est-à-dire en dessous – 5 autres sépales courts et étroits) ; fruits (akènes) nombreux par fleur

**Reproduction :** floraison de mai à juillet ; hermaphrodite ; pollinisation par les insectes ; dispersion des graines par l'eau et les animaux

**Milieu :** marais, tourbières

**Bon à savoir :** plante-hôte de la chenille du Nacré de la sanguisorbe *(Brenthis ino)*.

## *Geranium robertianum* L.
## Géranium Herbe à Robert

**Famille :** Geraniaceae – Géraniacées

**Nom :** *Geranium* grec « grue » ; *robertianum* « Robert »

**Caractères :** plante annuelle ou bisannuelle, haute de 10 à 50 cm, à odeur désagréable ; tige souvent rouge, à poils étalés ; feuilles composées de 3 à 5 folioles profondément découpées ; fleurs d'un diamètre de 15 à 25 mm, à 5 pétales rosés ou pourprés ; fruits (capsules) longs de 16 à 25 mm

**Reproduction :** floraison de mai à octobre ; hermaphrodite ; pollinisation par les insectes ; dispersion des graines par les animaux

**Milieu :** haies, forêts, coupes forestières, décombres, rochers, murs

**Bon à savoir :** à maturité, les 5 parties de la paroi du fruit s'enroulent brusquement vers son sommet, projetant ainsi les graines aux alentours. • La plante fleurie, fraîche ou séchée, est utilisée en teinture contre les adénopathies, les maladies de

**592 a** Grandes feuilles découpées presque jusqu'au niveau de l'insertion du pétiole 593

**b** Grandes feuilles moins profondément découpées 594

**593 a** Fleurs d'un diamètre de plus de 12 mm ; fleurs dépassant nettement les feuilles inférieures les plus proches ▶ *Geranium columbinum*

**b** Fleurs d'un diamètre de moins de 12 mm ; fleurs dépassant à peine les feuilles inférieures les plus proches ▶ *Geranium dissectum*

peau, l'eczéma, les piqûres d'insectes, en infusion pour faire des gargarismes contre les inflammations de la bouche ou comme adjuvant de bain pour accélérer la cicatrisation des plaies.

## *Geranium columbinum* L. Géranium colombin

**Famille :** Geraniaceae – Géraniacées

**Nom :** *Geranium* grec « grue » ; *columbinum* lat. « pigeon »

**Caractères :** plante annuelle, haute de 15 à 40 cm ; feuilles opposées, atteignant 5 cm de large, profondément divisées en 5 à 7 segments, eux-mêmes découpés et aigus à leur extrémité ; fleurs d'un diamètre de 14 à 18 mm, à 5 pétales pourprés légèrement échancrés ; fruits (capsules) longs de 20 à 25 mm

**Reproduction :** floraison de juin à septembre ; hermaphrodite ; pollinisation par les insectes ; dispersion des graines sans agent extérieur

**Milieu :** cultures, bords des chemins

**Bon à savoir :** à maturité, les 5 parties de la paroi du fruit s'enroulent brusquement vers son sommet, projetant ainsi les graines aux alentours.

## *Geranium dissectum* L. Géranium à feuilles découpées

**Famille :** Geraniaceae – Géraniacées

**Nom :** *Geranium* grec « grue » ; *dissectum* lat. « découpé »

**Caractères :** plante annuelle haute de 10 à 40 cm ; tige à poils étalés ; feuilles opposées, atteignant 5 cm de large, profondément divisées en 5 à 7 segments, eux-mêmes découpés et aigus à leur extrémité ; fleurs larges de 8 à 12 mm, à 5 pétales rouges légèrement échancrés ; fruits (capsules) longs de 12 à 18 mm

**Reproduction :** floraison de juin à octobre ; hermaphrodite ; autopollinisation ; dispersion des graines sans agent extérieur ou par les animaux

**Milieu :** cultures, bords des chemins, décombres

**Bon à savoir :** à maturité, les 5 parties de la paroi du fruit s'enroulent brusquement vers son sommet, projetant ainsi les graines aux alentours.

**594 a** Fleurs d'un diamètre de 5 à 9 mm ▶ ***Geranium pusillum***
**b** Fleurs d'un diamètre de 10 à 20 mm 595

**595 a** Fleurs violettes, dépassant distinctement les feuilles inférieures les plus proches ▶ ***Geranium pyrenaicum***
**b** Fleurs roses, dépassant à peine les feuilles inférieures les plus proches ▶ ***Geranium molle*** (p. 235)

## *Geranium pusillum* L.
## Géranium fluet, Géranium à tige grêle

**Famille :** Geraniaceae – Géraniacées

**Nom :** *Geranium* grec « grue » ; *pusillum* lat. « très petit », « minuscule »

**Caractères :** plante annuelle ou bisannuelle, haute de 10 à 30 cm ; feuilles opposées, au moins dans la partie inférieure de la tige, atteignant 4 cm de large, divisées en 5 à 7 segments, eux-mêmes découpés et à sommet obtus ; fleurs d'un diamètre de 5 à 9 mm, à 5 pétales lilas ou bleu violacé légèrement échancrés ; fruits (capsules) longs de 8 à 12 mm

**Reproduction :** floraison de mai à septembre ; hermaphrodite ; pollinisation par les insectes ; dispersion des graines par les animaux

**Milieu :** cultures, bords des chemins, décombres

**Bon à savoir :** à maturité, les 5 parties de la paroi du fruit s'enroulent brusquement vers son sommet, projetant ainsi les graines aux alentours.

## *Geranium pyrenaicum* Burm. f.
## Géranium des Pyrénées

**Famille :** Geraniaceae – Géraniacées

**Nom :** *Geranium* grec « grue » ; *pyrenaicum* lat. « Pyrénées »

**Caractères :** plante haute de 20 à 60 cm ; feuilles opposées, atteignant 7 cm de large, divisées en 5 à 9 segments, eux-mêmes découpés et/ou à marge dentée ; fleurs d'un diamètre de 15 à 20 mm, à 5 pétales violacés profondément échancrés au sommet ; fruits (capsules) longs de 14 à 20 mm

**Reproduction :** floraison de mai à août ; hermaphrodite ; pollinisation par les insectes ; dispersion des graines par les animaux

**Milieu :** prairies, fourrés, bords des chemins, décombres

**Bon à savoir :** à maturité, les 5 parties de la paroi du fruit s'enroulent brusquement vers son sommet, projetant ainsi les graines aux alentours.

**596 a** Pétales échancrés à leur sommet 599
**b** Pétales non échancrés à leur sommet 597

**597 a** Inflorescences habituellement à 2 fleurs ▶ *Geranium palustre*
**b** Inflorescences à plus de 2 fleurs 598

## *Geranium molle* L. Géranium à feuilles molles

**Famille :** Geraniaceae – Géraniacées

**Nom :** *Geranium* grec « grue » ; *molle* lat. « mou »

**Caractères :** plante annuelle ou bisannuelle, haute de 10 à 30 cm, entièrement poilue ; feuilles de la tige pour la plupart alternes, atteignant 4 cm de large, divisées en 5 à 9 segments, eux-mêmes découpés et à sommet obtus ; fleurs d'un diamètre de 10 à 15 mm, à 5 pétales rosés échancrés ; fruits (capsules) longs de 8 à 20 mm

**Reproduction :** floraison de mai à septembre ; hermaphrodite ; pollinisation par les insectes ; dispersion des graines sans agent extérieur ou par les animaux

**Milieu :** cultures, bords des chemins, décombres

**Bon à savoir :** à maturité, les 5 parties de la paroi du fruit s'enroulent brusquement vers son sommet, projetant ainsi les graines aux alentours.

## *Geranium palustre* L. Géranium des marais

**Famille :** Geraniaceae – Géraniacées

**Nom :** *Geranium* grec « grue » ; *palustre* lat. « marais »

**Caractères :** plante haute de 30 à 80 cm ; feuilles opposées, atteignant 12 cm de large, divisées en 5 à 7 segments, eux-mêmes découpés et/ou à marge dentée ; fleurs d'un diamètre de 25 à 35 mm, à 5 pétales rouge violacé ; fruits (capsules) longs de 20 à 25 mm

**Reproduction :** floraison de juin à octobre ; hermaphrodite ; pollinisation par les insectes ; dispersion des graines sans agent extérieur

**Milieu :** berges des ruisseaux, roselières, fossés, marais

**Bon à savoir :** à maturité, les 5 parties de la paroi du fruit s'enroulent brusquement vers son sommet, projetant ainsi les graines aux alentours. • Plante-hôte de la chenille de l'Argus de la sanguinaire *(Eumedonia eumedon)*.

**598 a** Feuilles les plus grandes divisées jusqu'au milieu du limbe env. ; fleurs rouge violacé
▶ ***Geranium sylvaticum***

**b** Feuilles divisées presque jusqu'à l'insertion du pétiole ; fleurs bleu violacé
▶ ***Geranium pratense***

## *Geranium sylvaticum* L. Géranium des bois

**Famille :** Geraniaceae – Géraniacées

**Nom :** *Geranium* grec « grue » ; *sylvaticum* lat. « forêt »

**Caractères :** plante haute de 30 à 60 cm ; feuilles opposées, au moins les supérieures, atteignant 15 cm de large, divisées en 5 à 7 segments, eux-mêmes découpés et/ou à marge dentée ; fleurs d'un diamètre de 20 à 33 mm, à 5 pétales rouge violacé ; fruits (capsules) longs de 25 à 35 mm

**Reproduction :** floraison de juin à juillet ; hermaphrodite ; pollinisation par les insectes ; dispersion des graines sans agent extérieur ou par les animaux

**Milieu :** prairies, pâturages, forêts

**Bon à savoir :** à maturité, les 5 parties de la paroi du fruit s'enroulent brusquement vers son sommet, projetant ainsi les graines aux alentours. • Plante-hôte de la chenille de l'Argus de la sanguinaire *(Eumedonia eumedon)*.

## *Geranium pratense* L. Géranium des prés

**Famille :** Geraniaceae – Géraniacées

**Nom :** *Geranium* grec « grue » ; *pratense* lat. « prairie »

**Caractères :** plante haute de 30 à 80 cm ; feuilles opposées, au moins les supérieures, atteignant 20 cm de large, divisées en 5 à 7 segments, eux-mêmes découpés et/ou à marge dentée ; fleurs d'un diamètre de 25 à 40 mm, à 5 pétales bleu violacé ; fruits (capsules) longs de 25 à 35 mm

**Reproduction :** floraison de juin à juillet ; hermaphrodite ; pollinisation par les insectes ; dispersion des graines sans agent extérieur ou par les animaux

**Milieu :** prairies

**Bon à savoir :** à maturité, les 5 parties de la paroi du fruit s'enroulent brusquement vers son sommet, projetant ainsi les graines aux alentours.

**599 a** Plante plus ou moins dressée ; feuilles supérieures découpées jusqu'au-delà du milieu du limbe 600

**b** Plante couchée au moins en partie ; feuilles supérieures découpées à peine jusqu'au milieu du limbe 601

**600 a** Feuilles inférieures découpées jusque vers le milieu du limbe ▶ *Malva moschata*

**b** Feuilles inférieures découpées à peine jusqu'au milieu ▶ *Malva alcea*

## *Malva moschata* L. Mauve musquée

**Famille :** Malvaceae – Malvacées

**Nom :** *Malva* origine incertaine ; lat. *moschata* « à odeur de musc »

**Caractères :** plante haute de 40 à 100 cm ; feuilles inférieures nettement découpées, les supérieures divisées en 3 à 7 segments, eux-mêmes profondément découpés ; fleurs d'un diamètre de 40 à 60 mm, à 5 pétales échancrés, rosés et à nombreuses étamines soudées en une colonne unique ; fruits (akènes) nombreux par fleur, disposés en cercle

**Reproduction :** floraison de juillet à septembre ; hermaphrodite ; pollinisation par les insectes ; dispersion des graines par le vent et les animaux

**Milieu :** pelouses sèches, talus, cultures, vignes, friches, bords des chemins

## *Malva alcea* L. Mauve alcée

**Famille :** Malvaceae – Malvacées

**Nom :** *Malva* origine incertaine ; *alcea* grec « force », « vigueur »

**Caractères :** plante haute de 40 à 100 cm ; feuilles inférieures arrondies, à peine découpées, les supérieures profondément divisées en 3 à 7 segments, eux-mêmes découpés ; fleurs d'un diamètre de 40 à 75 mm, à pétales échancrés, roses, rouges ou lilas, et nombreuses étamines soudées en colonne ; fruits (akènes) nombreux par fleur, disposés en cercle

**Reproduction :** floraison de juillet à septembre ; hermaphrodite ; pollinisation par les insectes ; dispersion des graines par le vent et les animaux

**Milieu :** talus, cultures, vignes, friches, bords des chemins

**601 a** Fleurs d'un diamètre de 35 mm au moins ▶ ***Malva sylvestris***
**b** Fleurs ne dépassant pas 25 mm de diamètre ▶ ***Malva neglecta***

**602 a** Grandes feuilles découpées ou divisées en folioles **626** (p. 249)
**b** Grandes feuilles ni découpées ni divisées en folioles **603**

## *Malva sylvestris* L. Grande Mauve

**Famille :** Malvaceae – Malvacées

**Nom :** *Malva* origine incertaine ; *sylvestris* lat. « qui pousse à l'état sauvage »

**Caractères :** plante haute ou longue de 30 à 120 cm, à tige en partie couchée ; feuilles inférieures arrondies, non ou à peine découpées, les supérieures divisées en 3 à 7 segments à marge dentée ; fleurs d'un diamètre de 35 à 55 mm, à 5 pétales échancrés, roses à rouge violacé, et nombreuses étamines soudées en colonne ; fruits (akènes) nombreux par fleur, disposés en cercle

**Reproduction :** floraison de juillet à septembre ; hermaphrodite ; pollinisation par les insectes ; dispersion des graines par le vent

**Milieu :** friches, bords des chemins

**Bon à savoir :** l'infusion de feuilles et de fleurs séchées est préconisée contre la toux et les maladies des bronches ou, utilisée en gargarisme, contre les inflammations de la bouche et de la gorge. Avec une décoction de feuilles, on réalise des compresses contre les inflammations et les ulcères.

## *Malva neglecta* Wallr. Petite Mauve, Mauve commune

**Famille :** Malvaceae – Malvacées

**Nom :** *Malva* origine incertaine ; *neglecta* lat. « oubliée », « négligée »

**Caractères :** plante longue de 10 à 40 cm à tige couchée ; feuilles arrondies, à peine découpées, à marge dentée ; fleurs d'un diamètre de 12 à 25 mm, à 5 pétales échancrés, rosés ou presque blancs, et à nombreuses étamines soudées en colonne ; fruits (akènes) nombreux par fleur, disposés en cercle

**Reproduction :** floraison de juillet à septembre ; hermaphrodite ; pollinisation par les insectes ; dispersion des graines par le vent

**Milieu :** bords des chemins, décombres

**Bon à savoir :** l'infusion de feuilles et de fleurs séchées est préconisée contre la toux et les maladies des bronches ou, utilisée en gargarisme, contre les inflammations de la bouche et de la gorge. Avec une décoction de feuilles, on réalise des compresses contre les inflammations et les ulcères.

**603 a** Tige sans feuilles, celles-ci toutes situées à la base de la plante 604

**b** Tige feuillée 605

**604 a** Fleurs jaune pâle ▶ *Primula elatior*

**b** Fleurs jaune d'or, orangées à l'intérieur ▶ *Primula veris*

## *Primula elatior* (L.) L. Primevère des bois, Primevère élevée

**Famille :** Primulaceae – Primulacées

**Nom :** *Primula* lat. « première » ; *elatior* lat. « plus grande », « plus élevée »

**Caractères :** plante haute de 10 à 30 cm ; feuilles ovales, atteignant 20 cm de long, à face supérieure ridée par l'enfoncement des nervures, à marge dentée ; fleurs groupées en bouquets, larges de 12 à 20 mm, à 5 lobes légèrement échancrés, jaune pâle ; fruits (capsules) longs de 10 à 15 mm

**Reproduction :** floraison de mars à mai ; hermaphrodite ; pollinisation par les insectes ; dispersion des graines par le vent et les animaux

**Milieu :** berges des ruisseaux, prairies ombragées, fourrés, forêts de feuillus

**Bon à savoir :** l'infusion de racine séchée et finement coupée possède des propriétés expectorantes dans les catarrhes bronchiques, tout en étant légèrement diurétique. La tisane de fleurs séchées est utile contre les refroidissements et les toux accompagnées de sécrétions grasses.

## *Primula veris* L. Primevère officinale

**Famille :** Primulaceae – Primulacées

**Nom :** *Primula* lat. « première » ; *veris* lat. « printemps »

**Caractères :** plante haute de 5 à 25 cm ; feuilles ovales, atteignant 20 cm de long, ridées dessus par l'enfoncement des nervures, à marge dentée ; fleurs odorantes en bouquets, larges de 6 à 15 mm, à 5 lobes jaune foncé légèrement échancrés, souvent tachées d'orangé au centre ; fruits (capsules) longs de 5 à 10 mm

**Reproduction :** floraison d'avril à mai ; hermaphrodite ; pollinisation par les insectes ; dispersion des graines par le vent et les animaux

**Milieu :** prairies maigres sèches à fraîches, fourrés

**Bon à savoir :** l'infusion de racine séchée et finement coupée possède des propriétés expectorantes dans les catarrhes bronchiques, tout en étant légèrement diurétique. La tisane de fleurs séchées est utile contre les refroidissements et les toux accompagnées de sécrétions grasses.

**605 a** Fleurs verdâtres 606

**b** Fleurs jaunes ou jaune blanchâtre 607

**606 a** Feuilles les plus grandes atteignant 1,5 cm de long, fines comme des aiguilles

▶ *Scleranthus annuus*

**b** Feuilles les plus grandes ne dépassant pas 0,8 mm de long, ovales à allongées

▶ *Herniaria glabra*

## *Scleranthus annuus* L.
## Scléranthe annuel, Gnavelle annuelle

**Famille :** Caryophyllaceae – Caryophyllacées

**Nom :** *Scler-* grec « dur », « sec » ; *-anthus* grec « fleur » ; *annuus* lat. « annuel »

**Caractères :** plante annuelle ou bisannuelle, haute de 3 à 20 cm, à tige en partie couchée ; feuilles opposées, linéaires, atteignant 1,5 cm de long ; fleurs groupées en bouquets, larges de 3 à 5 mm, verdâtres, à 5 lobes (sépales) ; fruits (akènes) longs de 3 à 5 mm

**Reproduction :** floraison d'avril à octobre ; hermaphrodite ; pollinisation par les insectes (mouches) ; dispersion des graines par le vent et les animaux

**Milieu :** cultures, bords des chemins

## *Herniaria glabra* L. Herniaire glabre

**Famille :** Caryophyllaceae – Caryophyllacées

**Nom :** *Herniaria* lat. « hernie » ; *glabra* lat. « lisse »

**Caractères :** plante annuelle ou bisannuelle, longue de 5 à 15 cm, à tige étroitement appliquée au sol ; feuilles opposées, au moins les inférieures, ovales à allongées, ne dépassant pas 0,8 cm de long ; fleurs à 5 divisions (sépales) verdâtres longues de 0,5 mm ; fruits (akènes) longs de 1 mm env.

**Reproduction :** floraison de juin à août ; hermaphrodite ; pollinisation par les insectes ; dispersion des graines par le vent et les animaux

**Milieu :** berges, bords des chemins, talus ferroviaires

**Bon à savoir :** la plante est très résistante au piétinement. • La plante séchée avec ses fleurs, seule ou plus souvent associée à d'autres espèces, entre dans la composition d'une tisane utilisée contre les inflammations de la vessie.

**607 a** Feuilles épaisses, à section circulaire ou semi-circulaire **608**
**b** Feuilles « normales », planes **609**

**608 a** Feuilles à section circulaire, de largeur égale tout le long ▶ *Sedum sexangulare*
**b** Feuilles à section semi-circulaire (planes dessus, arrondies en dessous), plus larges à la base qu'au sommet ▶ *Sedum acre*

## *Sedum sexangulare* L. Orpin à six angles

**Famille :** Crassulaceae – Crassulacées

**Nom :** *Sedum* origine incertaine ; *sex-* lat. « six » ; *-angulare* lat. « anguleux »

**Caractères :** plante haute de 3 à 15 cm, entièrement glabre, produisant aussi des pousses végétatives non fleuries ; feuilles à section circulaire, d'un diamètre de 1 mm environ et longues jusqu'à 0,6 cm, formant souvent 6 rangées régulières sur la tige ; fleurs d'un diamètre de 5 à 15 mm, à 5 pétales jaunes ; 5 fruits (follicules) allongés par fleur

**Reproduction :** floraison de juin à août ; hermaphrodite ; pollinisation par les insectes ; dispersion des graines par le vent

**Milieu :** pelouses sèches, sols graveleux, murs

**Bon à savoir :** les feuilles charnues servent à stocker l'eau (succulence foliaire).

## *Sedum acre* L. Orpin âcre

**Famille :** Crassulaceae – Crassulacées

**Nom :** *Sedum* origine incertaine ; *acre* lat. « épicé »

**Caractères :** plante haute de 3 à 15 cm, entièrement glabre, produisant aussi des pousses végétatives non fleuries ; feuilles ne dépassant pas 5 mm de long et 4 mm de large, planes dessus, arrondies en dessous ; fleurs d'un diamètre de 10 à 16 mm, à 5 pétales jaunes ; 5 fruits (follicules) allongés par fleur

**Reproduction :** floraison de juin à juillet ; hermaphrodite ; pollinisation par les insectes ; dispersion des graines par le vent et l'eau

**Milieu :** pelouses sèches, sols graveleux, rochers, murs

**Bon à savoir :** les feuilles charnues servent à stocker l'eau (succulence foliaire). • Toute la plante est toxique. Les principaux symptômes d'une intoxication sont une forte irritation des muqueuses de la bouche, des vomissements, des crampes et des paralysies. • Naguère, on utilisait la plante broyée pour favoriser la cicatrisation des plaies.

**609 a** Feuilles verticillées, c.-à-d. insérées par 3 ou 4 à la même hauteur sur la tige (verticille) ▶ *Lysimachia vulgaris*

**b** Feuilles non verticillées **610**

**610 a** Feuilles opposées, c.-à-d. insérées deux par deux, en vis-à-vis, à la même hauteur sur la tige **611** ..........

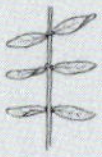

**b** Feuilles alternes, c.-à-d. non situées en vis-à-vis **620** (p. 246) ..........

**611 a** Feuilles les plus grandes dépassant 10 cm de long ; fleurs d'un jaune blanchâtre ou crème ▶ *Vincetoxicum hirundinaria* (p. 267)

**b** Feuilles atteignant à peine 6 cm de long ; fleurs jaune pâle ou jaune d'or **612**

## *Lysimachia vulgaris* L. Grande Lysimaque

**Famille :** Primulaceae – Primulacées

**Nom :** *Lysi-* grec « solution » ; *-machia* grec « combat » ; *vulgaris* lat. « commun »

**Caractères :** plante haute de 40 à 120 cm ; feuilles verticillées par 3 ou 4 ou opposées, ovales à allongées, atteignant 15 cm de long ; fleurs formant une inflorescence conique, d'un diamètre de 15 à 25 mm, à 5 pétales jaunes ; fruits (capsules) mesurant jusqu'à 5 mm de long

**Reproduction :** floraison de juin à août ; hermaphrodite ; pollinisation par les insectes ; dispersion des graines par le vent et les animaux

**Milieu :** berges, fossés, tourbières, prairies humides, forêts inondables

## *Lysimachia nummularia* L. Lysimaque nummulaire, Monnoyère

**Famille :** Primulaceae – Primulacées

**Nom :** *Lysi-* grec « solution » ; *-machia* grec « combat » ; *nummularia* lat. « comme une pièce de monnaie »

**Caractères :** plante longue de 10 à 50 cm, à tige rampante ; feuilles opposées, arrondies à ovales, atteignant 3 cm de long ; fleurs groupées par paires au milieu de la tige, d'un diamètre de 10 à 25 mm, à 5 pétales jaunes ; fruits (capsules) globuleux, d'un diamètre de 4 à 5 mm

**Reproduction :** floraison de juin à juillet ; hermaphrodite ; pollinisation par les insectes ; dispersion des graines sans agent extérieur

**Milieu :** fossés, prairies et pâturages humides, forêts inondables

**612 a** Fleurs à 5 étamines 613

**b** Fleurs à plus de 10 étamines 614

**613 a** Plante entièrement couchée sur le sol ; pétales longs de 9 mm au moins
▶ *Lysimachia nummularia* (p. 242)

**b** Plante couchée, mais à partie fleurie redressée ; pétales ne dépassant pas 8 mm de long
▶ *Lysimachia nemorum*

**614 a** Tige mince, couchée, seule l'extrémité fleurie étant redressée ▶ *Hypericum humifusum*

**b** Tige plus robuste, ±dressée 615

## *Lysimachia nemorum* L. Lysimaque des bois

**Famille :** Primulaceae – Primulacées

**Nom :** *Lysi-* grec « solution » ; *-machia* grec « combat » ; *nemorum* lat. « forêt », « bois »

**Caractères :** plante haute ou longue de 5 à 40 cm, à tige en partie couchée ; feuilles opposées, plus ou moins largement ovales, atteignant 3 cm de long ; fleurs d'un diamètre de 8 à 15 mm, à 5 pétales jaunes ; fruits (capsules) longs de 3 à 4 mm

**Reproduction :** floraison de mai à juillet ; hermaphrodite ; pollinisation par les insectes ; dispersion des graines sans agent extérieur

**Milieu :** fourrés, lieux ombragés et humides, chemins forestiers

## *Hypericum humifusum* L. *Millepertuis couché*

**Famille :** Hypericaceae – Hypericacées

**Nom :** *Hyp-* grec « dessous » ; *-ericum* « à port de bruyère » ; *humi-* lat. « sol », « terre » ; *-fusum* lat. « fondre »

**Caractères :** plante longue de 5 à 20 cm, à tige mince et couchée ; feuilles opposées, ovales à allongées, atteignant 1,5 cm de long, densément velues ; fleurs d'un diamètre de 8 à 15 mm, à 5 pétales jaunes ; fruits (capsules) ovales, composés de 3 parties

**Reproduction :** floraison de juin à août ; hermaphrodite ; pollinisation par les insectes ; dispersion des graines par le vent

**Milieu :** terre nue ; clairières forestières, cultures, bords des chemins

**615 a** Tige poilue, au moins dans sa partie supérieure 616

**b** Tige glabre ou presque 617

**616 a** Plante haute de 40 cm au maximum ; pétales froissés
▶ ***Helianthemum nummularium* subsp. *obscurum***

**b** Plante dépassant 40 cm de haut ; pétales non froissés ▶ ***Hypericum hirsutum***

### *Helianthemum nummularium* subsp. *obscurum* (Celak.) Holub
### Hélianthème à feuilles arrondies, Hélianthème commun

**Famille :** Cistaceae – Cistacées

**Nom :** *Heli-* grec « soleil » ; *-anthemum* grec « fleur » ; *nummularium* lat. « comme une pièce de monnaie » ; *obscurum* lat. « sombre »

**Caractères :** plante haute ou longue de 10 à 40 cm, à tige en partie couchée ; feuilles ovales à allongées, atteignant 1 cm de long ; fleurs d'un diamètre de 15 à 25 mm, à 5 pétales jaunes et de nombreuses étamines, également jaunes ; fruits (capsules) contenant plusieurs graines

**Reproduction :** floraison de mai à octobre ; hermaphrodite ; pollinisation par les insectes ; dispersion des graines par les animaux

**Milieu :** prairies sèches, fourrés

**Bon à savoir :** plante ligneuse dans sa partie inférieure. Les fleurs ne s'épanouissent que par temps chaud et pour un jour seulement. • Plante-hôte des chenilles de deux papillons : le Petit Argus *(Plebejus argus)* et l'Argus vert *(Callophrys rubi)*.

### *Hypericum hirsutum* L. Millepertuis hérissé

**Famille :** Hypericaceae – Hypericacées

**Nom :** *Hyp-* grec « dessous » ; *-ericum* « à port de bruyère » ; *hirsutum* lat. « à poils raides »

**Caractères :** plante haute de 40 à 100 cm ; tige densément couverte de poils dressés ; feuilles opposées, ovales, atteignant 6 cm de long, densément velues ; fleurs d'un diamètre de 13 à 23 mm, à 5 pétales jaunes et de nombreuses étamines, également jaunes ; fruits (capsules) ovales, composés de 3 parties

**Reproduction :** floraison de juin à août ; hermaphrodite ; pollinisation par les insectes ; dispersion des graines par le vent

**Milieu :** fourrés, forêts claires

**Bon à savoir :** le nom de « millepertuis » fait allusion aux nombreuses glandes transparentes qui semblent « trouer » les feuilles.

**617 a** Tige à section circulaire ou à deux angles 618
**b** Tige quadrangulaire 619

**618 a** Tige parcourue par deux angles ou deux lignes ▶ ***Hypericum perforatum***
**b** Tige sans angles ni lignes ▶ ***Hypericum montanum***

## *Hypericum perforatum* L. Millepertuis commun

**Famille :** Hypericaceae – Hypericacées

**Nom :** *Hyp-* grec « dessous » ; *-ericum* « à port de bruyère » ; *perforatum* lat. « troué »

**Caractères :** plante haute de 30 à 100 cm ; tige à 2 angles ; feuilles opposées, ovales à allongées, atteignant 2 cm de long ; fleurs d'un diamètre de 20 à 25 mm, à 5 pétales jaunes, à marge souvent dentée d'un côté, à nombreuses étamines jaunes ; fruits (capsules) ovales, composés de 3 parties

**Reproduction :** floraison de juin à septembre ; hermaphrodite ; pollinisation par les insectes ; dispersion des graines par les animaux

**Milieu :** pelouses sèches, talus, fourrés, clairières et lisières forestières

**Bon à savoir :** à partir de septembre, la plante devient sèche et dure, ce qui diminue la qualité du foin. • Les pétales contiennent un colorant rouge, l'hypéricine. • Les fleurs fraîches servent à fabriquer une huile de massage, utile contre les douleurs articulaires et les brûlures superficielles (coups de soleil). L'infusion de la plante sèche, seule ou associée à d'autres dans des préparations pharmaceutiques, aide à combattre les humeurs dépressives.

## *Hypericum montanum* L. Millepertuis des montagnes

**Famille :** Hypericaceae – Hypericacées

**Nom :** *Hyp-* grec « dessous » ; *-ericum* « à port de bruyère » ; *montanum* lat. « montagne »

**Caractères :** plante haute de 30 à 80 cm ; feuilles opposées, ovales à allongées, atteignant 6 cm de long ; fleurs d'un diamètre de 13 à 23 mm, à 5 pétales jaunes et à nombreuses étamines, également jaunes ; fruits (capsules) ovales, composés de 3 parties

**Reproduction :** floraison de juin à juillet ; hermaphrodite ; pollinisation par les insectes ; dispersion des graines par le vent

**Milieu :** forêts de feuillus

**Bon à savoir :** le nom de « millepertuis » fait allusion aux nombreuses glandes transparentes qui semblent « trouer » les feuilles.

**619 a** Angles de la tige munis d'expansions (ailée)
▶ ***Hypericum tetrapterum*** ..................................................

**b** Tige non ailée ▶ ***Hypericum maculatum***

**620 a** Feuilles les plus grandes arrondies ▶ ***Caltha palustris***

**b** Feuilles les plus grandes étroites, allongées ou ovales **621**

## *Hypericum tetrapterum* Fr.
## Millepertuis à quatre ailes

**Famille :** Hypericaceae – Hypericacées

**Nom :** *Hyp-* grec « dessous » ; *-ericum* « à port de bruyère » ; *tetra-* grec « quatre » ; *-pterum* grec « aile »

**Caractères :** plante haute de 30 à 70 cm ; tige à section quadrangulaire, chaque angle muni d'une expansion (ailé) ; feuilles opposées, ovales, atteignant 4 cm de long ; fleurs d'un diamètre de 10 à 18 mm, à 5 pétales jaunes et à nombreuses étamines, jaunes également ; fruits (capsules) composés de 3 parties

**Reproduction :** floraison de juillet à août ; hermaphrodite ; pollinisation par les insectes ; dispersion des graines par le vent et les animaux

**Milieu :** berges des ruisseaux, fossés, marais

**Bon à savoir :** le nom de « millepertuis » fait allusion aux nombreuses glandes transparentes qui semblent « trouer » les feuilles.

## *Hypericum maculatum* Crantz
## Millepertuis taché

**Famille :** Hypericaceae – Hypericacées

**Nom :** *Hyp-* grec « dessous » ; *-ericum* « à port de bruyère » ; *maculatum* lat. « taché »

**Caractères :** plante haute de 20 à 60 cm ; tige à 4 angles ; feuilles opposées, ovales, atteignant 4 cm de long ; fleurs d'un diamètre de 13 à 23 mm, à 5 pétales jaunes et à nombreuses étamines, jaunes également ; fruits (capsules) composés de 3 parties

**Reproduction :** floraison de juin à août ; hermaphrodite ; pollinisation par les insectes ; dispersion des graines par le vent et les animaux

**Milieu :** prairies, pelouses, clairières forestières

**Bon à savoir :** à partir de septembre, la plante devient sèche et dure, ce qui diminue la qualité du foin.

**621 a** Fleurs en bouquets ± pendants ▶ *Symphytum officinale* (p. 228)
**b** Fleurs non pendantes 622

**622 a** Fleurs solitaires à l'extrémité d'un long pédoncule ▶ *Ranunculus flammula*
**b** Fleurs en inflorescences allongées 623

## *Caltha palustris* L. Populage des marais

**Famille :** Ranunculaceae – Renonculacées

**Nom :** *Caltha* indo-européen « jaune » ; *palustris* lat. « marais »

**Caractères :** plante haute de 15 à 60 cm, à tige parfois couchée ; feuilles arrondies, d'un diamètre atteignant 15 cm, luisantes, à marge dentée ; fleurs larges de 25 à 40 mm, généralement à 5 pétales jaune doré et à nombreuses étamines, également jaunes ; 3 à 8 fruits (follicules) par fleur

**Reproduction :** floraison de mars à mai ; hermaphrodite ; pollinisation par les insectes ; dispersion des graines par l'eau

**Milieu :** berges des ruisseaux, marais, prairies et pâturages humides, lieux ombragés humides

**Bon à savoir :** la plante entière est toxique. Les principaux symptômes d'une intoxication sont des vomissements, des inflammations du tractus digestif et des vertiges.

## *Ranunculus flammula* L. Renoncule flammette, Petite Douve

**Famille :** Ranunculaceae – Renonculacées

**Nom :** *Ranunculus* lat. « petite grenouille » ; *flammula* lat. « petite flamme »

**Caractères :** plante haute ou longue de 10 à 70 cm, à tige en partie couchée ; feuilles ovales à allongées, étroites ; fleurs larges de 8 à 20 mm, à 5 pétales jaunes ; nombreux fruits (akènes) arrondis par fleur

**Reproduction :** floraison de juin à août ; hermaphrodite ; pollinisation par les insectes ; dispersion des graines par les animaux

**Milieu :** fossés, tourbières, prairies marécageuses

**Bon à savoir :** plante toxique.

**623 a** Angles de la tige munis d'expansions (ailée) **624** ...........................

**b** Tige non ailée **625**

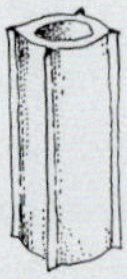

**624 a** Fleurs d'un diamètre de 25 mm au maximum ▶ *Verbascum thapsus*

**b** Fleurs d'un diamètre de plus de 30 mm ▶ *Verbascum densiflorum*

## *Verbascum thapsus* L. Molène Bouillon-blanc

**Famille :** Scrophulariaceae – Scrophulariacées

**Nom :** *Verbascum* lat. nom du genre ; *thapsus* origine incertaine

**Caractères :** plante bisannuelle, haute de 30 à 200 cm ; tige à angles munis d'expansions (ailée), densément velue ; feuilles ovales à allongées, les inférieures atteignant 50 cm de long, poilues ; fleurs disposées en longues inflorescences, larges de 12 à 20 mm, à 5 pétales jaunes et à étamines poilues, également jaunes ; fruits (capsules) ovales, longs de 7 à 10 mm

**Reproduction :** floraison de juin à septembre ; hermaphrodite ; pollinisation par les insectes ; dispersion des graines par le vent

**Milieu :** talus, coupes forestières, bords des chemins, lieux pierreux

## *Verbascum densiflorum* Bertol. Molène à fleurs denses

**Famille :** Scrophulariaceae – Scrophulariacées

**Nom :** *Verbascum* lat. nom du genre ; *densi-* lat. « dense » ; *-florum* lat. « fleuri »

**Caractères :** plante bisannuelle, haute de 30 à 200 cm ; tige à angles munis d'expansions (ailée), densément velue ; feuilles ovales à allongées, les inférieures atteignant 40 cm de long, poilues, à marge dentée ; fleurs larges de 30 à 50 mm, à 5 pétales jaunes et pourvues d'étamines à poils jaunes ; fruits (capsules) ovales, longs de 5 à 8 mm

**Reproduction :** floraison de juin à septembre ; hermaphrodite ; pollinisation par les insectes ; dispersion des graines par le vent

**Milieu :** coupes forestières, bords des chemins, gravières, lieux pierreux

**Bon à savoir :** les fleurs séchées sont utilisées en infusion pour combattre la toux et, en gargarisme, contre les inflammations de la bouche et de la gorge.

**625 a** Dessous des feuilles densément velu, blanc ▶ *Verbascum lychnitis*
**b** Dessous des feuilles velu, vert grisâtre ▶ *Verbascum nigrum*

**626 a** Feuilles composées de 3 folioles à marge non dentée **627**
**b** Feuilles de forme différente **628**

## *Verbascum lychnitis* L. Molène lychnite

**Famille :** Scrophulariaceae – Scrophulariacées

**Nom :** *Verbascum* lat. nom du genre ; *lychnitis* grec « lampe », « lumière »

**Caractères :** plante bisannuelle, haute de 50 à 150 cm, entièrement couverte de poils gris clair ou blanchâtres ; tige anguleuse ; feuilles ovales à allongées, les inférieures atteignant 30 cm de long, densément couvertes en dessous de poils gris clair ou blanchâtres ; fleurs disposées en longues inflorescences, larges de 12 à 22 mm, à 5 pétales jaunes (plus rarement blancs) et pourvues d'étamines à poils jaunes ; fruits (capsules) ovales longs de 4 à 5 mm

**Reproduction :** floraison de juin à septembre ; hermaphrodite ; pollinisation par les insectes ; dispersion des graines par le vent

**Milieu :** talus, fourrés, coupes forestières

## *Verbascum nigrum* L. Molène noire, Bouillon noir

**Famille :** Scrophulariaceae – Scrophulariacées

**Nom :** *Verbascum* lat. nom du genre ; *nigrum* lat. « noir »

**Caractères :** plante haute de 30 à 100 cm ; tige anguleuse ; feuilles ovales à allongées, les inférieures atteignant 40 cm de long, à marge dentée ; fleurs disposées en longues inflorescences, larges de 15 à 25 mm, à 5 pétales jaunes et pourvues d'étamines à poils violacés ; fruits (capsules) ovales longs de 3 à 6 mm

**Reproduction :** floraison de juin à août ; hermaphrodite ; pollinisation par les insectes ; dispersion des graines par le vent

**Milieu :** talus, coupes forestières, bords des chemins, gravières

**627 a** Plante dressée ▶ ***Oxalis stricta***

**b** Plante couchée, au moins en partie ▶ ***Oxalis corniculata***

**628 a** Feuilles composées de 5 à 7 folioles disposées comme les doigts d'une main **629**

**b** Feuilles de forme différente **631**

## *Oxalis stricta* L. Oxalide de Dillenius

**Famille :** Oxalidaceae – Oxalidacées

**Nom :** *Oxalis* grec « acide » ; *stricta* lat. « raide », « rigide »

**Caractères :** plante haute de 10 à 30 cm ; feuilles à 3 folioles ; fleurs larges de 12 à 15 mm, à 5 pétales jaunes ; fruits (capsules) longs de 8 à 15 mm

**Reproduction :** floraison de juin à septembre ; hermaphrodite ; pollinisation par les insectes ; dispersion des graines par les animaux (fourmis) ou sans agent extérieur

**Milieu :** jardins, cultures, décombres, bords des chemins, talus ferroviaires

**Bon à savoir :** originaire d'Amérique du Nord. • À maturité, les fruits mûrs sont sous pression et explosent spontanément ou au moindre contact, catapultant leurs graines alentour. • Les feuilles peuvent être utilisées pour aromatiser les pâtisseries.

## *Oxalis corniculata* L. Oxalide corniculée

**Famille :** Oxalidaceae – Oxalidacées

**Nom :** *Oxalis* grec « acide » ; *corniculata* lat. « cornu »

**Caractères :** plante haute ou longue de 5 à 30 cm, à tige couchée ; feuilles composées de 3 folioles, souvent brun rougeâtre ; fleurs larges de 8 à 12 mm, à 5 pétales jaunes ; fruits (capsules) longs de 12 à 25 mm

**Reproduction :** floraison d'avril à octobre ; hermaphrodite ; autopollinisation ; dispersion des graines par les animaux (fourmis) ou sans agent extérieur

**Milieu :** jardins, vignes, décombres, bords des chemins, murs

**Bon à savoir :** à maturité, les fruits mûrs sont sous pression et explosent spontanément ou au moindre contact, catapultant leurs graines alentour.

**629 a** Dessous des feuilles densément couvert de poils gris clair ou blanchâtres
▶ *Potentilla argentea*

**b** Dessous des feuilles poilu, mais ni gris clair ni blanchâtre 630 ▶

**630 a** Marge des folioles à 9 dents tout au plus ; fleurs larges de 10 à 20 mm ▶ *Potentilla verna*

**b** Marge des folioles à plus de 9 dents ; fleurs larges de 15 à 30 mm ▶ *Potentilla reptans* (p. 252)

## *Potentilla argentea* L. Potentille argentée

**Famille :** Rosaceae – Rosacées

**Nom :** *Potentilla* origine incertaine ; *argentea* lat. « argenté »

**Caractères :** plante haute ou longue de 15 à 40 cm, à tige souvent en partie couchée ; feuilles les plus grandes composées de 5 à 7 segments disposés comme les doigts d'une main, à marge dentée et enroulée vers le bas, densément couverts de poils gris clair ou blanchâtres ; fleurs larges de 10 à 15 mm, à 5 pétales jaunes ; nombreux fruits (akènes) par fleur

**Reproduction :** floraison de juin à août ; hermaphrodite ; pollinisation par les insectes ; dispersion des graines par le vent et les animaux

**Milieu :** pelouses sèches, talus, bords des chemins, murs

## *Potentilla verna* L. Potentille de printemps

**Famille :** Rosaceae – Rosacées

**Nom :** *Potentilla* origine incertaine ; *verna* lat. « printemps »

**Caractères :** plante haute ou longue de 5 à 30 cm, à tige en partie couchée ; feuilles les plus grandes composées de 5 à 7 segments disposés comme les doigts d'une main, à poils dressés sur les deux faces et à marge dentée ; fleurs larges de 10 à 20 mm, à 5 pétales jaunes ; nombreux fruits (akènes) par fleur

**Reproduction :** floraison d'avril à mai ; hermaphrodite ; pollinisation par les insectes ; dispersion des graines par les animaux (fourmis)

**Milieu :** prairies sèches, talus, bords des chemins, murs

**631 a** Feuilles les plus grandes pennées, c.-à-d. composées d'au moins 8 folioles insérées côte à côte de part et d'autre de la nervure centrale **632**

**b** Feuilles différentes **633**

**632 a** Dessous des feuilles à reflets nettement argentés ▶ *Potentilla anserina*

**b** Dessous des feuilles sans reflets argentés ▶ *Agrimonia eupatoria* (p. 253)

## *Potentilla reptans* L. Potentilla rampante

**Famille :** Rosaceae – Rosacées

**Nom :** *Potentilla* origine incertaine ; *reptans* lat. « rampant »

**Caractères :** plante longue de 10 à plus de 100 cm, à tige rampant sur le sol ; feuilles les plus grandes composées de 5 folioles disposées comme les doigts d'une main, à marge dentée, munies d'un long pétiole ; fleurs larges de 15 à 30 mm, à 5 pétales jaunes, sur un pédoncule allongé ; nombreux fruits (akènes) par fleur

**Reproduction :** floraison de juin à août ; hermaphrodite ; pollinisation par les insectes ; dispersion des graines par les animaux (fourmis)

**Milieu :** berges, prairies, pâturages, friches, bords des chemins

**Bon à savoir :** se reproduit végétativement grâce à ses rejets mesurant jusqu'à 1,5 m de long. • Une décoction de cette plante, séchée avec ses fleurs, sert d'adjuvant pour laver les plaies à cicatrisation difficile et, sous forme de gargarisme, à calmer les inflammations de la bouche et de la gorge.

## *Potentilla anserina* L. Potentille ansérine, Potentille des oies

**Famille :** Rosaceae – Rosacées

**Nom :** *Potentilla* origine incertaine ; *anserina* lat. « oie »

**Caractères :** plante haute ou longue de 5 à 30 cm, à tige rampant sur le sol ; feuilles les plus grandes composées de 11 à 41 folioles dentées, à reflets argentés en dessous ; fleurs larges de 20 à 30 mm à 5 pétales jaunes ; nombreux fruits (akènes) par fleur

**Reproduction :** floraison de mai à septembre ; hermaphrodite ; pollinisation par les insectes ; dispersion des graines par les animaux (fourmis)

**Milieu :** berges, fossés, pâturages, bords des chemins

**Bon à savoir :** se reproduit végétativement grâce à ses rejets mesurant jusqu'à 1 m de long. • Une infusion de cette plante, séchée avec ses fleurs, est utilisée en cas de diarrhées associées à des crampes, contre les douleurs menstruelles aiguës, ou en compresses pour aider à la cicatrisation des plaies. • Les feuilles peuvent être consommées en salades ou en soupe ; la racine aussi est comestible.

**633 a** Plante produisant du latex blanc, qui s'écoule lorsqu'on déchire une feuille
▶ *Mycelis muralis* (p. 143)
**b** Plante sans latex 634

**634 a** Fleurs d'un diamètre de 10 mm au maximum ▶ *Ranunculus sceleratus*
**b** Fleurs d'un diamètre supérieur à 10 mm 635

## *Agrimonia eupatoria* L. Aigremoine eupatoire

**Famille :** Rosaceae – Rosacées

**Nom :** *Agrimonia* origine incertaine ; *eupatoria* évent. du grec « foie »

**Caractères :** plante haute de 30 à 150 cm ; feuilles les plus grandes composées de 11 à 19 folioles dentées, à poils denses en dessous ; fleurs larges de 7 à 10 mm, à 5 pétales jaunes, disposées en inflorescences longues de 10 à 50 cm ; fruits (akènes enveloppés dans le calice) munis de poils crochus

**Reproduction :** floraison de juin à septembre ; hermaphrodite ; pollinisation par les insectes ; dispersion des graines par les animaux (fourmis)

**Milieu :** prairies sèches, talus, haies, bords des chemins

**Bon à savoir :** une infusion de cette plante, séchée avec ses fleurs, est utile contre les maux d'estomac et des intestins, en gargarisme pour calmer les inflammations des muqueuses buccales et pharyngées, et en compresses pour aider à la cicatrisation des plaies.

## *Ranunculus sceleratus* L. Renoncule scélérate

**Famille :** Ranunculaceae – Renonculacées

**Nom :** *Ranunculus* lat. « petite grenouille » ; *sceleratus* lat. « nuisible », « infâme »

**Caractères :** plante annuelle ou bisannuelle, haute de 10 à 90 cm ; feuilles les plus grandes divisées en 3 à 5 lobes eux-mêmes découpés, luisantes, un peu épaisses ; fleurs larges de 5 à 10 mm, à 5 pétales jaune pâle ; nombreux fruits (akènes) arrondis par fleur, formant une tête ovale ou cylindrique

**Reproduction :** floraison de juin à août ; hermaphrodite ; pollinisation par les insectes (mouches) ; dispersion des graines par l'eau et les animaux

**Milieu :** berges, fossés, marais, décombres

**Bon à savoir :** la plante entière est toxique. Les principaux symptômes d'une intoxication sont des irritations cutanées, la formation de cloques, des douleurs d'estomac, des vertiges et des paralysies.

**635 a** Fleurs à 10 sépales : 5 longs, intercalés avec 5 courts ▶ ***Geum urbanum*** .........

**b** Fleurs à 5 sépales **636**

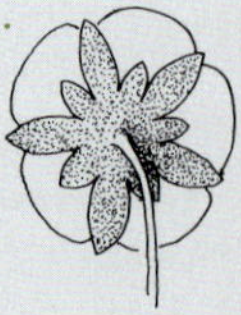

**636 a** Sépales rabattus vers le bas ▶ ***Ranunculus bulbosus***

**b** Sépales restant appliqués contre les pétales **637**

## *Geum urbanum* L. Benoîte commune

**Famille :** Rosaceae – Rosacées

**Nom :** *Geum* origine incertaine ; *urbanum* lat. « des villes »

**Caractères :** plante haute de 25 à 90 cm ; feuilles les plus grandes composées d'au moins 3 folioles de taille inégale, à marge dentée ; fleurs larges de 10 à 18 mm, à 5 pétales jaunes ; nombreux fruits (akènes) par fleur, terminés par une soie coudée et poilue (style)

**Reproduction :** floraison de mai à août ; hermaphrodite ; pollinisation par les insectes ; dispersion des graines par les animaux

**Milieu :** fourrés, haies, forêts, murs

**Bon à savoir :** les fruits s'accrochent à la fourrure des animaux grâce à leur arête coudée. • Une infusion de racine séchée est utilisée contre les maux d'estomac et les diarrhées, en compresses pour aider à la cicatrisation des plaies et en gargarisme pour calmer les inflammations des muqueuses des gencives, de la bouche et de la gorge.

## *Ranunculus bulbosus* L. Renoncule bulbeuse

**Famille :** Ranunculaceae – Renonculacées

**Nom :** *Ranunculus* lat. « petite grenouille » ; *bulbosus* lat. « bulbeux », « en forme d'oignon »

**Caractères :** plante haute de 10 à 50 cm ; feuilles les plus grandes divisées en 3 segments, eux-mêmes découpés ; fleurs larges de 20 à 30 mm, à 5 pétales jaunes et sépales rabattus vers le bas ; pédoncule des fleurs sillonné ; nombreux fruits (akènes) par fleur, longs de 2,5 à 4 mm

**Reproduction :** floraison de mai à juillet ; hermaphrodite ; pollinisation par les insectes ; dispersion des graines par le vent

**Milieu :** prairies sèches, talus

**Bon à savoir :** la plante entière est toxique. Les principaux symptômes d'une intoxication sont des irritations cutanées, des vomissements, des diarrhées, des douleurs d'estomac et de l'abdomen, des vertiges et une paralysie du système nerveux central.

**637 a** Pédoncule des fleurs sillonné tout le long 638
**b** Pédoncule des fleurs non sillonné 639

**638 a** Plante en partie couchée ; lobe médian des feuilles pétiolé ▶ ***Ranunculus repens***
**b** Plante dressée ; lobe médian des feuilles non pétiolé ▶ ***Ranunculus tuberosus***

## *Ranunculus repens* L. Renoncule rampante

**Famille :** Ranunculaceae – Renonculacées

**Nom :** *Ranunculus* lat. « petite grenouille » ; *repens* lat. « rampant »

**Caractères :** plante haute ou longue de 10 à 50 cm, à tige rampant sur le sol ; feuilles profondément découpées, à marge dentée ; fleurs larges de 20 à 30 mm, à 5 pétales jaunes et pédoncule sillonné tout le long ; nombreux fruits (akènes) par fleur, longs de 2,5 à 3,5 mm

**Reproduction :** floraison de mai à septembre ; hermaphrodite ; pollinisation par les insectes ; dispersion des graines par les animaux et le vent

**Milieu :** berges, prairies humides, cultures, décombres, bords des chemins

**Bon à savoir :** se reproduit végétativement grâce à ses rejets allongés. • La plante entière est toxique. Les principaux symptômes d'une intoxication sont des irritations cutanées, des vomissements, des diarrhées, des douleurs d'estomac et de l'abdomen, des vertiges et une paralysie du système nerveux central.

## *Ranunculus tuberosus* Lapeyr., *Ranunculus polyanthemos* subsp. *nemorosus* (DC.) Schübl. et Martens Renoncule des bois

**Famille :** Ranunculaceae – Renonculacées

**Nom :** *Ranunculus* lat. « petite grenouille » ; *tuberosus* lat. « bossu », « gibbeux » ; *poly-* grec « beaucoup » ; *-anthemos* grec « fleur » ; *nemorosus* lat. « bois », « forêt »

**Caractères :** plante haute de 20 à 80 cm ; feuilles les plus grandes divisées en 3 à 5 segments, eux-mêmes découpés ; fleurs larges de 20 à 30 mm, à 5 pétales jaunes et pédoncule sillonné tout le long ; nombreux fruits (akènes) par fleur, arrondis

**Reproduction :** floraison de mai à juillet ; hermaphrodite ; pollinisation par les insectes ; dispersion des graines par les animaux

**Milieu :** tourbières, prairies, forêts

**Bon à savoir :** plante toxique.

**639 a** Tige à poils étalés ▶ ***Ranunculus lanuginosus***
**b** Tige glabre ou à poils appliqués **640**

**640 a** Feuilles de la tige divisées en segments étroits, insérés tout autour de celle-ci ▶ ***Ranunculus auricomus***
**b** Feuilles de la tige différentes ▶ ***Ranunculus acris***

**641 a** Feuilles les plus grandes composées de 3 folioles **668** (p. 270) ............

**b** Feuilles les plus grandes non composées de folioles **642**

## *Ranunculus lanuginosus* L. Renoncule laineuse

**Famille :** Ranunculaceae – Renonculacées

**Nom :** *Ranunculus* lat. « petite grenouille » ; *lanuginosus* lat. « laineux »

**Caractères :** plante haute de 30 à 100 cm ; plante entièrement couverte de poils étalés ; feuilles les plus grandes divisées en 3 segments, eux-mêmes découpés ou seulement à marge dentée ; fleurs larges de 20 à 25 mm, à 5 pétales jaunes ; nombreux fruits (akènes) par fleur, longs de 3,5 à 4 mm

**Reproduction :** floraison de mai à août ; hermaphrodite ; pollinisation par les insectes ; dispersion des graines par le vent

**Milieu :** forêts

**Bon à savoir :** plante toxique.

## *Ranunculus auricomus* L. Renoncule à têtes d'or

**Famille :** Ranunculaceae – Renonculacées

**Nom :** *Ranunculus* lat. « petite grenouille » ; *auri-* lat. « or » ; *-comus* lat. « chevelure »

**Caractères :** plante haute de 15 à 50 cm ; feuilles inférieures arrondies ou en forme de rein, découpées et/ou dentées, celles de la tige étroites ; fleurs larges de 15 à 30 mm, à 5 pétales jaunes, parfois moins nombreux ou absents ; nombreux fruits (akènes) par fleur, longs de 2 à 4 mm

**Reproduction :** floraison d'avril à juin ; hermaphrodite ; pollinisation par les insectes et autopollinisation ; dispersion des graines par les animaux (fourmis)

**Milieu :** clairières, prairies marécageuses, fourrés, forêts

**Bon à savoir :** chez cette espèce, les graines sont souvent formées sans qu'il y ait eu de reproduction sexuée (agamospermie). Ce phénomène explique que des caractères générés par des mutations génétiques puissent se maintenir inchangés sur plusieurs générations. Il en résulte une multitude de formes (microespèces) différant à peine les unes des autres et de détermination difficile. Ainsi, rien qu'en Suisse, 56 de ces microespèces sont aujourd'hui connues et il y en aurait plus de 100 en Grande-Bretagne. • La plante entière est toxique. Les principaux symptômes d'une

**642 a** Tige sans feuilles ou presque, celles-ci étant toutes groupées à sa base (une feuille tout au plus sur la tige) **643**

**b** Tige avec deux feuilles au moins **644**

**643 a** Tige avec une seule fleur ▶ *Parnassia palustris*

**b** Tige à plusieurs fleurs ▶ *Pyrola minor* (p. 258)

intoxication sont des irritations cutanées, des vomissements, des diarrhées, des douleurs d'estomac et de l'abdomen, des vertiges et une paralysie du système nerveux central.

## *Ranunculus acris* L. Renoncule âcre

**Famille :** Ranunculaceae – Renonculacées

**Nom :** *Ranunculus* lat. « petite grenouille » ; *acris* lat. « piquant », « irritant »

**Caractères :** plante haute de 20 à 100 cm ; feuilles les plus grandes divisées en 3 à 5 segments, eux-mêmes découpés ; fleurs larges de 20 à 30 mm, à 5 pétales jaunes ; nombreux fruits (akènes) par fleur, arrondis

**Reproduction :** floraison d'avril à septembre ; hermaphrodite ; pollinisation par les insectes ; dispersion des graines par le vent et les animaux

**Milieu :** prairies, pâturages

**Bon à savoir :** la plante entière est toxique. Les principaux symptômes d'une intoxication sont des irritations cutanées, des vomissements, des diarrhées, des douleurs d'estomac et de l'abdomen, des vertiges et une paralysie du système nerveux central.

## *Parnassia palustris* L. Parnassie des marais

**Famille :** Celastraceae – Célastracées

**Nom :** *Parnassia* du Parnasse, montagne au nord-ouest d'Athènes ; *palustris* lat. « marais »

**Caractères :** plante haute de 3 à 30 cm ; feuilles inférieures en forme de cœur, pétiolées ; tige portant une seule feuille tout au plus ; fleur solitaire, large de 10 à 35 mm, à 5 pétales blancs striés de nervures enfoncées, 5 étamines blanchâtres et 5 nectaires vert jaunâtre munis de plusieurs glandes globuleuses jaunes, portées chacune par un long pédoncule ; fruits (capsules) composés de 4 parties

**Reproduction :** floraison de juillet à septembre ; hermaphrodite ; pollinisation par les insectes ; dispersion des graines par le vent

**Milieu :** source, tourbières, prairies marécageuses, lieux graveleux

**644 a** Feuilles verticillées, c.-à-d. insérées à plusieurs à même hauteur tout autour de la tige (verticille) ▶ *Spergula arvensis*

**b** Feuilles non verticillées **645**

**645 a** Feuilles épaisses, à section arrondie ▶ *Sedum album*

**b** Feuilles « normales », planes **646**

## *Pyrola minor* L. Petite Pirole

**Famille :** Ericaceae – Ericacées

**Nom :** *Pyrola* lat. « petite poire » ; *minor* lat. « plus petit »

**Caractères :** plante haute de 10 à 30 cm ; feuilles arrondies à ovales, atteignant 6 cm de long, un peu coriaces, à marge finement dentée ; fleurs globuleuses, pendantes, larges de 5 à 9 mm, à pétales blancs ou rosés ; fruits (capsules) pendants

**Reproduction :** floraison de juin à août ; hermaphrodite ; pollinisation par les insectes ; dispersion des graines par le vent

**Milieu :** tourbières, pelouses, landes, forêts

**Bon à savoir :** les semences des piroles sont dépourvues de cotylédons, et la germination nécessite l'intervention des filaments d'un champignon qui nourrit le jeune embryon.

## *Spergula arvensis* L. Spargoute des champs

**Famille :** Caryophyllaceae – Caryophyllacées

**Nom :** *Spergula* évent. dérivé d'« asperge » ; *arvensis* lat. « champ »

**Caractères :** plante annuelle, haute de 10 à 50 cm ; feuilles verticillées, très étroites, longues de 1 à 4 cm, un peu épaisses ; fleurs larges de 5 à 10 mm, à 5 pétales blancs ; fruits (capsules) atteignant 6 mm de long

**Reproduction :** floraison de juin à août ; hermaphrodite ; pollinisation par les insectes ; dispersion des graines par le vent et les animaux

**Milieu :** cultures, décombres, bords des chemins

**646 a** Feuilles opposées, c.-à-d. insérées deux par deux en vis-à-vis à la même hauteur sur la tige **647** ..................................

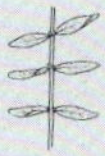

**b** Feuilles alternes, c.-à-d. non situées en vis-à-vis **665** (p. 268) ..................

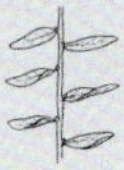

**647 a** Pétales profondément divisés ; fleurs paraissant de ce fait avoir 10 pétales **648** .........

**b** Pétales non ou seulement un peu divisés **655** (p. 262)

**648 a** Calice distinctement renflé en vessie ▶ ***Silene vulgaris***

**b** Calice non renflé **649**

## *Sedum album* L. Orpin blanc

**Famille :** Crassulaceae – Crassulacées

**Nom :** *Sedum* origine incertaine ; *album* lat. « blanc »

**Caractères :** plante haute de 8 à 20 cm, entièrement glabre, produisant de nombreuses pousses végétatives non fleuries ; feuilles à section arrondie, longues de 0,5 à 1,5 cm ; fleurs larges de 7 à 10 mm, à 5 pétales blancs ; fruits (follicules) allongés, 5 par fleur

**Reproduction :** floraison de juin à septembre ; hermaphrodite ; pollinisation par les insectes ; dispersion des graines par le vent

**Milieu :** pelouses sèches, lieux graveleux, rochers, murs

**Bon à savoir :** les feuilles charnues servent à stocker l'eau (succulence foliaire). • Plante-hôte de la chenille de l'Apollon *(Parnassius apollo).*

## *Silene vulgaris* (Moench) Garcke Silène commun, Silène enflé

**Famille :** Caryophyllaceae – Caryophyllacées

**Nom :** *Silene* d'après Silène, un personnage hybride de la mythologie grecque ; *vulgaris* lat. « commun »

**Caractères :** plante haute de 15 à 60 cm, presque entièrement glabre et d'un vert glauque ; feuilles opposées, allongées, atteignant 7 cm de long ; fleurs larges de 10 à 20 mm, à 5 pétales blancs profondément divisés ; calice renflé en vessie, verdâtre ou rougeâtre, à rayures sombres ; fruits (capsules) longs de 10 mm environ

**Reproduction :** floraison de juin à septembre ; hermaphrodite ; pollinisation par les insectes ; dispersion des graines par le vent et les animaux

**Milieu :** prairies, pâturages, talus, décombres, bords des chemins

**Bon à savoir :** les jeunes pousses feuillées peuvent agrémenter salades, risottos et soupes.

**649 a** Tige à section arrondie **650**

**b** Tige à 4 angles, au moins vers la base **652**

**650 a** Fleurs à diamètre de 10 mm au plus ▶ ***Stellaria media***

**b** Fleurs à diamètre de plus de 12 mm **651**

**651 a** Tige (généralement) visqueuse au niveau de l'inflorescence ▶ ***Silene nutans***

**b** Tige non visqueuse au niveau de l'inflorescence ▶ ***Stellaria nemorum***

## *Stellaria media* (L.) Vill.
## Stellaire intermédiaire, Morgeline

**Famille :** Caryophyllaceae – Caryophyllacées

**Nom :** *Stellaria* lat. « en forme d'étoile » ; *media* lat. « moyen »

**Caractères :** plante annuelle ou bisannuelle, haute ou longue de 5 à 40 cm, à tige généralement couchée ; feuilles opposées, ovales, atteignant 4 cm de long ; fleurs larges de 4 à 7 mm, à 5 pétales blancs profondément divisés, égalés ou à peine dépassés par les sépales verts ; fruits (capsules) longs de 4 à 6 mm

**Reproduction :** floraison de mars à décembre ; hermaphrodite ; pollinisation par les insectes ; dispersion des graines par le vent et les animaux (ex. Serin cini)

**Milieu :** jardins, cultures, décombres

## *Silene nutans* L. Silène penché

**Famille :** Caryophyllaceae – Caryophyllacées

**Nom :** *Silene* d'après Silène, un personnage hybride de la mythologie grecque ; *nutans* lat. « penché »

**Caractères :** plante haute de 25 à 60 cm, à tige ± visqueuse au niveau de l'inflorescence ; feuilles opposées, allongées, atteignant 6 cm de long ; fleurs toutes tournées du même côté de la tige, larges de 12 à 18 mm, à 5 pétales profondément divisés, blancs dessus, blanchâtres, rosés ou verdâtres en dessous, odorants le soir ; fruits (capsules) longs de 7 à 15 mm

**Reproduction :** floraison de juin à juillet ; hermaphrodite ; pollinisation par les insectes (papillons de nuit) ; dispersion des graines par le vent et les animaux

**Milieu :** prairies sèches, pâturages, fourrés, forêts claires

**652 a** Fleurs à diamètre de 5 mm au plus ▶ ***Stellaria alsine***

**b** Fleurs à diamètre de 6 mm au moins 653

**653 a** Feuilles ovales à allongées, les plus grandes dépassant 8 mm de large ▶ ***Myosoton aquaticum*** (p. 262)

**b** Feuilles étroites, ne dépassant pas 8 mm de large 654

## *Stellaria nemorum* L. Stellaire des bois

**Famille :** Caryophyllaceae – Caryophyllacées

**Nom :** *Stellaria* lat. « en forme d'étoile » ; *nemorum* lat. « bois », « forêts »

**Caractères :** plante haute ou longue de 20 à 50 cm, à tige en partie couchée ; feuilles opposées, ovales, atteignant 8 cm de long, à poils étalés sur leur marge ; fleurs larges de 15 à 25 mm, à 5 pétales blancs profondément divisés ; fruits (capsules) longs de 8 à 12 mm

**Reproduction :** floraison de juin à septembre ; hermaphrodite ; pollinisation par les insectes ; dispersion des graines par le vent et les animaux

**Milieu :** forêts fraîches

## *Stellaria alsine* Grimm<br>Stellaire alsine, Stellaire des sources

**Famille :** Caryophyllaceae – Caryophyllacées

**Nom :** *Stellaria* lat. « en forme d'étoile » ; *alsine* grec « bosquet »

**Caractères :** plante haute ou longue de 10 à 40 cm ; tige partiellement couchée, à 4 angles ; feuilles opposées, ovales, atteignant 2,5 cm de long ; fleurs à 5 pétales blancs longs de 1,5 à 2,5 mm, profondément divisés, dépassés par les sépales verts ; fruits (capsules) longs de 3 à 4 mm

**Reproduction :** floraison de mai à juillet ; hermaphrodite ; pollinisation par les insectes (mouches) ; dispersion des graines par le vent

**Milieu :** fossés, lieux humides ombragés

**654 a** Fleurs d'un diamètre de 15 à 30 mm ▶ ***Stellaria holostea***

**b** Fleurs d'un diamètre de 7 à 10 mm ▶ ***Stellaria graminea***

**655 a** Pétales ± échancrés 656 ........................................

**b** Pétales non échancrés 660 (p. 266)

## *Myosoton aquaticum* (L.) Moench, *Stellaria aquatica* (L.) Scop. Céraiste aquatique

**Famille :** Caryophyllaceae – Caryophyllacées

**Nom :** *Myos-* grec « souris » ; *-oton* grec « oreille » ; *stellaria* lat. « en forme d'étoile » ; *aquaticum* lat. « eau »

**Caractères :** plante haute ou longue de 20 à 80 cm ; tige en partie couchée, à 4 angles dans le bas ; feuilles opposées, ovales à allongées, atteignant 8 cm de long, à marge dépourvue de poils étalés ; fleurs larges de 15 à 20 mm, à 5 pétales blancs profondément divisés ; fruits (capsules) longs de 5 à 7 mm

**Reproduction :** floraison de juin à octobre ; hermaphrodite ; pollinisation par les insectes ; dispersion des graines sans agent extérieur

**Milieu :** fossés, forêts fraîches, cultures

## *Stellaria holostea* L. Stellaire holostée

**Famille :** Caryophyllaceae – Caryophyllacées

**Nom :** *Stellaria* lat. « en forme d'étoile » ; *holo-* grec « tout » ; *-stea* évent. grec « os »

**Caractères :** plante haute de 10 à 40 cm, à tige quadrangulaire ; feuilles opposées, très étroites, atteignant 9 cm de long ; fleurs larges de 15 à 30 mm, à 5 pétales blancs profondément échancrés ; fruits (capsules) longs de 6 à 8 mm

**Reproduction :** floraison de mai à juin ; hermaphrodite ; pollinisation par les insectes ; dispersion des graines par le vent

**Milieu :** fourrés, forêts claires de feuillus

**656 a** Feuilles les plus grandes atteignant 12 cm de long ▶ *Silene pratensis*

**b** Feuilles les plus grandes ne dépassant pas 4 cm de long 657

## *Stellaria graminea* L.
## Stellaire à feuilles de graminée

**Famille :** Caryophyllaceae – Caryophyllacées

**Nom :** *Stellaria* lat. « en forme d'étoile » ; *graminea* lat. « ressemblant à une graminée »

**Caractères :** plante haute ou longue de 10 à 50 cm, à tige quadrangulaire, ± étalée ; feuilles opposées, allongées, étroites, atteignant 4 cm de long ; fleurs larges de 7 à 10 mm, à 5 pétales blancs profondément divisés ; fruits (capsules) longs de 4 à 6 mm

**Reproduction :** floraison de mai à juillet ; hermaphrodite ; pollinisation par les insectes ; dispersion des graines par le vent et les animaux

**Milieu :** prairies, pâturages, haies

## *Silene pratensis* (Rafn) Godr., *Silene latifolia* subsp. *alba* (Mill.) Greuter et Burdet
## *Compagnon blanc, Silène des prés*

**Famille :** Caryophyllaceae – Caryophyllacées

**Nom :** *Silene* d'après Silène, un personnage hybride de la mythologie grecque ; *pratensis* lat. « prairie » ; *lati-* lat. « large », « loin » ; *-folia* lat. « feuille » ; *alba* lat. « blanc »

**Caractères :** plante haute de 30 à 90 cm ; feuilles opposées, ovales à allongées, atteignant 12 cm de long ; fleurs larges de 15 à 25 mm, à 5 pétales blancs profondément divisés, odorantes le soir ; fruits (capsules) longs de 12 à 16 mm

**Reproduction :** floraison de juin à septembre ; dioïque ; pollinisation par les insectes (papillons de nuit) ; dispersion des graines par le vent et les animaux

**Milieu :** cultures, décombres, bords des chemins

**Bon à savoir :** les fleurs ne s'ouvrent que le soir et durant la nuit.

**657 a** Pétales blancs nettement plus longs que les sépales verts ; fleurs d'un diamètre de 12 à 20 mm ▶ *Cerastium arvense*

**b** Pétales plus courts, aussi longs, ou à peine plus longs que les sépales ; fleurs à diamètre de 5 à 13 mm **658** ▶ ..............................................

## *Cerastium arvense* L. Céraiste des champs

**Famille :** Caryophyllaceae – Caryophyllacées

**Nom :** *Cerastium* grec « cornu » ; *arvense* lat. « champ »

**Caractères :** plante haute de 5 à 30 cm ; feuilles opposées, allongées, étroites, atteignant 3,5 cm de long, les supérieures avec un bord membraneux pâle ; fleurs blanches larges de 12 à 20 mm, à 5 pétales profondément échancrés ; fruits (capsules) longs de 7 à 20 mm

**Reproduction :** floraison d'avril à juillet ; hermaphrodite ; pollinisation par les insectes ; dispersion des graines par le vent

**Milieu :** prairies sèches, talus, cultures, bords des chemins, rochers, murs

## *Cerastium semidecandrum* L. Céraiste à cinq étamines

**Famille :** Caryophyllaceae – Caryophyllacées

**Nom :** *Cerastium* grec « cornu » ; *semi-* lat. « moitié » ; *dec-* grec « dix » ; *-andrum* grec « étamine »

**Caractères :** plante annuelle ou bisannuelle, haute de 3 à 20 cm ; feuilles opposées, ovales, atteignant 1,5 cm de long, les supérieures à large bord membraneux pâle ; fleurs larges de 5 à 10 mm, à 5 pétales blancs échancrés, aussi longs ou un peu plus courts que les sépales verts ; fruits (capsules) longs de 2,5 à 10 mm

**Reproduction :** floraison de mars à mai ; hermaphrodite ; pollinisation par les insectes ; dispersion des graines par le vent et les animaux

**Milieu :** pelouses, friches, bords des chemins, talus ferroviaires

**658 a** Petites feuilles de l'inflorescence à large bord pâle ▶ ***Cerastium semidecandrum*** (p. 264)
**b** Petites feuilles de l'inflorescence à bord étroit ou absent 659

**659 a** Fleurs d'un diamètre de 8 à 13 mm ; feuilles atteignant 3 cm de long ▶ ***Cerastium fontanum***
**b** Fleurs d'un diamètre de 6 à 10 mm ; feuilles atteignant 1,5 cm de long ▶ ***Cerastium glomeratum***

## *Cerastium fontanum* Baumg.
## Céraiste commun

**Famille :** Caryophyllaceae – Caryophyllacées

**Nom :** *Cerastium* grec « cornu » ; *fontanum* lat. « source », « fontaine »

**Caractères :** plante haute de 10 à 40 cm ; feuilles opposées, ovales, atteignant 3 cm de long ; fleurs larges de 8 à 13 mm, à 5 pétales blancs profondément échancrés, à peu près aussi longs que les sépales verts ; fruits (capsules) longs de 7 à 12 mm

**Reproduction :** floraison d'avril à août ; hermaphrodite ; pollinisation par les insectes ; dispersion des graines par le vent et les animaux

**Milieu :** prairies, pâturages, cultures, bords des chemins

## *Cerastium glomeratum* Thuill.
## Céraiste aggloméré

**Famille :** Caryophyllaceae – Caryophyllacées

**Nom :** *Cerastium* grec « cornu » ; *glomeratum* lat. « aggloméré »

**Caractères :** plante annuelle ou bisannuelle, haute de 5 à 40 cm ; feuilles opposées, ovales, atteignant 1,5 cm de long ; fleurs larges de 6 à 10 mm, à 5 pétales blancs profondément échancrés, à peu près aussi longs que les sépales verts ; fruits (capsules) longs de 2,5 à 10 mm de long

**Reproduction :** floraison d'avril à septembre ; hermaphrodite ; pollinisation par les insectes ; dispersion des graines par le vent

**Milieu :** cultures, vignes, friches, bords des chemins

**660 a** Fleurs d'un diamètre de 20 mm au moins ▶ *Saponaria officinalis*
**b** Fleurs d'un diamètre ne dépassant pas 15 mm **661**

**661 a** Tige à section quadrangulaire ▶ *Valerianella locusta*
**b** Tige à section arrondie **662**

## *Saponaria officinalis* L. Saponaire officinale

**Famille :** Caryophyllaceae – Caryophyllacées

**Nom :** *Saponaria* lat. « savon » ; *officinalis* lat. « médicinal »

**Caractères :** plante haute de 30 à 70 cm ; feuilles opposées, allongées ; fleurs larges de 20 à 25 mm, à 5 pétales rosés ou blancs ; fruits (capsules) longs de 20 mm environ

**Reproduction :** floraison de juillet à septembre ; hermaphrodite ; pollinisation par les insectes (Sphingidés) ; dispersion des graines par le vent

**Milieu :** berges, décombres, bords des chemins

**Bon à savoir :** l'infusion de la racine ou de la plante séchée est utilisée contre les catarrhes bronchiques. • En raison de sa teneur assez élevée en saponine – un glycoside qui produit avec l'eau une solution savonneuse –, on utilisait autrefois des extraits de racine comme succédané de savon, d'où le nom commun de cette plante.

## *Valerianella locusta* (L.) Laterr. Mâche

**Famille :** Caprifoliaceae – Caprifoliacées

**Nom :** *Valerianella* diminutif de *Valeriana* (la Valériane) ; *locusta* origine incertaine

**Caractères :** plante annuelle, haute de 10 à 30 cm, à tige anguleuse ; feuilles opposées, ovales à allongées ; fleurs en bouquets, larges de 1 à 2 mm, à 5 pétales blancs, rosés ou lilas ; fruits (akènes) longs de 2 à 2,5 mm, un peu comprimés

**Reproduction :** floraison d'avril à mai ; hermaphrodite ; pollinisation par les insectes ; dispersion des graines par le vent

**Milieu :** jardins, cultures, vignes, bords des chemins

**Bon à savoir :** souvent cultivée commercialement et vendue comme salade (on ne récolte alors que les feuilles de la base) ; la plante sauvage peut naturellement être consommée aussi de cette façon.

**662 a** Feuilles les plus grandes atteignant 12 cm de long ▶ *Vincetoxicum hirundinaria*

**b** Feuilles ne dépassant pas 3 cm de long 663

**663 a** Feuilles les plus grandes atteignant 3 cm de long ▶ *Moehringia trinervia*

**b** Feuilles ne dépassant pas 1 cm de long 664

## *Vincetoxicum hirundinaria* Medik. Dompte-venin officinal

**Famille :** Apocynaceae – Apocynacées

**Nom :** *Vince-* lat. « vaincre » ; *-toxicum* lat. « poison » ; *hirundinaria* lat. « hirondelle »

**Caractères :** plante haute de 30 à 120 cm ; feuilles opposées, ovales à allongées, longuement pointues ; fleurs larges de 4 à 8 mm, à 5 pétales blancs ou vert jaunâtre ; 2 fruits par fleur (follicules), en forme de fuseaux longs de 30 à 60 mm, à graines munies d'une touffe de poils

**Reproduction :** floraison de juin à août ; hermaphrodite ; pollinisation par les insectes (mouches) ; dispersion des graines par le vent

**Milieu :** pelouses sèches, forêts claires, lieux pierreux et calcaires

**Bon à savoir :** la plante entière est toxique. Les principaux symptômes d'une intoxication sont une hypersalivation, des vomissements, des diarrhées, des crampes et des signes de paralysie.

## *Moehringia trinervia* (L.) Clairv. Sabline à trois nervures

**Famille :** Caryophyllaceae – Caryophyllacées

**Nom :** *Moehringia* d'après Paul Heinrich Gerhard Möhring, médecin, botaniste et ornithologue allemand (1770-1792) ; *tri-* lat. « trois » ; *-nervia* lat. « nervure », également « tendon », « muscle »

**Caractères :** plante haute ou longue de 10 à 30 cm, à tige en partie couchée ; feuilles opposées, ovales, atteignant 2,5 cm de long ; fleurs larges de 6 à 10 mm, à 5 pétales blancs, nettement plus courts que les sépales verts ; fruits (capsules) longs de 2,5 à 4 mm

**Reproduction :** floraison de mai à juin ; hermaphrodite ; pollinisation par les insectes ; dispersion des graines par les animaux (fourmis)

**Milieu :** fourrés, forêts, coupes forestières

**664 a** Pétales blancs, plus courts que les sépales verts intercalés ▶ ***Arenaria serpyllifolia*** ......

**b** Pétales plus longs que les sépales ▶ ***Linum catharticum***

**665 a** Fleurs d'un diamètre de 10 mm au maximum **666**

**b** Fleurs d'un diamètre de 12 mm au minimum **667**

## *Arenaria serpyllifolia* L. Sabline à feuilles de serpolet

**Famille :** Caryophyllaceae – Caryophyllacées

**Nom :** *Arenaria* lat. « sable » ; *serpylli-* d'après *Thymus serpyllum* (le Serpolet) ; *-folia* lat. « feuille »

**Caractères :** plante annuelle ou bisannuelle, haute de 5 à 30 cm ; feuilles opposées, ovales, ne dépassant pas 0,8 cm de long ; fleurs larges de 4 à 7 mm, à 5 pétales blancs, plus courts que les 5 sépales verts ; fruits (capsules) ovales, longs de 2,5 à 4 mm

**Reproduction :** floraison de mai à août ; hermaphrodite ; pollinisation par les insectes ; dispersion des graines par le vent et les animaux

**Milieu :** pelouses sèches, cultures, friches, murs

## *Linum catharticum* L. Lin purgatif

**Famille :** Linaceae – Linacées

**Nom :** *Linum* origine incertaine ; *catharticum* grec « purifiant », « purgatif »

**Caractères :** plante annuelle ou bisannuelle, haute de 5 à 30 cm ; feuilles opposées, ovales à allongées, atteignant 1 cm de long ; fleurs larges de 6 à 10 mm, à 5 pétales blancs ; fruits (capsules) sphériques, d'un diamètre de 2 à 3 mm

**Reproduction :** floraison de mai à août ; hermaphrodite ; pollinisation par les insectes ; dispersion des graines par le vent et les animaux

**Milieu :** prairies maigres sèches ou humides

**666 a** Feuilles ne dépassant pas 10 mm de large ▶ ***Buglossoides arvensis***

**b** Feuilles les plus grandes dépassant nettement 10 mm de large ▶ ***Solanum nigrum***

**667 a** Plante couchée ; feuilles arrondies ▶ ***Malva neglecta*** (p. 238)

**b** Plante dressée ; feuilles ovales à allongées ▶ ***Verbascum lychnitis*** (p. 249)

## *Buglossoides arvensis* (L.) I. M. Johnst. Grémil des champs

**Famille :** Boraginaceae – Boraginacées

**Nom :** *Bu-* grec « bœuf », « bovin » ; *-gloss-* grec « langue » ; *-oides* grec « comme » ; *arvensis* lat. « champ »

**Caractères :** plante annuelle, haute de 15 à 80 cm, entièrement couverte de poils denses ; feuilles ovales à allongées, atteignant 6 cm de long ; fleurs en entonnoir, larges de 3 à 5 mm, blanches (plus rarement bleu pâle), à 5 lobes ; 4 fruits (akènes) par fleur, longs de 3 à 4 mm

**Reproduction :** floraison d'avril à juin ; hermaphrodite ; pollinisation par les insectes ; dispersion des graines par les animaux

**Milieu :** cultures, vignes, décombres

## *Solanum nigrum* L. Morelle noire

**Famille :** Solanaceae – Solanacées

**Nom :** *Solanum* origine incertaine ; *nigrum* lat. « noir »

**Caractères :** plante annuelle, haute de 10 à 80 cm ; feuilles ovales à triangulaires, atteignant 7 cm de long, souvent avec quelques dents superficielles sur leur marge ; fleurs larges de 5 à 10 mm, à 5 pétales blancs et à étamines jaunes ; fruits (baies) sphériques, d'un diamètre de 7 à 10 mm, noirs

**Reproduction :** floraison de juin à octobre ; hermaphrodite ; pollinisation par les insectes ; dispersion des graines par les animaux

**Milieu :** cultures, décombres, bords des chemins

**Bon à savoir :** toute la plante est hautement toxique. Les principaux symptômes d'une intoxication sont des nausées, des vomissements, une dilatation des pupilles, des perturbations du rythme cardiaque et des difficultés respiratoires. • Étroitement apparentée à la pomme de terre *(Solanum tuberosum)*.

**668 a** Feuilles à marge dentée 669

**b** Marge des feuilles non dentée ▶ *Oxalis acetosella*

**669 a** Plante munie de fins aiguillons ▶ *Rubus saxatilis* (p. 79)

**b** Plante sans aiguillons 670

## *Oxalis acetosella* L.
## Oxalide petite oseille, Oseille des bois

**Famille :** Oxalidaceae – Oxalidacées

**Nom :** *Oxalis* grec « acide » ; *acetosella* lat. « acidulé »

**Caractères :** plante haute de 5 à 15 cm ; feuilles à 3 folioles ; fleurs larges de 15 à 25 mm, à 5 pétales blancs souvent veinés de rougeâtre ; fruits (capsules) longs de 4 à 10 mm

**Reproduction :** floraison d'avril à juin ; hermaphrodite ; pollinisation par les insectes ; dispersion des graines sans agent extérieur

**Milieu :** fourrés, forêts

**Bon à savoir :** une des plantes les plus tolérantes à l'ombre de la flore d'Europe tempérée. • À l'obscurité, par températures basses ou en cas de trop fort ensoleillement, les folioles se rabattent vers le bas, à cause de la diminution de la pression hydrique cellulaire au point d'articulation des folioles. • Les fleurs ne s'ouvrent qu'en milieu de journée et par temps ensoleillé. • Les fruits mûrs sont sous pression et explosent spontanément ou au moindre contact, catapultant leurs graines jusqu'à 2,3 m aux alentours. • La plante entière est toxique. Les principaux symptômes d'une intoxication sont un pouls irrégulier, une chute de la pression sanguine, des crampes et des phénomènes de paralysie. • En petites quantités, les feuilles peuvent être utilisées pour donner une touche fruitée et acidulée à une salade.

**670 a** Dent terminale des folioles plus courte que les deux dents voisines situées de part et d'autre ▶ *Potentilla sterilis* ................................

**b** Dent terminale des folioles au moins aussi longue que les deux dents voisines ▶ *Fragaria vesca*

## *Potentilla sterilis* (L.) Garcke
## Potentille faux fraisier

**Famille :** Rosaceae – Rosacées

**Nom :** *Potentilla* origine incertaine ; *sterilis* lat. « stérile »

**Caractères :** plante haute de 5 à 15 cm, émettant des rejets à la surface du sol ; feuilles composées de 3 folioles à marge dentée ; fleurs larges de 8 à 15 mm, à 5 pétales blancs non contigus ; nombreux fruits (akènes) par fleur

**Reproduction :** floraison de mars à mai ; hermaphrodite ; pollinisation par les insectes ; dispersion des graines par les animaux (fourmis)

**Milieu :** talus, haies, forêts, lisières

**Bon à savoir :** reproduction végétative par des rejets pouvant atteindre 10 cm de long.

## *Fragaria vesca* L. Fraisier des bois

**Famille :** Rosaceae – Rosacées

**Nom :** *Fragaria* origine incertaine ; *vesca* lat. « comestible »

**Caractères :** plante haute de 5 à 20 cm, émettant de longs rejets à la surface du sol ; feuilles à 3 folioles, à marge dentée ; fleurs larges de 10 à 15 mm, à 5 pétales blancs contigus ou se recouvrant légèrement par leurs bords ; nombreux fruits (akènes) par fleur, disposés à la surface du réceptacle rouge et charnu (fraise)

**Reproduction :** floraison d'avril à juin ; hermaphrodite ; pollinisation par les insectes ; dispersion des graines par les animaux (ex. Merle noir, Escargots)

**Milieu :** haies, forêts, lisières et coupes forestières

**Bon à savoir :** reproduction végétative par des rejets atteignant 2,5 m de long. • Les fraises des bois sont toujours meilleures picorées directement sur le lieu de la cueillette ; on peut évidemment aussi les ramasser pour les consommer plus tard, additionnées à de la crème liquide par exemple. • Les fraises cultivées sont issues de croisements entre des espèces sauvages nord-américaines.

**681** **a** Fleurs blanches (souvent un peu verdâtres) ou rosées **682**
**b** Fleurs rose vif, rouges ou lilas **689** (p. 276)
**c** Fleurs jaunes ou jaunâtres **691** (p. 278)

**682** **a** Fleurs pendantes **683**
**b** Fleurs non pendantes **687**

**683** **a** Feuilles longues et étroites, ne dépassant pas 15 mm de large **684**
**b** Feuilles ovales à allongées, normalement larges de plus de 15 mm **685**

**684** **a** Fleurs à 6 pétales égaux ▶ *Leucojum vernum*
**b** Fleurs à 3 pétales externes longs et 3 pétales internes courts ▶ *Galanthus nivalis* (p. 273)

**685** **a** Plante généralement à 2 feuilles (parfois une seule ou 3) ▶ *Convallaria majalis* (p. 273)
**b** Plante ayant au moins 4 feuilles **686**

## *Leucojum vernum* L. Nivéole de printemps

**Famille :** Amaryllidaceae – Amaryllidacées

**Nom :** *Leuco-* grec « blanc » ; *-jum* grec « violette » ; *vernum* lat. « printemps »

**Caractères :** plante haute de 10 à 30 cm ; feuilles longues de 20 à 30 cm et larges jusqu'à 15 mm ; fleurs en cloche pendante, à 6 pétales longs de 15 à 25 mm, munis d'une tache verte au sommet ; fruits (capsules) en forme de poire

**Reproduction :** floraison de février à avril ; hermaphrodite ; pollinisation par les insectes ; dispersion des graines par les animaux (fourmis)

**Milieu :** prairies humides, forêts, vergers ; parfois échappé de culture

**Bon à savoir :** bulbes et feuilles sont toxiques. Les principaux symptômes d'une intoxication sont des nausées, des vomissements, des diarrhées et des perturbations du rythme cardiaque.

## *Galanthus nivalis* L. Perce-neige

**Famille :** Amaryllidaceae – Amaryllidacées

**Nom :** *Gal-* grec « lait » ; *-anthus* grec « fleur » ; *nivalis* lat. « neige »

**Caractères :** plante haute de 5 à 25 cm ; feuilles longues de 10 à 25 cm et larges jusqu'à 10 mm, d'un vert glauque ; fleurs pendantes, à 3 pétales externes longs et blancs et 3 internes plus courts, ornés d'une tache verte au sommet ; fruits (capsules) ovales ou globuleux

**Reproduction :** floraison de janvier à mars ; hermaphrodite ; pollinisation par les insectes ; dispersion des graines par les animaux (fourmis)

**Milieu :** prairies, fourrés, forêts de feuillus, forêts alluviales, vergers ; souvent échappé de culture

**Bon à savoir :** toute la plante est toxique. Les principaux symptômes d'une intoxication sont des nausées, des vomissements et des diarrhées.

## *Convallaria majalis* L. Muguet

**Famille :** Asparagaceae – Asparagacées

**Nom :** *Convallaria* lat. « cuvette » ; *majalis* lat. « mai »

**Caractères :** plante haute de 10 à 30 cm ; feuilles ovales à allongées, longues de 10 à 20 cm ; inflorescence lâche de 4 à 20 fleurs pendant du même côté de la tige ; fleurs longues de 5 à 7 mm, blanches et très odorantes, à 6 lobes retroussés vers le haut à leur sommet ; fruits (baies) rouges

**Reproduction :** floraison en mai ; hermaphrodite ; pollinisation par les insectes (abeilles) ; dispersion des graines par les animaux

**Milieu :** forêts de feuillus ou de résineux, rocailles

**Bon à savoir :** le Muguet forme souvent des colonies. Ceci est dû à son mode de reproduction en partie végétative – c'est-à-dire sans pollinisation ni fructification et, donc, sans brassage génétique. Dans ces situations, tous les individus d'une colonie sont issus d'un unique pied mère et forment donc des clones génétiquement identiques. • Toute la plante est hautement toxique, notamment les fleurs et les fruits. Les principaux symptômes d'une intoxication sont des irritations de la peau, des nausées, des diarrhées, des vertiges et des perturbations du rythme cardiaque pouvant causer, dans le pire des cas, l'arrêt total du cœur. • Des préparations pharmaceutiques à base de Muguet sont utilisées (sous contrôle médical) pour soigner certaines maladies cardiaques.

**686 a** Tige non anguleuse ou à angles peu nets ▶ ***Polygonatum multiflorum***
**b** Tige fortement anguleuse ▶ ***Polygonatum odoratum***

**687 a** Fleurs à 3 pétales blancs ou rosés ▶ ***Alisma plantago-aquatica*** (p. 275)
**b** Fleurs à 6 pétales blancs **688**

## *Polygonatum multiflorum* (L.) All.
## Sceau-de-Salomon commun

**Famille :** Asparagaceae – Asparagacées

**Nom :** *Poly-* grec « beaucoup » ; *-gonatum* grec « genou » ; *multi-* lat. « beaucoup » ; *-florum* lat. « fleur »

**Caractères :** plante haute de 20 à 80 cm ; tige courbée, arrondie ou à angles peu distincts ; feuilles ovales à allongées, atteignant 15 cm de long et 6 cm de large, les supérieures presque horizontales, vert grisâtre dessous ; fleurs en petits bouquets pendant sur de fins pédoncules, longues de 12 à 20 mm, blanches, à 6 lobes verdâtres au sommet ; fruits (baies) globuleux, d'un diamètre atteignant 10 mm, bleu sombre

**Reproduction :** floraison d'avril à juin ; hermaphrodite ; pollinisation par les insectes ; dispersion des graines par les animaux

**Milieu :** fourrés, forêts (hêtraies)

**Bon à savoir :** reproduction végétative grâce à son rhizome qui produit chaque année un nœud supplémentaire (d'où l'étymologie grecque). Après la mort de la tige aérienne, une cicatrice se forme sur le rhizome qui ressemble beaucoup à un sceau. La légende raconte que Salomon se serait servi du rhizome de cette espèce pour fendre les rochers destinés à la construction de son temple, d'où le nom commun de la plante.

## *Polygonatum odoratum* (Mill.) Druce
## Sceau-de-Salomon odorant

**Famille :** Asparagaceae – Asparagacées

**Nom :** *Poly-* grec « beaucoup » ; *-gonatum* grec « genou » ; *odoratum* lat. « à odeur agréable »

**Caractères :** plante haute de 20 à 50 cm, à tige inclinée ou courbée, nettement anguleuse ; feuilles ovales à allongées, atteignant 15 cm de long, vert grisâtre en dessous ; fleurs généralement solitaires, pendant sous un fin pédoncule, longues de 12 à 25 mm, blanches, à 6 lobes verdâtres au sommet ; fruits (baies) globuleux, d'un diamètre atteignant 10 mm, bleu sombre

**688 a** Feuilles longues et étroites, ne dépassant pas 6 mm de large ▶ ***Ornithogalum umbellatum***
**b** Feuilles ovales à allongées, dépassant nettement 6 mm de large ▶ ***Allium ursinum*** (p. 276)

**Reproduction :** floraison de mai à juin ; hermaphrodite ; pollinisation par les insectes (abeilles) ; dispersion des graines par les animaux

**Milieu :** pelouses sèches, fourrés secs, rochers et rocailles

## *Alisma plantago-aquatica* L.
## Alisma plantain d'eau

**Famille :** Alismataceae – Alismatacées

**Nom :** *Alisma* origine incertaine ; *plantago-* lat. « plantain » *(Plantago)* ; *-aquatica* lat. « eau »

**Caractères :** plante haute de 20 à 100 cm ; feuilles ovales à allongées, atteignant 25 cm de long et 10 cm de large ; inflorescence fortement ramifiée ; fleurs larges de 7 à 12 mm, à 3 pétales inférieurs verdâtres et 3 pétales supérieurs blancs ou rosés ; nombreux fruits (akènes) par fleur, disposés en cercle

**Reproduction :** floraison de juin à août ; hermaphrodite ; pollinisation par les insectes (mouches) ; dispersion des graines par l'eau et les animaux

**Milieu :** eaux dormantes ou à courant lent, fossés, marécages

## *Ornithogalum umbellatum* L.
## Ornithogale à feuilles étroites

**Famille :** Asparagaceae – Asparagacées

**Nom :** *Ornitho-* grec « oiseau » ; *-galum* grec « lait » ; *umbellatum* lat. « en ombelle »

**Caractères :** plante haute de 10 à 30 cm ; feuilles ressemblant à celles des graminées, larges de 2 à 6 mm, creusées d'un sillon avec une raie blanche sur le dessus ; fleurs larges de 30 à 40 mm, à 6 pétales blancs, chacun muni d'une large bande centrale verte sur sa face externe, groupées par 3 à 15 en inflorescence formant une ombelle ; fruits (capsules) composés de 3 parties

**Reproduction :** floraison d'avril à mai ; hermaphrodite ; pollinisation par les insectes ; dispersion des graines par les animaux (fourmis)

**Milieu :** prairies, vergers, parcs

**Bon à savoir :** les bulbes en particulier sont toxiques et provoquent des troubles cardiaques.

**689 a** Plante sans feuilles, à fleur unique ▶ ***Colchicum autumnale***

**b** Plante pourvue de feuilles **690**

## *Allium ursinum* L. Ail des ours

**Famille :** Amaryllidaceae – Amaryllidacées

**Nom :** *Allium* origine incertaine ; *ursinum* lat. « ours »

**Caractères :** plante haute de 15 à 40 cm ; habituellement 2 feuilles ovales, atteignant 20 cm de long, luisantes dessus, à forte odeur d'ail quand on les froisse ; inflorescence à 10 à 25 rayons ; fleurs larges de 10 à 20 mm, à 6 pétales blancs ; 3 fruits (capsules) par fleur

**Reproduction :** floraison d'avril à mai ; hermaphrodite ; pollinisation par les insectes ; dispersion des graines par les animaux (fourmis)

**Milieu :** forêts alluviales, forêts de feuillus fraîches (hêtraies)

**Bon à savoir :** forme souvent des colonies denses, détectables à distance par leur odeur. • Les feuilles fraîches ou le jus obtenu en les pressant ont des vertus digestives et légèrement hypotensives. • Les jeunes feuilles crues peuvent servir d'ingrédient pour des salades épicées ou pour la préparation de pestos. Les bulbes se consomment comme ceux de l'ail ou de l'oignon.

## *Colchicum autumnale* L. Colchique d'automne

**Famille :** Colchicaceae – Colchicacées

**Nom :** *Colchicum* d'après la Colchide, sur les rives de la mer Noire ; *autumnale* lat. « automne »

**Caractères :** plante haute de 5 à 25 cm ; feuilles allongées, atteignant 25 cm de long et 5 cm de large, non présentes au moment de la floraison ; fleurs larges de 30 à 80 mm, à 6 pétales roses ou lilas ; fruits (capsules) composés de 3 parties, n'apparaissant qu'au printemps suivant, en même temps que les feuilles

**Reproduction :** floraison d'août à octobre ; hermaphrodite ; pollinisation par les insectes ; dispersion des graines par les animaux (fourmis)

**Milieu :** prairies plutôt fraîches, forêts claires et humides

**Bon à savoir :** toutes les parties de la plante, notamment les graines et le bulbe, sont extrêmement toxiques. Les principaux symptômes d'une intoxication sont des nausées, des crampes, des altérations du rythme cardiaque et une paralysie respiratoire. 5 g de graines suffisent pour tuer un adulte, 1,2 g seulement pour un enfant. • Son principe actif essentiel, la colchicine, perturbe le fonctionnement du cytosquelette et entrave la division cellulaire. On l'utilise

**690 a** Fleurs larges de 30 à 60 mm ; pétales enroulés vers l'arrière ▶ ***Lilium martagon***

**b** Fleurs larges de 15 à 25 mm ; pétales non enroulés vers l'arrière ▶ ***Lythrum salicaria***

expérimentalement en biologie, notamment pour produire des cellules polyploïdes chez les végétaux. • Utilisé contre la goutte et en homéopathie.

## *Lilium martagon* L. Lis martagon

**Famille :** Liliaceae – Liliacées

**Nom :** *Lilium* origine incertaine ; *martagon* turc « turban »

**Caractères :** plante haute de 30 à 100 cm ; feuilles étroites à ovales, atteignant 15 cm de long, celles du milieu de la tige verticillées (4 à 8 feuilles insérées à même hauteur sur la tige), les autres alternes ; fleurs larges de 30 à 60 mm, à 6 pétales enroulés vers l'arrière, rose pourpré ponctué de sombre ; fruits (capsules) à 6 angles

**Reproduction :** floraison de juin à juillet ; hermaphrodite ; pollinisation par les insectes ; dispersion des graines par le vent

**Milieu :** prairies, forêts de feuillus

**Bon à savoir :** les boutons floraux sont volontiers broutés par les chevreuils.

## *Lythrum salicaria* L. Salicaire commune

**Famille :** Lythraceae – Lythracées

**Nom :** *Lythrum* grec du mollusque produisant la pourpre ; *salicaria* « qui ressemble à un saule »

**Caractères :** plante haute de 30 à 150 cm, à tige anguleuse ; feuilles étroites, atteignant 10 cm de long, verticillées (groupées par 3 à même hauteur sur la tige) ou opposées, les supérieures souvent alternes ; fleurs larges de 15 à 25 mm, à 6 pétales rosés ou pourpres, en inflorescence atteignant 10 cm de long au moins ; fruits (capsules) longs de 6 mm au maximum

**Reproduction :** floraison de juillet à août ; hermaphrodite ; pollinisation par les insectes ; dispersion des graines par le vent et les animaux

**Milieu :** berges, fossés, marais, tourbières, prairies humides

**Bon à savoir :** la plante séchée peut être utilisée en tisane pour combattre la diarrhée, ou en usage externe comme hémostatique.

**691 a** Plante avec 1 à 7 fleurs jaunes à pétales rayonnants ▶ ***Gagea lutea***

**b** Plante à nombreuses petites fleurs jaunâtres, disposées en inflorescence allongée ▶ ***Reseda lutea***

## *Gagea lutea* (L.) Ker Gawl. **Gagée jaune**

**Famille :** Liliaceae – Liliacées

**Nom :** *Gagea* d'après Thomas Gage, botaniste et naturaliste anglais (1781-1820) ; *lutea* lat. « jaune »

**Caractères :** plante haute de 10 à 30 cm ; feuilles longues et étroites, larges de 5 à 15 mm ; fleurs larges de 15 à 30 mm, à 6 pétales jaunes ; fruits (capsules) composés de 3 parties

**Reproduction :** floraison d'avril à mai ; hermaphrodite ; pollinisation par les insectes ; dispersion des graines par les animaux (fourmis)

**Milieu :** prairies, haies, forêts alluviales, forêts de feuillus, vergers

**Bon à savoir :** reproduction végétative par bulbes.

## *Reseda lutea* L. **Réséda jaune**

**Famille :** Resedaceae – Résédacées

**Nom :** *Reseda* lat. « apaiser », « calmer » ; *lutea* lat. « jaune »

**Caractères :** plante haute de 25 à 60 cm ; feuilles profondément découpées en segments étroits ; fleurs larges de 3,5 à 7 mm, à 6 pétales jaune pâle, en longue inflorescence conique au sommet ; fruits (capsules) longs de 8 à 12 mm

**Reproduction :** floraison de juin à septembre ; hermaphrodite ; pollinisation par les insectes ; dispersion des graines par le vent et les animaux (fourmis)

**Milieu :** cultures, vignes, décombres, bords des chemins, talus ferroviaires, gravières

**Bon à savoir :** plante-hôte de la chenille du Marbré-de-vert *(Pontia daplidice).*

**701 a** Feuilles composées de 9 à 17 folioles rayonnant comme les doigts d'une main
▶ ***Lupinus polyphyllus***
**b** Feuilles différentes **702**

## *Lupinus polyphyllus* Lindl.
## Lupin des jardins

**Famille :** Fabaceae – Fabacées

**Nom :** *Lupinus* lat. « loup » ; *poly-* grec « beaucoup » ; *-phyllus* grec « feuille »

**Caractères :** plante haute de 60 à 150 cm ; feuilles composées de 9 à 17 folioles rayonnantes ; fleurs longues de 12 à 16 mm, bleues ou pourprées, en inflorescences mesurant 15 à 60 cm de long ; fruits (gousses) longs de 25 à 60 mm et larges de 7 à 10 mm, densément velus

**Reproduction :** floraison de juin à septembre ; hermaphrodite ; pollinisation par les insectes (abeilles) ; dispersion des graines par les animaux ou sans agent extérieur

**Milieu :** prairies, talus, coupes forestières

**Bon à savoir :** les gousses éclatent par temps chaud et projettent leurs graines jusqu'à 8 m alentour. • La plante se multiplie rapidement grâce à ses tiges souterraines (rhizomes). • Les racines vivent en symbiose avec des bactéries fixatrices d'azote (*Rhizobium* sp.), qui fournissent à la plante des composés azotés. • Les graines sont particulièrement toxiques. Les principaux symptômes d'une intoxication sont des vomissements, des altérations du rythme cardiaque et des paralysies pouvant mener à la mort par arrêt respiratoire. • Originaire d'Amérique du Nord et introduite en Europe comme plante ornementale au cours du XIXe siècle. Les populations denses ont tendance à empêcher le développement des espèces autochtones et l'enrichissement du sol en composés azotés est nuisible aux espèces qui croissent préférentiellement sur des sols maigres. Moyens de lutte : couper les inflorescences juste après la floraison, arracher les pieds isolés, faucher les grandes colonies en juin et à nouveau en août plusieurs années de suite, puis évacuer les restes vers une déchetterie (ne pas composter !).

**702 a** Feuilles divisées en lobes étroits ▶ ***Fumaria officinalis***

**b** Feuilles différentes **703**

**703 a** Feuilles les plus grandes composées d'au moins 2 folioles ± égales **411** (p. 162) ......................

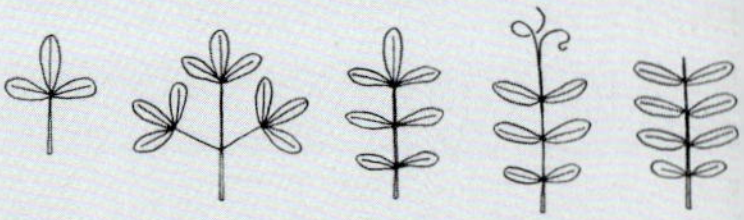

**b** Feuilles différentes **704**

**704 a** Plante avec 2 grandes feuilles dans le bas de la tige (présence parfois d'une autre paire au-dessus, mais de taille beaucoup plus petite) **705**

**b** Plante avec plus de 2 grandes feuilles similaires sur la tige **706**

**705 a** Tige quadrangulaire sous la paire de feuilles, arrondie au-dessus ▶ ***Listera ovata*** (p. 281)

**b** Tige arrondie de haut en bas ▶ ***Platanthera bifolia*** (p. 281)

**706 a** Feuilles supérieures verticillées, c.-à-d. insérées par trois à même hauteur sur la tige ▶ ***Impatiens glandulifera*** (p. 282) ..................

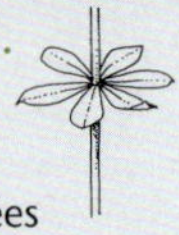

**b** Feuilles non verticillées **707**

**707 a** Feuilles, au moins les inférieures, opposées, c.-à-d. insérées deux par deux en vis-à-vis à même hauteur sur la tige **708** ............

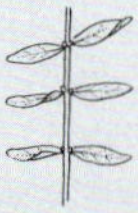

**b** Feuilles alternes, c.-à-d. non insérées en vis-à-vis à même hauteur **745** (p. 301) ......

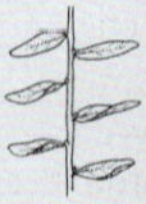

**708 a** Couleur dominante des fleurs jaune verdâtre, jaune ou jaune pâle **740** (p. 298)

**b** Couleur dominante des fleurs blanche, rose, rouge, lilas, violette ou bleue ainsi que rouge brunâtre à verdâtre **709**

**709 a** Feuilles supérieures alternes, c.-à-d. non insérées en vis-à-vis à même hauteur sur la tige **737** (p. 295)

**b** Toutes les feuilles opposées, c.-à-d. insérées deux par deux en vis-à-vis à même hauteur sur la tige **710**

## *Fumaria officinalis* L. Fumeterre officinale

**Famille :** Papaveraceae – Papavéracées

**Nom :** *Fumaria* lat. « fumée » ; *officinalis* lat. « médicinal »

**Caractères :** plante annuelle, haute de 10 à 30 cm ; feuilles finement divisées en lobes étroits, vert glauque ; inflorescence allongée de 10 à 50 fleurs roses ou pourpres, plus sombres au sommet, longues de 6 à 9 mm ; fruits (akènes) sphériques, d'un diamètre de 2 à 3 mm

**Reproduction :** floraison de mai à septembre ; hermaphrodite ; pollinisation par les insectes ; dispersion des graines par les animaux (fourmis)

**Milieu :** jardins, cultures, vignes, friches

**Bon à savoir :** la plante entière est toxique et provoque, selon le dosage, soit une hausse, soit une chute de la pression sanguine.

## *Listera ovata* (L.) R. Br.
## Grande Listère, Listère à feuilles ovales

**Famille :** Orchidaceae – Orchidacées

**Nom :** *Listera* d'après Martin Lister, médecin et naturaliste anglais (1638-1711) ; *ovata* lat. « ovale »

**Caractères :** plante haute de 20 à 60 cm ; tige à 2 feuilles arrondies à ovales plus ou moins opposées, atteignant 10 cm de long et 8 cm de large, un peu coriaces ; inflorescence de 10 à 40 fleurs longues de 10 à 20 mm et larges de 5 à 8 mm, vertes à vert jaunâtre, à labelle profondément divisé et éperon mince long de 20 à 30 mm ; fruits (capsules) globuleux

**Reproduction :** floraison de mai à juillet ; hermaphrodite ; pollinisation par les insectes ; dispersion des graines par le vent

**Milieu :** forêts, prairies, pâturages

**Bon à savoir :** pour les généralités sur la famille des Orchidacées, voir le Céphalanthère blanchâtre (p. 306).

## *Platanthera bifolia* (L.) Rich.
## Platanthère à deux feuilles

**Famille :** Orchidaceae – Orchidacées

**Nom :** *Plat-* grec « plat », « large » ; *-anthera* grec « fleuri », « étamine » ; *bi-* lat. « deux » ; *-folia* lat. « feuille »

**Caractères :** plante haute de 20 à 50 cm ; base de la tige avec 2 feuilles ovales atteignant 15 cm de long et 5 cm de large, parfois avec 1 à 4 feuilles allongées nettement plus petites au-dessus ; inflorescence longue de 5 à 15 cm, à 10 à 40 fleurs odorantes blanches ou blanc verdâtre, larges de 15 à 23 mm, munies d'un éperon mince long de 20 à 25 mm et d'un labelle en forme de langue étroite, long de 8 à 20 mm ; fruits (capsules) longs de 12 à 15 mm

**Reproduction :** floraison de mai à juillet ; hermaphrodite ; pollinisation par les insectes (papillons de nuit) ; dispersion des graines par le vent

**Milieu :** prairies humides, landes, forêts

**Bon à savoir :** pour les généralités sur la famille des Orchidacées, voir le Céphalanthère blanchâtre (p. 306).

**710 a** Fleurs portées par un long pédoncule, en général plus long que la fleur **711**

**b** Fleurs sans pédoncule, ou celui-ci plus court **712**

**711 a** Tige à angles munis d'expansions (ailée) ▶ ***Scrophularia umbrosa*** ..................

**b** Tige non ailée ▶ ***Scrophularia nodosa*** (p. 283)

## *Impatiens glandulifera* Royle
## Balsamine de l'Himalaya

**Famille :** Balsaminaceae – Balsaminacées

**Nom :** *Impatiens* lat. « impatient », « sensible » ; *glanduli-* lat. « glandes » ; *-fera* lat. « qui porte »

**Caractères :** plante annuelle, haute de 100 à 200 cm ; feuilles verticillées par 3, celles du bas de la tige opposées, étroites à ovales, atteignant 25 cm de long, bordées de dents aiguës ; fleurs longues de 25 à 40 mm, roses ou pourpres, à éperon courbé vers l'avant ; fruits (capsules) atteignant 5 cm de long, en forme de massue

**Reproduction :** floraison de juillet à septembre ; hermaphrodite ; pollinisation par les insectes (abeilles) ; dispersion des graines sans agent extérieur

**Milieu :** berges des ruisseaux, fourrés riverains, forêts alluviales

**Bon à savoir :** à maturité, le fruit est sous pression et éclate au moindre contact ; ses parois s'enroulent alors vers l'arrière et les graines se trouvent projetées jusqu'à 7 m de distance. • Originaire de l'Himalaya et introduite en Europe au XIX^e^ siècle comme plante ornementale et mellifère. • La Balsamine de l'Himalaya forme souvent des colonies étendues et presque monospécifiques en bordure des ruisseaux. Comme il s'agit d'une plante annuelle qui disparaît à l'automne, son système racinaire modeste ne permet pas une bonne stabilisation du sol et ne le protège pas contre l'érosion. Moyens de lutte : arracher ou faucher les pieds avant la floraison, puis évacuer tous les restes vers une déchetterie (ne pas composter !).

## *Scrophularia umbrosa* Dumort.
## Scrofulaire de l'ombre

**Famille :** Scrophulariaceae – Scrophulariacées

**Nom :** *Scrophularia* lat. « truie » ; *umbrosa* lat. « ombragé », « sombre »

**Caractères :** plante haute de 50 à 120 cm ; tige à angles munis tout le long d'expansions (ailée) ; feuilles opposées, ovales, à marge dentée ; fleurs en inflorescence lâche, longues de 6 à 8 mm, verdâtres à brun rougeâtre, à lèvre supérieure divisée en 2, l'inférieure divisée en trois et très courte ; fruits (capsules) plus ou moins sphériques

**712 a** Feuilles les plus grandes découpées **713**

**b** Feuilles non découpées, mais à marge souvent dentée **714**

**713 a** Fleurs en inflorescence étroite et grêle atteignant 20 cm de long ▶ *Verbena officinalis* (p. 219)

**b** Fleurs étagées en bouquets denses au-dessus de chaque paire de feuilles ▶ *Lycopus europaeus*

**Reproduction :** floraison de juin à août ; hermaphrodite ; pollinisation par les insectes ; dispersion des graines par le vent et l'eau

**Milieu :** berges des ruisseaux, roselières, fossés

## *Scrophularia nodosa* L. Scrofulaire noueuse

**Famille :** Scrophulariaceae – Scrophulariacées

**Nom :** *Scrophularia* lat. « truie » ; *nodosa* lat. « noueux »

**Caractères :** plante haute de 40 à 120 cm, à odeur désagréable ; tige à 4 angles ; feuilles opposées, en forme de cœur à ovales, à marge dentée ; fleurs en inflorescences lâches, longues de 7 à 9 mm, verdâtres à brun rougeâtre, à lèvre supérieure divisée en 2 et l'inférieure en 3, très courte ; fruits (capsules) en forme de massue

**Reproduction :** floraison de juin à juillet ; hermaphrodite ; autopollinisation ; dispersion des graines par le vent

**Milieu :** fourrés, forêts, coupes forestières

## *Lycopus europaeus* L. Lycope d'Europe

**Famille :** Lamiaceae – Lamiacées

**Nom :** *Lyco-* grec « loup » ; *-pus* grec « pied » ; *europaeus* lat. « d'Europe »

**Caractères :** plante haute de 20 à 90 cm ; tige à 4 angles ; feuilles opposées, allongées, à marge grossièrement dentée, ou parfois lobée ; fleurs en bouquets denses étagés à l'aisselle des paires de feuilles, longues de 4 à 6 mm, blanches ponctuées de rouge, à lèvre supérieure semblable à chacun des 3 lobes de l'inférieure ; 4 fruits (akènes) par fleur

**Reproduction :** floraison de juillet à septembre ; hermaphrodite ; pollinisation par les insectes ; dispersion des graines par l'eau et les animaux

**Milieu :** berges, roselières, fossés, marais

**714 a** Partie supérieure de la fleur (lèvre supérieure) nettement arquée **715** .........

**b** Lèvre supérieure plane, droite ou ± absente **728** (p. 290) ......

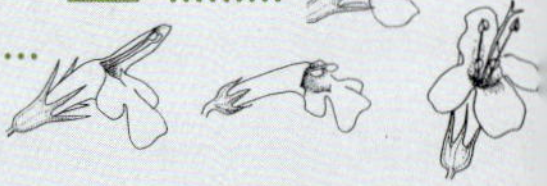

**715 a** Marge des feuilles régulièrement dentée **716**

**b** Marge des feuilles entière ou à quelques dents peu marquées tout au plus **727** (p. 290)

**716 a** Dents du bord des feuilles aiguës **717**

**b** Dents du bord des feuilles obtuses ou arrondies **722**

**717 a** Tiges ± renflées juste sous les nœuds portant les feuilles **718**

**b** Tiges non renflées sous les nœuds **719**

## *Galeopsis tetrahit* L. Galéopsis tétrahit

**Famille :** Lamiaceae – Lamiacées

**Nom :** *Gale-* évent. « Gaillet » *(Galium)* ; *-opsis* grec « aspect » ; *tetra-* grec « quatre » ; *-hit* origine incertaine

**Caractères :** plante annuelle, haute de 10 à 100 cm ; tige à 4 angles, renflée juste sous les feuilles, hérissée de soies raides ; feuilles opposées, ovales, atteignant 12 cm de long, à marge dentée ; fleurs en bouquets denses étagés à l'aisselle des feuilles, longues de 14 à 12 mm, roses ou pourprées (plus rarement blanches), à lèvre supérieure bombée, l'inférieure à 3 lobes et 2 bosses creuses (dents) ; calice à 5 sépales terminés en longue pointe piquante ; 4 fruits (akènes) par fleur

**Reproduction :** floraison de juin à octobre ; hermaphrodite ; pollinisation par les insectes ; dispersion des graines par les animaux

**Milieu :** coupes forestières, champs, décombres, bords des chemins

## *Galeopsis bifida* L. Galéopsis bifide

**Famille :** Lamiaceae – Lamiacées

**Nom :** *Gale-* évent. « Gaillet » *(Galium)* ; *-opsis* grec « aspect » ; *bifida* lat. « divisé en deux parties »

**Caractères :** plante annuelle, haute de 20 à 70 cm ; tige à 4 angles, renflée juste sous les feuilles, hérissée de soies raides ; feuilles opposées, ovales, atteignant 12 cm de long, à marge dentée ; fleurs en bouquets denses étagés à l'aisselle des feuilles, longues de 10 à 15 mm, rouge pâle (plus rarement blanches), à lèvre supérieure bombée, l'inférieure à 3 lobes et 2 bosses creuses (dents) ; calice à 5 sépales terminés en longue pointe piquante ; 4 fruits (akènes) par fleur

**Reproduction :** floraison de juin à octobre ; hermaphrodite ; pollinisation par les insectes ; dispersion des graines par les animaux

**Milieu :** coupes forestières, friches

**718 a** Feuilles les plus grandes avec 10 dents au moins de chaque côté ▶ *Galeopsis tetrahit* (p. 284)

**b** Feuilles les plus grandes avec moins de 10 dents de chaque côté ▶ *Galeopsis bifida* (p. 284)

**719 a** Fleurs longues de 10 à 15 mm **720**

**b** Fleurs longues de 20 à 30 mm **721**

**720 a** Face supérieure des feuilles nettement ridée ; fleurs roses à pourprées ou blanches ▶ *Ballota nigra*

**b** Face supérieure des feuilles « normale » (ressemblant à celles des orties) ; fleurs rouge vineux foncé ▶ *Stachys sylvatica*

## *Ballota nigra* L. Ballote fétide

**Famille :** Lamiaceae – Lamiacées

**Nom :** *Ballota* origine incertaine ; *nigra* lat. « noir »

**Caractères :** plante haute de 30 à 130 cm, à odeur désagréable ; tige à 4 angles, à poils étalés ; feuilles opposées, arrondies à allongées, jusqu'à 8 cm de long, poilues, à face supérieure d'apparence ridée à cause de l'enfoncement des nervures dans le limbe, à marge dentée ; fleurs en bouquets denses étagés à l'aisselle des feuilles, longues de 10 à 15 mm, roses à pourprées ou blanches, à lèvre supérieure bombée et l'inférieure à 3 lobes ; 4 fruits à 3 angles (akènes) par fleur

**Reproduction :** floraison de juin à août ; hermaphrodite ; pollinisation par les insectes ; dispersion des graines par les animaux

**Milieu :** fourrés, décombres, bords des chemins, murs

## *Stachys sylvatica* L. Épiaire des bois

**Famille :** Lamiaceae – Lamiacées

**Nom :** *Stachys* grec « épi » ; *sylvatica* lat. « bois »

**Caractères :** plante haute de 30 à 100 cm, à odeur désagréable ; tige à 4 angles, à poils étalés ; feuilles opposées, en forme de cœur ou ovales, atteignant 9 cm de long, velues, à marge dentée ; fleurs disposées en verticilles étagés au-dessus des feuilles, longues de 12 à 15 mm, d'un rouge vineux sombre, à lèvre supérieure un peu bombée, l'inférieure à 3 lobes et tachée de blanchâtre ; 4 fruits à 3 angles (akènes) par fleur

**Reproduction :** floraison de juin à septembre ; hermaphrodite ; pollinisation par les insectes ; dispersion des graines par les animaux

**Milieu :** haies, forêts

**721 a** Fleurs rose pourpre ▶ ***Lamium maculatum***
**b** Fleurs blanches ▶ ***Lamium album***

**722 a** Fleurs longues de 20 à 25 mm ▶ ***Salvia pratensis*** (p. 287)
**b** Fleurs longues de 18 mm au maximum **723**

## *Lamium maculatum* (L.) L. Lamier à feuilles panachées

**Famille :** Lamiaceae – Lamiacées

**Nom :** *Lamium* évent. grec « large gorge » ; *maculatum* lat. « taché »

**Caractères :** plante haute de 15 à 50 cm, émettant des stolons ; tige à 4 angles ; feuilles opposées, ovales ou en forme de cœur, atteignant 6 cm de long, souvent ornées de taches claires, à marge dentée ; fleurs disposées en verticilles étagés au-dessus des feuilles, longues de 20 à 30 mm, rose pourpre, à lèvre supérieure bombée, l'inférieure à 3 lobes et tachée de sombre ; 4 fruits (akènes) par fleur

**Reproduction :** floraison d'avril à septembre ; hermaphrodite ; pollinisation par les insectes ; dispersion des graines par les animaux (fourmis)

**Milieu :** haies, décombres, bords des chemins

**Bon à savoir :** les feuilles et les jeunes pousses peuvent être consommées en salades, risottos et purées, ou sautées à la poêle comme des légumes. Les fleurs peuvent servir de décoration comestible.

## *Lamium album* (L.) L. Lamier blanc

**Famille :** Lamiaceae – Lamiacées

**Nom :** *Lamium* évent. grec « large gorge » ; *album* lat. « blanc »

**Caractères :** plante haute de 20 à 50 cm, émettant des stolons ; tige à 4 angles ; feuilles opposées, en forme de cœur ou allongées, atteignant 8 cm de long, à marge dentée ; fleurs disposées en verticilles étagés au-dessus des feuilles, longues de 20 à 30 mm, blanches, à lèvre supérieure bombée, l'inférieure à 3 lobes ; 4 fruits (akènes) par fleur

**Reproduction :** floraison de mai à août ; hermaphrodite ; pollinisation par les insectes ; dispersion des graines par les animaux (fourmis)

**Milieu :** haies, fourrés, friches, bords des chemins, murs

**Bon à savoir :** prise en infusion, la plante fleurie séchée aide à régulariser le fonctionnement intestinal en cas de diarrhée ou de constipation ; en usage externe, elle sert à imprégner des compresses pour nettoyer les plaies et aider à leur cicatrisation. • Les feuilles et les jeunes pousses peuvent être consommées en salades, risottos et purées, ou sautées à la poêle comme des légumes. Les fleurs peuvent servir de décoration comestible.

**723 a** Feuilles à peu près aussi larges que longues 724
**b** Feuilles nettement (au moins 3 fois) plus longues que larges 725

## *Salvia pratensis* L. Sauge des prés

**Famille :** Lamiaceae – Lamiacées

**Nom :** *Salvia* lat. « sain », « indemne » ; *pratensis* lat. « prairie »

**Caractères :** plante haute de 30 à 60 cm, à odeur épicée ; feuilles opposées, en cœur, ovales ou allongées, atteignant 12 cm de long, à face supérieure ridée par l'enfoncement des nervures dans le limbe, munies de dents obtuses sur leurs marges ; fleurs étagées en inflorescences allongées, longues de 20 à 25 mm, d'un bleu profond ou violacé, à lèvre supérieure fortement arquée, l'inférieure à 3 lobes ; 4 fruits (akènes) par fleur

**Reproduction :** floraison de mai à août ; hermaphrodite ; pollinisation par les insectes ; dispersion des graines par les animaux

**Milieu :** prairies sèches, talus

**Bon à savoir :** dans sa quête de nectar, l'abeille ou le bourdon qui pénètre dans la fleur déclenche un système de levier qui fait basculer les étamines sur son dos et y dépose le pollen. Chez les fleurs matures, style et stigmate saillent longuement hors de la corolle, ce qui facilite le dépôt de ce pollen lorsqu'un insecte vient les butiner : la pollinisation est ainsi effectuée. • Les feuilles fraîches ou séchées peuvent être bues en infusion contre la diarrhée ou les troubles de l'estomac, utilisées en gargarismes en cas d'inflammation de la bouche ou de la gorge, ou servir de compresses pour aider à la cicatrisation des plaies. • Les feuilles ont une saveur douce et peuvent aromatiser des sauces, des risottos ou des soupes.

**724 a** Feuilles toutes pétiolées ▶ ***Lamium purpureum***
**b** Feuilles du haut de la tige non pétiolées ▶ ***Lamium amplexicaule***

**725 a** Fleurs disposées en paires étagées au-dessus des feuilles ▶ ***Scutellaria galericulata*** (p. 289)
**b** Fleurs groupées en épis denses terminant la tige et les rameaux latéraux **726**

## *Lamium purpureum* L. Lamier pourpre

**Famille :** Lamiaceae – Lamiacées

**Nom :** *Lamium* évent. grec « large gorge » ; *purpureum* lat. « pourpre »

**Caractères :** plante annuelle ou bisannuelle, haute de 10 à 30 cm ; tige à 4 angles ; feuilles opposées, en forme de cœur, atteignant 2,5 cm de long, bordées de dents obtuses ; fleurs disposées en couronnes verticillées, étagées au-dessus des feuilles, longues de 8 à 15 mm, pourprées, à lèvre supérieure bombée, l'inférieure à 3 lobes ; 4 fruits (akènes) par fleur

**Reproduction :** floraison de février à novembre ; hermaphrodite ; pollinisation par les insectes ; dispersion des graines par les animaux (fourmis)

**Milieu :** jardins, cultures, vignes, décombres

**Bon à savoir :** les feuilles et les jeunes pousses peuvent être consommées en salades, risottos et purées, ou sautées à la poêle comme des légumes. Les fleurs peuvent servir de décoration comestible.

## *Lamium amplexicaule* L. Lamier à feuilles embrassantes

**Famille :** Lamiaceae – Lamiacées

**Nom :** *Lamium* évent. grec « large gorge » ; *amplexi-* lat. « embrassant » ; *-caule* lat. « tige »

**Caractères :** plante annuelle ou bisannuelle, haute de 10 à 30 cm ; tige à 4 angles, en partie couchée ; feuilles opposées, arrondies, d'un diamètre atteignant 3 cm, bordées de dents obtuses ou un peu lobées ; fleurs disposées en couronnes verticillées, étagées au-dessus des feuilles, longues de 10 à 15 mm, roses ou pourprées, à lèvre supérieure arquée, l'inférieur à 3 lobes et tachée de sombre ; 4 fruits tuberculeux (akènes) par fleur

**Reproduction :** floraison d'avril à septembre ; hermaphrodite ; pollinisation par les insectes ; dispersion des graines par les animaux (fourmis)

**Milieu :** jardins, cultures, vignes, décombres

**Bon à savoir :** les feuilles et les jeunes pousses peuvent être consommées en salades, risottos et purées, ou sautées à la poêle comme des légumes. Les fleurs peuvent servir de décoration comestible.

**726 a** Pétiole des feuilles inférieures nettement plus long que celles-ci ▶ *Stachys officinalis*

**b** Pétiole des feuilles inférieures ne dépassant pas la moitié de leur longueur ▶ *Stachys palustris* (p. 290)

## *Scutellaria galericulata* L. Scutellaire à casque

**Famille :** Lamiaceae – Lamiacées

**Nom :** *Scutellaria* lat. « petit bouclier » (écaille du calice) ; *galericulata* lat. « petit bonnet de fourrure »

**Caractères :** plante haute de 15 à 60 cm ; tige à 4 angles ; feuilles opposées, ovales à allongées, atteignant 5 cm de long, bordées de quelques dents ; fleurs groupées par 2, étagées sur le même côté de la tige, longues de 10 à 17 mm, bleu violacé, à lèvre inférieure blanchâtre tachée de sombre ; partie supérieure du calice munie d'une écaille dressée, longue de 1 mm environ ; 4 fruits tuberculeux (akènes) par fleur

**Reproduction :** floraison de juin à septembre ; hermaphrodite ; pollinisation par les insectes ; dispersion des graines par l'eau et les animaux

**Milieu :** berges, marais, forêts humides

## *Stachys officinalis* (L.) Trevis., *Betonica officinalis* L. Bétoine officinale

**Famille :** Lamiaceae – Lamiacées

**Nom :** *Stachys* grec « épi » ; *Betonica* d'après les Vettons, peuple du nord-ouest de l'Espagne ; *officinalis* lat. « médicinal »

**Caractères :** plante haute de 20 à 70 cm ; tige à 4 angles ; feuilles opposées, ovales à allongées, atteignant 12 cm de long, bordées de dents obtuses ; fleurs groupées en épis compacts, longues de 10 à 15 mm, roses à pourprées, à lèvre supérieure plus ou moins plane, l'inférieure à 3 lobes ; 4 fruits à 3 angles (akènes) par fleur

**Reproduction :** floraison de juillet à septembre ; hermaphrodite ; pollinisation par les insectes ; dispersion des graines par le vent

**Milieu :** prairies sèches ou humides, landes, fourrés, forêts claires

**727 a** Fleurs longues de 16 mm au maximum ▶ *Prunella vulgaris*

**b** Fleurs longues de plus de 18 mm ▶ *Prunella grandiflora* (p. 291)

**728 a** Fleurs ne dépassant pas 10 mm de long ; feuilles à odeur épicée ou mentholée quand on les froisse 729

**b** Fleurs dépassant en principe nettement 10 mm de long ; feuilles inodores ou presque 734 (p. 294)

## *Stachys palustris* L. Épiaire des marais

**Famille :** Lamiaceae – Lamiacées

**Nom :** *Stachys* grec « épi » ; *palustris* lat. « marais »

**Caractères :** plante haute de 30 à 100 cm ; tige à 4 angles ; feuilles opposées, allongées, atteignant 12 cm de long, à marge dentée ; fleurs en inflorescences assez compactes, longues de 14 à 18 mm, pourpres, à lèvre supérieure un peu arquée, l'inférieure à 3 lobes et tachée de blanchâtre ; 4 fruits à 3 angles (akènes) par fleur

**Reproduction :** floraison de juin à septembre ; hermaphrodite ; pollinisation par les insectes ; dispersion des graines par l'eau et les animaux

**Milieu :** berges, fossés, prairies marécageuses, cultures humides

## *Prunella vulgaris* L. Brunelle commune

**Famille :** Lamiaceae – Lamiacées

**Nom :** *Prunella* peut-être de l'allemand « accenteur » ou du français « prunelle » ; *vulgaris* lat. « commun »

**Caractères :** plante haute de 5 à 30 cm, émettant des stolons ; tige à 4 angles ; feuilles opposées, ovales, atteignant 4 cm de long, à marge à peine dentée ; fleurs en inflorescences compactes, longues de 8 à 16 mm, bleu violacé (plus rarement rougeâtres), à lèvre supérieure nettement bombée, l'inférieure à 3 lobes ; 4 fruits (akènes) par fleur

**Reproduction :** floraison de juin à septembre ; hermaphrodite ; pollinisation par les insectes ; dispersion des graines par les animaux

**Milieu :** prairies, pâturages, pelouses

**Bon à savoir :** se reproduit végétativement grâce à ses stolons. • La Brunelle commune résiste bien à la tonte fréquente et au piétinement des pelouses d'agrément, où elle se maintient sans problème.

**729 a** Feuilles ne dépassant pas 2 cm de long 733

**b** Feuilles les plus grandes dépassant en général nettement 2 cm de long 730

**730 a** Face inférieure des feuilles densément couverte de poils blancs ▶ *Mentha longifolia*

**b** Face inférieure des feuilles sans poils blancs 731

## *Prunella grandiflora* (L.) Scholler
## Brunelle à grandes fleurs

**Famille :** Lamiaceae – Lamiacées

**Nom :** *Prunella* peut-être de l'allemand « accenteur » ou du français « prunelle » ; *grandi-* lat. « grand » ; *-flora* lat. « fleur »

**Caractères :** plante haute de 5 à 40 cm ; tige à 4 angles ; feuilles opposées, ovales, atteignant 6 cm de long, à marge à peine dentée ; fleurs en inflorescences denses, longues de 18 à 25 mm, bleu violacé (plus rarement rougeâtres), à lèvre supérieure nettement bombée, l'inférieure à 3 lobes ; 4 fruits (akènes) par fleur

**Reproduction :** floraison de juin à octobre ; hermaphrodite ; pollinisation par les insectes ; dispersion des graines par les animaux

**Milieu :** prairies sèches, forêts claires

## *Mentha longifolia* (L.) Huds.
## Menthe à feuilles longues

**Famille :** Lamiaceae – Lamiacées

**Nom :** *Mentha* grec/lat. nom du genre ; *longi-* lat. « long » ; *-folia* lat. « feuille »

**Caractères :** plante haute de 30 à 100 cm, exhalant une odeur mentholée plutôt désagréable ; tige velue ; feuilles opposées, ovales à allongées, atteignant 10 cm de long, à face inférieure couverte d'un revêtement dense de poils gris ou blancs, à marge dentée ; fleurs en inflorescences allongées, longues de 3 à 4 mm, rose clair ou lilas pâle, à lèvre supérieure identique aux 3 lobes de la lèvre inférieure ; 4 fruits (akènes) par fleur

**Reproduction :** floraison de juillet à septembre ; hermaphrodite ; pollinisation par les insectes ; dispersion des graines par les animaux

**Milieu :** sources, berges, fossés, pâturages humides

**731 a** Sommet de la tige terminé par des feuilles ▶ ***Mentha arvensis***
**b** Sommet de la tige terminé par des fleurs **732**

**732 a** Feuilles à marge dentée ; odeur de menthe ▶ ***Mentha aquatica***
**b** Feuilles à peine dentées ; odeur épicée ▶ ***Origanum vulgare*** (p. 293)

## *Mentha arvensis* L. Menthe des champs

**Famille :** Lamiaceae – Lamiacées

**Nom :** *Mentha* grec/lat. nom du genre ; *arvensis* lat. « champ »

**Caractères :** plante haute de 5 à 40 cm à odeur de menthe, émettant des stolons feuillés ; tige souvent en partie couchée, hérissée de poils étalés ; feuilles opposées, ovales à allongées, atteignant 5 cm de long, velues, à marge faiblement dentée ; fleurs étagées en verticilles denses au-dessus des feuilles, longues de 4 à 7 mm, roses ou lilas, à lèvre supérieure identique aux 3 lobes de la lèvre inférieure ; 4 fruits (akènes) par fleur

**Reproduction :** floraison de juillet à septembre ; hermaphrodite ; pollinisation par les insectes ; dispersion des graines par les animaux

**Milieu :** fossés, marais, cultures, décombres

**Bon à savoir :** les feuilles peuvent s'utiliser en infusion ou entrer dans la composition de sauces ou de chutneys.

## *Mentha aquatica* L. Menthe aquatique

**Famille :** Lamiaceae – Lamiacées

**Nom :** *Mentha* grec/lat. nom du genre ; *aquatica* lat. « eau »

**Caractères :** plante haute de 20 à 80 cm à odeur de menthe, émettant des stolons feuillés ; tige à 4 angles, hérissée de poils étalés ; feuilles opposées, ovales à allongées, atteignant 8 cm de long, velues, à marge dentée ; fleurs en inflorescences assez compactes, longues de 5 à 7 mm, roses ou lilas, à lèvre supérieure identique aux 3 lobes de la lèvre inférieure ; 4 fruits (akènes) par fleur

**Reproduction :** floraison de juillet à octobre ; hermaphrodite ; pollinisation par les insectes ; dispersion des graines par l'eau

**Milieu :** berges, fossés, tourbières, prairies marécageuses

**Bon à savoir :** si on peut utiliser sans problème ses feuilles en sauces ou en chutneys, apprécier le goût de sa tisane demande toutefois un peu d'habitude.

**733 a** Tige dressée ; marge des feuilles avec quelques dents obtuses ▶ *Acinos arvensis*

**b** Tige en partie couchée ; feuilles non dentées ▶ *Thymus pulegioides* (p. 294)

## *Origanum vulgare* L.
## Origan, Marjolaine sauvage

**Famille :** Lamiaceae – Lamiacées

**Nom :** *Ori-* peut-être du grec « montagne » : *-ganum* peut-être du grec « luisant » ; *vulgare* lat. « commun »

**Caractères :** plante haute de 20 à 80 cm, à odeur épicée ; tige à 4 angles, velue ; feuilles opposées, ovales à allongées, atteignant 4 cm de long, à marge à peine dentée ; fleurs en inflorescences denses, longues de 4 à 7 mm, rose pâle, à lèvre supérieure plus ou moins plane, l'inférieure à 3 lobes ; 4 fruits (akènes) par fleur

**Reproduction :** floraison de juillet à septembre ; hermaphrodite ; pollinisation par les insectes ; dispersion des graines par le vent et les animaux (fourmis)

**Milieu :** pelouses sèches, fourrés, forêts claires, lisières

**Bon à savoir :** plante-hôte de la chenille de l'Azuré du serpolet *(Maculinea arion)*. La femelle pond ses œufs dans les inflorescences de la plante où les larves éclosent. Après plusieurs mues, les chenilles tombent au sol où elles sont prises en charge par des fourmis *(Myrmica sabuleti)*, qui les emportent dans leur fourmilière. Là, les intruses se nourrissent du couvain, avant de se nymphoser et d'émerger le printemps suivant en papillon adulte. • La plante fleurie, une fois séchée, peut être bue en tisane contre la toux, utilisée en gargarismes dans les inflammations de la bouche et de la gorge ou préconisée pour aider à la cicatrisation des plaies. • Les feuilles peuvent être utilisées en condiment, comme celles de la Marjolaine.

## *Acinos arvensis* (Lam.) Dandy **Calament acinos**

**Famille :** Lamiaceae – Lamiacées

**Nom :** *Acinos* origine incertaine ; *arvensis* lat. « champ »

**Caractères :** plante annuelle ou bisannuelle, haute de 10 à 40 cm, à odeur mentholée ; tige à 4 angles, velue, souvent en partie couchée ; feuilles opposées, ovales à allongées, atteignant 2 cm de long, bordées de quelques dents, à marge enroulée en dessous ; fleurs disposées en verticilles étagés au-dessus des feuilles, longues de 7 à 10 mm, violet pâle, à lèvre supérieure plus ou moins plane, l'inférieure à 3 lobes ; 4 fruits (akènes) par fleur

**Reproduction :** floraison de juin à septembre ; hermaphrodite ; pollinisation par les insectes ; dispersion des graines par les animaux (fourmis)

**Milieu :** pelouses sèches, talus, bords des chemins, carrières, rochers, murs

**734 a** Lèvre supérieure de la corolle présente **735**

**b** Lèvre supérieure de la corolle très courte, presque absente **736** .........

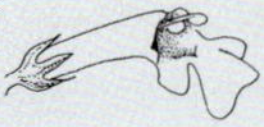

**735 a** Sommet de la tige terminé par des fleurs ; marge des feuilles à peine dentée

▶ ***Clinopodium vulgare***

**b** Sommet de la tige terminé par des feuilles ; marge des feuilles à dents obtuses

▶ ***Glechoma hederacea*** (p. 295)

## *Thymus pulegioides* L. Thym faux pouliot

**Famille :** Lamiaceae – Lamiacées

**Nom :** *Thymus* grec « fumer », « enfumer » ; *pulegi-* Menthe pouliot *(Mentha pulegium)* ; *-oides* grec « comme »

**Caractères :** plante haute de 8 à 25 cm, à odeur épicée ; tige à 4 angles, velue, le plus souvent en partie couchée ; feuilles opposées, ovales à allongées, atteignant 2 cm de long ; fleurs en inflorescences denses, longues de 3 à 6 mm, roses à pourpres, à lèvre supérieure plus ou moins plane, l'inférieure à 3 lobes ; 4 fruits (akènes) par fleur

**Reproduction :** floraison d'avril à août ; hermaphrodite ; pollinisation par les insectes ; dispersion des graines par le vent et les animaux (fourmis)

**Milieu :** prairies et pâturages secs

**Bon à savoir :** plante-hôte de la chenille de l'Azuré du serpolet *(Maculinea arion)*. La femelle pond ses œufs dans les inflorescences de la plante où les larves éclosent. Après plusieurs mues, les chenilles tombent au sol où elles sont prises en charge par des fourmis *(Myrmica sabuleti)*, qui les emportent dans leur fourmilière. Là, les intruses se nourrissent du couvain avant de se nymphoser et d'émerger le printemps suivant en papillon adulte. • La plante fleurie, une fois séchée, fournit une tisane utile contre les catarrhes des voies aériennes supérieures et contre les troubles de l'estomac et des intestins. • Les sommités fleuries, de même que les feuilles, peuvent être utilisées comme condiment.

## *Clinopodium vulgare* L. Calament clinopode

**Famille :** Lamiaceae – Lamiacées

**Nom :** *Clino-* grec « lit » ; *-podium* lat. « pied » ; *vulgare* lat. « commun »

**Caractères :** plante haute de 20 à 60 cm ; tige à poils étalés ; feuilles opposées, ovales, atteignant 4 cm de long, velues, à marges comprenant quelques rares dents obtuses ; fleurs étagées en verticilles hémisphériques denses au-dessus des feuilles, longues de 10 à 15 mm, pourpre clair, à lèvre supérieure plus ou moins plane, l'inférieure à 3 lobes ; 4 fruits (akènes) par fleur

**Reproduction :** floraison de juillet à septembre ; hermaphrodite ; pollinisation par les insectes ; dispersion des graines par le vent et les animaux

**Milieu :** fourrés, forêts claires, lisières

**736 a** Feuilles proches des fleurs non dentées et peu velues ▶ *Ajuga reptans*

**b** Feuilles proches des fleurs dentées et densément velues ▶ *Ajuga genevensis* (p. 296)

**737 a** Feuilles les plus grandes dépassant 2 cm de long pour la plupart ; marge non dentée ou à dents obtuses 738

**b** Feuilles longues de 2 cm au maximum, bordées de dents aiguës 739

## *Glechoma hederacea* L. Gléchome lierre terrestre

**Famille :** Lamiaceae – Lamiacées

**Nom :** *Glechoma* origine incertaine ; *hederacea* lat. « ressemblant au Lierre » *(Hedera helix)*

**Caractères :** plante haute de 5 à 20 cm ; tige à 4 angles, rampant sur le sol ; feuilles opposées, arrondies ou en forme de cœur, d'un diamètre atteignant 4 cm, longuement pétiolées, bordées de dents obtuses ; fleurs étagées, disposées du même côté de la tige, longues de 10 à 22 mm, bleu violacé, à lèvre supérieure plus ou moins plane, l'inférieure à 3 lobes ; 4 fruits à 3 angles (akènes) par fleur

**Reproduction :** floraison d'avril à mai ; hermaphrodite ; pollinisation par les insectes ; dispersion des graines par les animaux (fourmis)

**Milieu :** prairies ombragées, fourrés, forêts, lisières

**Bon à savoir :** multiplication végétative active grâce à ses stolons aériens et souterrains. • Les feuilles sont comestibles, accommodées en salades, soupe ou risottos. Les fleurs peuvent servir de friandise épicée et décorative.

## *Ajuga reptans* L. Bugle rampante

**Famille :** Lamiaceae – Lamiacées

**Nom :** *Ajuga* origine incertaine ; *reptans* lat. « rampant »

**Caractères :** plante haute de 10 à 30 cm, produisant des stolons feuillés ; tige à 4 angles ; feuilles opposées, ovales, atteignant 8 cm de long, à marge à peine dentée ; fleurs étagées en verticilles au-dessus des feuilles, longues de 10 à 15 mm, violettes ou bleues (plus rarement rougeâtres), à lèvre supérieure très courte, l'inférieure à 3 lobes ; 4 fruits (akènes) par fleur

**Reproduction :** floraison d'avril à juillet ; hermaphrodite ; pollinisation par les insectes ; dispersion des graines par les animaux (fourmis)

**Milieu :** prairies, forêts

**738 a** Fleurs solitaires sur de longs pédicelles ▶ ***Chaenorrhinum minus***

**b** Fleurs groupées en inflorescences allongées et denses, à pédicelle nul ou très court ▶ ***Odontites vernus*** (p. 297)

## *Ajuga genevensis* L. Bugle de Genève

**Famille :** Lamiaceae – Lamiacées

**Nom :** *Ajuga* origine incertaine ; *genevensis* d'après la ville de Genève en Suisse

**Caractères :** plante haute de 10 à 30 cm ; tige à 4 angles, densément velue ; feuilles opposées, ovales, atteignant 8 cm de long, velues, bordées de dents grossières ; fleurs en verticilles étagés au-dessus des feuilles, longues de 12 à 18 mm, bleues à violacées, à lèvre supérieure très courte, l'inférieure à 3 lobes ; 4 fruits (akènes) par fleur

**Reproduction :** floraison d'avril à juin ; hermaphrodite ; pollinisation par les insectes ; dispersion des graines par les animaux (fourmis)

**Milieu :** prairies sèches, cultures, vignes

## *Chaenorrhinum minus* (L.) Lange
## Petite Linaire

**Famille :** Plantaginaceae – Plantaginacées

**Nom :** *Chaeno-* grec « bailler » ; *-rrhinum* grec « nez » ; *minus* lat. « plus petit »

**Caractères :** plante annuelle ,haute de 5 à 30 cm, entièrement couverte de poils denses ; feuilles inférieures opposées, les suivantes alternes, allongées et étroites, atteignant 3,5 cm de long ; fleurs longuement pédicellées, longues de 3 à 6 mm, munies d'une excroissance conique (éperon) longue de 1 à 4 mm, lilas à violet pâle, jaune clair au centre, à lèvre supérieure à 2 lobes, l'inférieure à 3 lobes ; fruits (capsules) ovales

**Reproduction :** floraison de juin à octobre ; hermaphrodite ; autopollinisation ; dispersion des graines par le vent et les animaux (fourmis)

**Milieu :** talus, cultures, vignes, talus ferroviaires, pierriers

**739 a** Fleurs longues de 8 à 15 mm ; plante densément velue dans sa moitié supérieure
▶ *Euphrasia rostkoviana*

**b** Fleurs longues de 6 à 10 mm ; plante glabre ou presque ▶ *Euphrasia stricta* (p. 298)

## *Odontites vernus* (Bellardi) Dumort.
## Euphraise de printemps

**Famille :** Orobanchaceae – Orobanchacées

**Nom :** *Odontites* grec « dents » ; *vernus* lat. « printemps »

**Caractères :** plante annuelle, haute de 10 à 40 cm ; tige ramifiée dès la base ; feuilles inférieures et médianes opposées, les supérieures alternes, allongées, atteignant 5 cm de long, à marge habituellement dentée ; fleurs étagées, toutes tournées du même côté de la tige, longues de 8 à 12 mm, roses ou rouges, à lèvre supérieure un peu bombée, l'inférieure à 3 lobes ; fruits (capsules) plus ou moins aplatis, longs de 5 à 9 mm

**Reproduction :** floraison de juin à octobre ; hermaphrodite ; pollinisation par les insectes ; dispersion des graines par le vent et les animaux

**Milieu :** berges, fossés, pâturages, cultures

**Bon à savoir :** espèce hémiparasite, qui prélève de l'eau et des substances nutritives sur les racines d'autres plantes à l'aide de suçoirs.

## *Euphrasia rostkoviana* Hayne, *Euphrasia officinalis* L.
## Euphraise de Rostkov, Casse-lunettes

**Famille :** Orobanchaceae – Orobanchacées

**Nom :** *Euphrasia* grec « joie », « plaisir » ; *rostkoviana* d'après Wilhelm Gottlieb Theophil Rostkovius, médecin et botaniste allemand (1770-1848) ; *officinalis* lat. « médicinal »

**Caractères :** plante annuelle, haute de 5 à 25 cm, velue surtout dans sa moitié supérieure ; tige ramifiée dès la base ; feuilles inférieures opposées, les suivantes alternes, ovales à allongées, atteignant 2 cm de long, bordées de dents ; fleurs étagées au-dessus des feuilles, longues de 8 à 15 mm, blanches à lilas, à lèvre supérieure légèrement bombée, l'inférieure à 3 lobes et tachée de jaune ; fruits (capsules) plus ou moins aplatis, longs de 4 à 7 mm

**Reproduction :** floraison de juin à octobre ; hermaphrodite ; pollinisation par les insectes ; dispersion des graines par le vent

**Milieu :** tourbières, prairies, pâturages

**Bon à savoir :** espèce hémiparasite, qui prélève de l'eau et des substances nutritives sur les racines d'autres plantes à l'aide de suçoirs. • Une infusion de cette plante séchée est utilisée en compresses ou comme collyre en cas d'irritations oculaires bénignes (d'où son nom vernaculaire de « casse-lunettes »).

**740 a** Feuilles nettement pétiolées 744
**b** Feuilles sans pétiole, ou presque 741

**741 a** Feuilles à marge régulièrement dentée tout autour 742
**b** Feuilles bordées de quelques dents seulement 743

## *Euphrasia stricta* J. F. Lehm. **Euphraise raide**

**Famille :** Orobanchaceae – Orobanchacées

**Nom :** *Euphrasia* grec « joie », « plaisir » ; *stricta* lat. « raide », « dressé »

**Caractères :** plante annuelle, haute de 3 à 30 cm, à tige ramifiée dès la base ; feuilles inférieures opposées, les suivantes alternes, ovales à allongées, atteignant 1,5 cm de long, bordées de dents ; fleurs étagées au-dessus des feuilles, longues de 6 à 10 mm, violet pâle, lilas ou blanches, à lèvre supérieure légèrement bombée, l'inférieure à 3 lobes et tachée de jaune ; fruits (capsules) plus ou moins aplatis, longs de 5 à 8 mm

**Reproduction :** floraison de juillet à septembre ; hermaphrodite ; pollinisation par les insectes ; dispersion des graines par le vent

**Milieu :** pelouses sèches, sols sablo-limoneux

**Bon à savoir :** espèce hémiparasite, qui prélève de l'eau et des substances nutritives sur les racines d'autres plantes à l'aide de suçoirs.

## *Rhinanthus alectorolophus* (Scop.) Pollich **Rhinanthe crête-de-coq**

**Famille :** Orobanchaceae – Orobanchacées

**Nom :** *Rhin-* grec « lime » ; *-anthus* grec « fleur » ; *alectoro-* grec « coq » ; *-lophus* grec « peigne »

**Caractères :** plante annuelle, haute de 10 à 50 cm ; tige à 4 angles, munie de poils denses étalés dans sa partie supérieure ; feuilles opposées, allongées, atteignant 6 cm de long, à poils courts et à marge dentée ; fleurs étagées au-dessus des feuilles, longues de 18 à 25 mm, à lèvre supérieure arquée terminée par 2 petites pointes violettes longues de 1,5 à 3 mm, la lèvre inférieure à 3 lobes ; calice comprimé, densément couvert de poils dressés ; fruits (capsules) lenticulaires, enveloppés dans le calice

**Reproduction :** floraison de mai à août ; hermaphrodite ; pollinisation par les insectes ; dispersion des graines par le vent

**Milieu :** pelouses sèches, prairies

**Bon à savoir :** espèce hémiparasite, qui prélève de l'eau et des substances nutritives sur les racines d'autres plantes à l'aide de suçoirs.

**742 a** Tige et feuilles velues ▶ ***Rhinanthus alectorolophus*** (p. 298)

**b** Tige et feuilles glabres, ou presque ▶ ***Rhinanthus minor***

**743 a** Fleurs longues de 10 mm minimum, crème à jaune pâle ▶ ***Melampyrum pratense***

**b** Fleurs ne dépassant pas 10 mm, jaunes ▶ ***Melampyrum sylvaticum*** (p. 300)

## *Rhinanthus minor* L. Petit Rhinanthe

**Famille :** Orobanchaceae – Orobanchacées

**Nom :** *Rhin-* grec « lime » ; *-anthus* grec « fleur » ; *minor* lat. « plus petit »

**Caractères :** plante annuelle, haute de 10 à 50 cm ; tige à 4 angles ; feuilles opposées, allongées, atteignant 4 cm de long, à marge dentée ; fleurs étagées au-dessus des feuilles, longues de 13 à 17 mm, jaunes, à lèvre supérieure arquée terminée par 2 petites pointes violettes longues de 1 mm au maximum, la lèvre inférieure à 3 lobes ; calice comprimé ; fruits (capsules) lenticulaires, enveloppés dans le calice

**Reproduction :** floraison de juin à août ; hermaphrodite ; pollinisation par les insectes ; dispersion des graines par le vent

**Milieu :** marais, prairies

**Bon à savoir :** espèce hémiparasite, qui prélève de l'eau et des substances nutritives sur les racines d'autres plantes à l'aide de suçoirs.

## *Melampyrum pratense* L. Mélampyre des prés

**Famille :** Orobanchaceae – Orobanchacées

**Nom :** *Melam-* grec « noir » ; *-pyrum* grec « blé » ; *pratense* lat. « prairie »

**Caractères :** plante annuelle, haute de 10 à 50 cm ; tige à 4 angles, très ramifiée ; feuilles opposées, allongées et étroites, atteignant 10 cm de long, à marge entière ou avec quelques dents ; fleurs disposées en étage et plus ou moins du même côté de la tige, longues de 10 à 20 mm, jaune pâle à crème, à lèvre supérieure un peu arquée, l'inférieure à 3 lobes, souvent avec une tache jaune ; fruits (capsules) longs de 7 à 10 mm

**Reproduction :** floraison de juin à septembre ; hermaphrodite ; pollinisation par les insectes ; dispersion des graines par les animaux (fourmis)

**Milieu :** marais, pâturages, landes, forêts claires, lisières

**Bon à savoir :** espèce hémiparasite, qui prélève de l'eau et des substances nutritives sur les racines d'autres plantes à l'aide de suçoirs. • Plante-hôte de la chenille de la Mélitée du mélampyre *(Mellicta athalia)*.

**744 a** Fleurs jaune pâle, longues de 15 à 25 mm ▶ ***Lamium galeobdolon***
**b** Fleurs jaune verdâtre, longues de 8 à 12 mm ▶ ***Teucrium scorodonia*** (p. 301)

## *Melampyrum sylvaticum* L. Mélampyre des bois

**Famille :** Orobanchaceae – Orobanchacées

**Nom :** *Melam-* grec « noir » ; *-pyrum* grec « blé » ; *sylvaticum* lat. « bois »

**Caractères :** plante annuelle, haute de 8 à 25 cm ; tige à 4 angles ; feuilles opposées, allongées et étroites, atteignant 5 cm de long, à marge en général non dentée ; fleurs étagées et toutes disposées du même côté de la tige, longues de 6 à 10 mm, jaunes, à lèvre supérieure un peu voûtée en casque, l'inférieure à 3 lobes ; fruits (capsules) longs de 7 à 8 mm

**Reproduction :** floraison de juin à septembre ; hermaphrodite ; pollinisation par les insectes ; dispersion des graines par les animaux (fourmis)

**Milieu :** tourbières, landes, forêts claires, lisières

**Bon à savoir :** espèce hémiparasite, qui prélève de l'eau et des substances nutritives sur les racines d'autres plantes à l'aide de suçoirs. • Plante-hôte de la chenille de la Mélitée du mélampyre *(Mellicta athalia)*.

## *Lamium galeobdolon* (L.) L., *Galeobdolon luteum* Huds. Lamier jaune

**Famille :** Lamiaceae – Lamiacées

**Nom :** *Lamium* évent. grec « large gorge » ; *galeo-* évent. grec « belette » ; *-bdolon* grec « puanteur » ; *luteum* lat. « jaune »

**Caractères :** plante haute de 15 à 50 cm émettant des stolons feuillés ; tige à 4 angles ; feuilles opposées, en forme de cœur ou allongées, atteignant 8 cm de long, souvent avec des taches pâles, bordées de dents ; fleurs en verticilles étagés au-dessus des feuilles, longues de 15 à 25 mm, jaune pâle, à lèvre supérieure voûtée en casque, l'inférieure à 3 lobes et tachée de brun ; 4 fruits (akènes) par fleur

**Reproduction :** floraison de mai à juillet ; hermaphrodite ; pollinisation par les insectes ; dispersion des graines par les animaux (fourmis)

**Milieu :** haies, forêts

**Bon à savoir :** reproduction végétative très active grâce à ses stolons aériens. • Les feuilles et les jeunes pousses peuvent entrer dans la composition de salades, de risottos ou de purées. Les fleurs peuvent servir de décoration comestible.

**745 a** Plante ± rampante ou « pendant » des murs ou des rochers ▶ *Cymbalaria muralis*

**b** Plante dressée 746

## *Teucrium scorodonia* L.
## Germandrée scorodoine

**Famille :** Lamiaceae – Lamiacées

**Nom :** *Teucrium* évent. d'après Teucros, fils de Télamon et d'Hésione dans la mythologie grecque ; *scorodonia* grec « ail »

**Caractères :** plante haute de 30 à 70 cm, à odeur désagréable ; tige à 4 angles, poilue ; feuilles opposées, ovales, atteignant 7 cm de long, velues, à face supérieure ridée du fait de l'enfoncement des nervures, bordées de dents obtuses ; fleurs disposées en inflorescences allongées, longues de 8 à 12 mm, jaune verdâtre pâle, à lèvre supérieure absente ; 4 fruits (akènes) par fleur

**Reproduction :** floraison de juin à août ; hermaphrodite ; pollinisation par les insectes ; dispersion des graines par les animaux

**Milieu :** haies, fourrés, forêts claires, lisières

## *Cymbalaria muralis* P. Gaertn. et al.
## Cymbalaire, Ruine-de-Rome

**Famille :** Plantaginaceae – Plantaginacées

**Nom :** *Cymbalaria* lat. « cymbale » ; *muralis* lat. « mur »

**Caractères :** plante longue de 10 à 30 cm à tiges pendantes ou rampantes ; feuilles en forme de cœur, longuement pétiolées, à limbe rougeâtre foncé en dessous, bordées de 5 à 7 dents ou découpées en 5 à 7 lobes ; fleurs longuement pédicellées, longues de 6 à 10 mm, prolongées par une excroissance obtuse (éperon) longue de 2 à 4 mm, violet pâle, à lèvre supérieure à 2 lobes, l'inférieure à 3 lobes et 2 gibbosités jaunes ; fruits (capsules) globuleux

**Reproduction :** floraison d'avril à octobre ; hermaphrodite ; pollinisation par les insectes ; dispersion des graines par le vent ou sans agent extérieur

**Milieu :** murs et rochers

**Bon à savoir :** à maturité, les pédicelles fructifères fuient la lumière en se recourbant dans les fissures, où les capsules éclatent alors pour disperser leurs graines.

**746 a** Feuilles découpées en 5 à 7 segments rayonnants ▶ *Aconitum altissimum*
**b** Feuilles non découpées en segments 747

**747 a** Marge des feuilles dentée 748
**b** Marge des feuilles non dentée 749

**748 a** Fleurs dépassant 20 mm de long, munies d'un prolongement (éperon) recourbé
▶ *Impatiens noli-tangere* (p. 303)
**b** Fleurs longues de 15 mm au maximum, sans prolongement (éperon) recourbé
▶ *Impatiens parviflora* (p. 303)

**749 a** Feuilles mesurant 6 cm de long au maximum 750
**b** Feuilles dépassant nettement 6 cm de long 751

## *Aconitum altissimum* Mill., *Aconitum lycoctonum* L. Aconit tue-loup

**Famille :** Ranunculaceae – Renonculacées

**Nom :** *Aconitum* nom grec d'une plante toxique ; *altissimum* lat. « très haut » ; *lyco-* grec « loup » ; *-tonum* grec « tuer »

**Caractères :** plante haute de 30 à 100 cm ; feuilles les plus grandes découpées en 5 à 7 segments, d'un diamètre atteignant 15 cm, les segments eux-mêmes découpés et/ou bordés de dents ; fleurs disposées par 5 à 25 en inflorescences allongées, 2 à 3 fois plus hautes que larges (15 à 20 mm de haut), jaune pâle ; 3 fruits allongés (follicules) par fleur

**Reproduction :** floraison de juin à août ; hermaphrodite ; pollinisation par les insectes (bourdons) ; dispersion des graines par le vent

**Milieu :** forêts fraîches et ombragées

**Bon à savoir :** du nectar est produit dans le casque des fleurs, que les insectes intéressés percent souvent sur le côté pour y accéder, en laissant des marques brunâtres caractéristiques. La fleur en est alors pour ses frais et ne sera pas fécondée. • Toute la plante – notamment ses racines et ses graines – est extrêmement toxique. Les principaux symptômes d'une intoxication sont des inflammations cutanées, des troubles sensitifs, des nausées, des perturbations du rythme cardiaque, des crampes et des phénomènes de paralysie pouvant aboutir, dans le pire des cas, à la mort par arrêt circulatoire. • La plante était autrefois utilisée pour empoisonner les loups, d'où son nom commun.

## *Impatiens noli-tangere* L.
## Balsamine des bois

**Famille :** Balsaminaceae – Balsaminacées

**Nom :** *Impatiens* lat. « impatient », « émotif » ; *noli* lat. « ne pas » ; *tangere* lat. « toucher »

**Caractères :** plante annuelle, haute de 30 à 100 cm ; feuilles ovales à allongées, atteignant 12 cm de long, bordées de dents obtuses ; fleurs pendant à l'extrémité de longs pédicelles, longues de 25 à 30 mm, jaunes, munies d'un éperon recourbé ; fruits (capsules) anguleux, longs de 20 à 30 mm

**Reproduction :** floraison de juin à août ; hermaphrodite ; pollinisation par les insectes ; dispersion des graines sans agent extérieur

**Milieu :** forêts

**Bon à savoir :** à maturité, le fruit est sous pression et éclate au moindre contact ; ses parois s'enroulent alors vers l'arrière et les graines se trouvent projetées jusqu'à plus de 3 m de distance.

## *Impatiens parviflora* DC.
## Balsamine à petites fleurs

**Famille :** Balsaminaceae – Balsaminacées

**Nom :** *Impatiens* lat. « impatient », « émotif » ; *parvi-* lat. « petit » ; *-flora* lat. « fleur »

**Caractères :** plante annuelle, haute de 20 à 100 cm ; feuilles ovales à allongées, atteignant 12 cm de long, bordées de dents aiguës ; fleurs pendant à l'extrémité de longs pédicelles, longues de 8 à 10 mm, jaune pâle, munies d'un éperon droit ; fruits (capsules) en forme de massue, longs de 15 à 20 mm

**Reproduction :** floraison de juin à octobre ; hermaphrodite ; pollinisation par les insectes ; dispersion des graines sans agent extérieur

**Milieu :** haies, forêts, parcs, jardins, décombres, bords des chemins

**Bon à savoir :** à maturité, le fruit est sous pression et éclate au moindre contact ; ses parois s'enroulent alors vers l'arrière et les graines se trouvent projetées jusqu'à 4 m de distance. • Originaire du nord-est de l'Asie, elle fut introduite en Europe comme plante ornementale au début du XIXe siècle. Moyens de lutte : arracher ou faucher la plante avant sa floraison et évacuer tous les restes vers une déchetterie (ne pas composter !).

**750 a** Fleurs jaune pâle, longues de 12 à 20 mm ▶ *Linaria vulgaris*
**b** Fleurs violettes ou bleues, longues de 6 à 9 mm ▶ *Polygala vulgaris*

**751 a** Feuilles rudes, couvertes de poils raides ▶ *Echium vulgare* (p. 228)
**b** Feuilles sans poils 752

## *Linaria vulgaris* Mill. Linaire commune

**Famille :** Plantaginaceae – Plantaginacées

**Nom :** *Linaria* lat. *Linum* (lin) ; *vulgaris* lat. « commun »

**Caractères :** plante haute de 20 à 70 cm ; feuilles allongées et étroites, atteignant 6 cm de long, vert glauque ; fleurs en inflorescences denses, longues de 12 à 20 mm, prolongées par une excroissance aiguë (éperon) longue de 8 à 15 mm, jaune pâle, à lèvre supérieure avec 2 lobes, l'inférieure à 3 lobes et 2 gibbosités orangées ; fruits (capsules) ovales, longs de 7 à 8 mm

**Reproduction :** floraison de juin à septembre ; hermaphrodite ; pollinisation par les insectes (abeilles) ; dispersion des graines par le vent et les animaux

**Milieu :** talus, champs, bords des chemins, talus ferroviaires, pierriers

**Bon à savoir :** les fleurs sont fermées et ne peuvent être entrouvertes que par des insectes puissants, comme les abeilles ou les bourdons. • Plante-hôte des chenilles de deux papillons : la Mélitée orangée *(Melitaea didyma)* et la Mélitée du mélampyre *(Mellicta athalia)*.

## *Polygala vulgaris* L. Polygale commun

**Famille :** Polygalaceae – Polygalacées

**Nom :** *Poly-* grec « beaucoup » ; *-gala* grec « lait » ; *vulgaris* lat. « commun »

**Caractères :** plante haute de 10 à 30 cm ; feuilles ovales à allongées, atteignant 2,5 cm de long ; inflorescence de 5 à 30 fleurs longues de 6 à 9 mm, bleues ou violacées (rarement rougeâtres), à pétales inférieurs frangés ; fruits (capsules) en forme de cœur, longs de 4,5 à 5,5 mm

**Reproduction :** floraison de mai à juillet ; hermaphrodite ; pollinisation par les insectes ; dispersion des graines par le vent et les animaux (fourmis)

**Milieu :** prairies sèches, pâturages, talus, landes

**752 a** Feuilles maculées de taches sombres 753

**b** Feuilles non tachées 754

**753 a** Tige creuse, aisément compressible ; fleurs pourpres ▶ ***Dactylorhiza majalis***

**b** Tige pleine ; fleurs roses ou lilas ▶ ***Dactylorhiza maculata***

## *Dactylorhiza majalis* (Rchb.) P. F. Hunt et Summerh. **Dactylorhize à larges feuilles**

**Famille :** Orchidaceae – Orchidacées

**Nom :** *Dactylo-* grec « doigt » ; *-rhiza* grec « racine » ; *majalis* lat. « mai »

**Caractères :** plante haute de 15 à 50 cm ; tige creuse, à parois minces ; feuilles ovales à allongées, atteignant 10 cm de long sur 2,5 cm de large, à taches sombres ; inflorescence longue de 5 à 10 cm, de 10 à 40 fleurs pourpre violacé, à labelle trilobé orné de lignes et de taches plus foncées, prolongées par un éperon en forme de massue incurvé vers le bas ; fruits (capsules) longs de 12 mm environ

**Reproduction :** floraison de mai à juin ; hermaphrodite ; pollinisation par les insectes (abeilles) ; dispersion des graines par le vent

**Milieu :** marais, prairies humides

**Bon à savoir :** pour les généralités sur la famille des Orchidacées, voir le Céphalanthère blanchâtre (p. 306).

## *Dactylorhiza maculata* (L.) Soó **Dactylorhize tacheté**

**Famille :** Orchidaceae – Orchidacées

**Nom :** *Dactylo-* grec « doigt » ; *-rhiza* grec « racine » ; *maculata* lat. « taché »

**Caractères :** plante haute de 20 à 70 cm ; feuilles allongées, atteignant 10 cm de long sur 3 cm de large, tachées de sombre ; inflorescence longue de 4 à 8 cm, à 20 à 70 fleurs larges de 12 à 20 mm, roses ou lilas (plus rarement blanchâtres), à labelle trilobé orné de lignes et de taches rouges, prolongées par un éperon en forme de massue incurvé vers le bas ; fruits (capsules) longs de 12 mm environ

**Reproduction :** floraison de mai à juillet ; hermaphrodite ; pollinisation par les insectes ; dispersion des graines par le vent

**Milieu :** marais, prairies humides, forêts claires

**Bon à savoir :** pour les généralités sur la famille des Orchidacées, voir le Céphalanthère blanchâtre (p. 306).

**754 a** Feuilles de la tige les plus grandes atteignant 8 cm de large, ± étalées à l'horizontale ▶ ***Epipactis helleborine***

**b** Feuilles de la tige ne dépassant pas 4 cm de large, dressées obliquement **755**

**755 a** Fleurs blanches ou jaunâtres ▶ ***Cephalanthera damasonium***

**b** Fleurs roses, rouges, lilas ou violettes (plus rarement blanches) **756**

## *Epipactis helleborine* (L.) Crantz
## Épipactis à larges feuilles

**Famille :** Orchidaceae – Orchidacées

**Nom :** *Epi-* grec « sur », « dressé » ; *-pactis* grec « caillé », « gelé » ; *helleborine* « ressemblant à l'hellébore » *(Helleborus)*

**Caractères :** plante haute de 20 à 80 cm ; feuilles ovales à allongées, atteignant 15 cm de long sur 8 cm de large ; inflorescence longue de 15 à 25 cm, avec 20 à 80 fleurs larges de 20 à 25 mm, verdâtres et/ou rougeâtres à violacées ; labelle divisé en 2 parties séparées par un étranglement, l'antérieure triangulaire ou en forme de cœur, la postérieure en forme d'écuelle ; fruits (capsules) longs de 9 à 17 mm

**Reproduction :** floraison de juillet à août ; hermaphrodite ; pollinisation par les insectes ; dispersion des graines par le vent

**Milieu :** forêts

**Bon à savoir :** pour les généralités sur la famille des Orchidacées, voir le Céphalanthère blanchâtre (ci-dessous).

## *Cephalanthera damasonium* (Mill.) Druce
## Céphalanthère blanchâtre

**Famille :** Orchidaceae – Orchidacées

**Nom :** *Cephal-* grec « tête » ; *-anthera* grec « fleuri », « étamine » ; *damasonium* évent. grec « dompter »

**Caractères :** plante haute de 20 à 60 cm ; tige plus ou moins en zigzag dans la partie fleurie ; feuilles ovales à allongées, atteignant 10 cm de long sur 4 cm de large ; inflorescence allongée de 3 à 12 fleurs longues de 15 à 25 mm, blanches à jaunâtres, à labelle en général caché par les autres pétales, jaune à son sommet ; fruits (capsules) allongés, hexagonaux

**Reproduction :** floraison en juin ; hermaphrodite ; pollinisation par les insectes ; dispersion des graines par le vent

**Milieu :** forêts ombragées

**Bon à savoir :** les graines des orchidées sont fines comme de la poussière et ne contiennent pas d'albumen. Après la germination, leur développement ultérieur n'est possible que par l'infiltration d'un champignon du sol, qui va fournir à l'embryon les éléments nutritifs indispensables. La plante reste ainsi longtemps cachée dans le sol et ce n'est qu'après plusieurs années – 9 ans environ chez le Céphalanthère blanchâtre – que la première feuille va apparaître et permettre

**756 a** Fleurs d'un diamètre atteignant 25 mm, inodores ▶ *Orchis mascula*

**b** Fleurs ne dépassant pas 15 mm de diamètre, ± parfumées ▶ *Gymnadenia conopsea*

le début de la photosynthèse. • Les fleurs du Céphalanthère blanchâtre restent la plupart du temps plus ou moins fermées et ne s'ouvrent pleinement que par fortes chaleurs.

## *Orchis mascula* (L.) L. Orchis mâle

**Famille :** Orchidaceae – Orchidacées

**Nom :** *Orchis* grec « testicule » ; *mascula* lat. « mâle »

**Caractères :** plante haute de 10 à 50 cm ; feuilles allongées, atteignant 15 cm de long sur 3,5 cm de large ; inflorescence longue de 5 à 15 cm, avec 15 à 30 fleurs larges de 25 mm, rouge pourpre (plus rarement roses ou lilas), à labelle taché de sombre, trilobé et muni d'un éperon épais généralement dirigé vers le haut ; fruits (capsules) longs de 17 à 20 mm

**Reproduction :** floraison d'avril à juin ; hermaphrodite ; pollinisation par les insectes (abeilles) ; dispersion des graines par le vent

**Milieu :** prairies, pâturages, fourrés, forêts claires

**Bon à savoir :** pour les généralités sur la famille des Orchidées, voir le Céphalanthère blanchâtre (p. 306).

## *Gymnadenia conopsea* (L.) R. Br. Gymnadénie moucheron

**Famille :** Orchidaceae – Orchidacées

**Nom :** *Gymn-* grec « nu » ; *-adenia* grec « glande » ; *conopsea* grec « moucheron »

**Caractères :** plante haute de 20 à 60 cm ; feuilles allongées, atteignant 20 cm de long sur 2 cm de large ; inflorescence dense, longue de 5 à 15 cm, avec 20 à 80 fleurs larges de 10 à 15 mm, roses, lilas ou violettes, à labelle trilobé, muni d'un éperon mince dirigé vers le bas et long de 12 à 20 mm ; fruits (capsules) longs de 8 mm environ

**Reproduction :** floraison de mai à juillet ; hermaphrodite ; pollinisation par les insectes (abeilles) ; dispersion des graines par le vent

**Milieu :** marais, prairies humides, pelouses sèches, forêts claires

**Bon à savoir :** pour les généralités sur la famille des Orchidacées, voir le Céphalanthère blanchâtre (p. 306).

**761 a** Feuilles les plus grandes découpées ou divisées en folioles indépendantes **804** (p. 326)
**b** Feuilles les plus grandes ni découpées ni divisées **762**

**762 a** Inflorescence enveloppée dans une « feuille » vert jaunâtre ▶ *Arum maculatum*
**b** Inflorescence non enveloppée dans une « feuille » **763**

**763 a** Tige non feuillée, feuilles uniquement situées à la base de la plante **764**
**b** Tige feuillée **766**

## *Arum maculatum* L. Arum tacheté

**Famille :** Araceae – Aracées

**Nom :** *Arum* peut-être de l'égyptien « roseau », « tuyau » ; *maculatum* lat. « tacheté »

**Caractères :** plante haute de 15 à 50 cm ; feuilles sagittées, atteignant 20 cm de long, souvent tachetées ; fleurs enveloppées dans une « feuille » (la spathe) vert blanchâtre, groupées en un « épi » (le spadice) long de 5 à 10 cm, à partie supérieure brun violacé, la partie inférieure cachée dans la base de la spathe portant les fleurs mâles (en haut) et les fleurs femelles (en dessous) ; fruits (baies) d'un diamètre dépassant 5 mm, rouge orangé

**Reproduction :** floraison d'avril à mai ; monoïque ; pollinisation par les insectes (mouches) ; dispersion des graines par les animaux

**Milieu :** haies, forêts fraîches ou humides

**Bon à savoir :** la partie supérieure brun violacé du spadice se réchauffe jusqu'à une température de 40 °C et émet alors une odeur d'excréments qui attire de petits moucherons (*Psychoda* sp.). Ceux-ci atterrissent à l'intérieur de la spathe, dont la surface huileuse et lubrifiée ne leur offre aucune prise, et glissent dans la partie inférieure, close, de la fleur où il fait également chaud. Durant la nuit, le pollen des fleurs mâles supérieures tombe sur les moucherons et, au matin suivant, alors que la spathe a perdu son revêtement huileux, ceux-ci peuvent s'échapper pour aller visiter d'autres fleurs et y déposer le pollen récolté. • La plante entière est extrêmement toxique. Les principaux symptômes d'une intoxication sont des irritations cutanées, une forte sensation de brûlure dans la bouche, un gonflement de la langue, une hypersalivation, une inflammation des muqueuses, des saignements, des altérations du rythme cardiaque et une paralysie du système nerveux central.

## *Plantago lanceolata* L. Plantain lancéolé, Plantain étroit

**Famille :** Plantaginaceae – Plantaginacées

**Nom :** *Plant-* lat. « plante des pieds » ; *-ago* lat. suffixe fréquent de noms de plantes ; *lanceolata* lat. « petite lance » (feuilles)

**764 a** Feuilles allongées, au moins 3 fois aussi longues que larges ▶ *Plantago lanceolata* (p. 308)

**b** Feuilles ovales à arrondies, au maximum 3 fois aussi longues que larges 765

**765 a** Feuilles nettement pétiolées ▶ *Plantago major*

**b** Feuilles presque sans pétiole ▶ *Plantago media* (p. 310)

**766 a** Tige volubile, grimpant sur un support en s'enroulant 78 (p. 30)

**b** Tige ni grimpante ni volubile 767

**Caractères :** plante haute de 10 à 40 cm ; tige sillonnée, sans feuilles ; feuilles allongées, étroites, atteignant 20 cm de long, dressées ; fleurs groupées en un épi dense terminant la tige, long de 1 à 4 cm ; fleurs individuelles peu visibles, brunâtres, avec des étamines blanchâtres ; fruits (capsules) ovales

**Reproduction :** floraison d'avril à septembre ; hermaphrodite ; pollinisation par le vent ; dispersion des graines par les animaux (fourmis)

**Milieu :** prairies, bords des chemins

**Bon à savoir :** sur l'architecture florale des plantains *(Plantago)*, voir Grand Plantain (ci-dessous). • Son pollen est très allergisant (rhume des foins). • Plante-hôte des chenilles de plusieurs papillons : la Mélitée du plantain *(Melitaea cinxia)*, la Mélitée orangée *(Melitaea didyma)*, ainsi que de plusieurs autres mélitées (*Mellicta* sp.). • L'infusion des feuilles séchées est préconisée en cas d'encombrement bronchique. • Les jeunes feuilles et épis floraux peuvent agrémenter des soupes, salades et autres plats de crudités.

## *Plantago major* L. Grand Plantain

**Famille :** Plantaginaceae – Plantaginacées

**Nom :** *Plant-* lat. « plante des pieds » ; *-ago* lat. suffixe fréquent de noms de plantes ; *major* lat. « plus grand »

**Caractères :** plante haute de 5 à 30 cm, à tige non feuillée ; feuilles largement ovales, atteignant 12 cm de long, nettement pétiolées, appliquées au sol ou dressées obliquement ; fleurs groupées en un épi dense long de 2 à 10 cm au sommet de la tige ; fleurs individuelles peu visibles, jaunâtres, avec des étamines brunâtres ; fruits (capsules) ovales, longs de 3 à 4,5 mm

**Reproduction :** floraison de juin à octobre ; hermaphrodite ; pollinisation par le vent ; dispersion des graines par les animaux (ex. Serin cini)

**Milieu :** pâturages, pelouses, chemins

**Bon à savoir :** la structure des petites fleurs peu visibles des plantains *(Plantago)* comprend un calice et une corolle, chacun comprenant 4 divisions, 4 étamines et l'ovaire. • La plante résiste très bien au piétinement. • Son pollen est très allergisant (rhume des foins). • Les jeunes feuilles et épis floraux peuvent agrémenter des soupes, salades et autres plats de crudités.

**767 a** Feuilles de la tige, au moins les inférieures, opposées, c.-à-d. insérées deux à deux en vis-à-vis au même niveau **798** (p. 324) ....................

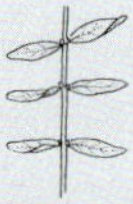

**b** Toutes les feuilles alternes, c.-à-d. non insérées en vis-à-vis **768** ....................

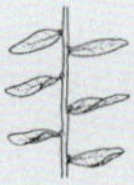

**768 a** Plante dépassant en principe nettement 1,2 m de haut ; tige de plus de 10 mm d'épaisseur ▶ ***Reynoutria japonica***

**b** Plante ne dépassant pas 1,2 m de haut et tige de moins de 10 mm d'épaisseur **769**

## *Plantago media* L. Plantain bâtard

**Famille :** Plantaginaceae – Plantaginacées

**Nom :** *Plant-* lat. « plante des pieds » ; *-ago* lat. suffixe fréquent de noms de plantes ; *media* lat. « moyen »

**Caractères :** plante haute de 20 à 40 cm, à tige non feuillée ; feuilles basales largement ovales, atteignant 17 cm de long, à peine pétiolées, en général étroitement appliquées contre le sol, velues ; fleurs groupées en un épi long de 2 à 8 cm au sommet de la tige ; fleurs individuelles peu visibles, blanchâtres, à étamines lilas ; fruits (capsules) ovales

**Reproduction :** floraison de mai à juillet ; hermaphrodite ; pollinisation par les insectes ; dispersion des graines par les animaux (fourmis)

**Milieu :** prairies sèches, pâturages, pelouses, bords des chemins

**Bon à savoir :** sur l'architecture florale des plantains *(Plantago)*, voir Grand Plantain (p. 309). • Plante-hôte des chenilles de deux papillons : la Mélitée du plantain *(Melitaea cinxia)* et la Mélitée des scabieuses *(Mellicta parthenoides)*.

## *Reynoutria japonica* Houtt., *Fallopia japonica* (Houtt.) Ronse Decr. Renouée du Japon

**Famille :** Polygonaceae – Polygonacées

**Nom :** *Reynoutria* origine incertaine ; *Fallopia* d'après Gabriele Fallopio, médecin et anatomiste italien (1523-1562) ; *japonica* lat. « du Japon »

**Caractères :** plante haute de 100 à 300 cm ; tige pouvant dépasser 10 mm d'épaisseur, souvent en partie rouge sombre ; feuilles arrondies à ovales, atteignant 20 cm de long, un peu coriaces ; fleurs disposées en longues inflorescences lâches, atteignant 10 mm de long, blanc verdâtre ; fruits (akènes) longs de 4 mm environ, à 3 angles bordés de 3 petites ailes

**769 a** Tiges et feuilles (au moins en dessous) densément couvertes de poils appliqués gris pâle à blancs 331 (p. 129)

**b** Tiges et feuilles glabres ou à poils différents 770

**770 a** Plante possédant 1 à 3 petites fleurs insérées sur la tige à la base des feuilles

▶ *Polygonum aviculare*

**b** Fleurs disposées différemment 771

**Reproduction :** floraison de juillet à septembre ; hermaphrodite ; pollinisation par les insectes (mouches) ; dispersion des graines par le vent

**Milieu :** berges des cours d'eau, haies, décombres

**Bon à savoir :** après une cuisson rapide, les toutes jeunes pousses peuvent être consommées en légumes, préparées en une purée à saveur douce ou mélangées avec d'autres légumes en garniture. • La plante s'étend rapidement grâce à ses rejets souterrains (rhizomes) et un simple fragment de ceux-ci suffit pour permettre le développement d'un nouveau pied. • Plante originaire d'Asie orientale introduite en Europe au XIX^e siècle comme plante ornementale. Ses colonies très denses empêchent le développement des autres espèces. Comme ses parties aériennes disparaissent en hiver, elle offre peu de protection contre l'érosion des berges par les crues. L'apex des jeunes pousses est capable de transpercer l'asphalte ou les murs. Moyens de lutte : faucher annuellement (de 6 à 8 fois) plusieurs années de suite et exporter les restes vers une déchetterie (ne pas composter !).

## *Polygonum aviculare* L.
## Renouée des oiseaux

**Famille :** Polygonaceae – Polygonacées

**Nom :** *Poly-* grec « nombreux » ; *-gonum* grec « coin », « angle » ; *aviculare* lat. « petit oiseau »

**Caractères :** plante annuelle longue de 10 à 100 cm, à tige généralement couchée ; feuilles ovales à allongées ; fleurs disposées par 1 à 3 à l'aisselle des feuilles, longues de 2 à 4 mm, à pétales rosés ou verdâtres ; fruits (akènes) à 3 angles

**Reproduction :** floraison de juin à octobre ; hermaphrodite ; autopollinisation ; dispersion des graines par les animaux (ex. Serin cini, Verdier d'Europe, Linotte mélodieuse)

**Milieu :** champs, jachères, bords des chemins, interstices entre les pavés

**Bon à savoir :** pour la structure florale des renouées (*Polygonum*), voir la Petite Renouée (p. 315). • Espèce très résistante au piétinement.

**771 a** Fleurs disposées en inflorescences allongées **772**
**b** Fleurs disposées en inflorescences plutôt planes ou en ombelles **795** (p. 322)

**772 a** Fleurs recourbées vers le haut en forme de griffes ▶ *Phyteuma spicatum*
**b** Fleurs de forme différente **773**

**773 a** Feuilles toutes dépourvues de dents sur leur marge **774**
**b** Au moins les grandes feuilles de la tige bordées de quelques dents **791** (p. 320)

## *Phyteuma spicatum* L. Raiponce en épi

**Famille :** Campanulaceae – Campanulacées

**Nom :** *Phyteuma* origine incertaine ; *spicatum* lat. « en forme d'épi », « aigu »

**Caractères :** plante haute de 20 à 80 cm ; feuilles en forme de cœur ou allongées, souvent avec des taches sombres, bordées de dents ; fleurs disposées en épi dense, ovale à cylindrique, terminant la tige, long de 7 à 10 cm, ressemblant à des griffes recourbées vers le haut avant l'éclosion, longues de 10 à 15 mm, blanches ou jaunâtres, à 5 pétales soudés par leur sommet à la floraison ; fruits (capsules) ovales ou globuleux

**Reproduction :** floraison de mai à juin ; hermaphrodite ; pollinisation par les insectes ; dispersion des graines par le vent

**Milieu :** prairies fraîches, forêts

**Bon à savoir :** les jeunes feuilles et les inflorescences à demi épanouies peuvent composer une salade savoureuse.

## *Polygonum bistorta* L., *Bistorta officinalis* Delarbre Bistorte

**Famille :** Polygonaceae – Polygonacées

**Nom :** *Poly-* grec « nombreux » ; *-gonum* grec « coin », « angle » ; *bis-* lat. « deux » ; *-torta* lat. « tordu », « sinueux » ; *officinalis* lat. « médicinal »

**Caractères :** plante haute de 30 à 100 cm ; feuilles ovales, atteignant 20 cm de long, à dessous vert glauque et à nervure médiane pâle ; fleurs disposées en un épi dense et épais de 10 à 20 mm terminant la tige, longues de 4 à 5 mm, rose pâle à foncé ; fruits (akènes) à 3 angles, longs de 4 à 5 mm

**Reproduction :** floraison de mai à juillet ; hermaphrodite ; pollinisation par les insectes (abeilles) ; dispersion des graines par les animaux (ex. Serin cini, Verdier d'Europe, Linotte mélodieuse)

**Milieu :** berges des rivières, prairies fraîches

**774 a** Plante à inflorescence unique ▶ *Polygonum bistorta* (p. 312)
**b** Plante à inflorescences multiples et/ou ramifiées 775

**775 a** Feuilles inférieures dépassant 40 cm de long ▶ ***Rumex hydrolapathum***
**b** Feuilles ne dépassant pas 40 cm de long 776

**776 a** Base du limbe formant un angle ± droit avec le pétiole (au moins chez les grandes feuilles de la tige) 784 (p. 316) ..........................

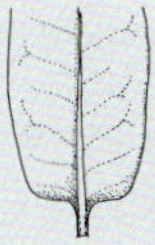

**b** Base du limbe formant un angle obtus avec le pétiole 777 ..............................

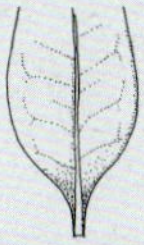

**Bon à savoir :** pour la structure florale des renouées *(Polygonum)*, voir la Petite Renouée (p. 315). • Se multiplie végétativement grâce à son rhizome tordu serpentiforme. • Avec la racine séchée et finement hachée, on fait une tisane utile contre les diarrhées et les inflammations de la bouche ou des muqueuses de la gorge. • Les jeunes feuilles peuvent être préparées comme des épinards pour être utilisées en soufflés ou en salades.

## *Rumex hydrolapathum* Huds. Patience aquatique

**Famille :** Polygonaceae – Polygonacées

**Nom :** *Rumex* grec « projectile pointu » (feuilles) ; *hydro-* grec « eau » ; *-lapathum* grec « oseille »

**Caractères :** plante haute de 100 à 200 cm ; feuilles ovales à allongées, atteignant 100 cm de long ; fleurs groupées en bouquets pendants disposés en longues inflorescences ramifiées ; fleurs individuelles peu visibles, vertes ou rougeâtres ; fruits (akènes) à 3 angles, avec 3 valves triangulaires longues de 5 à 7 mm

**Reproduction :** floraison de juillet à août ; hermaphrodite ; pollinisation par le vent ; dispersion des graines par le vent et l'eau

**Milieu :** berges, roselières, fossés, marécages

**Bon à savoir :** pour la structure florale des oseilles *(Rumex)*, voir l'Oseille crépue (p. 319). • Plante-hôte de la chenille du Cuivré des marais *(Lycaena dispar)*.

**777 a** Tige densément velue ▶ *Amaranthus retroflexus*
**b** Tige glabre ou à poils épars **778**

**778 a** Tige à section quadrangulaire ▶ *Chenopodium polyspermum*
**b** Tige à section arrondie, ou sillonnée **779**

**779 a** Fleurs groupées en bouquets étagés ▶ *Rumex conglomeratus* (p. 320)
**b** Fleurs organisées différemment **780**

## *Amaranthus retroflexus* L. Amarante réfléchie

**Famille :** Amaranthaceae – Amaranthacées

**Nom :** *Amaranthus* grec « qui ne se fane pas » ; *retro-* lat. « en arrière » ; *-flexus* lat. « recourbé »

**Caractères :** plante annuelle, haute de 10 à 100 cm ; tige couverte de poils courts ; feuilles en forme de losange ou ovales, atteignant 12 cm de long ; fleurs peu visibles, verdâtres, groupées en épis allongés très denses, un peu piquants ; fruits (capsules) ovales

**Reproduction :** floraison de juillet à septembre ; monoïque ; pollinisation par le vent ; dispersion des graines par les animaux

**Milieu :** cultures, friches, décombres, bords des chemins

**Bon à savoir :** les fleurs, discrètes, sont constituées d'un périgone à 5 divisions, avec 3 étamines pour les fleurs mâles et 3 carpelles pour les fleurs femelles. • Les feuilles peuvent être apprêtées comme des épinards et les graines pétries en pâte ou laissées à germer pour accompagner des salades.

## *Chenopodium polyspermum* L. Chénopode à graines nombreuses

**Famille :** Amaranthaceae – Amaranthacées

**Nom :** *Cheno-* grec « oie » ; *-podium* grec « pied » ; *poly-* grec « beaucoup » ; *-spermum* grec « graine »

**Caractères :** plante annuelle, haute de 15 à 60 cm ; tige à 4 angles, généralement rameuse dès la base ; feuilles en forme de losange, ovales ou allongées, atteignant 5 cm de long, à marge non dentée ; fleurs groupées en petits bouquets disposés en longues inflorescences lâches ; fleurs individuelles peu visibles, verdâtres ou rosées ; fruits (akènes) aplatis

**Reproduction :** floraison de juillet à septembre ; hermaphrodite ; pollinisation par le vent ; dispersion des graines par les animaux (ex. Serin cini, Linotte mélodieuse)

**Milieu :** berges des rivières, cultures, vignes

**Bon à savoir :** pour la structure florale des chénopodes (*Chenopodium*), voir le Chénopode hybride (p. 321).

**780 a** Feuilles larges de 10 mm au maximum ▶ ***Polygonum minus***
**b** Grandes feuilles dépassant en général 10 mm de large **781**

**781 a** Inflorescences minces et lâches, laissant voir la tige entre les fleurs **782**
**b** Inflorescences épaisses et denses cachant en général la tige sous les fleurs **783**

**782 a** Feuilles à saveur poivrée lorsqu'on les mâche ▶ ***Polygonum hydropiper***
**b** Feuilles à saveur neutre ▶ ***Polygonum mite*** (p. 316)

## *Polygonum minus* Huds., *Persicaria minor* (Huds.) Opiz **Petite Renouée**

**Famille :** Polygonaceae – Polygonacées

**Nom :** *Poly-* grec « nombreux » ; *-gonum* grec « coin », « angle » ; *Persicaria* lat. « pêche » *(persica)* ; *minus* lat. « plus petit »

**Caractères :** plante annuelle, haute ou longue de 15 à 80 cm, à tige souvent en partie couchée ; feuilles ovales à allongées, atteignant 8 cm de long sur 1 cm de large ; fleurs disposées en inflorescences allongées et lâches, rose pâle ou foncé ; fruits (akènes) longs de 2 mm environ, aplatis pour la plupart

**Reproduction :** floraison de juillet à octobre ; hermaphrodite ; pollinisation par les insectes (mouches) ; dispersion des graines par les animaux (ex. Serin cini, Verdier d'Europe, Linotte mélodieuse)

**Milieu :** berges, fossés, lieux boisés humides, cultures

**Bon à savoir :** les fleurs discrètes des renouées *(Polygonum)* sont constituées d'un périgone à 3 à 6 pièces protégeant les 4 à 8 étamines et l'ovaire.

## *Polygonum hydropiper* L., *Persicaria h.* (L.) Delarbre **Renouée poivre d'eau**

**Famille :** Polygonaceae – Polygonacées

**Nom :** *Poly-* grec « nombreux » ; *-gonum* grec « coin », « angle » ; *Persicaria* lat. « pêche » *(persica)* ; *hydro-* grec « eau » ; *-piper* lat. « poivre »

**Caractères :** plante annuelle ou bisannuelle, haute ou longue de 25 à 80 cm, à tige souvent en partie couchée ; feuilles ovales à allongées, atteignant 10 cm de long, hérissées de poils rudes, à saveur poivrée ; fleurs groupées en inflorescences minces et lâches, longues de 3 mm au maximum, verdâtres, roses à rouges ou blanches ; fruits (akènes) longs de 3 à 4 mm

**Reproduction :** floraison de juillet à octobre ; hermaphrodite ; autopollinisation ; dispersion des graines par les animaux (ex. Serin cini, Verdier d'Europe, Linotte mélodieuse)

**Milieu :** berges, fossés, lieux boisés humides, cultures

**Bon à savoir :** pour la structure florale des renouées *(Polygonum)*, voir la Petite Renouée (ci-dessus). • La plante fraîche ou séchée était utilisée autrefois contre les règles abondantes et les saignements associés aux hémorroïdes.

**783 a** Dessous des feuilles pourvu de points clairs ▶ ***Polygonum lapathifolium***
**b** Dessous des feuilles sans points ▶ ***Polygonum persicaria*** (p. 317)

**784 a** Feuilles les plus grandes triangulaires et/ou avec des lobes pointus à la base **785** ........
**b** Feuilles non triangulaires et dépourvues de lobes pointus **787**

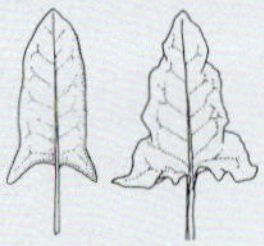

## ***Persicaria mitis*** (Schrank) Assenov non Delarbre 1800 ***Polygonum mite*** Schrank **Renouée douce**

**Famille :** Polygonaceae – Polygonacées

**Nom :** *Poly-* grec « nombreux » ; *-gonum* grec « coin », « angle » ; *Persicaria* lat. « pêche » *(persica)* ; *mitis* lat. « doux »

**Caractères :** plante annuelle, haute ou longue de 15 à 80 cm, à tiges en partie couchées ; feuilles ovales à allongées, atteignant 8 cm de long ; fleurs groupées en inflorescences allongées et lâches, blanchâtres ou rose pâle à rose foncé ; fruits (akènes) longs de 2,5 à 3 mm

**Reproduction :** floraison de juillet à octobre ; hermaphrodite ; autopollinisation ; dispersion des graines par les animaux (ex. Serin cini, Verdier d'Europe, Linotte mélodieuse)

**Milieu :** berges, fossés, lieux boisés humides, cultures

**Bon à savoir :** pour la structure florale des renouées *(Polygonum)*, voir la Petite Renouée (p. 315).

## ***Polygonum lapathifolium*** L., ***Persicaria lapathifolia*** (L.) Delarbre **Renouée à feuilles d'oseille**

**Famille :** Polygonaceae – Polygonacées

**Nom :** *Poly-* grec « nombreux » ; *-gonum* grec « coin », « angle » ; *Persicaria* lat. « pêche » *(persica)* ; *lapathi-* grec « oseille » ; *-folium* lat. « feuille »

**Caractères :** plante annuelle, haute ou longue de 20 à 150 cm, à tiges souvent en partie couchées ; feuilles allongées, généralement ornées d'une tache foncée ; fleurs disposées en inflorescences allongées et denses, longues de 2 à 3 mm, verdâtres, roses ou blanches ; fruits (akènes) longs de 2 à 3 mm, aplatis pour la plupart

**Reproduction :** floraison de juillet à octobre ; hermaphrodite ; pollinisation par les insectes (mouches) ; dispersion des graines par les animaux (ex. Serin cini, Verdier d'Europe, Linotte mélodieuse)

**Milieu :** berges, fossés, cultures, décombres

**Bon à savoir :** pour la structure florale des renouées *(Polygonum)*, voir la Petite Renouée (p. 315).

**785 a** Feuilles les plus grandes longues de 4 cm au maximum, généralement avec 2 lobes divergents à la base ▶ *Rumex acetosella*

**b** Grandes feuilles dépassant 5 cm de long 786

## *Polygonum persicaria* L., *Persicaria maculosa* Gray Renouée persicaire

**Famille :** Polygonaceae – Polygonacées

**Nom :** *Poly-* grec « nombreux » ; *-gonum* grec « coin », « angle » ; *Persicaria* lat. « pêche » *(persica)* ; *maculosa* lat. « tacheté », « maculé »

**Caractères :** plante annuelle, haute ou longue de 20 à 80 cm, à tiges souvent en partie couchées ; feuilles allongées, généralement ornées d'une tache sombre ; fleurs groupées en inflorescences allongées et denses, longues de 2,5 à 3 mm, rouges à verdâtres ; fruits (akènes) longs de 2 à 3 mm

**Reproduction :** floraison de juillet à octobre ; hermaphrodite ; pollinisation par les insectes ; dispersion des graines par les animaux (ex. Serin cini, Verdier d'Europe, Linotte mélodieuse)

**Milieu :** berges, fossés, cultures, décombres

**Bon à savoir :** pour la structure florale des renouées *(Polygonum)*, voir la Petite Renouée (p. 315).

## *Rumex acetosella* L. Petite Oseille

**Famille :** Polygonaceae – Polygonacées

**Nom :** *Rumex* grec « projectile pointu » (feuille) ; *acetosella* lat. « acidulé »

**Caractères :** plante haute de 10 à 40 cm ; feuilles allongées, munies d'un lobe divergent à la base de chaque côté de l'insertion du pétiole, rougeâtres ou vert glauque ; fleurs en petits bouquets pendants disposés en inflorescences allongées et lâches ; fleurs individuelles discrètes, vertes ou rougeâtres ; fruits (akènes) à 3 angles, avec 3 valves longues de 1,3 à 2 mm

**Reproduction :** floraison de mai à août ; hermaphrodite ; pollinisation par le vent ; dispersion des graines par les animaux (ex. Serin cini, Verdier d'Europe, Linotte mélodieuse)

**Milieu :** marais, pelouses, landes, coupes forestières, cultures, bords des chemins, murs

**Bon à savoir :** pour la structure florale des oseilles *(Rumex)*, voir l'Oseille crépue (p. 319). • Plante à haute teneur en acide oxalique (ce qui lui confère sa saveur acidulée). • Plante-hôte des chenilles de plusieurs papillons : le Cuivré écarlate *(Lycaena hippothoe)*, le Cuivré fuligineux *(Lycaena tityrus)* et le Cuivré mauvin *(Lycaena alciphron)*.

**786 a** Feuilles les plus grandes au minimum 2 fois plus longues que larges ▶ ***Rumex acetosa***
**b** Feuilles les plus grandes moins de 2 fois plus longues que larges
▶ ***Chenopodium bonus-henricus*** (p. 320)

**787 a** Feuilles les plus grandes moins de 2 fois plus longues que larges ▶ ***Rumex obtusifolius***
**b** Feuilles les plus grandes au minimum 2 fois plus longues que larges **788**

**788 a** Marge des feuilles ondulée ▶ ***Rumex crispus*** (p. 319)
**b** Marge des feuilles plane ou presque **789**

## *Rumex acetosa* L. Grande Oseille

**Famille :** Polygonaceae – Polygonacées

**Nom :** *Rumex* grec « projectile pointu » ; *acetosa* lat. « acide »

**Caractères :** plante haute de 30 à 100 cm ; feuilles ovales à allongées, un peu épaisses, munies d'un lobe divergent à la base, de chaque côté de l'insertion du pétiole ; fleurs en petits bouquets pendants disposés en inflorescences allongées ; fleurs individuelles discrètes, vertes ou rougeâtres ; fruits (akènes) à 3 angles, avec 3 valves arrondies longues de 3 à 5 mm

**Reproduction :** floraison de mai à août ; hermaphrodite ; pollinisation par le vent ; dispersion des graines par le vent et les animaux (ex. Serin cini, Verdier d'Europe, Linotte mélodieuse)

**Milieu :** prairies

**Bon à savoir :** pour la structure florale des oseilles *(Rumex)*, voir l'Oseille crépue (p. 319). • Plante à haute teneur en acide oxalique (ce qui lui confère sa saveur acidulée). • Plante-hôte des chenilles de plusieurs papillons : le Cuivré écarlate *(Lycaena hippothoe)*, le Cuivré fuligineux *(Lycaena tityrus)* et le Cuivré de la verge-d'or *(Lycaena virgaureae)*. • Les feuilles et les boutons peuvent être préparés en salades, en guise de légume ou en sauce, et se marient bien aux plats de poissons.

## *Rumex obtusifolius* L. Patience à feuilles obtuses

**Famille :** Polygonaceae – Polygonacées

**Nom :** *Rumex* grec « projectile pointu » (feuille) ; *obtusi-* lat. « obtus » ; *-folius* lat. « feuille »

**Caractères :** plante haute de 50 à 120 cm ; feuilles en forme de cœur ou ovales à allongées, atteignant 30 cm de long ; fleurs en bouquets pendants disposés en inflorescences allongées ; fleurs individuelles discrètes, vertes ou rougeâtres ; fruits (akènes) à 3 angles, avec 3 valves rouges triangulaires et dentées longues de 3 à 6 mm

**Reproduction :** floraison de juin à août ; hermaphrodite ; pollinisation par le vent ; dispersion des graines par le vent et les animaux (ex. Serin cini, Verdier d'Europe, Linotte mélodieuse)

**Milieu :** prairies, cultures, décombres, bords des chemins

**Bon à savoir :** pour la structure florale des oseilles *(Rumex)*, voir l'Oseille crépue (p. 319). • Plante-hôte de la chenille du Cuivré des marais *(Lycaena dispar)*.

**789 a** Inflorescences longues de moins de 10 cm, à fleurs serrées ▶ *Polygonum amphibium* (p. 88)

**b** Inflorescences dépassant 10 cm de long, à fleurs disposées en bouquets séparés **790**

**790 a** Plante entièrement lavée de rouge ; nervures de la face inférieure des feuilles toutes d'un rouge sombre ▶ *Rumex sanguineus*

**b** Plante à peine lavée de rouge ; nervures du dessous des feuilles généralement vertes ▶ *Rumex conglomeratus* (p. 320)

## *Rumex crispus* L. Oseille crépue

**Famille :** Polygonaceae – Polygonacées

**Nom :** *Rumex* grec « projectile pointu » (feuille) ; *crispus* lat. « crépu »

**Caractères :** plante haute de 30 à 120 cm ; feuilles ovales à allongées, atteignant 30 cm de long, à marge ondulée ; fleurs en bouquets pendants disposés en inflorescences allongées ; fleurs individuelles discrètes, vertes ou rougeâtres ; fruits (akènes) à 3 angles, avec 3 valves arrondies ou en forme de cœur longues de 3,5 à 5 mm

**Reproduction :** floraison de juillet à août ; hermaphrodite ; pollinisation par le vent ; dispersion des graines par le vent et les animaux (ex. Serin cini, Verdier d'Europe, Linotte mélodieuse)

**Milieu :** fossés, prairies et pâturages humides, cultures

**Bon à savoir :** les fleurs, discrètes, des oseilles *(Rumex)* se composent d'un périgone de 6 pièces, de 6 étamines et de l'ovaire. • Les valves ailées entourant les akènes facilitent leur dissémination par le vent. • Le pollen des différentes espèces d'oseilles est très allergisant (rhume des foins).

## *Rumex sanguineus* L. Oseille sanguine

**Famille :** Polygonaceae – Polygonacées

**Nom :** *Rumex* grec « projectile pointu » (feuille) ; *sanguineus* lat. « rouge sang »

**Caractères :** plante haute de 30 à 80 cm, souvent entièrement ou en partie lavée de rouge ; feuilles ovales à allongées, atteignant 20 cm de long, à marge crénelée et un peu ondulée ; fleurs en bouquets pendants disposés en inflorescences allongées et lâches ; fleurs individuelles discrètes, vertes ou rougeâtres ; fruits (akènes) à 3 angles, avec une seule valve étroite, longue de 2 à 3,5 mm

**Reproduction :** floraison de juillet à août ; hermaphrodite ; pollinisation par le vent ; dispersion des graines par le vent et les animaux (ex. Serin cini, Verdier d'Europe, Linotte mélodieuse)

**Milieu :** fourrés riverains, forêts humides

**Bon à savoir :** pour la structure florale des oseilles *(Rumex)*, voir l'Oseille crépue (ci-dessus).

**791 a** Feuilles les plus grandes triangulaires et/ou avec 2 lobes à la base du limbe
▶ *Chenopodium bonus-henricus*
**b** Feuilles de formes différentes 792

## *Rumex conglomeratus* Murray
## Oseille agglomérée

**Famille :** Polygonaceae – Polygonacées

**Nom :** *Rumex* grec « projectile pointu » (feuille) ; *conglomeratus* lat. « aggloméré »

**Caractères :** plante haute de 30 à 80 cm ; feuilles ovales à allongées, atteignant 20 cm de long ; fleurs en bouquets pendants disposés en longues inflorescences feuillées ; fleurs individuelles discrètes, vertes ou rougeâtres ; fruits (akènes) à 3 angles, avec 3 valves étroites longues de 2 à 3,5 mm

**Reproduction :** floraison de juillet à août ; hermaphrodite ; autopollinisation ; dispersion des graines par le vent et les animaux (ex. Serin cini, Verdier d'Europe, Linotte mélodieuse)

**Milieu :** berges, fossés, coupes forestières

**Bon à savoir :** pour la structure florale des oseilles *(Rumex)* voir l'Oseille crépue (p. 319)

## *Chenopodium bonus-henricus* L.
## Chénopode du bon Henri

**Famille :** Amaranthaceae – Amaranthacées

**Nom :** *Cheno-* grec « oie » ; *-podium* grec « pied » ; *bonus-henricus* nom latinisé du roi Henri IV

**Caractères :** plante haute de 30 à 80 cm, à revêtement farineux ; feuilles triangulaires ou en fer de flèche, atteignant 12 cm de long ; fleurs en bouquets denses disposés en inflorescences allongées ; fleurs individuelles discrètes, verdâtres ; fruits (akènes) comprimés

**Reproduction :** floraison de juin à août ; hermaphrodite ; pollinisation par le vent ; dispersion des graines par les animaux (ex. Serin cini, Linotte mélodieuse)

**Milieu :** bords des chemins, alentours des reposoirs à bétail

**Bon à savoir :** pour la structure florale des chénopodes *(Chenopodium)*, voir le Chénopode hybride (p. 321).
• Les feuilles peuvent être préparées comme des épinards et les jeunes pousses (sans les feuilles) comme des asperges.

**792 a** Plante à odeur désagréable ▶ ***Chenopodium hybridum***

**b** Plante sans odeur ou à odeur discrète **793**

**793 a** Tiges et feuilles lavées de rougeâtre, au moins en partie ▶ ***Chenopodium rubrum***

**b** Tiges et feuilles d'une autre couleur **794**

## *Chenopodium hybridum* L. Chénopode hybride

**Famille :** Amaranthaceae – Amaranthacées

**Nom :** *Cheno-* grec « oie » ; *-podium* grec « pied » ; *hybridum* lat. « hybride »

**Caractères :** plante annuelle, haute de 30 à 100 cm, à odeur désagréable ; feuilles triangulaires, atteignant 15 cm de long, bordées de 7 à 9 grosses dents ; fleurs discrètes, verdâtres, groupées en bouquets denses disposés en inflorescences rameuses ; fruits (akènes) comprimés

**Reproduction :** floraison de juillet à septembre ; hermaphrodite ; pollinisation par le vent ; dispersion des graines par les animaux (ex. Serin cini, Linotte mélodieuse)

**Milieu :** jardins, cultures, décombres, bords des chemins

**Bon à savoir :** les fleurs discrètes des chénopodes (*Chenopodium*) sont constituées d'un périgone à 2 à 5 pièces, de 5 étamines tout au plus et d'un ovaire. • Le pollen des chénopodes est très allergisant (rhume des foins).

## *Chenopodium rubrum* L. Chénopode rouge

**Famille :** Amaranthaceae – Amaranthacées

**Nom :** *Cheno-* grec « oie » ; *-podium* grec « pied » ; *rubrum* lat. « rouge »

**Caractères :** plante annuelle, haute de 10 à 100 cm, à tige souvent partiellement couchée et plus ou moins lavée de rouge ; feuilles losangiques à triangulaires atteignant 8 cm de long, souvent rougeâtres, bordées de quelques dents ; fleurs groupées en petits bouquets disposés en inflorescences allongées ; fleurs individuelles discrètes, verdâtres ou rougeâtres ; fruits (akènes) comprimés

**Reproduction :** floraison de juillet à septembre ; hermaphrodite ; pollinisation par le vent ; dispersion des graines par le vent

**Milieu :** décombres, bords des chemins, abords des tas de fumier et des fosses à purin

**Bon à savoir :** pour la structure florale des chénopodes (*Chenopodium*), voir le Chénopode hybride (ci-dessus).

**794 a** Feuilles à revêtement farineux, vert glauque pâle ▶ ***Chenopodium album***
**b** Feuilles vertes ▶ ***Atriplex patula***

**795 a** Grandes feuilles plus longues que larges 796
**b** Grandes feuilles arrondies, à peu près aussi larges que longues 543 (p. 217)

## *Chenopodium album* L. Chénopode blanc

**Famille :** Amaranthaceae – Amaranthacées

**Nom :** *Cheno-* grec « oie » ; *-podium* grec « pied » ; *album* lat. « blanc »

**Caractères :** plante annuelle, haute de 30 à 200 cm, entièrement recouverte d'un revêtement farineux qui lui confère une couleur vert grisâtre ; feuilles losangiques, ovales ou allongées, atteignant 12 cm de long, bordées de quelques dents ; fleurs discrètes, vert pâle, groupées en bouquets denses disposés en inflorescences allongées ; fruits (akènes) comprimés

**Reproduction :** floraison de juillet à septembre ; hermaphrodite ; pollinisation par le vent ; dispersion des graines par les animaux (ex. Serin cini, Linotte mélodieuse)

**Milieu :** coupes forestières, jardins, cultures, décombres, bords des chemins

**Bon à savoir :** pour la structure florale des chénopodes (*Chenopodium*), voir le Chénopode hybride (p. 321). • Les feuilles peuvent être préparées comme des épinards ou, si elles sont jeunes, être consommées en salade.

## *Atriplex patula* L. Arroche étalée

**Famille :** Amaranthaceae – Amaranthacées

**Nom :** *Atriplex* lat. nom du genre ; *patula* lat. « qui s'étend largement »

**Caractères :** plante annuelle, haute de 30 à 120 cm ; feuilles triangulaires ou losangiques à allongées, atteignant 14 cm de long, bordées de quelques dents ; fleurs discrètes, verdâtres, groupées en bouquets disposés en inflorescences allongées ; fruits (akènes) enveloppés dans 2 valves plus ou moins triangulaires longues de 7 mm au maximum

**Reproduction :** floraison de juillet à septembre ; monoïque ; pollinisation par le vent ; dispersion des graines par les animaux

**Milieu :** jardins, cultures, décombres, bords des chemins

**Bon à savoir :** les fleurs, peu visibles, sont composées d'un périgone avec 3 à 5 pièces, et de 3 à 5 étamines (fleurs mâles) ou d'un ovaire avec 2 petites bractées (fleurs femelles). • Les feuilles peuvent être préparées comme des épinards.

## *Euphorbia cyparissias* L. Euphorbe petit-cyprès

**Famille :** Euphorbiaceae – Euphorbiacées

**796 a** Grandes feuilles de la tige ne dépassant pas 6 mm de large ▶ *Euphorbia cyparissias*
**b** Grandes feuilles de la tige dépassant 6 mm de large 797

**797 a** Feuilles de la tige finement dentées à leur sommet ▶ *Euphorbia helioscopia*
**b** Feuilles de la tige non dentées ▶ *Euphorbia peplus* (p. 324)

**Nom :** *Euphorbia* d'après Euphorbos, médecin grec ; *cyparissias* grec « cyprès »

**Caractères :** plante haute de 15 à 50 cm, entièrement glabre ; feuilles étroitement ovales à presque filiformes ; inflorescence terminant la tige, à 10 à 20 rayons principaux ; glandes à l'intérieur des fleurs en forme de faucille, jaunes ; fruits (capsules) globuleux et verruqueux à 3 carpelles par fleur

**Reproduction :** floraison d'avril à juillet ; monoïque ; pollinisation par les insectes ; dispersion des graines par les animaux (fourmis)

**Milieu :** prairies maigres, pâturages, forêts claires, lisières, bords des chemins

**Bon à savoir :** pour la structure florale des euphorbes *(Euphorbia)*, voir l'Euphorbe des jardiniers (p. 324). • Plante-hôte de la chenille du Sphinx de l'euphorbe *(Hyles euphorbiae)*. • La plante est souvent infestée par un champignon *(Uromyces pisi)* qui inhibe sa ramification et sa floraison et produit des taches rouge orangé (fructifications). • Le latex blanc produit par la plante est extrêmement toxique ; les principaux symptômes d'une intoxication sont des irritations cutanées (cloques) par contact et, en cas d'ingestion, des douleurs d'estomac, des diarrhées, une dilatation des pupilles, des vertiges ainsi que des troubles de la conscience et du rythme cardiaque.

## *Euphorbia helioscopia* L. Euphorbe réveille-matin

**Famille :** Euphorbiaceae – Euphorbiacées

**Nom :** *Euphorbia* d'après Euphorbos, médecin grec ; *helio-* grec « soleil » ; *-scopia* grec « regarder »

**Caractères :** plante annuelle, haute de 10 à 40 cm ; feuilles ovales, plus larges vers leur sommet, tombant rapidement ; inflorescence terminale, avec 3 à 5 rameaux principaux ; fleurs à glandes ovales, jaunes ; fruits (capsules) trigones, longs de 2,5 à 3 mm

**Reproduction :** floraison d'avril à septembre ; monoïque ; pollinisation par les insectes (mouches) ; dispersion des graines par les animaux (fourmis)

**Milieu :** jardins, cultures, vignes

**Bon à savoir :** pour la structure florale des euphorbes *(Euphorbia)*, voir l'Euphorbe des jardiniers (p. 324). • L'inflorescence se tourne vers le soleil. • Le latex blanc produit par la plante est très toxique. Les principaux symptômes d'une intoxication sont des irritations cutanées (cloques) par contact et, en cas d'ingestion, des douleurs d'estomac, des diarrhées, une dilatation des pupilles, des vertiges ainsi que des troubles de la conscience et du rythme cardiaque.

**798 a** Marge des feuilles régulièrement dentée **802**
**b** Marge des feuilles à quelques dents tout au plus **799**

**799 a** Grandes feuilles atteignant 5 à 10 cm de long ▶ *Atriplex prostrata*
**b** Grandes feuilles ne dépassant pas 2 cm de long **800**

**800 a** Feuilles ovales obtuses ▶ *Herniaria glabra* (p. 240)
**b** Feuilles très étroites (filiformes), aiguës **801**

## *Euphorbia peplus* L. Euphorbe des jardiniers

**Famille :** Euphorbiaceae – Euphorbiacées

**Nom :** *Euphorbia* d'après Euphorbos, médecin grec ; *peplus* grec « tapis », « couverture »

**Caractères :** plante annuelle, haute de 10 à 25 cm ; feuilles ovales à arrondies, à plus grande largeur vers le sommet, tombant rapidement ; inflorescence terminale, à 3 rayons principaux ; glandes des fleurs en demi-lunes jaunes prolongées par 2 appendices filiformes blancs longs de 1 mm environ ; fruits (capsules) trigones, longs de 2 à 2,5 mm, à 3 côtés

**Reproduction :** floraison de juin à octobre ; monoïque ; pollinisation par les insectes (mouches) ; dispersion des graines par les animaux (fourmis)

**Milieu :** jardins, cultures, vignes, jachères

**Bon à savoir :** les fleurs discrètes des euphorbes *(Euphorbia)* sont unisexuées et réduites à une étamine unique pour les fleurs mâles et à l'ovaire pour les fleurs femelles. La fleur femelle et plusieurs fleurs mâles forment ensemble une inflorescence contractée entourée de 5 feuilles et de 4 ou 5 glandes nectarifères de forme caractéristique selon les espèces, qui constituent la partie la plus visible des fleurs. • Le latex blanc produit par la plante est toxique.

## *Atriplex prostrata* DC. Arroche couchée

**Famille :** Amaranthaceae – Amaranthacées

**Nom :** *Atriplex* lat. nom du genre ; *prostrata* lat. « étalé », « étendu »

**Caractères :** plante annuelle, haute ou longue de 30 à 80 cm, à tiges partiellement couchées ; feuilles opposées, au moins celles du bas de la tige, les autres alternes, triangulaires, en losange ou allongées, atteignant 10 cm de long, bordées de quelques dents ; fleurs discrètes, verdâtres, groupées en bouquets disposés en inflorescences allongées ; fruits (akènes) enveloppés dans 2 valves plus ou moins triangulaires, longues de 2 à 5 mm

**Reproduction :** floraison de juillet à septembre ; monoïque ; pollinisation par le vent ; dispersion des graines par le vent et les animaux

**801 a** Feuilles à section arrondie ▶ *Scleranthus annuus* (p. 240)
**b** Feuilles à section plane ▶ *Sagina procumbens* (p. 188)

**802 a** Tiges et feuilles à poils urticants **803**▶
**b** Tiges et feuilles sans poils urticants ▶ *Mercurialis perennis*

**Milieu :** berges, fossés, cultures, décombres, bords des chemins

**Bon à savoir :** les fleurs individuelles, peu visibles, se composent d'un périgone avec 3 à 5 pièces, de 3 à 5 étamines (fleurs mâles) et d'un ovaire avec 2 petites bractées (fleurs femelles). • Les feuilles peuvent être préparées comme des épinards.

## *Mercurialis perennis* L. Mercuriale vivace

**Famille :** Euphorbiaceae – Euphorbiacées

**Nom :** *Mercurialis* d'après le dieu romain Mercure ; *perennis* lat. « persistant »

**Caractères :** plante haute de 10 à 40 cm ; tige à 4 angles, feuillée uniquement dans sa partie haute ; feuilles opposées, allongées, atteignant 12 cm de long, les supérieures plus grandes que les inférieures, à marge dentée ; fleurs mâles discrètes, verdâtres, groupées en épis allongés (pieds mâles), les femelles également peu visibles, verdâtres, portées par de longs pédoncules (pieds femelles) ; fruits (capsules) à 2 carpelles globuleux par fleur

**Reproduction :** floraison de mars à mai ; dioïque ; pollinisation par le vent ; dispersion des graines sans agent extérieur ou par les animaux (fourmis)

**Milieu :** forêts (notamment hêtraies)

**Bon à savoir :** les fleurs, peu visibles, se composent d'un périgone à 3 pièces et de plusieurs étamines (fleurs mâles), ou du même périgone à 3 pièces et d'un ovaire à 2 carpelles (fleurs femelles). • La Mercuriale vivace forme souvent des colonies étendues. Ceci est dû à son mode de reproduction en partie végétative – c'est-à-dire sans pollinisation ni fécondation et, donc, sans brassage génétique – grâce à ses rhizomes souterrains. Dans ces situations, tous les individus d'une colonie sont issus d'un unique pied mère et sont donc de véritables clones, génétiquement identiques.

**803 a** Feuilles les plus grandes dépassant 5 cm de long ▶ *Urtica dioica* (p. 327)
**b** Feuilles les plus grandes mesurant moins de 5 cm de long ▶ *Urtica urens*

**804 a** Plante à 5 fleurs verdâtres de 5 mm de diamètre env. disposées en inflorescences plus ou moins cubiques ▶ *Adoxa moschatellina* (p. 170)
**b** Fleurs disposées autrement et de formes différentes **805**

**805 a** Fleurs individuelles composées de nombreuses étamines groupées en bouquets hémisphériques ▶ *Thalictrum aquilegiifolium* (p. 114) ........................................

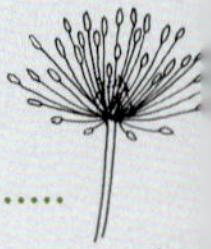

**b** Fleurs de formes différentes **806**

**806 a** Grandes feuilles, longuement pétiolées, plusieurs fois divisées en folioles **807** ......

**b** Feuilles de formes différentes **808**

**807 a** Fleurs blanchâtres, très nombreuses, groupées en inflorescences allongées et minces ▶ *Aruncus dioicus* (p. 169)
**b** Fleurs blanches, nombreuses, réunies en inflorescences courtes et ovales ▶ *Actaea spicata* (p. 169)

**808 a** Feuilles divisées en 3 folioles étalées en éventail ▶ *Aphanes arvensis* (p. 212)
**b** Feuilles de formes différentes **809**

**809 a** Fleurs groupées en inflorescences globuleuses ou cylindriques très denses **415** (p. 162)
**b** Fleurs disposées autrement **810**

**810 a** Feuilles, au moins les inférieures, opposées, c.-à-d. insérées deux par deux en vis-à-vis au même niveau d'insertion sur la tige ▶ *Ambrosia artemisiifolia* (p. 126) ..................................................

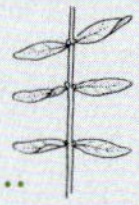

**b** Feuilles alternes, c.-à-d. non insérées en vis-à-vis sur la tige **811** .....................

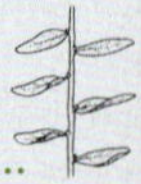

**811 a** Plante entièrement couverte de poils gris argenté ▶ *Artemisia absinthium* (p. 138)
**b** Plante essentiellement verte **812**

**812 a** Dessous des feuilles gris pâle à blanc **371** (p. 147)
**b** Dessous des feuilles ni gris ni blanc **813**

**813 a** Plante à nombreuses fleurs jaune pâle disposées en inflorescences allongées, conique au sommet ▶ *Reseda lutea* (p. 278)
**b** Fleurs de couleurs différentes et/ou inflorescences de forme différentes **472** (p. 187)

## *Urtica dioica* L. Grande Ortie

**Famille :** Urticaceae – Urticacées

**Nom :** *Urtica* lat. « brûler » ; *di-* grec « deux » ; *-oica* grec « maison »

**Caractères :** plante haute de 30 à 200 cm ; tige à 4 angles, munie de poils urticants ; feuilles opposées, ovales ou en forme de cœur, atteignant 15 cm de long, urticantes, à marge dentée ; fleurs verdâtres, disposées en minces inflorescences allongées ; fruits (akènes) lenticulaires

**Reproduction :** floraison de juin à septembre ; dioïque ; pollinisation par le vent ; dispersion des graines par le vent et les animaux (ex. Serin cini)

**Milieu :** fourrés, forêts alluviales, coupes forestières, décombres

**Bon à savoir :** pour la structure florale des orties *(Urtica)*, voir l'Ortie brûlante (ci-dessous). • En cas de contact, la tête des poils urticants se brise et la pointe aiguë pénètre dans la peau comme une canule, injectant un mélange de substances (acide formique, acétylcholine et histamine) qui provoque une sensation de brûlure. • Plante-hôte des chenilles de plusieurs papillons : le Paon du jour *(Inachis io)*, le Vulcain *(Vanessa atalanta)*, la Petite Tortue *(Aglais urticae)*, le Robert-le-Diable *(Polygonia c-album)* et la Carte géographique *(Araschnia levana)*. • L'infusion de la plante séchée favorise le drainage de la vessie en cas d'infection des voies urinaires, et est aussi préconisée contre les rhumatismes. L'extrait des racines peut être indiqué dans les troubles de la prostate à un stade précoce. • Le sommet des pousses avec les 2 à 4 feuilles supérieures peut être apprêté en soupe ou comme des épinards. • Le jus de cuisson des feuilles peut servir de pulvérisation contre les pucerons, alors que le purin obtenu après macération des feuilles dans l'eau jusqu'à fermentation fournit un engrais biologique.

## *Urtica urens* L. Ortie brûlante

**Famille :** Urticaceae – Urticacées

**Nom :** *Urtica* lat. « brûler » ; *urens* lat. « brûlant »

**Caractères :** plante annuelle, haute de 10 à 50 cm ; tige à 4 angles, munie de poils urticants ; feuilles opposées, ovales, atteignant 5 cm de long, urticantes, à marge dentée ; fleurs verdâtres, groupées en inflorescences longues de 1 à 3 cm ; fruits (akènes) lenticulaires

**Reproduction :** floraison de juin à septembre ; monoïque ; pollinisation par le vent ; dispersion des graines par le vent et les animaux

**Milieu :** décombres, murs, abords des tas de fumier et des fosses à purin

**Bon à savoir :** les fleurs, discrètes, des orties *(Urtica)* se composent d'un périgone à 4 pièces et de 4 étamines (fleurs mâles) ou de l'ovaire (fleurs femelles). • Le pollen est allergisant (rhume des foins). • Espèce plus urticante que la Grande Ortie, d'où son nom commun. • L'infusion de la plante séchée est utilisée pour favoriser le drainage de la vessie en cas d'infection des voies urinaires et est préconisée contre les rhumatismes.

**821** Chez les Graminées *(Poaceae)*, les fleurs sont groupées en inflorescences partielles, nommées épillets. En courbant ces derniers, on peut observer les caractères essentiels de ces plantes (ex. type de ramification, arêtes, etc.). Pour les généralités sur la famille des Graminées, voir p. 390 à 391 822

**822 a** Plante atteignant 4 m de haut et feuilles jusqu'à 4 cm de large ▶ *Phragmites australis* (p. 334)
**b** Plante ne dépassant pas 2 m de haut et feuilles mesurant moins de 2 cm de large 823

**823 a** Inflorescence rameuse, c.-à-d. possédant des rameaux latéraux longs de 5 mm au moins et/ou des épillets munis d'un pédicelle (plier ces derniers pour observer rameaux et pédicelles) 824 ..................

**b** Inflorescence non rameuse, à rameaux et/ou pédicelles des épillets nuls ou très courts et peu distincts 875 (p. 353) ..............................................

**824 a** Feuilles de la base filiformes, à section arrondie et diamètre ne dépassant pas 1 mm 857 (p. 343)
**b** Feuilles de la base planes ou pliées, larges de plus de 1 mm 825

## *Briza media* L.
## Brize intermédiaire, Amourette commune

**Famille :** Poaceae – Poacées, Graminées

**Nom :** *Briza* grec nom d'une variété de céréale ; *media* lat. « moyen »

**Caractères :** plante haute de 20 à 90 cm ; feuilles atteignant 5 mm de large ; ligule de 1 mm de long environ ; inflorescence longue de 4 à 18 cm, à rameaux espacés, souvent sinueux ; épillets longs de 4 à 7 mm, pendants, arrondis ou en forme de cœur, souvent lavés de violet, au moins en partie

**Reproduction :** floraison de mai à août ; hermaphrodite ; pollinisation par le vent ; dispersion des graines par les animaux (fourmis)

**Milieu :** prairies et pâturages maigres

**Bon à savoir :** plante-hôte des chenilles de plusieurs papillons : le Moiré sylvicole *(Erebia aethiops)* et le Fadet de la mélique *(Coenonympha glycerion)*.

**825 a** Épillets possédant des soies raides, longues de 5 mm au moins (arêtes) 862 (p. 346) ..........

**b** Épillets sans arêtes ou à arêtes plus courtes et moins visibles 826

**826 a** Rameaux de l'inflorescence couverts de petits épillets ± jusqu'à leur base 860 (p. 346) ..........

**b** Épillets localisés seulement au sommet des rameaux 827

**827 a** Épillets env. aussi longs que larges, arrondis ou en forme de cœur, pendants ▶ *Briza media* (p. 328)

**b** Épillets plus longs que larges 828

**828 a** Inflorescence possédant moins de 20 épillets 829

**b** Inflorescence possédant nettement plus de 20 épillets 831

**829 a** Épillets tous disposés du même côté de la tige, ± pendants ▶ *Melica nutans*

**b** Épillets disposés différemment, non pendants 830

## *Melica nutans* L. Mélique penchée

**Famille :** Poaceae – Poacées, Graminées

**Nom :** *Melica* grec appellation du millet ; *nutans* lat. « penché »

**Caractères :** plante haute de 30 à 60 cm ; feuilles atteignant 8 mm de large, à ligule longue de 0,5 mm environ ; inflorescence longue de 4 à 18 cm, à épillets longs de 6 à 8 mm, tous pendant du même côté, souvent lavés de rougeâtre ou de violacé, au moins en partie

**Reproduction :** floraison de mai à juin ; hermaphrodite ; pollinisation par le vent ; dispersion des graines par le vent et les animaux (fourmis)

**Milieu :** forêts

**830 a** Grandes feuilles atteignant 8 mm de large ; inflorescence dépassant en général 7 cm de long ▶ ***Melica uniflora***

**b** Grandes feuilles ne dépassant pas 4 mm de large ; inflorescence mesurant moins de 7 cm de long ▶ ***Danthonia decumbens***

**831 a** Tige à section comprimée au-dessus des épaississements (nœuds) inférieurs **832**

**b** Tige arrondie au-dessus des nœuds **836**

## *Melica uniflora* Retz. Mélique à une fleur

**Famille :** Poaceae – Poacées, Graminées

**Nom :** *Melica* grec appellation du millet ; *uni-* lat. « un » ; *-flora* lat. « fleur »

**Caractères :** plante haute de 25 à 50 cm ; feuilles atteignant 8 mm de large, à ligule ne dépassant pas 0,5 mm de long ; inflorescence longue de 4 à 20 cm, à rameaux peu nombreux, dressés ; épillets longs de 4 à 7 mm, souvent lavés de rougeâtre ou de violacé, au moins en partie

**Reproduction :** floraison de mai à août ; hermaphrodite ; pollinisation par le vent ; dispersion des graines par le vent

**Milieu :** forêts de feuillus

## *Danthonia decumbens* (L.) DC. Danthonie retombante

**Famille :** Poaceae – Poacées, Graminées

**Nom :** *Danthonia* d'après Étienne Danthoine, botaniste français (1739-1794) ; *decumbens* lat. « prostré »

**Caractères :** plante haute de 10 à 40 cm, à tige souvent couchée ; feuilles atteignant 4 mm de large, vert glauque, à ligule remplacée par des poils ; inflorescence longue de 2 à 7 cm, peu ramifiée ; épillets longs de 6 à 15 mm, souvent violet bleuâtre, au moins en partie

**Reproduction :** floraison de mai à juillet ; hermaphrodite ; autopollinisation ; dispersion des graines par les animaux (fourmis)

**Milieu :** prairies fraîches, pâturages, lisières forestières

**832 a** Épillets groupés en bouquets à l'extrémité des rameaux ▶ ***Dactylis glomerata***
**b** Épillets solitaires 833

**833 a** Feuilles larges de moins de 4 mm ; plante poussant dans des lieux plutôt secs ▶ ***Poa compressa***
**b** Feuilles larges de 5 mm au minimum ; plante poussant dans des lieux humides 834

## *Dactylis glomerata* L. Dactyle

**Famille :** Poaceae – Poacées, Graminées

**Nom :** *Dactylis* grec « doigt » ; *glomerata* lat. « aggloméré »

**Caractères :** plante haute de 30 à 120 cm ; tige comprimée au-dessus des nœuds ; feuilles atteignant 15 mm de large, vert glauque, à ligule mesurant jusqu'à 12 mm de long ; inflorescence longue de 3 à 20 cm, à rameaux espacés ; épillets longs de 5 à 9 mm, souvent violacés, au moins en partie, agglomérés en bouquets à l'apex des rameaux

**Reproduction :** floraison de mai à juin ; hermaphrodite ; pollinisation par le vent ; dispersion des graines par le vent et les animaux

**Milieu :** prairies, bords des chemins, clairières forestières

**Bon à savoir :** plante-hôte de la chenille du Moiré sylvicole *(Erebia aethiops)*. • Très souvent cultivé comme plante fourragère.

## *Poa compressa* L. Pâturin à tiges aplaties

**Famille :** Poaceae – Poacées, Graminées

**Nom :** *Poa* grec « herbe », « fourrage » ; *compressa* lat. « comprimé »

**Caractères :** plante haute de 20 à 60 cm, vert glauque ; tige comprimée au-dessus des nœuds ; feuilles atteignant 4 mm de large, vert glauque, à ligule mesurant jusqu'à 3 mm de long ; inflorescence longue de 2 à 8 cm, à rameaux plutôt espacés ; épillets longs de 3 à 8 mm, ovales à allongés, comprimés

**Reproduction :** floraison de juin à juillet ; hermaphrodite ; pollinisation par le vent ; dispersion des graines par le vent

**Milieu :** talus, bords des routes, graviers, éboulis, murs

**834 a** Feuilles ne dépassant pas 10 mm de large **835**

**b** Feuilles les plus grandes atteignant 20 mm de large ▶ ***Glyceria maxima***

**835 a** Inflorescence penchant un peu d'un côté, avec 1 à 2 rameaux à la base ▶ ***Glyceria fluitans***

**b** Inflorescence dressée, avec 2 à 5 rameaux à la base ▶ ***Glyceria notata*** (p. 333)

## *Glyceria maxima* (Hartm.) Holmb. Glycérie aquatique

**Famille :** Poaceae – Poacées, Graminées

**Nom :** *Glyceria* grec « sucré » ; *maxima* lat. « le plus grand »

**Caractères :** plante haute de 80 à 200 cm ; tige atteignant 10 mm d'épaisseur vers la base, comprimée au-dessus des nœuds ; feuilles atteignant 20 mm de large, à ligule aiguë mesurant jusqu'à 6 mm de long ; inflorescence longue de 15 à 40 cm, à nombreux rameaux ; épillets longs de 4 à 10 mm, souvent brun-jaune

**Reproduction :** floraison de juillet à août ; hermaphrodite ; pollinisation par le vent ; dispersion des graines par le vent et l'eau

**Milieu :** berges (roselières à Glycérie aquatique), fossés, marais

**Bon à savoir :** les fruits ont une saveur douce, d'où le nom latin du genre.

## *Glyceria fluitans* (L.) R. Br. Glycérie flottante

**Famille :** Poaceae – Poacées, Graminées

**Nom :** *Glyceria* grec « sucré » ; *fluitans* lat. « flottant », « s'écoulant »

**Caractères :** plante haute de 30 à 150 cm ; tige en partie couchée, comprimée au-dessus des nœuds ; feuilles atteignant 10 mm de large, à ligule mesurant jusqu'à 15 mm de long ; inflorescence longue de 10 à 50 cm, légèrement penchée d'un côté, à rameaux inférieurs groupés par 1 à 2 ; épillets longs de 15 à 35 mm

**Reproduction :** floraison de juin à septembre ; hermaphrodite ; pollinisation par le vent ; dispersion des graines par le vent et l'eau

**Milieu :** berges, fossés, marais

**Bon à savoir :** les plantes poussant dans l'eau ont souvent des feuilles flottantes (orientées dans le sens du courant).
• Les fruits ont une saveur douce, d'où le nom latin du genre.

**836 a** Tige densément poilue et veloutée au-dessus des épaississements (nœuds) inférieurs
▶ *Holcus lanatus*
**b** Tige glabre ou à pilosité différente 837

**837 a** Épillets dépassant en principe 10 mm de long 838
**b** Épillets atteignant tout au plus 10 mm de long 841

## *Glyceria notata* Chevall.
## Glycérie à feuilles pliées

**Famille :** Poaceae – Poacées, Graminées

**Nom :** *Glyceria* grec « sucré » ; *notata* lat. « reconnu », « reconnaissable »

**Caractères :** plante haute de 30 à 150 cm ; tige en partie couchée, comprimée au-dessus des nœuds ; feuilles atteignant 10 mm de large, à ligule mesurant jusqu'à 10 mm de long ; inflorescence longue de 10 à 50 cm, à rameaux inférieurs par 2 à 5 ; épillets longs de 5 à 17 mm

**Reproduction :** floraison de juin à septembre ; hermaphrodite ; pollinisation par le vent ; dispersion des graines par le vent et l'eau

**Milieu :** berges, fossés, marais

**Bon à savoir :** les fruits ont une saveur douce, d'où le nom latin du genre.

## *Holcus lanatus* L. Houlque laineuse

**Famille :** Poaceae – Poacées, Graminées

**Nom :** *Holcus* origine incertaine ; *lanatus* lat. « laineux »

**Caractères :** plante haute de 30 à 100 cm ; tige mollement velue ; feuilles atteignant 8 mm de large, molles, à pubescence veloutée ; ligule mesurant jusqu'à 4 mm de long ; inflorescence longue de 4 à 20 cm, à rameaux nombreux ; épillets longs de 3 à 6 mm, souvent rougeâtres, au moins en partie

**Reproduction :** floraison de mai à août ; hermaphrodite ; pollinisation par le vent ; dispersion des graines par le vent et les animaux

**Milieu :** marais, prairies fertilisées, pâturages

**Bon à savoir :** les tiges ont une saveur douceâtre.

**838 a** Épillets longs de 18 mm au moins ▶ *Bromus inermis*
**b** Épillets ne dépassant pas 16 mm **839**

**839 a** Plante à allure de roseau, vert glauque ▶ *Phragmites australis*
**b** Plante ne ressemblant pas à un roseau, vert franc **840**

## *Bromus inermis* Leyss. **Brome inerme**

**Famille :** Poaceae – Poacées, Graminées

**Nom :** *Bromus* grec nom collectif de graminées ressemblant à l'avoine ; *inermis* lat. « sans armes », « sans défense »

**Caractères :** plante haute de 30 à 120 cm ; feuilles atteignant 10 mm de large, à ligule mesurant jusqu'à 2 mm de long ; inflorescence longue de 10 à 25 cm, à rameaux en général dressés obliquement ; épillets longs de 18 à 30 mm

**Reproduction :** floraison de juin à juillet ; hermaphrodite ; pollinisation par le vent ; dispersion des graines par le vent

**Milieu :** berges, bords des chemins, talus ferroviaires

## *Phragmites australis* (Cav.) Steud. **Roseau commun, Phragmite**

**Famille :** Poaceae – Poacées, Graminées

**Nom :** *Phragmites* grec « clôture » ; *australis* lat. « du sud »

**Caractères :** plante haute de 100 à 400 cm, vert glauque ; tige épaisse de 5 à 20 mm ; feuilles atteignant 40 mm de large, à marge très rude et coupante, à ligule remplacée par des poils ; inflorescence longue de 10 à 50 cm, très ramifiée, un peu courbée au sommet ; épillets longs de 10 à 16 mm, souvent violacés ou brun clair, à poils blanc argenté

**Reproduction :** floraison d'août à septembre ; hermaphrodite ; pollinisation par le vent ; dispersion des graines par le vent et les animaux

**Milieu :** berges (roselière à Phragmite), marais, tourbières, prairies humides

**Bon à savoir :** reproduction végétative très active grâce à ses rhizomes souterrains et à ses stolons aériens pouvant mesurer jusqu'à 20 m de long. Une roselière entière peut ainsi être constituée d'un unique individu ayant produit une multitude de tiges interconnectées. • Peut aussi se développer sur terrains secs, où il est alors favorisé par la fertilisation. • Était autrefois utilisé – et peut l'être encore dans certaines régions – pour couvrir les toitures (toits de chaume). Cultivé en outre pour la production de cellulose.

**840 a** Dessus des feuilles nettement sillonné, dessous luisant, présence de poils à leur base ▶ ***Festuca arundinacea*** ..............................................

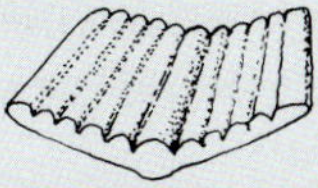

**b** Dessus des feuilles à peine sillonné, dessous mat, pas de poils à leur base ▶ ***Festuca pratensis***

**841 a** Dessus des feuilles à sillons fins, mais nettement distincts 842 ...............

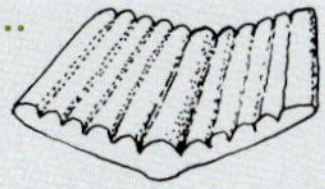

**b** Dessus des feuilles non ou à peine sillonné 847 (p. 338)

## *Festuca arundinacea* Schreb. Fétuque élevée, Fétuque roseau

**Famille :** Poaceae – Poacées, Graminées

**Nom :** *Festuca* lat. « chaume », « paille » ; *arundinacea* lat. « qui ressemble à un roseau »

**Caractères :** plante haute de 50 à 100 cm ; feuilles atteignant 10 mm de large, un peu raides, sillonnées sur le dessus, à ligule mesurant jusqu'à 2 mm de long ; inflorescence longue de 15 à 35 cm, souvent un peu penchée ; épillets longs de 10 à 14 mm, souvent violacés, au moins en partie

**Reproduction :** floraison de juin à juillet ; hermaphrodite ; pollinisation par le vent ; dispersion des graines par les animaux

**Milieu :** berges, prairies humides, bords des chemins

**Bon à savoir :** cultivée comme plante fourragère.

## *Festuca pratensis* Huds. Fétuque des prés

**Famille :** Poaceae – Poacées, Graminées

**Nom :** *Festuca* lat. « chaume », « paille » ; *pratensis* lat. « prairie »

**Caractères :** plante haute de 30 à 120 cm ; feuilles atteignant 8 mm de large, à ligule mesurant jusqu'à 1 mm de long ; inflorescence longue de 10 à 20 cm, lâchement ramifiée ; épillets longs de 9 à 12 mm, vert jaunâtre, souvent lavés de violacé, au moins en partie

**Reproduction :** floraison de mai à juillet ; hermaphrodite ; pollinisation par le vent ; dispersion des graines par le vent

**Milieu :** prairies fertilisées, pâturages

**Bon à savoir :** souvent cultivée comme plante fourragère.

**842 a** Épillets ne dépassant pas 3 mm de long 843

**b** Épillets longs de 3 mm au moins 845

**843 a** Ligule à la base du limbe longue de 3 mm au moins (tirer légèrement la feuille vers le bas) 844 ................................

**b** Ligule ne dépassant pas 2 mm de long ▶ *Agrostis capillaris*

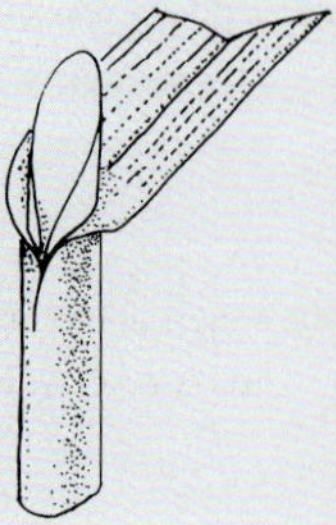

## *Agrostis capillaris* L.
## Agrostide commune, Agrostide capillaire

**Famille :** Poaceae – Poacées, Graminées

**Nom :** *Agrostis* grec « rural » ; *capillaris* lat. « cheveu »

**Caractères :** plante haute de 20 à 70 cm ; feuilles atteignant 5 mm de large, à ligule mesurant jusqu'à 2 mm de long ; inflorescence atteignant 15 cm de long, à rameaux nombreux et fins, s'étalant après la floraison ; épillets longs de 2 à 3 mm, souvent violacés, au moins en partie

**Reproduction :** floraison de juin à août ; hermaphrodite ; pollinisation par le vent ; dispersion des graines par le vent et les animaux

**Milieu :** prairies, pâturages, forêts claires, bords des chemins

## *Agrostis stolonifera* L.
## Agrostide stolonifère, Agrostide blanche

**Famille :** Poaceae – Poacées, Graminées

**Nom :** *Agrostis* grec « rural » ; *stoloni-* grec « excroissance », « appendice » ; *-fera* lat. « qui porte »

**Caractères :** plante haute de 10 à 70 cm, vert glauque à vert grisâtre, à tige en partie couchée ; feuilles atteignant 7 mm de large, à ligule mesurant jusqu'à 7 mm de long ; inflorescence longue de 10 à 20 cm, à nombreux rameaux, contractés après la floraison ; épillets longs de 1 à 3 mm

**Reproduction :** floraison de juin à juillet ; hermaphrodite ; pollinisation par le vent ; dispersion des graines par les animaux

**Milieu :** berges, sols graveleux, prairies et cultures humides

**844 a** Plante atteignant 70 cm de haut et feuilles mesurant jusqu'à 7 mm de large
▶ *Agrostis stolonifera* (p. 336)

**b** Plante atteignant 150 cm de haut et feuilles mesurant jusqu'à 10 mm de large
▶ *Agrostis gigantea*

**845 a** Marge des feuilles très rude, coupante 846

**b** Marge des feuilles presque lisse ▶ *Calamagrostis canescens*

## *Agrostis gigantea* Roth Agrostide géante

**Famille :** Poaceae – Poacées, Graminées

**Nom :** *Agrostis* grec « rural » ; *gigantea* lat. « géant »

**Caractères :** plante haute de 40 à 150 cm, vert pâle à vert grisâtre ; feuilles atteignant 10 mm de large, à ligule mesurant jusqu'à 7 mm de long ; inflorescence atteignant 25 cm de long, à nombreux rameaux, étalés après la floraison ; épillets longs de 2 à 3 mm

**Reproduction :** floraison de juin à juillet ; hermaphrodite ; pollinisation par le vent ; dispersion des graines par le vent et les animaux

**Milieu :** berges, marais, prairies humides, gravières

**Bon à savoir :** parfois cultivée comme plante fourragère.

## *Calamagrostis canescens* (F. H. Wigg.) Roth Calamagrostide blanchâtre

**Famille :** Poaceae – Poacées, Graminées

**Nom :** *Calam-* grec « roseau » ; *-agrostis* grec « rural » ; *canescens* lat. « qui devient gris »

**Caractères :** plante haute de 60 à 150 cm ; feuilles atteignant 8 mm de large, rudes et vert grisâtre pâle sur le dessus, à ligule mesurant jusqu'à 5 mm de long ; inflorescence longue de 15 à 25 cm, à nombreux rameaux ; épillets longs de 4 à 6 mm, souvent violacés, au moins en partie

**Reproduction :** floraison de juin à juillet ; hermaphrodite ; pollinisation par le vent ; dispersion des graines par le vent

**Milieu :** prairies et forêts marécageuses

**846 a** Feuilles rudes sur les deux faces ▶ ***Calamagrostis epigejos***

**b** Feuilles très rudes dessus, presque lisses en dessous ▶ ***Deschampsia caespitosa***

**847 a** Épillets comprimés latéralement, ovales à allongés ; feuilles ne dépassant pas 5 mm de large **848**

**b** Épillets à peine comprimés, allongés ; feuilles dépassant souvent 5 mm de large **854** (p. 342)

## *Calamagrostis epigejos* (L.) Roth
## Calamagrostide commune, Roseau des bois

**Famille :** Poaceae – Poacées, Graminées

**Nom :** *Calam-* grec « roseau » ; *-agrostis* grec « rural » ; *epi-* grec « sur » ; *-gejos* grec « terre »

**Caractères :** plante haute de 60 à 150 cm, à allure de roseau ; feuilles atteignant 15 mm de large, très rudes et coupantes sur leurs marges, à ligule mesurant jusqu'à 12 mm de long ; inflorescence atteignant 30 cm de long, très ramifiée ; épillets longs de 5 à 9 mm, souvent violacés, au moins en partie

**Reproduction :** floraison de juillet à août ; hermaphrodite ; pollinisation par le vent ; dispersion des graines par le vent et les animaux

**Milieu :** berges, clairières forestières, arrière-dunes

## *Deschampsia caespitosa* (L.) P. Beauv.
## Canche cespiteuse

**Famille :** Poaceae – Poacées, Graminées

**Nom :** *Deschampsia* d'après Louis-Auguste Deschamps, médecin français (1765-1842) ; *caespitosa* lat. « en touffe », « gazonnant »

**Caractères :** plante haute de 30 à 150 cm, formant des touffes épaisses remarquables (touradons) ; feuilles mesurant jusqu'à 6 mm de large, à face supérieure sillonnée et rude, à marge très scabre et coupante ; ligule aiguë, atteignant 15 mm de long ; inflorescence longue de 10 à 40 cm, à nombreux rameaux ; épillets longs de 3 à 7 mm

**Reproduction :** floraison de juin à août ; hermaphrodite ; pollinisation par le vent ; dispersion des graines par le vent et les animaux

**Milieu :** berges, marais, forêts humides

**Bon à savoir :** plante-hôte de la chenille du Moiré savoyard *(Erebia eriphyle).*

**848 a** Plante ne dépassant pas 30 cm de haut **849**

**b** Plante mesurant en général plus de 30 cm de haut **850**

**849 a** Base de la feuille avec une ligule longue de 2 à 5 mm (tirer légèrement la feuille vers le bas) ▶ *Poa annua* ........................................................

**b** Base de la feuille sans ligule, mais avec des poils ▶ *Eragrostis minor*

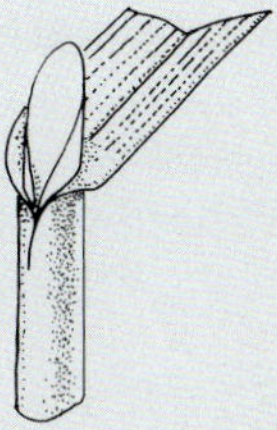

## *Poa annua* L. Pâturin annuel

**Famille :** Poaceae – Poacées, Graminées

**Nom :** *Poa* grec « herbe », « fourrage » ; *annua* lat. « annuel »

**Caractères :** plante haute de 5 à 30 cm, généralement annuelle ; feuilles mesurant jusqu'à 5 mm de large, souvent ondulées transversalement, à ligule longue de 2 à 5 mm ; inflorescence longue de 1 à 8 cm, à rameaux plutôt espacés ; épillets longs de 1 à 7 mm, ovales à allongés

**Reproduction :** floraison de janvier à décembre ; hermaphrodite ; pollinisation par le vent ; dispersion des graines par le vent et les animaux

**Milieu :** gazons, jardins, cultures, jachères, bords des chemins

## *Eragrostis minor* Host Éragrostide faux pâturin

**Famille :** Poaceae – Poacées, Graminées

**Nom :** *Era-* grec « amour » ; *-agrostis* grec « rural » ; *minor* lat. « plus petit »

**Caractères :** plante annuelle, haute de 5 à 30 cm, vert glauque, à tige souvent en partie couchée ; feuilles mesurant jusqu'à 4 mm de large, à ligule remplacée par des poils ; inflorescence longue de 4 à 15 cm, à nombreux rameaux ; épillets longs de 4 à 10 mm, souvent violacés, au moins en partie

**Reproduction :** floraison de juillet à septembre ; hermaphrodite ; pollinisation par le vent ; dispersion des graines par le vent

**Milieu :** décombres, bords des chemins, talus ferroviaires, interstices entre les pavés

**850 a** Ligule à la base du limbe ne dépassant pas 2 mm de long (tirer légèrement la feuille vers le bas) **851** ..........

**b** Ligule dépassant en principe 2 mm **853**

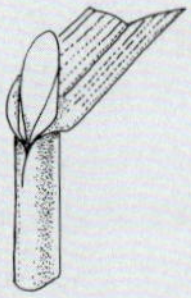

**851 a** Feuilles insérées ± à l'horizontale sur la tige ; ligule à la base du limbe ne dépassant pas 0,5 mm (tirer légèrement la feuille vers le bas) ▶ ***Poa nemoralis***

**b** Feuilles de la tige dressées obliquement ; ligule longue de 0,5 à 2 mm **852**

## *Poa nemoralis* L. Pâturin des bois

**Famille :** Poaceae – Poacées, Graminées

**Nom :** *Poa* grec « herbe », « fourrage » ; *nemoralis* lat. « bosquet », « bois »

**Caractères :** plante haute de 20 à 80 cm ; feuilles mesurant jusqu'à 4 mm de large, en général insérées plus ou moins à l'horizontale sur la tige, à ligule absente ou mesurant moins de 0,5 mm de long ; inflorescence longue de 5 à 15 cm, à rameaux lâches, souvent sinueux ; épillets longs de 3 à 6 mm, ovales à allongés

**Reproduction :** floraison de juin à juillet ; hermaphrodite ; pollinisation par le vent ; dispersion des graines par le vent

**Milieu :** forêts, lisières, rochers, murs

## *Poa pratensis* L. Pâturin des prés

**Famille :** Poaceae – Poacées, Graminées

**Nom :** *Poa* grec « herbe », « fourrage » ; *pratensis* lat. « prairie »

**Caractères :** plante haute de 20 à 100 cm ; feuilles larges de 3 à 5 mm, à ligule atteignant 2 mm de long ; inflorescence longue de 5 à 20 cm, à rameaux nombreux, souvent sinueux ; épillets longs de 3 à 6 mm, ovales à allongés

**Reproduction :** floraison de mai à juin ; hermaphrodite ; pollinisation par le vent ; dispersion des graines par les animaux

**Milieu :** prairies fertilisées, pâturages

**Bon à savoir :** souvent cultivé comme plante fourragère.

**852 a** Feuilles larges de 3 à 5 mm, les inférieures planes ou en gouttière ▶ *Poa pratensis*
**b** Feuilles ne dépassant pas 1 à 2 mm de large, les inférieures pliées en V ▶ *Poa angustifolia*

**853 a** Ligule à la base du limbe atteignant 10 mm de long (tirer légèrement la feuille vers le bas) ; plante croissant dans des milieux plutôt secs ▶ *Poa trivialis*
**b** Ligule ne dépassant pas 5 mm de long ; plante croissant dans des lieux frais à humides ▶ *Poa palustris* (p. 342)

## *Poa angustifolia* L. Pâturin à feuilles étroites

**Famille :** Poaceae – Poacées, Graminées

**Nom :** *Poa* grec « herbe », « fourrage » ; *angusti-* lat. « étroit » ; *-folia* lat. « feuille »

**Caractères :** plante haute de 20 à 100 cm ; feuilles inférieures presque filiformes, ne dépassant pas 2 mm de large, celles de la tige atteignant 3 mm, à ligule longue de 2 mm ; inflorescence longue de 4 à 15 cm, à rameaux nombreux, souvent sinueux ; épillets longs de 3 à 5 mm, ovales à allongés

**Reproduction :** floraison de mai à juin ; hermaphrodite ; pollinisation par le vent ; dispersion des graines par les animaux

**Milieu :** prairies et pâturages maigres, rocailles

## *Poa trivialis* L. Pâturin commun

**Famille :** Poaceae – Poacées, Graminées

**Nom :** *Poa* grec « herbe », « fourrage » ; *trivialis* lat. « habituel », « trivial »

**Caractères :** plante haute de 20 à 120 cm ; feuilles atteignant 6 mm de large, à ligule mesurant jusqu'à 10 mm de long, aiguë ; inflorescence longue de 10 à 25 cm, à nombreux rameaux ; épillets longs de 3 à 5 mm, ovales à allongés, souvent violacés, au moins en partie

**Reproduction :** floraison de juin à juillet ; hermaphrodite ; pollinisation par le vent ; dispersion des graines par les animaux

**Milieu :** prairies fertilisées, pâturages, forêts

**Bon à savoir :** plante-hôte des chenilles du Demi-deuil *(Melanargia galathea)* et du Moiré sylvicole *(Erebia aethiops).*

**854 a** Épillets ne dépassant pas 4 mm de long ▶ *Milium effusum*

**b** Épillets dépassant en principe 4 mm de long **855**

**855 a** Plante vert grisâtre ; feuilles atteignant 8 mm de large ▶ *Holcus mollis*

**b** Plante vert franc ; feuilles les plus grandes atteignant 20 mm de large **856**

## *Poa palustris* L. Pâturin des marais

**Famille :** Poaceae – Poacées, Graminées

**Nom :** *Poa* grec « herbe », « fourrage » ; *palustris* lat. « marais »

**Caractères :** plante haute de 30 à 120 cm ; feuilles atteignant 5 mm de large, à ligule mesurant jusqu'à 5 mm de long, aiguë ; inflorescence longue de 8 à 30 cm, à rameaux espacés, souvent sinueux ; épillets longs de 2 à 6 mm, ovales à allongés, souvent violacés, au moins en partie

**Reproduction :** floraison de juin à juillet ; hermaphrodite ; pollinisation par le vent ; dispersion des graines par le vent

**Milieu :** marais, prairies humides, forêts humides

## *Milium effusum* L. Millet diffus, Millet sauvage

**Famille :** Poaceae – Poacées, Graminées

**Nom :** *Milium* lat. terme désignant le millet ; *effusum* lat. « loin », « dispersé »

**Caractères :** plante haute de 50 à 120 cm, vert pâle et glabre ; feuilles atteignant 15 mm de large, à ligule mesurant jusqu'à 10 mm de long ; inflorescence longue de 10 à 40 cm, à rameaux espacés et souvent sinueux ; épillets longs de 2 à 4 mm, allongés à ovales

**Reproduction :** floraison de mai à juin ; hermaphrodite ; pollinisation par le vent ; dispersion des graines par les animaux

**Milieu :** forêts

**856 a** Plante à allure de roseau, croissant dans les lieux frais à humides ▶ ***Phalaris arundinacea***
**b** Plante ne ressemblant pas à un roseau, poussant dans les forêts ▶ ***Festuca altissima*** (p. 344)

**857 a** Feuilles de la tige filiformes, à section arrondie 858
**b** Feuilles de la tige planes ou en gouttière (au moins à leur base) 859

## *Holcus mollis* L. Houlque molle

**Famille :** Poaceae – Poacées, Graminées

**Nom :** *Holcus* origine incertaine ; *mollis* lat. « mou »

**Caractères :** plante haute de 30 à 80 cm, vert grisâtre ; nœuds longuement velus ; feuilles atteignant 8 mm de large, à ligule mesurant jusqu'à 5 mm de long ; inflorescence longue de 4 à 12 cm, à rameaux nombreux ; épillets longs de 4 à 8 mm, munis de courtes arêtes, souvent rougeâtres, au moins en partie

**Reproduction :** floraison de juin à juillet ; hermaphrodite ; pollinisation par le vent ; dispersion des graines par le vent

**Milieu :** prairies, cultures, forêts claires, lisières

## *Phalaris arundinacea* L. Alpiste faux roseau, Baldingère faux roseau

**Famille :** Poaceae – Poacées, Graminées

**Nom :** *Phalaris* grec « taché de blanc » ; *arundinacea* « ressemblant à un roseau »

**Caractères :** plante haute de 60 à 250 cm, à aspect de roseau mais de taille inférieure et à feuilles possédant une ligule ; feuilles atteignant 20 mm de large, à ligule mesurant jusqu'à 16 mm de long ; inflorescence longue de 10 à 25 cm, à rameaux nombreux ; épillets comprimés longs de 4 à 7 mm, souvent rougeâtres, au moins en partie, groupés en bouquets à l'extrémité des rameaux

**Reproduction :** floraison de juin à juillet ; hermaphrodite ; pollinisation par le vent ; dispersion des graines par le vent et les animaux

**Milieu :** berges (phalaridaie : roselière à Baldingère), fossés

**Bon à savoir :** reproduction végétative très active grâce à ses rhizomes souterrains. Une phalaridaie entière peut ainsi être constituée d'un unique individu ayant produit une multitude de tiges aériennes interconnectées sous la surface du sol.

**858 a** Plante luisante, à feuilles d'apparence grasse ou huileuse ▶ *Avenella flexuosa*

**b** Plante mate, ni luisante ni d'aspect gras ou huileux ▶ *Festuca ovina* (p. 345)

## *Festuca altissima* All. Fétuque des bois

**Famille :** Poaceae – Poacées, Graminées

**Nom :** *Festuca* lat. « chaume », « paille » ; *altissima* lat. « la plus haute »

**Caractères :** plante haute de 50 à 160 cm ; feuilles atteignant 15 mm de large, à ligule mesurant jusqu'à 5 mm de long ; inflorescence longue de 10 à 20 cm, à rameaux légèrement pendants ; épillets longs de 5 à 8 mm, vert-jaune

**Reproduction :** floraison de mai à juillet ; hermaphrodite ; pollinisation par le vent ; dispersion des graines par le vent

**Milieu :** forêts, notamment hêtraies et sapinières

## *Avenella flexuosa* (L.) Drejer, *Deschampsia flexuosa* (L.) Trin. Canche flexueuse

**Famille :** Poaceae – Poacées, Graminées

**Nom :** *Avenella* lat. « petite avoine » ; *Deschampsia*, d'après Louis-Auguste Deschamps, médecin français (1765-1842) ; *flexuosa* lat. « arqué »

**Caractères :** plante haute de 20 à 70 cm, luisante ; feuilles filiformes, d'un diamètre de 0,5 mm environ, de consistance huileuse ou grasse au toucher ; inflorescence longue de 5 à 15 cm, à rameaux généralement rougeâtres et sinueux ; épillets longs de 4 à 7 mm, souvent brun-rouge, munis d'arêtes mesurant 4 à 7 mm de long

**Reproduction :** floraison de juin à août ; hermaphrodite ; pollinisation par le vent ; dispersion des graines par le vent et les animaux

**Milieu :** marais, prairies et pâturages maigres, forêts claires

**859 a** Épillets longs de 3 mm au maximum ▶ *Agrostis canina*

**b** Épillets dépassant 5 mm de long ▶ *Festuca rubra* (p. 346)

## *Festuca ovina* L. Fétuque des moutons

**Famille :** Poaceae – Poacées, Graminées

**Nom :** *Festuca* lat. « chaume », « paille » ; *ovina* lat. « mouton »

**Caractères :** plante haute de 10 à 60 cm ; feuilles filiformes, d'un diamètre ne dépassant pas 1 mm, souvent vert grisâtre ; inflorescence longue de 2 à 12 cm, à rameaux espacés ; épillets longs de 4 à 10 mm, souvent violacés, au moins en partie, à arêtes mesurant jusqu'à 3 mm de long

**Reproduction :** floraison de mai à août ; hermaphrodite ; pollinisation par le vent ; dispersion des graines par le vent et les animaux

**Milieu :** pelouses sèches, pâturages, forêts claires, rochers

**Bon à savoir :** plante-hôte des chenilles de nombreux papillons, parmi lesquels le Moiré sylvicole *(Erebia aethiops)*, le Némusien *(Lasiommata maera)* et la Gorgone *(Lasiommata petropolitana)*.

## *Agrostis canina* L. Agrostide des chiens

**Famille :** Poaceae – Poacées, Graminées

**Nom :** *Agrostis* grec « rural » ; *canina* lat. « chien »

**Caractères :** plante haute de 20 à 60 cm, vert grisâtre, à tige souvent en partie couchée ; feuilles inférieures filiformes, celles de la tige atteignant 3 mm de large, à ligule mesurant jusqu'à 5 mm de long ; inflorescence atteignant 15 cm de long, très ramifiée, à rameaux contractés après la floraison ; épillets longs de 2 à 3 mm, souvent munis d'arêtes atteignant 5 mm de long

**Reproduction :** floraison de juin à août ; hermaphrodite ; pollinisation par le vent ; dispersion des graines par le vent et les animaux

**Milieu :** marais, forêts humides

**860 a** Inflorescence formée de 2 à 8 rameaux disposés comme les doigts d'une main au sommet de la tige **861**
**b** Inflorescence différente ▶ *Echinochloa crus-galli*

**861 a** Feuilles atteignant 10 mm de large ; inflorescence avec 3 à 8 rameaux ▶ *Digitaria sanguinalis* (p. 347)
**b** Feuilles ne dépassant pas 6 mm de large ; inflorescence avec 2 à 6 rameaux ▶ *Digitaria ischaemum* (p. 347)

## *Festuca rubra* L. Fétuque rouge

**Famille :** Poaceae – Poacées, Graminées

**Nom :** *Festuca* lat. « chaume », « paille » ; *rubra* lat. « rouge »

**Caractères :** plante haute de 20 à 100 cm ; feuilles inférieures filiformes, d'un diamètre de 1 mm tout au plus, celles de la tige atteignant 4 mm de large ; à ligule ne dépassant pas 0,5 mm de long ; inflorescence longue de 5 à 15 cm, à rameaux espacés ; épillets longs de 6 à 10 mm, souvent rougeâtres à violacés, au moins en partie, munis d'arêtes atteignant 3 mm de long

**Reproduction :** floraison de juin à septembre ; hermaphrodite ; pollinisation par le vent ; dispersion des graines par le vent

**Milieu :** marais, prairies, pâturages, forêts claires

**Bon à savoir :** plante-hôte des chenilles de plusieurs papillons : le Moiré blanc-fascié *(Erebia ligea)*, le Moiré franconien *(Erebia medusa)* et le Némusien *(Lasiommata maera)*. • Cultivée comme plante fourragère.

## *Echinochloa crus-galli* (L.) P. Beauv. Panic des marais, Pied-de-coq

**Famille :** Poaceae – Poacées, Graminées

**Nom :** *Echino-* grec « hérisson » ; *-chloa* grec « vert tendre », « herbe » ; *crus-* lat. « patte » ; *-galli* lat. « coq »

**Caractères :** plante annuelle, haute de 20 à 150 cm ; feuilles atteignant 15 mm de large, sans ligule ; inflorescence mesurant jusqu'à 20 cm de long, à plusieurs rameaux dressés obliquement et densément couverts d'épillets longs de 3 à 4 mm, souvent munis d'arêtes longues de 10 mm environ

**Reproduction :** floraison de juillet à septembre ; hermaphrodite ; pollinisation par le vent ; dispersion des graines par les animaux

**Milieu :** fossés, cultures, décombres, bords des chemins

**862 a** Épillets disposés ± sur toute la longueur des rameaux ▶ *Echinochloa crus-galli*
**b** Épillets groupés aux sommets des rameaux 863

**863 a** Épillets dépassant 10 mm de long (sans les arêtes) 864
**b** Épillets ne dépassant pas 10 mm de long 872 (p. 352)

**864 a** Épillets munis de soies raides (arêtes) dépassant 25 mm de long 865
**b** Arêtes ne dépassant pas 20 mm de long 866

## *Digitaria sanguinalis* (L.) Scop.
## Digitaire commune, Digitaire sanguine

**Famille :** Poaceae – Poacées, Graminées

**Nom :** *Digitaria* lat. « doigt » ; *sanguinalis* lat. « sang », « rouge sang »

**Caractères :** plante annuelle, haute de 10 à 60 cm, souvent partiellement lavée de rouge, à tige en partie couchée ; feuilles atteignant 10 mm de large, à ligule mesurant jusqu'à 2 mm de long ; inflorescence longue de 3 à 20 cm, à 3 à 8 rameaux dressés obliquement, densément couverts d'épillets rouge sombre longs de 2 à 4 mm

**Reproduction :** floraison de juillet à septembre ; hermaphrodite ; pollinisation par le vent ; dispersion des graines par les animaux (fourmis)

**Milieu :** jardins, cultures, décombres, bords des chemins

## *Digitaria ischaemum* (Schreb.) Muhl.
## Digitaire couchée, Digitaire filiforme

**Famille :** Poaceae – Poacées, Graminées

**Nom :** *Digitaria* lat. « doigt » ; *ischaemum* grec « antihémorragique »

**Caractères :** plante annuelle, haute de 10 à 50 cm, souvent partiellement lavée de rouge, à tige en partie couchée ; feuilles atteignant 6 mm de large, à ligule mesurant jusqu'à 2 mm de long ; inflorescence longue de 2 à 11 cm, avec 2 à 6 rameaux dressés obliquement, densément couverts d'épillets rouge violacé longs de 2 à 3 mm

**Reproduction :** floraison de juillet à septembre ; hermaphrodite ; pollinisation par le vent ; dispersion des graines par les animaux (fourmis)

**Milieu :** jardins, cultures, décombres, bords des chemins

**865 a** Feuilles larges de 5 mm au maximum, velues ▶ *Bromus sterilis* (p. 349)

**b** Feuilles dépassant 5 mm de large, glabres ▶ *Avena fatua*

**866 a** Rameaux de l'inflorescence arqués à pendants **867**

**b** Rameaux de l'inflorescence horizontaux ou un peu dressés obliquement **870**

**867 a** Épillets ne dépassant pas 15 mm de long (sans les arêtes) ; plante glabre ▶ *Festuca gigantea*

**b** Épillets dépassant 15 mm de long ; plante velue **868**

## *Avena fatua* L. Folle-avoine

**Famille :** Poaceae – Poacées, Graminées

**Nom :** *Avena* lat. « avoine » ; *fatua* lat. « niais », « fou », « sans goût »

**Caractères :** plante annuelle, haute de 40 à 120 cm ; feuilles atteignant 15 mm de large, à ligule mesurant jusqu'à 6 mm de long ; inflorescence longue de 10 à 40 cm, à rameaux espacés ; épillets longs de 18 à 25 mm, pendants, à arêtes longues de 25 à 40 mm

**Reproduction :** floraison de juillet à août ; hermaphrodite ; pollinisation par le vent ; dispersion des graines par le vent

**Milieu :** champs de céréales, jachères, talus ferroviaires

**Bon à savoir :** les inflorescences dépassent en général nettement en hauteur la céréale cultivée.

## *Festuca gigantea* (L.) Vill. Fétuque géante

**Famille :** Poaceae – Poacées, Graminées

**Nom :** *Festuca* lat. « chaume », « paille » ; *gigantea* lat. « géant »

**Caractères :** plante haute de 50 à 150 cm ; feuilles atteignant 20 mm de large, à ligule longue de 2 mm environ ; inflorescence longue de 10 à 50 cm, penchée, à rameaux espacés et pendants ; épillets longs de 10 à 15 mm, à arêtes longues de 10 à 20 mm

**Reproduction :** floraison de juin à août ; hermaphrodite ; pollinisation par le vent ; dispersion des graines par le vent

**Milieu :** forêts feuillues, surtout alluviales, coupes forestières

**868 a** Feuilles larges de 5 mm au maximum ▶ *Bromus sterilis*
**b** Feuilles dépassant 5 mm de large 869

**869 a** Inflorescence à rameaux pendant du même côté ▶ *Bromus benekenii*
**b** Inflorescence à rameaux pendant ± tout autour de la tige ▶ *Bromus ramosus* (p. 350)

## *Bromus sterilis* L. Brome stérile

**Famille :** Poaceae – Poacées, Graminées

**Nom :** *Bromus* grec désigne des graminées ressemblant à l'avoine ; *sterilis* lat. « stérile »

**Caractères :** plante annuelle, haute de 20 à 100 cm, velue ; feuilles atteignant 5 mm de large, à ligule mesurant 5 mm de long au maximum ; inflorescence longue de 10 à 25 cm, lâche, à rameaux arqués à pendants ; épillets comprimés, longs de 15 à 30 mm, souvent violacés, au moins en partie, à arêtes atteignant 30 mm de long

**Reproduction :** floraison de mai à juillet ; hermaphrodite ; pollinisation par le vent ; dispersion des graines par le vent et les animaux

**Milieu :** friches, bords des chemins, murs

## *Bromus benekenii* (Lange) Trimen
## Brome de Beneken

**Famille :** Poaceae – Poacées, Graminées

**Nom :** *Bromus* grec désigne des graminées ressemblant à l'avoine ; *benekenii* d'après F. Beneken, pharmacien et botaniste allemand (1800-1859)

**Caractères :** plante haute de 60 à 150 cm, vert pâle, velue ; feuilles atteignant 15 mm de large, à ligule longue de 4 mm au maximum ; inflorescence longue de 10 à 25 cm, arquée à penchée, les rameaux pendant tous du même côté ; épillets longs de 15 à 30 mm, comprimés, à arêtes mesurant jusqu'à 10 mm de long

**Reproduction :** floraison de juin à juillet ; hermaphrodite ; pollinisation par le vent ; dispersion des graines par le vent et les animaux

**Milieu :** forêts

**870 a** Épillets mesurant plus de 20 mm de long (sans les arêtes) ▶ *Bromus erectus*

**b** Épillets ne dépassant pas 20 mm de long 871 ▶

## *Bromus ramosus* Huds.
## Brome ramifié, Brome rude

**Famille :** Poaceae – Poacées, Graminées

**Nom :** *Bromus* grec désigne des graminées ressemblant à l'avoine ; *ramosus* lat. « rameux », « ramifié »

**Caractères :** plante haute de 60 à 80 cm, pubescente ; feuilles atteignant 15 mm de large, à ligule mesurant jusqu'à 6 mm de long ; inflorescence longue de 15 à 40 cm, penchée, à rameaux lâches et pendants ; épillets longs de 17 à 40 mm, comprimés, à arêtes atteignant 10 mm de long

**Reproduction :** floraison de juin à août ; hermaphrodite ; pollinisation par le vent ; dispersion des graines par le vent

**Milieu :** forêts

## *Bromus erectus* Huds.
## Brome dressé, Brome des prés

**Famille :** Poaceae – Poacées, Graminées

**Nom :** *Bromus* grec désigne des graminées ressemblant à l'avoine ; *erectus* lat. « dressé »

**Caractères :** plante haute de 30 à 100 cm ; feuilles larges de 4 mm au maximum, à marge régulièrement hérissée de poils dressés ; ligule mesurant jusqu'à 3 mm de long ; inflorescence longue de 5 à 20 cm, à rameaux dressés obliquement ; épillets longs de 20 à 40 mm, souvent violacés, au moins en partie, à arêtes atteignant 10 mm de long

**Reproduction :** floraison de mai à juillet ; hermaphrodite ; pollinisation par le vent ; dispersion des graines par le vent et les animaux (fourmis)

**Milieu :** pelouses sèches, prairies maigres, pâturages (pelouses mésophiles et xérophiles à brome)

**Bon à savoir :** plante-hôte des chenilles de plusieurs papillons : le Demi-deuil *(Melanargia galathea)*, le Moiré sylvicole *(Erebia aethiops)*, le Sylvandre *(Hipparchia fagi)*, le Silène *(Brintesia circe)*, le Moiré franconien *(Erebia medusa)* et la Mégère *(Lasiommata megera)*.

**871 a** Épillets munis de soies raides (arêtes), longues de 10 mm au moins ▶ ***Helictotrichon pubescens***

**b** Épillets à arêtes ne dépassant pas 10 mm de long ▶ ***Bromus hordeaceus***

## *Helictotrichon pubescens* (Huds.) Pilg.
## Avoine pubescente

**Famille :** Poaceae – Poacées, Graminées

**Nom :** *Helicto-* grec « tordu » ; *-trichon* grec « cheveu » ; *pubescens* lat. « à poils duveteux »

**Caractères :** plante haute de 30 à 120 cm ; feuilles larges de 6 mm au maximum, à ligule atteignant 8 mm de long ; inflorescence longue de 6 à 20 cm, à rameaux nombreux ; épillets longs de 10 à 20 mm, luisants, à arêtes longues de 10 à 20 mm

**Reproduction :** floraison de mai à juin ; hermaphrodite ; pollinisation par le vent ; dispersion des graines par le vent et les animaux

**Milieu :** prairies

## *Bromus hordeaceus* L.
## Brome fausse orge, Brome mou

**Famille :** Poaceae – Poacées, Graminées

**Nom :** *Bromus* grec désigne des graminées ressemblant à l'avoine ; *hordeaceus* lat. « ressemblant à l'orge » *(Hordeum)*

**Caractères :** plante annuelle, haute de 10 à 90 cm, vert grisâtre, couverte de poils mous ; feuilles atteignant 9 mm de large, à ligule ne dépassant pas 2 mm de long ; inflorescence longue de 3 à 15 cm, à rameaux courts et dressés ; épillets longs de 10 à 20 mm, ovales à allongés, à arêtes mesurant jusqu'à 10 mm de long

**Reproduction :** floraison de mai à juin ; hermaphrodite ; pollinisation par le vent ; dispersion des graines par le vent

**Milieu :** prairies fertilisées, bords des chemins

**872 a** Épillets ne dépassant pas 3 mm de long (sans les arêtes) ▶ *Apera spica-venti*

**b** Épillets mesurant au moins 4 mm de long 873

**873 a** Épillets mesurant au moins 8 mm de long (sans les arêtes) ▶ *Arrhenatherum elatius*

**b** Épillets ne dépassant pas 8 mm de long 874

**874 a** Épillets vert-jaune, luisants ▶ *Trisetum flavescens* (p. 353)

**b** Épillets souvent rougeâtres, mats ▶ *Holcus mollis* (p. 343)

## *Apera spica-venti* (L.) P. Beauv.
## Agrostide épi-du-vent, Plumette

**Famille :** Poaceae – Poacées, Graminées

**Nom :** *Apera* grec « non mutilé » ; *spica-* lat. « épi » ; *-venti* lat. « vent »

**Caractères :** plante annuelle, haute de 20 à 150 cm ; feuilles ne dépassant pas 5 mm de large, rudes, à ligule mesurant jusqu'à 10 mm de long ; inflorescence longue de 15 à 40 cm, à rameaux nombreux ; épillets longs de 2 à 3 mm, à arêtes atteignant 10 mm de long

**Reproduction :** floraison de juin à juillet ; hermaphrodite ; pollinisation par le vent ; dispersion des graines par le vent et les animaux

**Milieu :** champs de céréales, jachères, bords des chemins, talus ferroviaires

**Bon à savoir :** souvent envahissante dans les cultures de céréales qu'elle domine de sa haute taille.

## *Arrhenatherum elatius* (L.) J. et C. Presl
## Fenasse, Fromental

**Famille :** Poaceae – Poacées, Graminées

**Nom :** *Arrhen-* grec « mâle » ; *-atherum* grec « arête » ; *elatius* lat. « plus haut », « plus saillant »

**Caractères :** plante haute de 40 à 150 cm ; feuilles atteignant 10 mm de large, à ligule ne dépassant pas 3 mm de long ; inflorescence longue de 10 à 25 cm, à rameaux nombreux ; épillets longs de 8 à 10 mm, un peu luisants, souvent violacés, au moins en partie, à arêtes longues de 10 à 17 mm

**Reproduction :** floraison de juin à juillet ; hermaphrodite ; pollinisation par le vent ; dispersion des graines par le vent

**Milieu :** prairies fertilisées (arrhénathéraies), bords des chemins

**Bon à savoir :** parfois cultivée comme plante fourragère.

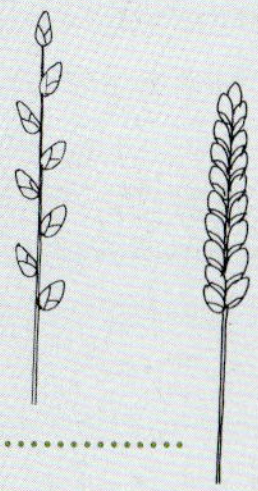

**875 a** Feuilles filiformes, de section circulaire, d'un diamètre ne dépassant pas 1 mm ▶ *Nardus stricta*

**b** Feuilles planes, larges de plus de 1 mm **876**

**876 a** Inflorescence lâche, à épillets disposés de façon régulière alternativement à gauche et à droite de la tige **877** ........................................

**b** Inflorescence dense, à épillets disposés différemment **882** (p. 356) ........................

## *Trisetum flavescens* (L.) P. Beauv.
## Avoine dorée, Avoine jaunâtre

**Famille :** Poaceae – Poacées, Graminées

**Nom :** *Tri-* lat. « trois » ; *-setum* lat. « soie » ; *flavescens* lat. « devenant jaune doré »

**Caractères :** plante haute de 30 à 80 cm ; feuilles atteignant 10 mm de large, à ligule ne dépassant pas 1 mm de long ; inflorescence longue de 5 à 20 cm, à rameaux nombreux ; épillets longs de 5 à 8 mm, jaunâtres, un peu luisants, à arêtes longues de 5 à 9 mm

**Reproduction :** floraison de mai à juillet ; hermaphrodite ; pollinisation par le vent ; dispersion des graines par le vent et les animaux

**Milieu :** prairies fertilisées (prairies à Avoine dorée)

**Bon à savoir :** souvent cultivée comme plante fourragère.

## *Nardus stricta* L. Nard raide

**Famille :** Poaceae – Poacées, Graminées

**Nom :** *Nardus* origine incertaine ; *stricta* lat. « raide », « rigide »

**Caractères :** plante haute de 10 à 30 cm ; feuilles filiformes, un peu raides, d'un diamètre de 0,5 mm environ ; inflorescence longue de 3 à 10 cm ; épillets longs de 5 à 9 mm, très minces, violet foncé, à arêtes ne dépassant pas 3 mm de long

**Reproduction :** floraison de mai à juillet ; hermaphrodite ; pollinisation par le vent ; dispersion des graines par les animaux

**Milieu :** prairies et pâturages maigres (nardaies)

**Bon à savoir :** plante-hôte de la chenille du Fadet commun (*Coenonympha pamphilus*). • brouté seulement à l'état de jeune pousse par le bétail, ce qui explique que l'espèce puisse devenir envahissante dans les pâturages sur sols maigres.

**877 a** Épillets appliqués contre la tige par leur face latérale (large) 878

**b** Épillets appliqués contre la tige par leur dos (étroit) 881

**878 a** Épillets ne dépassant pas 20 mm de long (sans les arêtes) 879

**b** Épillets mesurant plus de 20 mm de long 880

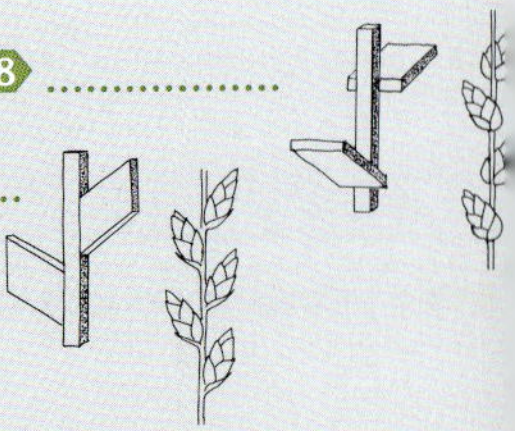

## *Elymus caninus* (L.) L. Chiendent des chiens

**Famille :** Poaceae – Poacées, Graminées

**Nom :** *Elymus* origine incertaine ; *caninus* lat. « chien »

**Caractères :** plante haute de 50 à 150 cm ; feuilles atteignant 13 mm de large, sillonnées sur le dessus, à ligule ne dépassant pas 1 mm de long ; inflorescence longue de 5 à 20 cm, souvent un peu penchée ou pendante ; épillets longs de 10 à 18 mm, à arêtes atteignant 20 mm de long, disposés alternativement et régulièrement à gauche et à droite de la tige

**Reproduction :** floraison de juin à juillet ; hermaphrodite ; pollinisation par le vent ; dispersion des graines par les animaux

**Milieu :** forêts feuillues, bords des chemins, éboulis ombragés

## *Elymus repens* (L.) Gould
## Chiendent rampant, Chiendent officinal

**Famille :** Poaceae – Poacées, Graminées

**Nom :** *Elymus* origine incertaine ; *repens* lat. « rampant »

**Caractères :** plante haute de 30 à 150 cm ; feuilles atteignant 12 mm de large, à ligule ne dépassant pas 1 mm de long ; inflorescence longue de 5 à 15 cm ; épillets longs de 8 à 18 mm, disposés alternativement et régulièrement à gauche et à droite de la tige

**Reproduction :** floraison de juin à juillet ; hermaphrodite ; pollinisation par le vent ; dispersion des graines par les animaux

**Milieu :** cultures, bords des chemins

**Bon à savoir :** le Chiendent rampant se répand rapidement grâce à ses racines et ses rhizomes souterrains. Dans la mesure où même un simple fragment de racine ou de rhizome suffit à produire un nouveau pied, c'est une espèce très difficile à combattre. • L'infusion des rhizomes séchés est utilisée pour combattre les inflammations rénales et urinaires, les éruptions cutanées et les maladies rhumatismales.

**879 a** Épillets munis de soies raides (arêtes) longues de 7 mm au moins ▶ ***Elymus caninus*** (p. 354) ........

**b** Épillets sans arêtes ou à arêtes plus courtes et peu distinctes ▶ ***Elymus repens*** (p. 354)

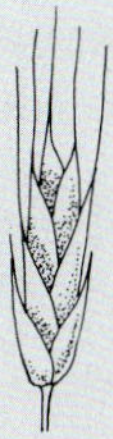

**880 a** Épillets munis de soies raides (arêtes) longues de 10 mm au moins ▶ ***Brachypodium sylvaticum***

**b** Arêtes ne dépassant pas 7 mm de long ▶ ***Brachypodium pinnatum***

## *Brachypodium sylvaticum* (Huds.) P. Beauv.
## Brachypode des bois

**Famille :** Poaceae – Poacées, Graminées

**Nom :** *Brachy-* grec « court » ; *-podium* grec « pied » ; *sylvaticum* lat. « forêt »

**Caractères :** plante haute de 50 à 120 cm, vert sombre ; feuilles atteignant 12 mm de large, à ligule mesurant jusqu'à 6 mm de long ; inflorescence longue de 7 à 20 cm, penchée à pendante ; épillets longs de 20 à 40 mm, vert pâle, à arêtes longues de 10 à 15 mm, disposés alternativement à gauche et à droite de la tige

**Reproduction :** floraison de juillet à septembre ; hermaphrodite ; pollinisation par le vent ; dispersion des graines par le vent

**Milieu :** forêts feuillues, surtout alluviales

**Bon à savoir :** plante-hôte des chenilles du Demi-deuil *(Melanargia galathea)*, de la Bacchante *(Lopinga achine)* et du Fadet de la mélique *(Coenonympha glycerion)*.

## *Brachypodium pinnatum* (L.) P. Beauv.
## Brachypode penné

**Famille :** Poaceae – Poacées, Graminées

**Nom :** *Brachy-* grec « court » ; *-podium* grec « pied » ; *pinnatum* lat. « penné »

**Caractères :** plante haute de 40 à 120 cm, vert clair ; feuilles atteignant 6 mm de large, à ligule ne dépassant pas 2 mm de long ; inflorescence longue de 5 à 15 cm ; épillets longs de 20 à 40 mm, vert-jaune, à arêtes mesurant jusqu'à 7 mm de long, disposés alternativement à gauche et à droite de la tige

**Reproduction :** floraison de juin à août ; hermaphrodite ; pollinisation par le vent ; dispersion des graines par le vent et les animaux

**Milieu :** prairies et pâturages maigres, forêts claires, lisières

**Bon à savoir :** plante-hôte des chenilles du Demi-deuil *(Melanargia galathea)* et du Moiré sylvicole *(Erebia aethiops)*.

**881 a** Épillets munis de soies raides (arêtes) atteignant 15 mm de long ▶ ***Lolium multiflorum***
**b** Épillets sans arêtes ▶ ***Lolium perenne***

**882 a** Épillets munis de soies raides (arêtes) atteignant au moins 6 mm de long 883▶
**b** Épillets sans arêtes ou à arêtes courtes et peu distinctes 887▶

**883 a** Arêtes longues de 15 mm au moins ▶ ***Hordelymus europaeus***
**b** Arêtes ne dépassant pas 10 mm de long 884▶

## *Lolium multiflorum* Lam. Ray-grass d'Italie

**Famille :** Poaceae – Poacées, Graminées

**Nom :** *Lolium* par analogie avec les symptômes d'ébriété produits par l'Ivraie enivrante *(Lolium temulentum)* ; *multi-* lat. « nombreux » ; *-florum* lat. « fleur »

**Caractères :** plante haute de 30 à 100 cm ; feuilles atteignant 10 mm de large, luisantes en dessous, à ligule ne dépassant pas 2 mm de long ; inflorescence longue de 15 à 30 cm, à sommet généralement arqué à penché ; épillets longs de 10 à 30 mm, à arêtes atteignant 15 mm de long, disposés alternativement à gauche et à droite de la tige

**Reproduction :** floraison de juin à août ; hermaphrodite ; pollinisation par le vent ; dispersion des graines par le vent

**Milieu :** prairies, pâturages, bords des chemins, décombres

**Bon à savoir :** souvent cultivé comme plante fourragère.

## *Lolium perenne* L. Ray-grass anglais

**Famille :** Poaceae – Poacées, Graminées

**Nom :** *Lolium* par analogie avec les symptômes d'ébriété produits par l'Ivraie enivrante *(Lolium temulentum)* ; *perenne* lat. « vivace »

**Caractères :** plante haute de 20 à 70 cm ; feuilles ne dépassant pas 4 mm de large, sillonnées sur le dessus et luisantes en dessous ; ligule mesurant jusqu'à 2 mm de long ; inflorescence longue de 5 à 25 cm ; épillets longs de 5 à 20 mm, disposés alternativement à gauche et à droite de la tige

**Reproduction :** floraison de juin à septembre ; hermaphrodite ; pollinisation par le vent ; dispersion des graines par le vent et les animaux

**Milieu :** gazons, prairies, pâturages (prairies pâturées à Ray-grass), bords des chemins

**Bon à savoir :** très souvent cultivé comme plante fourragère ; espèce très fréquemment utilisée pour les pelouses d'agrément et les terrains de sport.

**884 a** Épillets longs de 4 mm au moins (sans les arêtes) 885
**b** Épillets ne dépassant pas 3 mm de long 886

**885 a** Épillets longs de 6 mm au moins (sans les arêtes) ; feuilles ne dépassant pas 7 mm de large
▶ *Anthoxanthum odoratum*
**b** Épillets ne dépassant pas 7 mm de long ; feuilles les plus grandes atteignant 10 mm de large
▶ *Alopecurus pratensis* (p. 358)

## *Hordelymus europaeus* (L.) Harz **Orge d'Europe**

**Famille :** Poaceae – Poacées, Graminées

**Nom :** *Hord-* lat. « orge » *(Hordeum)* ; *-elymus* origine incertaine ; *europaeus* lat. « d'Europe »

**Caractères :** plante haute de 50 à 120 cm, pubescente ; feuilles atteignant 15 mm de large, à ligule ne dépassant pas 0,5 mm de long environ ; inflorescence longue de 4 à 10 cm, à épillets serrés, longs de 10 mm environ, munis d'arêtes longues de 10 à 25 mm

**Reproduction :** floraison de juin à août ; hermaphrodite ; pollinisation par le vent ; dispersion des graines par le vent

**Milieu :** forêts, notamment hêtraies et sapinières

**Bon à savoir :** plante-hôte de la chenille du Mélibée *(Coenonympha hero).*

## *Anthoxanthum odoratum* L. **Flouve odorante**

**Famille :** Poaceae – Poacées, Graminées

**Nom :** *Antho-* grec « fleur » ; *-xanthum* grec « jaune » ; *odoratum* lat. « parfumé »

**Caractères :** plante haute de 15 à 60 cm ; feuilles atteignant 7 mm de long, à ligule mesurant jusqu'à 5 mm de longueur ; inflorescence longue de 2 à 8 cm et épaisse de 5 à 20 mm, à épillets jaunâtres, plutôt serrés et dressés obliquement, longs de 6 à 12 mm et munis d'arêtes longues de 6 à 9 mm

**Reproduction :** floraison d'avril à juin ; hermaphrodite ; pollinisation par le vent ; dispersion des graines par le vent et les animaux

**Milieu :** marais, prairies, pâturages, landes, forêts claires

**Bon à savoir :** quand on les froisse, les feuilles répandent un parfum de coumarine, semblable à celui de l'Aspérule odorante (p. 100). • Plante-hôte des chenilles de plusieurs papillons : le Fadet commun *(Coenonympha pamphilus)*, le Moiré sylvicole *(Erebia aethiops)* et plusieurs autres espèces de moirés *(Erebia sp.)*.

**886 a** Soies raides (arêtes) des épillets vertes ; plante vert franc ▶ *Setaria viridis*

**b** Arêtes des épillets jaunâtres ou rougeâtres ; plante vert grisâtre ▶ *Setaria pumila* (p. 359)

**887 a** Épillets disposés d'un seul côté de la tige ▶ *Cynosurus cristatus* (p. 359)

**b** Épillets disposés tout autour de la tige **888**

### *Alopecurus pratensis* L. Vulpin des prés

**Famille :** Poaceae – Poacées, Graminées

**Nom :** *Alopec-* grec « renard » ; *-urus* grec « queue » ; *pratensis* lat. « prairie »

**Caractères :** plante haute de 30 à 100 cm ; feuilles atteignant 10 mm de large, à ligule mesurant jusqu'à 4 mm de long ; inflorescence dense, longue de 3 à 10 cm et épaisse de 5 à 15 mm, à épillets serrés, longs de 4 à 7 mm et munis d'arêtes mesurant 6 à 10 mm de long

**Reproduction :** floraison de mai à juillet ; hermaphrodite ; pollinisation par le vent ; dispersion des graines par le vent et les animaux

**Milieu :** prairies fertilisées

**Bon à savoir :** cultivé comme plante fourragère.

### *Setaria viridis* (L.) P. Beauv.
### Sétaire verte, Moha de Hongrie

**Famille :** Poaceae – Poacées, Graminées

**Nom :** *Setaria* lat. « soie » ; *viridis* lat. « vert »

**Caractères :** plante annuelle, haute de 5 à 60 cm ; feuilles atteignant 15 mm de large, rudes sur leurs marges, à ligule remplacée par des poils ; inflorescence dense, longue de 2 à 10 cm et épaisse de 10 mm au maximum, hérissée de soies vertes mesurant jusqu'à 10 mm de long, à épillets serrés longs de 2 à 3 mm

**Reproduction :** floraison de juillet à septembre ; hermaphrodite ; pollinisation par le vent ; dispersion des graines par les animaux

**Milieu :** cultures, jachères, bords des chemins

**888 a** Inflorescence ne dépassant pas 6 cm de long et 7 mm d'épaisseur 890
**b** Inflorescence en principe nettement plus grande 889

## *Setaria pumila* (Poir.) Roem. et Schult.
## Sétaire glauque

**Famille :** Poaceae – Poacées, Graminées

**Nom :** *Setaria* lat. « soie » ; *pumila* lat. « nain »

**Caractères :** plante annuelle, haute de 5 à 60 cm, vert grisâtre ; feuilles atteignant 10 mm de large, à ligule remplacée par des poils ; inflorescence dense, longue de 3 à 10 cm et épaisse de 10 mm au maximum, hérissée de soies jaunâtres ou rougeâtres mesurant jusqu'à 10 mm de long, à épillets serrés, longs de 3 mm environ

**Reproduction :** floraison de juillet à septembre ; hermaphrodite ; pollinisation par le vent ; dispersion des graines par les animaux

**Milieu :** cultures, jachères, bords des chemins

## *Cynosurus cristatus* L.
## Crételle, Crételle des prés

**Famille :** Poaceae – Poacées, Graminées

**Nom :** *Cynos-* grec « chien » ; *-urus* grec « queue » ; *cristatus* lat. « muni d'une crête »

**Caractères :** plante haute de 15 à 60 cm ; feuilles atteignant 6 mm de large, à ligule ne dépassant pas 2 mm de long ; inflorescence longue de 2 à 10 cm et large jusqu'à 10 mm, à épillets longs de 3 à 5 mm, tous disposés du même côté de la tige, laissant ainsi apparaître de l'autre côté le profil en zigzag du sommet de celle-ci

**Reproduction :** floraison de juin à juillet ; hermaphrodite ; pollinisation par le vent ; dispersion des graines par le vent et les animaux

**Milieu :** prairies et pâturages (pré pâturé à Crételle)

**Bon à savoir :** plante-hôte des chenilles de plusieurs papillons : le Fadet commun *(Coenonympha pamphilus)* et le Fadet de la mélique *(Coenonympha glycerion)*.
• Cultivée comme plante fourragère.

**889 a** Inflorescence plus lâche dans sa partie inférieure qu'au sommet ▶ *Koeleria pyramidata*
**b** Inflorescence de densité à peu près constante ▶ *Phleum pratense*

## *Koeleria pyramidata* (Lam.) P. Beauv. Koelérie à crêtes, Koelérie pyramidale

**Famille :** Poaceae – Poacées, Graminées

**Nom :** *Koeleria* d'après Georg Ludwig Koeler, médecin et botaniste allemand (1765-1807) ; *pyramidata* grec « en forme de pyramide »

**Caractères :** plante haute de 10 à 120 cm ; feuilles atteignant 4 mm de large, sillonnées, à marge ciliée, munies d'une ligule ne dépassant pas 1 mm de long ; inflorescence longue de 5 à 20 cm, à épillets plus serrés en haut qu'en bas, longs de 4 à 8 mm, présentant souvent des reflets argentés

**Reproduction :** floraison de juin à juillet ; hermaphrodite ; pollinisation par le vent ; dispersion des graines par le vent et les animaux

**Milieu :** pelouses sèches, chênaies et pinèdes claires

## *Phleum pratense* L. Fléole des prés

**Famille :** Poaceae – Poacées, Graminées

**Nom :** *Phleum* grec « regorger », « déborder » ; *pratense* lat. « prairie »

**Caractères :** plante haute de 30 à 150 cm, vert glauque ; feuilles atteignant 9 mm de large, rudes, à ligule mesurant jusqu'à 6 mm de long ; inflorescence dense, longue de 5 à 12 cm, à épillets serrés, longs de 3 à 4 mm, munis d'arêtes longues de 2,5 mm

**Reproduction :** floraison de juin à août ; hermaphrodite ; pollinisation par le vent ; dispersion des graines par le vent et les animaux

**Milieu :** prairies fertilisées, pâturages

**Bon à savoir :** très souvent cultivée comme plante fourragère.

**890 a** Épillets atteignant 4 mm de long, munis de soies raides (arêtes) ▶ *Alopecurus geniculatus*
**b** Épillets ne dépassant pas 3 mm de long, sans arêtes ou celles-ci peu distinctes ▶ *Alopecurus aequalis*

## *Alopecurus geniculatus* L. Vulpin genouillé

**Famille :** Poaceae – Poacées, Graminées

**Nom :** *Alopec-* grec « renard » ; *-urus* grec « queue » ; *geniculatus* lat. « genouillé », « noueux »

**Caractères :** plante haute de 10 à 50 cm, vert grisâtre, à tige en partie couchée ; feuilles atteignant 8 mm de large, à ligule mesurant jusqu'à 5 mm de long ; inflorescence dense, longue de 2 à 5 cm et épaisse de 3 à 7 mm, à épillets serrés, longs de 2 à 4 mm et munis d'arêtes atteignant 5 mm

**Reproduction :** floraison de mai à septembre ; hermaphrodite ; autopollinisation ; dispersion des graines par le vent et les animaux

**Milieu :** fossés, prairies humides

## *Alopecurus aequalis* Sobol. Vulpin fauve, Vulpin roux

**Famille :** Poaceae – Poacées, Graminées

**Nom :** *Alopec-* grec « renard » ; *-urus* grec « queue » ; *aequalis* lat. « de forme identique », « de taille égale »

**Caractères :** plante haute de 10 à 40 cm, vert grisâtre, à tige en partie couchée ; feuilles atteignant 8 mm de large, à ligule mesurant jusqu'à 5 mm de long ; inflorescence dense, longue de 2 à 6 cm et large de 3 à 6 mm, à épillets serrés, longs de 1 à 3 mm et munis d'arêtes atteignant 3 mm

**Reproduction :** floraison de mai à septembre ; hermaphrodite ; autopollinisation ; dispersion des graines par le vent et les animaux

**Milieu :** fossés, prairies humides

**901** Chez les Laîches *(Carex)*, les fleurs sont groupées en inflorescences partielles appelées épis. Chez une partie des espèces, les épis sont situés côte à côte au sommet de la tige, alors que chez d'autres, ils sont répartis le long de celle-ci ; les épis inférieurs sont alors parfois cachés par les feuilles **902** (p. 392)

**902 a** Plante formant de grosses touffes atteignant 40 cm de haut sur lesquelles elle se développe ▶ ***Carex elata*** (p. 363)
**b** Plante ne formant pas de grosses touffes **903**

**903 a** Épis supérieurs différents des épis inférieurs **904** ....................
**b** Épis tous ± semblables **919** (p. 370) ..............................................

**904 a** Inflorescence longue en général de plus de 5 cm (épis inférieurs parfois cachés dans les feuilles) **905**
**b** Inflorescence ne dépassant pas 5 cm de long **913** (p. 366)

**905 a** Feuilles nettement pubescentes, notamment en dessous ▶ ***Carex hirta***
**b** Feuilles glabres **906**

**906 a** Tige à 3 angles aigus **907**
**b** Tige à 3 angles émoussés ou presque ronde **910**

**907 a** Grandes feuilles à section en M ou en W **908**
**b** Grandes feuilles à section différente **909**

**908 a** Plante croissant en touffes denses ; feuilles larges de 2 à 5 mm ▶ ***Carex elata*** (p. 363)
**b** Plante à croissance plus lâche ; feuilles les plus larges de 4 à 10 mm ▶ ***Carex acutiformis*** (p. 363)

## *Carex hirta* L. Laîche hérissée

**Famille :** Cyperaceae – Cypéracées

**Nom :** *Carex* grec « couper » ; *hirta* lat. « hirsute », « hérissé »

**Caractères :** plante haute de 10 à 70 cm ; feuilles larges de 2 à 6 mm, raides, velues surtout en dessous ; inflorescences avec 1 à 3 épis mâles au sommet (longs de 10 à 30 mm) et 2 à 4 épis femelles inférieurs, courtement pédonculés (longs de 10 à 45 mm), à utricules verts, pubescents et écailles brun verdâtre

**Reproduction :** floraison d'avril à juin ; monoïque ; pollinisation par le vent ; dispersion des graines par le vent

**Milieu :** fossés, bords des chemins humides

## *Carex elata* All. Laîche élevée

**Famille :** Cyperaceae – Cypéracées

**Nom :** *Carex* grec « couper » ; *elata* lat. « haut », « élevé »

**Caractères :** plante haute de 20 à 100 cm, formant de grosses touffes denses (touradons) ; tige à 3 angles aigus, rude ; feuilles larges de 2 à 5 mm, raides, très rudes, vert grisâtre, les plus grandes à section en M ou en W ; inflorescence à 1 à 3 épis mâles noirâtres rapprochés au sommet (longs de 20 à 70 mm), et 1 à 4 épis femelles inférieurs, à peine pédonculés ; utricules verts à noirs et écailles brun foncé

**Reproduction :** floraison en mai ; monoïque ; pollinisation par le vent ; dispersion des graines par le vent

**Milieu :** berges, fossés, marais, tourbières (cariçaie à Laîche élevée)

## *Carex acutiformis* Ehrh.
## Laîche des marais, Fausse laîche aiguë

**Famille :** Cyperaceae – Cypéracées

**Nom :** *Carex* grec « couper » ; *acuti-* lat. « aiguisé », « pointu » ; *-formis* lat. « en forme de »

**Caractères :** plante haute de 50 à 120 cm ; tige à 3 angles aigus, rude ; feuilles larges de 4 à 10 mm, raides et très rudes, vert glauque, les plus grandes à section en M ou en W ; inflorescence longue de 10 à 25 cm, constituée au sommet de 2 à 6 épis mâles brun foncé (longs de 20 à 40 mm), et inférieurement de 2 à 6 épis femelles à très court pédoncule (longs de 20 à 70 mm et épais de 5 à 8 mm) ; utricules vert grisâtre et écailles brun rougeâtre

**Reproduction :** floraison de mai à juin ; monoïque ; pollinisation par le vent ; dispersion des graines par le vent

**Milieu :** berges, fossés, marais

**909 a** Feuilles larges de 1 à 4 mm ▶ *Carex nigra*

**b** Feuilles les plus larges de 5 à 10 mm ▶ *Carex acuta*

**910 a** Pédoncule des épis inférieurs atteignant à peine 2 cm de long **911**

**b** Pédoncule des épis inférieurs dépassant en général 2 cm de long **912**

## *Carex nigra* (L.) Reichard
## Laîche brune, Laîche noire

**Famille :** Cyperaceae – Cypéracées

**Nom :** *Carex* grec « couper » ; *nigra* lat. « noir »

**Caractères :** plante haute de 5 à 50 cm ; tige à 3 angles aigus ; feuilles larges de 1 à 4 mm, raides, vert grisâtre ; inflorescence constituée au sommet de 1 à 2 épis mâles sombres (longs de 8 à 30 mm), et inférieurement de 1 à 4 épis femelles, dépourvus de pédoncule (longs de 10 à 60 mm) ; utricules verts à noirs et écailles brun rougeâtre ou noires

**Reproduction :** floraison de mai à août ; monoïque ; pollinisation par le vent ; dispersion des graines par le vent et les animaux

**Milieu :** tourbières

## *Carex acuta* L. Laîche aiguë

**Famille :** Cyperaceae – Cypéracées

**Nom :** *Carex* grec « couper » ; *acuta* lat. « aiguisé », « aigu »

**Caractères :** plante haute de 30 à 150 cm ; tige à 3 angles aigus ; feuilles larges de 5 à 10 mm, rudes ; inflorescence atteignant 30 cm de long, constituée au sommet de 1 à 4 épis mâles (longs de 20 à 60 mm), et inférieurement de 2 à 7 épis femelles espacés les uns des autres, à peine pédonculés, souvent arqués et penchés (longs de 20 à 100 mm) ; utricules brun jaunâtre et écailles brun noirâtre

**Reproduction :** floraison de mai à juin ; monoïque ; pollinisation par le vent ; dispersion des graines par le vent

**Milieu :** berges, marais (cariçaie à Laîche aiguë)

**911 a** Épis inférieurs atteignant à peine 30 mm de long ▶ *Carex panicea*
**b** Épis inférieurs dépassant 30 mm de long ▶ *Carex rostrata*

## *Carex panicea* L.
## Laîche bleuâtre, Laîche faux panic

**Famille :** Cyperaceae – Cypéracées

**Nom :** *Carex* grec « couper » ; *panicea* lat. « millet », « pain »

**Caractères :** plante haute de 15 à 50 cm ; tige à 3 angles peu marqués ; feuilles larges de 2 à 5 mm, raides, vert grisâtre ; inflorescence longue de 5 à 20 cm, constituée au sommet d'un épi mâle (long de 15 à 20 mm), et inférieurement de 1 à 3 épis femelles, souvent pédonculés (longs de 10 à 30 mm et épais de 5 à 6 mm) ; utricules vert pâle à brun-rouge et écailles brun rougeâtre foncé

**Reproduction :** floraison d'avril à juin ; monoïque ; pollinisation par le vent ; dispersion des graines par le vent

**Milieu :** tourbières, prairies humides

## *Carex rostrata* Stokes
## Laîche en vessie, Laîche à bec

**Famille :** Cyperaceae – Cypéracées

**Nom :** *Carex* grec « couper » ; *rostrata* lat. « muni d'un bec »

**Caractères :** plante haute de 30 à 80 cm ; tige à 3 angles peu marqués ; feuilles larges de 2 à 8 mm, raides, vert grisâtre ; inflorescence longue de 5 à 25 cm, constituée au sommet de 2 à 4 épis mâles brun clair, pédonculés (longs de 20 à 60 mm), et inférieurement de 1 à 5 épis femelles à pédoncule très court (longs de 20 à 60 mm et épais de 5 à 10 mm) ; utricules jaunâtres, luisants, écailles brun rouille

**Reproduction :** floraison de mai à juin ; monoïque ; pollinisation par le vent ; dispersion des graines par le vent et les animaux

**Milieu :** berges, fossés, marais, tourbières (cariçaie à Laîche en vessie)

**912 a** Feuilles les plus grandes à section en M ou en W ▶ *Carex sylvatica*

**b** Feuilles à section différente ▶ *Carex flacca*

**913 a** Épis inférieurs cylindriques ou globuleux, d'un diamètre de 3 mm au moins 914

**b** Épis inférieurs minces et allongés, d'un diamètre inférieur à 3 mm 918

## *Carex sylvatica* Huds. Laîche des bois

**Famille :** Cyperaceae – Cypéracées

**Nom :** *Carex* grec « couper » ; *sylvatica* lat. « forêt »

**Caractères :** plante haute de 20 à 70 cm ; tige à 3 angles ; feuilles larges de 3 à 8 mm, les plus grandes à section en M ou en W ; inflorescence longue de 10 à 25 cm, constituée au sommet d'un épi mâle (long de 20 à 40 mm), et inférieurement de 2 à 6 épis femelles longuement pédonculés et généralement pendants (longs de 20 à 70 mm et épais de 3 à 5 mm) ; utricules verts et écailles vert olive

**Reproduction :** floraison de mai à juin ; monoïque ; pollinisation par le vent ; dispersion des graines par le vent et les animaux

**Milieu :** forêts

**Bon à savoir :** plante-hôte de la chenille du Moiré blanc-fascié *(Erebia ligea)*.

## *Carex flacca* Schreb. Laîche glauque

**Famille :** Cyperaceae – Cypéracées

**Nom :** *Carex* grec « couper » ; *flacca* lat. « mou », « flasque »

**Caractères :** plante haute de 10 à 80 cm ; tige à 3 angles peu marqués ; feuilles larges de 2 à 5 mm, raides, vert glauque en dessous ; inflorescence longue de 5 à 15 cm, constituée au sommet de 2 à 4 épis mâles pédonculés (longs de 20 à 40 mm) et inférieurement de 2 à 4 épis femelles longuement pédonculés et pendants (longs de 10 à 50 mm et épais de 3 à 7 mm) ; utricules vert glauque et écailles brun rougeâtre foncé

**Reproduction :** floraison d'avril à juin ; monoïque ; pollinisation par le vent ; dispersion des graines par le vent et les animaux

**Milieu :** tourbières, prairies et pâtures humides ou sèches, forêts

**914 a** Tige à 3 angles aigus **915**

**b** Tige à 3 angles peu marqués **916**

**915 a** Épis inférieurs presque globuleux, longs de 5 à 8 mm ▶ *Carex pilulifera*

**b** Épis inférieurs allongés, longs de 5 à 25 mm ▶ *Carex pallescens*

## *Carex pilulifera* L.
## Laîche à boulettes, Laîche à pilules

**Famille :** Cyperaceae – Cypéracées

**Nom :** *Carex* grec « couper » ; *piluli-* lat. « pilule » ; *-fera* lat « qui porte »

**Caractères :** plante haute de 10 à 40 cm ; tige à 3 angles aigus ; feuilles larges de 1,5 à 3 mm, raides ; inflorescence longue de 1,5 à 3 cm, constituée au sommet d'un épi mâle (long de 5 à 10 mm), et inférieurement de 2 à 5 épis femelles, sans pédoncule, plus ou moins globuleux (longs et larges de 5 à 8 mm) ; utricules vert grisâtre, pubescents, écailles brunes

**Reproduction :** floraison d'avril à mai ; monoïque ; pollinisation par le vent ; dispersion des graines par le vent et les animaux (fourmis)

**Milieu :** pelouses sèches, landes, forêts claires, coupes forestières

## *Carex pallescens* L. Bleiche Segge, Bleich-Segge

**Famille :** Cyperaceae – Cypéracées

**Nom :** *Carex* grec « couper » ; *pallescens* lat. « qui devient blafard », « pâlissant »

**Caractères :** plante haute de 20 à 50 cm ; tige à 3 angles aigus, rude ; feuilles larges de 2 à 5 mm, vert-jaune, faiblement pubescentes en dessous ; inflorescence longue de 1,5 à 4 cm, constituée au sommet d'un épi mâle (long de 7 à 15 mm), et inférieurement de 1 à 3 épis femelles, souvent pédonculés (longs de 5 à 25 mm et épais de 5 mm environ) ; utricules vert-jaune et luisants, écailles jaunâtres

**Reproduction :** floraison en mai ; monoïque ; pollinisation par le vent ; dispersion des graines par le vent et les animaux (fourmis)

**Milieu :** tourbières, prairies et pâturages maigres, landes, coupes forestières

**916 a** Plante croissant dans des lieux frais à humides ▶ *Carex flava*
**b** Plante poussant dans des milieux plutôt secs **917**

**917 a** Feuilles ne dépassant pas 2 mm de large, essentiellement vert pâle, sauf la base qui est d'un rouge brillant ▶ *Carex montana*
**b** Feuilles atteignant 4 mm de large, vert foncé ou grisâtre, brunâtres à la base ▶ *Carex caryophyllea* (p. 369)

## *Carex flava* L. Laîche jaunâtre

**Famille :** Cyperaceae – Cypéracées

**Nom :** *Carex* grec « couper » ; *flava* lat. « jaune d'or »

**Caractères :** plante haute de 10 à 60 cm ; tige à 3 angles ; feuilles larges de 1 à 5 mm, vert pâle ; inflorescence longue de 3 cm environ, constituée au sommet d'un épi mâle (long de 8 à 30 mm), et inférieurement de 2 à 4 épis femelles comme « épineux » (longs de 6 à 15 mm et épais de 7 à 12 mm) ; utricules vert jaunâtre et écailles brunâtres

**Reproduction :** floraison de juin à juillet ; monoïque ; pollinisation par le vent ; dispersion des graines par l'eau et les animaux

**Milieu :** marais, tourbières

## *Carex montana* L. Laîche des montagnes

**Famille :** Cyperaceae – Cypéracées

**Nom :** *Carex* grec « couper » ; *montana* lat. « montagne »

**Caractères :** plante haute de 10 à 30 cm ; tige à 3 angles ; feuilles larges de 1,5 à 2 mm, vert pâle, sauf la base qui est rougeâtre, luisantes, un peu pubescentes sur le dessus ; inflorescence longue de 1,5 à 2 cm, constituée au sommet d'un épi mâle (long de 10 à 20 mm), et inférieurement de 1 à 5 épis femelles ovales et sans pédoncule (longs de 5 à 8 mm et épais de 4 à 6 mm) ; utricules brunâtres, pubescents, écailles d'un violet noirâtre

**Reproduction :** floraison d'avril à mai ; monoïque ; pollinisation par le vent ; dispersion des graines par les animaux (fourmis)

**Milieu :** pelouses sèches, forêts claires

**918 a** Épi inférieur éloigné des autres épis ▶ *Carex digitata*

**b** Tous les épis groupés côte à côte ▶ *Carex ornithopoda* (p. 370)

## *Carex caryophyllea* Latourr. Laîche printanière

**Famille :** Cyperaceae – Cypéracées

**Nom :** *Carex* grec « couper » ; *caryo-* grec « noix » ; *-phyllea* grec « feuille »

**Caractères :** plante haute de 10 à 30 cm ; tige à 3 angles ; feuilles larges de 1 à 4 mm, raides, vert grisâtre à foncé ; inflorescence longue de 2 à 3 cm, constituée au sommet d'un épi mâle (long de 10 à 20 mm), et inférieurement de 1 à 4 épis femelles sans pédoncule (longs de 5 à 15 mm et épais de 3 à 5 mm) ; utricules brun jaunâtre, écailles brunes

**Reproduction :** floraison de mars à avril ; monoïque ; pollinisation par le vent ; dispersion des graines par les animaux

**Milieu :** prairies et pâtures sèches, forêts claires

## *Carex digitata* L. Laîche digitée

**Famille :** Cyperaceae – Cypéracées

**Nom :** *Carex* grec « couper » ; *digitata* lat. « digité »

**Caractères :** plante haute de 10 à 30 cm, à port flasque et à moitié couchée ; tige à 3 angles à peine marqués ; feuilles larges de 2 à 6 mm ; inflorescence longue de 3 à 5 cm, constituée au sommet d'un épi mâle (long de 8 à 15 mm), et inférieurement de 2 à 4 épis femelles à peine pédonculés (longs de 10 à 30 mm et épais de 2 à 3 mm) ; utricules vert jaunâtre à brun pâle, écailles brun rougeâtre ; l'épi femelle inférieur est nettement séparé des autres et possède un pédoncule mesurant jusqu'à 2 cm de long

**Reproduction :** floraison d'avril à mai ; monoïque ; pollinisation par le vent ; dispersion des graines par les animaux (fourmis)

**Milieu :** forêts

**919 a** Feuilles les plus larges de 8 à 20 mm ▶ *Scirpus sylvaticus*
**b** Feuilles ne dépassant pas 7 mm de large 920

**920 a** Feuilles larges de 1 à 2 mm 925
**b** Feuilles les plus grandes dépassant en général 2 mm de large 921

**921 a** Inflorescence longue de 3 cm au maximum 926 (p. 374)
**b** Inflorescence longue de 2 à 10 cm 922

## *Carex ornithopoda* Willd. Laîche pied-d'oiseau

**Famille :** Cyperaceae – Cypéracées

**Nom :** *Carex* grec « couper » ; *ornitho-* grec « oiseau » ; *-poda* grec « pied »

**Caractères :** plante haute de 5 à 15 cm ; tige à 3 angles indistincts ; feuilles larges de 2 à 5 mm ; inflorescence composée d'un épi mâle au sommet (long de 4 à 8 mm) et inférieurement de 2 à 4 épis femelles à peine pédonculés, souvent arqués vers l'extérieur (longs de 4 à 10 mm et épais de 2 à 3 mm) ; utricules vert grisâtre, pubescents, écailles brunes

**Reproduction :** floraison d'avril à juin ; monoïque ; pollinisation par le vent ; dispersion des graines par les animaux (fourmis)

**Milieu :** pelouses sèches, landes, forêts claires

## *Scirpus sylvaticus* L. Scirpe des bois

**Famille :** Cyperaceae – Cypéracées

**Nom :** *Scirpus* lat. nom décrivant les scirpes ; *sylvaticus* lat. « forêt »

**Caractères :** plante haute de 30 à 100 cm ; tige à 3 angles ; feuilles larges de 8 à 20 mm ; inflorescence pouvant dépasser 20 cm de long, fortement ramifiée, à épis très nombreux, verdâtres ou brunâtres, groupés en bouquets (longs de 3 à 5 mm) ; fruits (akènes) longs de 1 mm environ, à 3 angles, brun jaunâtre

**Reproduction :** floraison de juin à août ; dioïque ; pollinisation par le vent ; dispersion des graines par les animaux

**Milieu :** prairies humides, suintements en forêt, coupes forestières

**922 a** Inflorescence ramifiée (plier l'inflorescence) ▶ *Carex paniculata*
**b** Inflorescence non ramifiée 923

**923 a** Tige à 3 angles aigus ; plante poussant dans des lieux frais à humides 924
**b** Tige à 3 angles émoussés ; plante croissant dans des lieux plutôt secs ▶ *Carex muricata*

## *Carex paniculata* L. Laîche paniculée

**Famille :** Cyperaceae – Cypéracées

**Nom :** *Carex* grec « couper » ; *paniculata* lat. « en bouquet », « en grappe »

**Caractères :** plante haute de 30 à 100 cm ; tige à 3 angles aigus ; feuilles larges de 3 à 7 mm ; inflorescence longue de 2 à 10 cm, ramifiée, à rameaux longs de 1 à 5 cm, portant de nombreux épis (longs de 10 à 30 mm) ; utricules bruns, écailles brunes

**Reproduction :** floraison de mai à juin ; monoïque ; pollinisation par le vent ; dispersion des graines par le vent et l'eau

**Milieu :** berges, fossés, marais (cariçaie à Laîche paniculée)

## *Carex muricata* L. Laîche muriquée

**Famille :** Cyperaceae – Cypéracées

**Nom :** *Carex* grec « couper » ; *muricata* lat. « en forme de murex »

**Caractères :** plante haute de 15 à 60 cm ; tige mince, d'un diamètre de 1 à 1,5 mm, à 3 angles ; feuilles larges de 2 à 4 mm ; inflorescence longue de 2 à 5 cm, composée de 3 à 10 épis sans pédoncule (longs de 5 à 8 mm) ; utricules vert jaunâtre à brun pâle, écailles brunâtres

**Reproduction :** floraison de mai à juin ; monoïque ; pollinisation par le vent ; dispersion des graines par le vent

**Milieu :** décombres, bords des chemins

**924 a** Tige rude au sommet ; plante à port flasque, à moitié couchée ▶ ***Carex elongata***
**b** Tige lisse ; plante dressée ▶ ***Carex disticha***

## *Carex elongata* L. Laîche allongée

**Famille :** Cyperaceae – Cypéracées

**Nom :** *Carex* grec « couper » ; *elongata* lat. « éloigné », « allongé »

**Caractères :** plante haute de 20 à 100 cm, à port flasque, à demi couchée ; tige à 3 angles aigus ; feuilles larges de 2 à 6 mm ; inflorescence longue de 3 à 10 cm, à 6 à 12 épis dépourvus de pédoncule (longs de 5 à 15 mm) ; utricules brunâtres, écailles brun clair

**Reproduction :** floraison d'avril à juin ; monoïque ; pollinisation par le vent ; dispersion des graines par les animaux (fourmis)

**Milieu :** tourbières, marais intraforestiers, aulnaies marécageuses

## *Carex disticha* Huds. Laîche distique

**Famille :** Cyperaceae – Cypéracées

**Nom :** *Carex* grec « couper » ; *di-* grec « deux » ; *-sticha* grec « rangée »

**Caractères :** plante haute de 20 à 80 cm ; tige à 3 angles aigus, rude ; feuilles larges de 2 à 5 mm, vert glauque ; inflorescence longue de 2 à 7 cm, à nombreux épis insérés étroitement côte à côte (longs de 10 à 20 mm) ; utricules brun jaunâtre, écailles brun pâle

**Reproduction :** floraison de mai à juin ; monoïque ; pollinisation par le vent ; dispersion des graines par le vent

**Milieu :** berges, marais

**925 a** Inflorescence longue de 1 à 3 cm ▶ *Carex echinata*
**b** Inflorescence longue de 5 à 20 cm ▶ *Carex remota*

## *Carex echinata* Murray
## Laîche en étoile

**Famille :** Cyperaceae – Cypéracées

**Nom :** *Carex* grec « couper » ; *echinata* lat. « hérisson »

**Caractères :** plante haute de 10 à 30 cm ; tige à 3 angles aigus ; feuilles larges de 1 à 2 mm, raides ; inflorescence longue de 1 à 3 cm, à 3 à 5 épis presque globuleux (longs de 5 à 6 mm), à utricules brun clair étalés en étoile à maturité (aspect « épineux ») et écailles brunes

**Reproduction :** floraison de mai à juillet ; monoïque ; pollinisation par le vent ; dispersion des graines par les animaux

**Milieu :** marais, tourbières

## *Carex remota* L. Laîche à épis espacés

**Famille :** Cyperaceae – Cypéracées

**Nom :** *Carex* grec « couper » ; *remota* lat. « éloigné »

**Caractères :** plante haute de 10 à 70 cm, à port flasque, à demi couchée ; tige mince (diamètre de 0,5 mm environ), à 3 angles ; feuilles larges de 1 à 2 mm ; inflorescence longue de 5 à 20 cm, à 5 à 8 épis espacés (les inférieurs notamment sont très éloignés les uns des autres) longs de 3 à 10 mm ; utricules vert jaunâtre, écailles blanchâtres

**Reproduction :** floraison de mai à juillet ; monoïque ; pollinisation par le vent ; dispersion des graines par le vent

**Milieu :** forêts feuillues fraîches, forêts alluviales, chemins forestiers

**926 a** Tige mince, d'un diamètre inférieur à 1 mm ; plante à port flasque, à moitié couchée ▶ ***Carex brizoides***

**b** Tige plus épaisse, d'un diamètre de 1 à 2 mm ; plante à port dressé ▶ ***Carex leporina***

## *Carex brizoides* L. Laîche fausse brize

**Famille :** Cyperaceae – Cypéracées

**Nom :** *Carex* grec « couper » ; *briz-* « brize » *(Briza)* ; *-oides* grec « qui ressemble »

**Caractères :** plante haute de 30 à 100 cm, à port flasque, à demi couchée ; tige mince (diamètre de 0,5 mm environ), à 3 angles ; feuilles larges de 2 à 3 mm ; inflorescence longue de 1 à 3 cm, à 5 à 12 épis insérés étroitement côte à côte (longs de 5 à 8 mm) ; utricules vert jaunâtre, écailles blanchâtres ou jaunâtres

**Reproduction :** floraison de mai à juillet ; monoïque ; pollinisation par le vent ; dispersion des graines par le vent

**Milieu :** forêts feuillues, forêts alluviales, coupes forestières

**Bon à savoir :** forme souvent des colonies denses et étendues.

## *Carex leporina* L. Laîche des lièvres

**Cyperaceae – Cypéracées**

**Nom :** *Carex* grec « couper » ; *leporina* lat. « lièvre »

**Caractères :** plante haute de 10 à 60 cm ; tige à 3 angles ; feuilles larges de 2 à 3 mm ; inflorescence longue de 2 à 3 cm, avec 4 à 8 épis ovales (longs de 5 à 10 mm) insérés étroitement côte à côte ; utricules brun-jaune, écailles brunes

**Reproduction :** floraison de mai à juillet ; monoïque ; pollinisation par le vent ; dispersion des graines par le vent et l'eau

**Milieu :** prairies humides, coupes forestières, bords des chemins

**931 a** Plante à inflorescences globuleuses 932

**b** Inflorescences non globuleuses 933

**932 a** Feuilles larges de 8 à 15 mm ; tige en principe ramifiée ▶ *Sparganium erectum*

**b** Feuilles larges de 3 à 12 mm ; tige non ramifiée ▶ *Sparganium emersum*

## *Sparganium erectum* L. Rubanier dressé

**Famille :** Typhaceae – Typhacées

**Nom :** *Sparganium* grec « ruban » ; *erectum* lat. « dressé »

**Caractères :** plante haute de 30 à 150 cm, à tige généralement rameuse ; feuilles larges de 8 à 15 mm, de section triangulaire à la base ; inflorescences toutes globuleuses, les mâles au sommet, d'un diamètre de 4 à 12 mm, les femelles en dessous, d'un diamètre de 12 à 20 mm ; fruits (akènes) longs de 7 à 11 mm, pointus, conférant aux inflorescences femelles un aspect de boules « épineuses »

**Reproduction :** floraison de juin à août ; monoïque ; pollinisation par le vent ; dispersion des graines par l'eau et les animaux

**Milieu :** eaux dormantes, berges, fossés

**Bon à savoir :** fleurs mâles composées de 3 tépales peu visibles et de 3 étamines ou plus, les femelles de 3 à 6 tépales et d'un ovaire à carpelles soudés.

## *Sparganium emersum* Rehmann Rubanier émergé, Rubanier simple

**Famille :** Typhaceae – Typhacées

**Nom :** *Sparganium* grec « ruban » ; *emersum* lat. « émergé »

**Caractères :** plante haute de 20 à 100 cm, à tige non rameuse ; feuilles larges de 3 à 12 mm, à section triangulaire vers la base ; inflorescences toutes globuleuses, les mâles au sommet, les femelles en dessous, d'un diamètre de 8 à 18 mm ; fruits (akènes) longs de 8 à 13 mm, pointus, conférant aux inflorescences femelles un aspect de boules « épineuses »

**Reproduction :** floraison de juin à août ; monoïque ; pollinisation par le vent ; dispersion des graines par l'eau et les animaux

**Milieu :** eaux dormantes, fossés

**Bon à savoir :** fleurs mâles composées de 3 tépales peu visibles et de 3 étamines ou plus, les femelles de 3 à 6 tépales et d'un ovaire à carpelles soudés.

**933 a** Plante à inflorescences cylindriques, en forme de cigares, brun foncé, longues de 5 cm au moins **934**

**b** Inflorescences d'une autre forme **935**

**934 a** Feuilles larges de 10 à 15 mm ▶ ***Typha latifolia***

**b** Feuilles larges de 3 à 10 mm ▶ ***Typha angustifolia***

## *Typha latifolia* L. L. Massette à larges feuilles

**Famille :** Typhaceae – Typhacées

**Nom :** *Typha* indo-européen « gonfler » ; *lati-* lat. « large » ; *-folia* lat. « feuille »

**Caractères :** plante haute de 100 à 250 cm ; feuilles larges de 10 à 20 mm, vert glauque ; inflorescence composée d'un épi mâle au sommet long de 5 à 20 cm surmontant immédiatement (pas de hiatus entre les deux) l'épi femelle brun foncé, long de 5 à 20 cm et dont l'épaisseur peut atteindre 25 mm ; fruits (akènes) à poils blanchâtres

**Reproduction :** floraison de juin à juillet ; monoïque ; pollinisation par le vent ; dispersion des graines par l'eau et les animaux

**Milieu :** eaux dormantes, berges (typhaies)

**Bon à savoir :** fleurs mâles à 3 étamines, fleurs femelles à 1 ovaire à 1 carpelle. • Autrefois, on nourrissait les cochons avec ses rhizomes et on utilisait ses graines plumeuses pour rembourrer les édredons.

## *Typha angustifolia* L. L. Massette à feuilles étroites

**Famille :** Typhaceae – Typhacées

**Nom :** *Typha* indo-européen « gonfler » ; *angusti-* lat. « étroit » ; *-folia* lat ; « feuille »

**Caractères :** plante haute de 100 à 300 cm ; feuilles larges de 3 à 10 mm ; inflorescence composée d'un épi mâle au sommet, long de 10 à 35 cm, séparé par un hiatus de 2 à 8 cm de l'épi femelle brun, long de 10 à 35 cm ; fruits (akènes) à poils blanchâtres

**Reproduction :** floraison de juillet à août ; monoïque ; pollinisation par le vent ; dispersion des graines par l'eau et les animaux

**Milieu :** eaux dormantes, berges (typhaies)

**Bon à savoir :** fleurs mâles à 3 étamines, fleurs femelles à 1 ovaire à 1 carpelle. • Autrefois, on nourrissait les cochons avec ses rhizomes et on utilisait ses graines plumeuses pour rembourrer les édredons.

**935 a** Plante présentant plusieurs touffes pendantes de poils blanc argenté, longs de 3 cm au maximum 936

**b** Plante sans touffes pendantes de poils blanc argenté 937

**936 a** Tige à 3 angles peu marqués ; pédoncules des touffes de poils rudes ▶ *Eriophorum latifolium*

**b** Tige arrondie ; pédoncules des touffes de poils lisses ▶ *Eriophorum angustifolium*

## *Eriophorum latifolium* Hoppe
## Linaigrette à larges feuilles

**Famille :** Cyperaceae – Cypéracées

**Nom :** *Erio-* grec « laine » ; *-phorum* grec « portant » ; *lati-* lat. « large » ; *-folium* lat. « feuille »

**Caractères :** plante haute de 20 à 60 cm ; tige à 3 angles émoussés ; feuilles larges de 3 à 8 mm ; inflorescence peu visible durant la floraison mais devenant remarquable lors de la fructification par ses touffes pendantes de poils blanc argenté, aux pédoncules faiblement mais distinctement rudes au toucher ; fruits (akènes) brun-rouge, surmontés de longs poils blancs

**Reproduction :** floraison d'avril à mai ; hermaphrodite ; pollinisation par le vent ; dispersion des graines par le vent

**Milieu :** tourbières, prairies détrempées

**Bon à savoir :** plante-hôte de la chenille du Fadet des tourbières *(Coenonympha tullia).*

## *Eriophorum angustifolium* Honc.
## Linaigrette à feuilles étroites

**Famille :** Cyperaceae – Cypéracées

**Nom :** *Erio-* grec « laine » ; *-phorum* grec « portant » ; *angusti-* lat. « étroit » ; *-folium* lat. « feuille »

**Caractères :** plante haute de 20 à 60 cm ; tige arrondie ; inflorescence peu visible durant la floraison, mais remarquable lors de la fructification par ses touffes pendantes de poils blanc argenté, aux pédoncules lisses ; fruits (akènes) brun noirâtre, surmontés de longs poils blancs

**Reproduction :** floraison d'avril à juin ; hermaphrodite ; pollinisation par le vent ; dispersion des graines par le vent

**Milieu :** marais, tourbières

**Bon à savoir :** plante-hôte de la chenille du Fadet des tourbières *(Coenonympha tullia).*

**937 a** Plante à feuilles planes ou creusées en gouttière 946

**b** Plante sans feuilles ou celles-ci à section arrondie à ovale 938

**938 a** Tige épaisse de 5 à 15 mm ▶ *Schoenoplectus lacustris*

**b** Tige ne dépassant pas 3 mm d'épaisseur 939

**939 a** Plante et/ou inflorescence ramifiée 940

**b** Plante et inflorescence simples 945

**940 a** Inflorescence insérée latéralement sur la tige 944

**b** Inflorescence terminant la tige 941

## *Schoenoplectus lacustris* (L.) Palla
## Scirpe des étangs, Jonc-des-chaisiers

**Famille :** Cyperaceae – Cypéracées

**Nom :** *Schoeno-* grec terme désignant les joncs ; *-plectus* grec « tressé » ; *lacustris* lat. « étang », « lac »

**Caractères :** plante haute de 80 à 300 cm ; tige arrondie, vert sombre, d'un diamètre atteignant 15 mm, parfois pourvue de feuilles larges de 1 à 5 mm flottant dans l'eau ; inflorescence rameuse, à plusieurs épis brun foncé, longs de 5 à 10 mm ; fruits (akènes) brun-jaune, à 3 angles

**Reproduction :** floraison de juin à juillet ; hermaphrodite ; pollinisation par le vent ; dispersion des graines par les animaux

**Milieu :** eaux dormantes ou faiblement courantes

**Bon à savoir :** la plante était utilisée autrefois comme matériau de tressage.

## *Juncus acutiflorus* Hoffm. Jonc à fleurs aiguës

**Famille :** Juncaceae – Joncacées

**Nom :** *Juncus* lat. terme désignant les joncs ; *acuti-* lat. « aiguisé », « pointu » ; *-florus* lat ; « fleur »

**Caractères :** plante haute de 10 à 90 cm ; tige ne dépassant pas 3 mm de diamètre, comprimée, surtout dans sa partie inférieure ; feuilles à section ovale ; inflorescence longue de 5 à 25 cm, à nombreux rameaux garnis à leur extrémité de bouquets globuleux de plusieurs fleurs brunâtres ; fruits (capsules) noirs

**Reproduction :** floraison de juillet à août ; hermaphrodite ; pollinisation par le vent ; dispersion des graines par le vent et les animaux

**Milieu :** marais, tourbières, prairies marécageuses

**Bon à savoir :** pour la structure florale des joncs *(Juncus)*, voir le Jonc articulé (p. 379).

**941 a** Tige comprimée (à section ± aplatie), notamment vers le bas ▶ ***Juncus acutiflorus*** (p. 378)

**b** Tige arrondie 942

**942 a** Tige épaisse de 1 à 2 mm ▶ ***Juncus articulatus***

**b** Tige ne dépassant pas 1 mm d'épaisseur 943

**943 a** Plante à souche épaissie en bulbe au niveau du sol ▶ ***Juncus bulbosus***

**b** Plante à souche non épaissie ▶ ***Juncus bufonius*** (p. 380)

## *Juncus articulatus* L.
## Jonc articulé, Jonc à fruits brillants

**Famille :** Juncaceae – Joncacées

**Nom :** *Juncus* lat. terme désignant les joncs ; *articulatus* lat. « articulé »

**Caractères :** plante haute de 10 à 70 cm, à tige épaisse de 1 à 2 mm, arrondie ; feuilles à section ovale ; inflorescence longue de 5 à 25 cm, à nombreux rameaux garnis à leur extrémité de bouquets globuleux de plusieurs fleurs verdâtres ou brun rougeâtre ; fruits (capsules) noirs

**Reproduction :** floraison de juin à août ; hermaphrodite ; pollinisation par le vent ; dispersion des graines par le vent et les animaux

**Milieu :** berges, tourbières, prairies marécageuses

**Bon à savoir :** les fleurs des joncs *(Juncus)* sont constituées de 6 tépales peu visibles, longs de 2 à 6 mm, de 6 étamines en général et de l'ovaire.

## *Juncus bulbosus* L. Jonc bulbeux

**Famille :** Juncaceae – Joncacées

**Nom :** *Juncus* lat. terme désignant les joncs ; *bulbosus* lat. « bulbeux », « tubéreux »

**Caractères :** plante haute de 2 à 25 cm ; tige d'un diamètre ne dépassant pas 0,5 mm, souvent en partie couchée, à base épaissie en souche bulbeuse ; feuilles filiformes ; inflorescence en général ramifiée, à 1 à 3 rameaux, garnis à leur extrémité de bouquets arrondis de plusieurs fleurs brunâtres ; fruits (capsules) aigus

**Reproduction :** floraison de juin à août ; hermaphrodite ; pollinisation par le vent ; dispersion des graines par le vent et les animaux

**Milieu :** mares asséchées, fossés, tourbières

**Bon à savoir :** pour la structure florale des joncs *(Juncus)*, voir le Jonc articulé (ci-dessus). • Des fruits germent parfois directement sur la plante (viviparie) et forment de petits faisceaux de feuilles au sein de l'inflorescence.

**944 a** Tige luisante, vert franc ▶ *Juncus effusus*
**b** Tige mate, vert glauque ▶ *Juncus inflexus* (p. 381)

**945 a** Inflorescence longue de 0,5 à 2 cm ▶ *Eleocharis palustris* (p. 381)
**b** Inflorescence longue de 3 à 10 cm, très mince ▶ *Nardus stricta* (p. 353)

## *Juncus bufonius* L. Jonc des crapauds

**Famille :** Juncaceae – Joncacées

**Nom :** *Juncus* lat. terme désignant les joncs ; *bufonius* lat. « crapaud »

**Caractères :** plante annuelle, haute de 2 à 30 cm ; tige ne dépassant pas 1 mm de diamètre, en partie couchée ; feuilles filiformes ; inflorescence ramifiée, à fleurs espacées, verdâtres à jaunâtres ; fruits (capsules) allongés

**Reproduction :** floraison de juin à septembre ; hermaphrodite ; pollinisation par le vent ; dispersion des graines par le vent et les animaux

**Milieu :** berges, cultures humides, bords des chemins humides

**Bon à savoir :** pour la structure florale des joncs *(Juncus)*, voir le Jonc articulé (p. 379).

## *Juncus effusus* L. Jonc diffus

**Famille :** Juncaceae – Joncacées

**Nom :** *Juncus* lat. terme désignant les joncs ; *effusus* lat. « éloigné », « dispersé »

**Caractères :** plante haute de 30 à 120 cm, vert franc ; tige d'un diamètre de 1,5 à 3 mm, luisante ; inflorescence paraissant insérée sur un côté de la tige, ramifiée, à nombreuses fleurs brun-jaune ; fruits (capsules) bruns

**Reproduction :** floraison de juin à août ; hermaphrodite ; pollinisation par le vent ; dispersion des graines par le vent et les animaux

**Milieu :** marais, prairies et pâtures marécageuses, coupes forestières

**Bon à savoir :** pour la structure florale des joncs *(Juncus)*, voir le Jonc articulé (p. 379).

**946 a** Feuilles à poils blancs de 5 mm env. 950
**b** Feuilles sans poils blancs 947

**947 a** Épis inférieurs et supérieurs différents 904 (p. 362)
**b** Épis et fleurs tous ± semblables 948

## *Juncus inflexus* L. Jonc glauque

**Famille :** Juncaceae – Joncacées

**Nom :** *Juncus* lat. terme désignant les joncs ; *in-* lat. « dans », « à l'intérieur de » ; *-flexus* lat. « arqué »

**Caractères :** plante haute de 30 à 70 cm, vert glauque à vert grisâtre ; tige d'un diamètre de 1,5 à 3 mm, mate, finement sillonnée ; inflorescence paraissant insérée latéralement sur la tige, ramifiée, à nombreuses fleurs verdâtres à jaunâtres ; fruits (capsules) brun-rouge

**Reproduction :** floraison de juin à août ; hermaphrodite ; pollinisation par le vent ; dispersion des graines par le vent

**Milieu :** marais, tourbières, pâturages marécageux, coupes forestières

**Bon à savoir :** pour la structure florale des joncs *(Juncus)*, voir le Jonc articulé (p. 379)

## *Eleocharis palustris* (L.) Roem. et Schult. Héléocharis des marais

**Famille :** Cyperaceae – Cypéracées

**Nom :** *Eleo-* grec « marais » ; *-charis* grec « joie », « ornement » ; *palustris* lat. « marais »

**Caractères :** plante haute de 10 à 80 cm ; tige épaisse de 2 à 3 mm, vert sombre ; pas de feuilles « normales » ; inflorescence longue de 5 à 20 mm, brunâtre ; fruits (akènes) brun-jaune, globuleux

**Reproduction :** floraison de mai à août ; hermaphrodite ; pollinisation par le vent ; dispersion des graines par l'eau et les animaux

**Milieu :** mares, berges, fossés, marais

**948 a** Feuilles les plus grandes larges de 2 à 6 mm ▶ *Molinia caerulea*

**b** Feuilles ne dépassant pas 2 mm de large **949**

**949 a** Tige à section aplatie ▶ *Juncus compressus*

**b** Tige à section arrondie ▶ *Juncus tenuis* (p. 383)

## *Molinia caerulea* (L.) Moench **Molinie bleue**

**Famille :** Poaceae – Poacées, Graminées

**Nom :** *Molinia*, d'après Juan Ignacio Molina, prêtre jésuite et botaniste espagnol (1737-1829) ; *caerulea* lat. « bleu »

**Caractères :** plante haute de 10 à 100 cm ; tige épaissie à la base ; feuilles atteignant 6 mm de large, à ligule remplacée par des poils ; inflorescence longue de 8 à 30 cm, à nombreux rameaux ; épillets longs de 4 à 8 mm, souvent violet foncé

**Reproduction :** floraison de juillet à septembre ; hermaphrodite ; pollinisation par le vent ; dispersion des graines par le vent et les animaux

**Milieu :** tourbières, prairies humides (prairies à Molinie)

**Bon à savoir :** plante-hôte de la chenille du Grand Nègre des bois *(Minois dryas)*. • Autrefois, la plante était fauchée en début d'automne pour servir de litière au bétail dans les étables (prairies à litière). Ses tiges dépourvues de nœud étaient utilisées comme cure-pipe.

## *Juncus compressus* Jacq. **Jonc à tiges aplaties**

**Famille :** Juncaceae – Joncacées

**Nom :** *Juncus* lat. terme désignant les joncs ; *compressus* lat. « comprimé »

**Caractères :** plante haute de 10 à 50 cm ; tige comprimée ; feuilles larges de 1 mm environ ; inflorescence ramifiée, dépassée par une feuille, possédant de nombreuses fleurs brunâtres ; fruits (capsules) bruns

**Reproduction :** floraison de juin à août ; hermaphrodite ; pollinisation par le vent ; dispersion des graines par le vent

**Milieu :** prairies, champs humides, jachères, bords des chemins frais

**Bon à savoir :** pour la structure florale des joncs *(Juncus)*, voir le Jonc articulé (p. 379).

**950 a** Fleurs blanchâtres ▶ ***Luzula luzuloides***

**b** Fleurs brunâtres **951** ▶

**951 a** Feuilles inférieures larges de 6 à 15 mm **952** ▶

**b** Feuilles inférieures larges de 1 à 4 mm (parfois jusqu'à 8 mm) **953** ▶

## *Juncus tenuis* Willd. Jonc fin

**Famille :** Juncaceae – Joncacées

**Nom :** *Juncus* lat. terme désignant les joncs ; *tenuis* lat. « mince », « délicat », « fin »

**Caractères :** plante haute de 15 à 50 cm ; tige arrondie, épaisse de 1 mm environ ; feuilles ne dépassant pas 2 mm de large ; inflorescence ramifiée, dépassée par 2 à 3 feuilles, à nombreuses fleurs jaunâtres ; fruits (capsules) brun-jaune

**Reproduction :** floraison de juin à septembre ; hermaphrodite ; pollinisation par le vent ; dispersion des graines par le vent

**Milieu :** friches, bords des chemins frais

**Bon à savoir :** pour la structure florale des joncs *(Juncus)*, voir le Jonc articulé (p. 379). • Plante originaire d'Amérique du Nord qui s'est répandue en Europe tempérée à partir du début du XIXe siècle.

## *Luzula luzuloides* (Lam.) Dandy et Wilmott<br>Luzule blanchâtre

**Famille :** Juncaceae – Joncacées

**Nom :** *Luzula* lat. « jaunâtre » ; *luzul-* lat. « jaunâtre » ; *-oides* grec « semblable à »

**Caractères :** plante haute de 30 à 70 cm ; feuilles inférieures larges de 3 à 6 mm, à longs poils blancs ; inflorescence souvent un peu penchée ou pendante, à nombreux rameaux ramifiés terminés par des épillets en bouquets à nombreuses fleurs blanchâtres ; fruits (capsules) brun foncé

**Reproduction :** floraison de mai à juillet ; hermaphrodite ; pollinisation par le vent ; dispersion des graines par les animaux (fourmis)

**Milieu :** landes, forêts (hêtraies à Luzule)

**Bon à savoir :** pour la structure florale des luzules *(Luzula)*, voir la Luzule à fleurs nombreuses (p. 385).

**952 a** Fleurs par 2 à 4 dans chaque bouquet ; plante haute de 30 à 100 cm ▶ ***Luzula sylvatica***

**b** Fleurs solitaires ; plante haute de 15 à 40 cm ▶ ***Luzula pilosa***

## *Luzula sylvatica* (Huds.) Gaudin
## Grande Luzule, Luzule des forêts

**Famille :** Juncaceae – Joncacées

**Nom :** *Luzula* lat. « jaunâtre » ; *sylvatica* lat. « forêt »

**Caractères :** plante haute de 30 à 100 cm ; feuilles inférieures larges de 6 à 15 mm, à longs poils blancs ; inflorescence fortement ramifiée, à nombreux rameaux eux-mêmes divisés, pourvus à leur extrémité de bouquets d'épillets comprenant plusieurs fleurs brunâtres ; fruits (capsules) brun sombre

**Reproduction :** floraison de mai à juin ; hermaphrodite ; pollinisation par le vent ; dispersion des graines par les animaux (fourmis)

**Milieu :** forêts

**Bon à savoir :** pour la structure florale des luzules *(Luzula)*, voir la Luzule à fleurs nombreuses (p. 385).

## *Luzula pilosa* (L.) Willd.
## Luzule de printemps, Luzule poilue

**Famille :** Juncaceae – Joncacées

**Nom :** *Luzula* lat. « jaunâtre » ; *pilosa* lat. « poilu »

**Caractères :** plante haute de 15 à 40 cm ; feuilles inférieures larges de 6 à 10 mm, à longs poils blancs ; inflorescence ramifiée, à rameaux espacés ; fleurs solitaires, brun-jaune à brun foncé ; fruits (capsules) bruns

**Reproduction :** floraison de mars à mai ; hermaphrodite ; pollinisation par le vent ; dispersion des graines par les animaux (fourmis)

**Milieu :** forêts

**Bon à savoir :** pour la structure florale des luzules *(Luzula)*, voir la Luzule à fleurs nombreuses (p. 385).

**953 a** Plante à 2 à 6 épillets, souvent un peu pendants ▶ ***Luzula campestris***
**b** Plante à 5 à 10 épillets sur des pédoncules dressés ▶ ***Luzula multiflora***

## *Luzula campestris* (L.) DC. Luzule des champs

**Famille :** Juncaceae – Joncacées

**Nom :** *Luzula* lat. « jaunâtre » ; *campestris* lat. « champ »

**Caractères :** plante haute de 5 à 30 cm ; feuilles inférieures larges de 1 à 4 mm (parfois jusqu'à 8 mm), à longs poils blancs ; inflorescence ramifiée, à 2 à 6 rameaux courts, souvent un peu arqués, portant à leur extrémité des épillets à plusieurs fleurs brunâtres ; fruits (capsules) ovales

**Reproduction :** floraison de mars à avril ; hermaphrodite ; pollinisation par le vent ; dispersion des graines par les animaux (fourmis)

**Milieu :** prairies maigres

**Bon à savoir :** pour la structure florale des luzules *(Luzula)*, voir la Luzule à fleurs nombreuses (ci-dessous).

## *Luzula multiflora* (Ehrh.) Lej.
## Luzule à fleurs nombreuses

**Famille :** Juncaceae – Joncacées

**Nom :** *Luzula* lat. « jaunâtre » ; *multi-* lat. « nombreux » ; *-flora* lat. « fleur »

**Caractères :** plante haute de 10 à 50 cm ; feuilles inférieures larges de 1 à 4 mm (parfois jusqu'à 8 mm), à longs poils blancs ; inflorescence ramifiée, à 5 à 10 rameaux dressés verticalement, pourvus à leur extrémité d'épillets à plusieurs fleurs brunâtres ; fruits (capsules) ovales

**Reproduction :** floraison d'avril à mai ; hermaphrodite ; pollinisation par le vent ; dispersion des graines par les animaux (fourmis)

**Milieu :** tourbières, pelouses maigres, landes, forêts claires

**Bon à savoir :** les fleurs des luzules *(Luzula)* sont constituées de 6 tépales peu visibles, longs de 2 à 5 mm, de 6 étamines en général et de l'ovaire.

# Compléments botaniques et sur l'utilisation des notices

**Alternes** ➤ Disposition des feuilles

**Astéracées** (Composées) :
Avec 25 000 espèces environ, les Astéracées composent une des familles les plus riches du monde végétal. Les fleurs des représentants de cette famille sont relativement petites, mais étroitement regroupées dans une inflorescence particulière qui fonctionne comme une fleur unique, entourée de bractées : le capitule. Ce dernier contient soit des fleurs élargies en languettes (fleurs ligulées) comme celles du pissenlit, soit des fleurs en forme de tube dressé (fleurs tubuleuses) comme chez le Cirse des champs, soit les deux types de fleurs à la fois, comme c'est le cas pour la Pâquerette.

**Autopollinisation** :
On parle d'autopollinisation quand ce processus s'effectue au sein de la même fleur. Le pollen des étamines se dépose alors directement sur le stigmate sans intervention extérieure. L'autopollinisation exclusive est plutôt rare, car les individus nés par autopollinisation sont génétiquement identiques à la plante-mère. Certaines espèces n'y ont recours que lorsque la pollinisation croisée n'a pu avoir lieu, alors que d'autres cherchent à l'éviter par divers moyens. Les plantes peuvent ainsi faire en sorte que les étamines et le stigmate d'une même fleur ne soient pas mûrs en même temps.

**Carpelles** :
Une fleur contient au moins un, mais souvent plusieurs carpelles qui peuvent être plus ou moins soudés et forment ensemble le pistil. Le pistil est constitué de trois parties : l'ovaire, le style et le (ou les) stigmate(s).

**Dispersion des graines** : ➤ Dispersion des graines par l'eau ; ➤ Dispersion des graines par les animaux ; ➤ Dispersion des graines par le vent ; ➤ Dispersion des graines sans agent extérieur ; ➤ Fruit.

**Dispersion des graines par l'eau** (hydrochorie) :
Les fruits ou les graines flottent très bien et peuvent être transportés par l'eau courante.

Certaines plantes comptent sur le choc causé par la chute des gouttes de pluie pour expulser leurs graines, mais cette stratégie est moins couramment utilisée.

**Dispersion des graines par les animaux** (zoochorie) :
La dissémination des graines ou des fruits par les animaux peut intervenir sous trois formes : **1.** Les fruits ou les semences sont collectés par des animaux et mis en réserve dans des caches. Une partie de ces graines sera oubliée et l'autre retrouvée pour être mangée. **2.** Les fruits sont mangés et les graines conservent leur pouvoir germinatif après avoir été excrétées. **3.** Les fruits se fixent par des poils crochus ou des dispositifs analogues à la fourrure des animaux, comme chez les bardanes. Ces systèmes d'accroche ont servi de modèle au velcro. ➤ Dispersion des graines par les fourmis.

**Dispersion des graines par les fourmis** (myrmécochorie) :
Les fruits ou les graines transportés par les fourmis sont souvent pourvus d'un appendice riche en protéines qui leur sert d'aliment.

**Dispersion des graines par le vent** (anémochorie) :
Certaines graines ou fruits possèdent des dispositifs spécifiques tels que des ailes ou des poils, qui facilitent leur transport aérien sur de grandes distances. Les semences sont aussi tout simplement dispersées à proximité par les rafales de vent.

**Dispersion des graines sans agent extérieur** (autochorie) :
La plante elle-même peut assurer la dispersion des graines et des fruits en les éjectant autour d'elle, parfois même en allongeant son pédoncule fructifère qui va insérer les semences dans un lieu approprié, comme chez la Cymbalaire.

**Disposition des feuilles** :

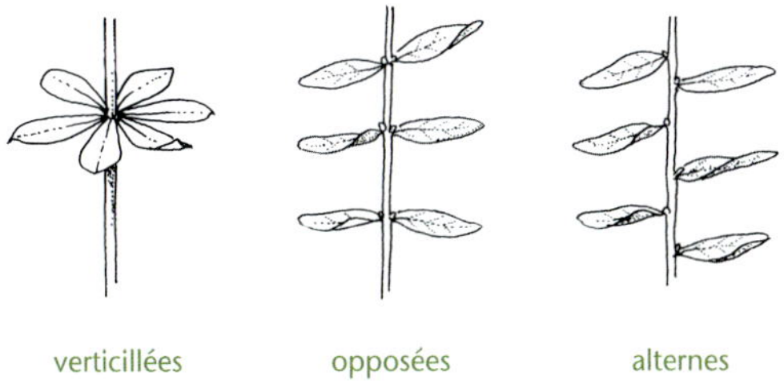

Les feuilles peuvent être disposées de différentes manières sur les tiges ou les rameaux. Lorsque trois feuilles ou plus sont insérées à même hauteur, elles forment un « verticille » et on dit qu'elles sont « verticillées ». De telles feuilles sont plutôt rares chez les plantes de nos régions et sont surtout représentées par la famille des Rubiacées et, notamment, par les différentes espèces de gaillets. Lorsque deux feuilles seulement sont insérées en vis-à-vis à la même hauteur, on dit qu'elles sont « opposées ». Cette disposition est plus répandue que les feuilles verticillées, mais nettement moins communes que les feuilles « alternes ». Ces dernières sont insérées une à une à des hauteurs différentes, chacune orientée différemment de celle située immédiatement au-dessus ou en dessous.

**Étamines** :
Une étamine se compose d'un filament : le filet, et de deux anthères situées au sommet, où les grains de pollen sont produits et stockés. À maturité, les anthères s'entrouvrent pour laisser s'échapper le pollen que les insectes, le vent ou parfois l'eau, transporteront jusqu'à d'autres fleurs où il adhérera aux stigmates collants.

**Fabacées** (Fabaceae) :
Les Fabacées constituent une des familles de plantes les plus importantes au monde, avec 20 000 espèces environ. Les fleurs ont une symétrie bilatérale typique, dominée par un pétale particulier : l'étendard. Sous ce dernier se trouve la carène flanquée de chaque côté par les ailes qui la dissimulent parfois. Les fruits sont tout aussi caractéristiques : il s'agit de gousses ou de légumes (d'où l'ancien nom de la famille, les Légumineuses). De forme souvent allongée, celles-ci s'ouvrent à maturité pour laisser s'échapper les graines. Les feuilles des Fabacées sont généralement soit à trois folioles, comme celles des trèfles, soit pennées comme chez les vesces. Une autre caractéristique de cette famille est l'aptitude de ses membres à développer sur son système racinaire une symbiose avec des bactéries fixatrices d'azote du genre *Rhizobium*. Les bactéries infectent les racines et pénètrent dans leurs cellules en produisant des nodosités visibles à l'œil nu. Elles fixent l'azote atmosphérique, que les plantes ne peuvent pas directement utiliser, et le transforment en composés azotés (ammonium) que celles-ci sont capables de métaboliser. En retour, la plante fournit aux bactéries des molécules carbonées (des sucres notamment). Cette symbiose fournit aux plantes une nutrition azotée suffisante pour fabriquer des tissus, et surtout des graines, riches en protéines (les protéines sont en effet des composés azotés). Ainsi, 100 g de graines de soja contiennent 34 g de protéines, contre seulement 2 g pour le même poids de pommes de terre, et 28 g pour la viande de bœuf. Parmi les Fabacées se trouvent les plantes alimentaires les plus utiles à l'homme : cacahuètes, lentilles, ainsi que diverses espèces de pois et de haricots. Elles sont aussi précieuses comme plantes fourragères (trèfles, luzernes), en fournissant au bétail un fourrage riche en protéines, mais aussi en enrichissant le sol en composés azotés exploitables par les autres plantes (engrais vert). Par exemple, un champ de trèfle de 1 ha fixe annuellement 250 kg d'azote pur en moyenne, soit l'équivalent de 8 épandages de fumier de 15 t chacun.

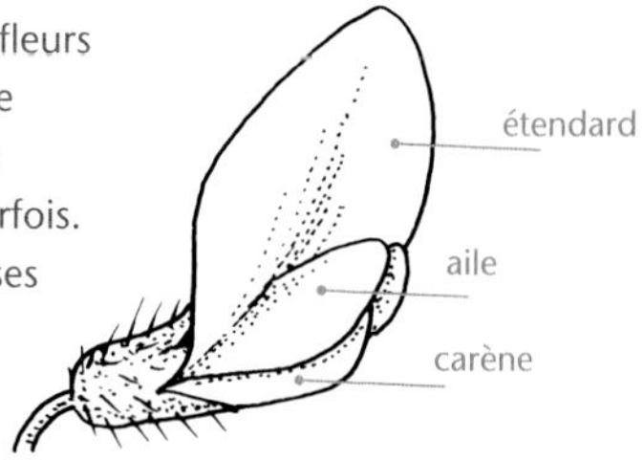

**Familles de plantes :**
Ce guide décrit 674 espèces de plantes. La systématique botanique réunit les espèces apparentées en genres, indiqués dans le premier terme de leur nom scientifique. Ainsi, *Anemone nemorosa* appartient au genre *Anemone*. Les genres présentant des affinités sont eux-mêmes réunis en une unité supérieure de la hiérarchie systématique : la famille. Ainsi, *Anemone nemorosa* appartient à la famille des Ranunculaceae, les Renonculacées. Le nom scientifique de la famille dérive d'un genre caractéristique de celle-ci, le genre *Ranunculus* dans le cas des Renonculacées. L'appartenance d'une espèce à une famille particulière est souvent possible à deviner grâce à des particularités morphologiques. On peut ainsi assez facilement reconnaître l'une des 20 000 espèces de Fabacées grâce à sa structure florale caractéristique.

**Fécondation :**
La fécondation fait suite à la pollinisation. Le grain de pollen germe sur le stigmate et forme un tube qui s'étire jusqu'au cœur de l'ovaire. Là, un de ses noyaux féconde l'oosphère, qui deviendra l'embryon de la future plante, tandis que le deuxième noyau féconde une autre cellule (c'est ce qu'on appelle la double fécondation), d'où se développera l'albumen qui servira de réserve alimentaire à l'embryon au sein de la graine. C'est de ce même albumen dont nous nous nourrissons lorsque nous mangeons du pain ou des pâtes.

**Feuille :**
Les feuilles vertes d'une plante servent avant tout à réaliser la photosynthèse. Grâce à elles, la plante peut accroître considérablement sa surface d'absorption du rayonnement solaire. Les feuilles présentent des caractéristiques très variables et sont donc un critère important d'identification. Dans ce guide, la détermination des arbres et des arbustes repose ainsi presque entièrement sur l'apparence du feuillage. La feuille la plus simple possède une forme plus ou moins ovale et des marges entières, comme celle du Hêtre. À partir de ce modèle de base, de nombreuses déclinaisons existent. Les marges peuvent présenter différents types de dents. Le limbe peut aussi être découpé plus ou moins profondément, parfois en segments aussi fins que ceux de l'Achillée millefeuille par exemple. Parfois, les feuilles sont composées de segments indépendants, plus ou moins nombreux, comme c'est le cas chez les feuilles dites « pennées ». Dans la pratique, il est parfois difficile de déterminer si l'on a affaire à une feuille pennée ou à un rameau latéral portant des feuilles opposées. Si l'organe se termine par une feuille, alors il s'agit d'une feuille pennée. Dans le cas contraire, c'est un rameau latéral orné de plusieurs feuilles. La distinction n'est cependant pas toujours aisée à voir.

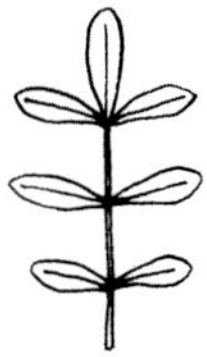
feuille pennée

**Feuilles pennées** ➤ Feuille

**Fleur** :
La fleur sert à la reproduction sexuée de la plante. Une fleur complète se compose (de l'extérieur vers l'intérieur) du calice, de la corolle, des étamines et des carpelles. Les sépales, généralement verts, servent de protection au bouton floral, alors que les pétales, habituellement colorés, servent à attirer les insectes pollinisateurs ; les étamines constituent les organes mâles et produisent le pollen. Les carpelles, qui correspondent à la partie femelle de la fleur, forment un ou plusieurs ovaires au sein desquels se trouvent les ovules. Chez les fleurs incomplètes ou réduites, certaines pièces florales peuvent manquer. Ces organes reproducteurs peuvent présenter plusieurs axes de symétrie ou un seul. Dans le premier cas, on parle de fleurs à symétrie radiaire ou actinomorphes, dans le second, d'organes à symétrie bilatérale ou zygomorphes.

**Fleurs hermaphrodites** :
Qualifient des fleurs possédant à la fois des organes femelles (ovaires) et mâles (étamines).

**Fleurs unisexuées** :
Ces fleurs ne possèdent que des organes femelles (ovaires) ou mâles (étamines).

**Floraison** :
Désigne la période d'éclosion habituelle des fleurs (en mois). Selon les conditions climatiques locales ou le contexte météorologique annuel, certaines espèces peuvent fleurir plus tôt ou plus tard. Il arrive aussi que des plantes à floraison printanière connaissent une deuxième floraison en fin d'été ou en automne.

**Forêts alluviales** :
Les forêts alluviales poussent au bord des cours d'eau, où elles subissent des crues régulières ou occasionnelles. Les zones fréquemment et longuement inondées sont colonisées par des essences à bois tendre : saules, aulnes et peupliers. Celles qui ne le sont que sporadiquement et brièvement sont dominées par des essences à bois dur : frênes, ormes et chênes.

**Fruit** :
Le fruit résulte de la maturation d'un ovaire. Il est constitué d'une paroi renfermant au moins une, mais souvent plusieurs graines. Certains fruits s'ouvrent à maturité pour laisser s'échapper leurs graines (c'est le cas des gousses par exemple). La plante dissémine alors directement ses graines. D'autres fruits restent clos et gardent leurs graines enfermées. C'est alors lui qui sert à la dissémination de la plante (les baies, par exemple, jouent ce rôle).

**Graminées** (Poacées) :
Avec 10 000 espèces réparties dans le monde entier, les Graminées constituent une famille

botanique majeure, dont le rôle dans la physionomie de certains habitats comme les savanes ou les steppes est primordial. Leurs fleurs bisexuées sont composées de deux écailles (les lemmes), de l'ovaire et de généralement trois étamines. Elles sont regroupées en inflorescences denses souvent allongées : les épillets. Ces derniers sont eux-mêmes organisés en inflorescences complexes d'aspect très variable, sous forme de grappes lâches (avoines) ou au contraire d'épis denses (blés). Les Graminées sont d'une importance économique considérable. Toutes les céréales, y compris le riz et le maïs, appartiennent à cette famille. Elles comptent par ailleurs parmi les meilleures plantes fourragères. Que ce soit en tant que produits céréaliers ou matières premières nécessaires à la production de viande, les Graminées apportent une contribution essentielle à l'alimentation de l'humanité.

**Hauteur** :
Il s'agit de la hauteur maximale que peuvent atteindre les différentes espèces d'arbres, telle que donnée dans la littérature.

**Inflorescence** :
On parle d'inflorescence lorsque plusieurs fleurs sont associées plus ou moins étroitement et ne sont pas séparées par des feuilles de taille « normale » (par de petites feuilles très réduites tout au plus).

**Laîches** (*Carex* sp.) :
Avec un peu plus de 100 espèces, les laîches représentent un des genres les plus riches de la flore d'Europe tempérée. Comme chez les Graminées, leurs fleurs sont regroupées en inflorescences denses, nommées épis ou épillets. Contrairement à celles-ci cependant, leurs fleurs sont unisexuées, les mâles composées d'une écaille et de deux ou trois étamines, les femelles d'une écaille et de l'ovaire, enfermé dans une enveloppe close : l'utricule. Les épis eux-mêmes sont souvent unisexués et contiennent soit uniquement des fleurs mâles (épis supérieurs), soit exclusivement des organes femelles (épis inférieurs). Dans d'autres cas, plus rares, les épis contiennent à la fois des fleurs mâles et femelles, mais celles-ci sont nettement séparées, les mâles au sommet et les femelles à la base, par exemple. D'un point de vue économique, les laîches sont d'une importance mineure, et leur valeur fourragère est médiocre. En revanche, elles jouent un rôle écologique essentiel par leur aptitude à croître dans des habitats inhospitaliers pour d'autres espèces. Elles se plaisent sur des sols gorgés d'eau ou très secs, très pauvres ou très acides, voire dans des zones au climat froid, comme en haute montagne.

**Longévité** :
Il s'agit de l'âge maximal que peuvent atteindre les différentes espèces d'arbres, tel que donné dans la littérature.

**Milieu** :
Dans cette rubrique sont listés les habitats les plus fréquents colonisés par l'espèce. Il peut toutefois arriver qu'une plante pousse dans un milieu atypique. Ainsi, sur les berges des rivières on peut parfois rencontrer, à côté d'espèces caractéristiques des rives de cours d'eau, des plantes forestières, de prairies, voire des espèces montagnardes.

**Nervures** :
On désigne ainsi les lignes qui parcourent une feuille, souvent faciles à reconnaître. Il s'agit d'organes de conduction servant à transporter l'eau et les substances nutritives, qui forment un réseau dont la description est utile à l'identification. Chaque feuille possède au moins une nervure principale ou centrale, qui peut se prolonger éventuellement à la base sous forme de pétiole. Sur ce vaisseau central se greffent souvent des nervures secondaires, qui peuvent elles-mêmes se ramifier en nervures latérales.

**Nom** :
Dans cette rubrique sont données les racines latines ou grecques qui ont servi à la construction du nom scientifique de l'espèce. Ainsi, *aquatilis* lat. « eau » ne signifie pas que le mot latin *aquatilis* doit être traduit littéralement par « eau », mais que *aquatilis* dérive de la racine *aqua* qui signifie « eau » en latin.

**Opposées** ➤ Disposition des feuilles

**Ovaire** :
L'ovaire correspond à la partie basale et renflée du pistil et contient les ovules qui, après fécondation, donneront des graines. Il est surmonté du stigmate, petit organe sur lequel viennent se coller les grains de pollen lors de la pollinisation, lui-même souvent inséré sur le sommet de l'ovaire par un filament : le style. Après la fécondation, les parois de l'ovaire se transforment en fruit.

**Pelouses** ➤ Prairies et pâturages

**Pétales** :
Organes élargis, généralement colorés, d'une fleur. Les pétales sont souvent plus grands que les sépales. Leurs couleurs vives servent à attirer de loin les insectes pollinisateurs. Les fleurs pollinisées par le vent possèdent généralement des pétales aux couleurs plus ternes.

**Plantes annuelles** ➤ Plantes bisannuelles

**Plantes bisannuelles** :
Les plantes bisannuelles, tout comme les plantes annuelles, ne fleurissent qu'une seule fois, avant de mourir. Les plantes annuelles accomplissent leur cycle de développement (germination – croissance – floraison – fructification) en l'espace d'un an, alors que les bisannuelles se contentent de germer et de produire des feuilles durant la première année ; elles ne fleurissent et ne fructifient qu'au cours de la deuxième. La grande majorité des espèces est cependant vivace, c'est-à-dire qu'elles persistent plusieurs années et sont capables de fleurir à plusieurs reprises. Le caractère vivace d'une plante n'est pas noté expressément dans les notices spécifiques de ce guide.

**Plantes dioïques :**
Chez ces espèces, les fleurs mâles (portant les étamines) et femelles (contenant les ovaires) sont portées sur des pieds différents. Il y a alors des pieds femelles (qui ne produisent que des fleurs unisexuées femelles) et des pieds mâles (qui ne donnent que des fleurs unisexuées mâles).

**Plantes monoïques :**
Se dit de plantes dont les fleurs mâles et femelles sont toutes deux portées par un même individu. La plupart de ces espèces ont des fleurs hermaphrodites, c'est-à-dire à la fois mâles et femelles. Certaines plantes, à la floraison un peu particulière, possèdent à la fois des organes mâles et femelles, mais dans des fleurs séparées. C'est par exemple le cas des laîches *(Carex)*.

**Pollinisation :**
Processus au cours duquel le pollen est transporté depuis les étamines d'une fleur par un insecte, le vent ou, plus rarement, l'eau vers le(s) stigmate(s) d'une autre fleur (on parle alors de pollinisation croisée ; contraire : ➤ Autopollinisation). ➤ Pollinisation par l'eau ; ➤ Pollinisation par les insectes ; ➤ Pollinisation par le vent.

**Pollinisation par l'eau :**
Le pollen est transporté à la surface ou sous l'eau.

**Pollinisation par les insectes :**
Le pollen est transporté d'une fleur à une autre par les insectes. Dans certains cas, la pollinisation n'est effectuée que par un groupe particulier d'insectes, comme les papillons de jour par exemple.

**Pollinisation par le vent :**
Le pollen est disséminé par le vent. Les plantes pollinisées par ce même vecteur possèdent généralement des fleurs petites et peu visibles, comme celles des graminées par exemple.

**Prairies et pâturages :**
Prairies, pâturages et pelouses sont des types de végétation dominée par les Graminées. Sans l'intervention humaine, de tels habitats n'existeraient pas sous cette forme en Europe tempérée. Seuls la fauche régulière (prairies) ou l'abroutement prolongé (pâturages) permettent de juguler l'apparition de végétaux ligneux et d'empêcher un boisement inéluctable. Selon les caractéristiques du sol, on subdivise prairies et pâturages en divers types : secs ou humides, maigres ou riches, c'est-à-dire plus ou moins bien pourvus en substances nutritives. Les prairies et pâturages maigres comptent parmi les écosystèmes les plus diversifiés d'Europe tempérée : dans certains cas extrêmes, jusqu'à 80 espèces végétales différentes peuvent coexister sur un seul mètre carré. Ces habitats maigres sont d'une manière générale gravement menacés aujourd'hui par l'intensification agricole et les apports atmosphériques croissants (oxyde d'azote). Leur faible productivité les expose d'autre part au risque d'abandon et au danger d'une reconquête par la forêt.

**Prairies et pâturages humides** ➤ Prairies et pâturages

**Prairies et pâturages maigres** ➤ Prairies et pâturages

**Prairies et pâturages riches** ➤ Prairies et pâturages

**Prairies sèches, pâturages secs, pelouses sèches** ➤ Prairies et pâturages

**Sépales** :
Il s'agit de l'enveloppe externe, généralement verte et ressemblant à de petites feuilles, qui entoure la fleur. Les sépales enveloppent celle-ci avant son épanouissement et la protègent des chocs mécaniques et des températures basses. Il existe aussi des fleurs dépourvues de sépales.

**Sporanges** :
Les sporanges sont des organes spécifiques aux végétaux qui ne se reproduisent ni par graines ni par fruits. C'est en leur sein que sont élaborées les spores. Chez les prêles, les sporanges sont groupés en épi au sommet de la tige ressemblant à un cône de sapin. Chez les fougères, ils forment des structures arrondies ou linéaires sur la face inférieure des feuilles.

**Spores** :
Les spores servent à la dissémination des végétaux qui ne produisent ni graines ni fruits, comme les prêles ou les fougères, par exemple. Elles sont généralement transportées par le vent.

**Taille** :
Sont données dans cette rubrique la hauteur ou la longueur de la plante en conditions « normales ». Il est toutefois possible qu'en fonction de diverses conditions de milieu, la plante soit plus grande ou plus petite que les valeurs indiquées.

**Tépales** :
Dans le cas des espèces à pièces florales indifférenciées (pétales et sépales également colorés ou verts), on utilise le terme de tépales, celui de pétales étant réservé aux plantes à calice et corolle nettement distincts. Les tépales forment ensemble le périgone.

**Verticille, verticillées** ➤ Disposition des feuilles

# Bibliographie


AESCHIMANN D. ET AL. 2004. Flora Alpina. Ein Atlas sämtlicher 4500 Gefässpflanzen der Alpen. 3 Bde. Bern: Haupt Verlag

AICHELE D., SCHWEGLER H.-W. 2004. Die Blütenpflanzen Mitteleuropas. 5 Bde. 2. Auflage. Stuttgart: Franckh-Kosmos Verlag

BINZ A., HEITZ C. 1990. Schul- und Exkursionsflora für die Schweiz. 19. Auflage. Basel: Schwabe Verlag

BISSEGGER M. 2012. Meine wilde Pflanzenküche. 4. Auflage. Aarau: AT Verlag

BRÄNDLI U.-B. 1996. Die häufigsten Waldbäume der Schweiz. Birmensdorf: Berichte der Eidgenössischen Forschungsanstalt für Wald, Schnee und Landschaft 342

CARL H. 1995. Die deutschen Pflanzen- und Tiernamen. Wiesbaden: Quelle & Meyer Verlag

DAL CERO M. 2009. Unsere Heilpflanzen. Bern: Ott Verlag

DÜLL R., KUTZELNIGG H. 1994. Botanisch-ökologisches Exkursionstaschenbuch. 5. Auflage. Heidelberg, Wiesbaden: Quelle & Meyer Verlag

EGGENBERG S., MÖHL A. 2013. Flora Vegetativa. Ein Bestimmungsbuch für Pflanzen der Schweiz im blütenlosen Zustand. 3. Auflage. Bern: Haupt Verlag

GENAUST H. 2012. Etymologisches Wörterbuch der botanischen Pflanzennamen. 3. Auflage. Hamburg: Nikol Verlag

GRAF J. 1975. Tafelwerk zur Pflanzensystematik. München: J.F. Lehmanns Verlag

HAUSER J. 1995. Säugetiere der Schweiz. Basel: Birkhäuser Verlag

HESS H. E., LANDOLT E., HIRZEL R. 1976/1977/1980. Flora der Schweiz und angrenzender Gebiete. 3 Bde. 2. Auflage. Basel, Boston, Stuttgart: Birkhäuser Verlag

HUBBARD C. E. 1973. Gräser – Beschreibung, Verbreitung, Verwendung. Stuttgart: Verlag Eugen Ulmer

LANDOLT E. ET AL. 2010. Flora indicativa. Ökologische Zeigerwerte und biologische Kennzeichen zur Flora der Schweiz und der Alpen. Bern: Haupt Verlag

LAUBER K., WAGNER G., GYGAX A. 2012. Flora Helvetica. 5. Auflage. Bern: Haupt Verlag

LEPIDOPTEROLOGEN-ARBEITSGRUPPE 1988. Tagfalter und ihre Lebensräume. 2. Auflage. Basel: Schweizerischer Bund für Naturschutz

LICHT W. 2012. Einführung in die Pflanzenbestimmung nach vegetativen Merkmalen. Wiebelsheim: Quelle & Meyer Verlag

LÜDER R. 2013. Bäume bestimmen – Knospen, Blüten, Blätter, Früchte. Bern: Haupt Verlag

MABEY R. 2013. Essbar. Wildpflanzen, Pilze, Muscheln für die Naturküche. Bern: Haupt Verlag

MAUMARY L., VALLOTTON L., KNAUS P. 2007. Die Vögel der Schweiz. Sempach: Schweizerische Vogelwarte

MERTZ P. 2000. Pflanzengesellschaften Mitteleuropas und der Alpen. Landsberg: Ecomed Verlagsgesellschaft

NENTWIG W. (HRSG.) 2011. Unheimliche Eroberer. Invasive Pflanzen und Tiere in Europa. Bern: Haupt Verlag

RAMEAU J.-C., MANSION D., DUMÉ G. 1993. *Flore forestière française. Guide écologique illustré* Tome 1 : Plaines et collines Tome 2 : Montagnes Tome 3 : Région méditerranéenne.

Paris : Institut pour le développement forestier,
ROTH L., DAUNDERER M., KORMANN K. 1994. Giftpflanzen – Pflanzengifte. 4. Auflage. Hamburg: Nikol Verlag
SCHÜTT P., SCHUCK H. J., STIMM B. 2011. Lexikon der Baum- und Straucharten. Hamburg: Nikol Verlag
SCHÜTT P. ET AL. 2006. Enzyklopädie der Laubbäume. Hamburg: Nikol Verlag
SELL J. 1997. Eigenschaften und Kenngrössen von Holzarten. 4. Auflage. Dietikon: Baufachverlag
SEYBOLD S. 2005. Die wissenschaftlichen Namen der Pflanzen und was sie bedeuten. 2. Auflage. Stuttgart: Eugen Ulmer
SITTE P. ET AL. 2002. Strasburger, Lehrbuch der Botanik für Hochschulen. 35. Auflage. Heidelberg, Berlin: Spektrum Akademischer Verlag
STEIGER P. 2010. Wälder der Schweiz. 4. Auflage. Bern: Ott Verlag
STEIGER P. 2014. Esche, Espe oder Erle? Bern: Ott Verlag
TISON J.-M. ET DE FOUCAULT B. (COORDS.), *Flora Gallica. Flore de France*, Mèze Biotope, 2014, 1196 p.
WEBER E. 2013. Invasive Pflanzen der Schweiz. Bern: Haupt Verlag

# Remerciements

Ma gratitude va en premier lieu vers toutes celles et ceux qui ont bien voulu tester les versions successives des clefs, en identifiant des centaines de plantes, contribuant ainsi à améliorer à la fois leur pertinence et leur clarté.

J'adresse aussi de chaleureux remerciements à Maria Michalogorgiaki et Moritz Kammer, qui ont contrôlé la signification des noms grecs et latins des espèces décrites.

Je suis également redevable à Stefan Eggenberg, l'auteur des dessins qui enrichissent ce guide.

Ma reconnaissance va enfin aux membres de ma famille, Anna, Ariane, Moritz et Julian, dont l'intérêt soutenu a accompagné la réalisation de cet ouvrage, en y apportant de nombreuses contributions et en l'entourant d'une patience sans faille.

# Index

## A

## B

## C

## D

## E

## F



## G

## H



## I



## J

## M

## N



## O

## P

## Q



## R

## S